Reihe: Rechnungslegung und Wirtschaftsprüfung · Band 39

Herausgegeben von Prof. (em.) Dr. Dr. h. c. Jörg Baetge, Münster, Prof. Dr. Hans-Jürgen Kirsch, Münster, und Prof. Dr. Stefan Thiele, Wuppertal

Dr. Gerrit Lütkeschümer

Die Berücksichtigung von Finanzierungsrisiken bei der Ermittlung von Eigenkapitalkosten in der Unternehmensbewertung

Mit einem Geleitwort von Prof. Dr. Hans-Jürgen Kirsch, Westfälische Wilhelms-Universität Münster

EUL VERLAG

Bibliografische Information der Deutschen Nationalbibliothek

Die Deutsche Nationalbibliothek verzeichnet diese Publikation in der Deutschen Nationalbibliografie; detaillierte bibliografische Daten sind im Internet über <http://dnb.d-nb.de> abrufbar.

Dissertation, Westfälische Wilhelms-Universität Münster, 2012

D 6

ISBN 978-3-8441-0156-0
1. Auflage Juni 2012

JOSEF EUL VERLAG GmbH
Brandsberg 6
53797 Lohmar
Tel.: 0 22 05 / 90 10 6-6
Fax: 0 22 05 / 90 10 6-88
E-Mail: info@eul-verlag.de
http://www.eul-verlag.de

Bei der Herstellung unserer Bücher möchten wir die Umwelt schonen. Dieses Buch ist daher auf säurefreiem, 100% chlorfrei gebleichtem, alterungsbeständigem Papier nach DIN 6738 gedruckt.

Geleitwort

Im Rahmen der Bewertung von Unternehmen wird regelmäßig auf Zukunftserfolgsverfahren zurückgegriffen, bei denen die Kapitalisierungszinssätze unter anderem durch die erwarteten Eigenkapitalkosten des Bewertungsobjektes determiniert werden. Die erwarteten Eigenkapitalkosten des Bewertungsobjektes werden hierbei überwiegend anhand des Capital Asset Pricing Model (CAPM) bestimmt. Im CAPM gibt der Betafaktor, der i. d. R. aus historischen Kapitalmarktdaten abgeleitet wird, die unternehmensindividuelle Unsicherheit an. Hierdurch berücksichtigt der Betafaktor zwar die in der Vergangenheit erwarteten Finanzierungsrisiken. Aufgrund des Stichtagsprinzips und des Grundsatzes des Zukunftsbezuges sind indes die zum Bewertungsstichtag erwarteten Finanzierungsrisiken des Bewertungsobjektes relevant, sodass der Betafaktor an diese anzupassen ist. Während im Schrifttum vor allem die Fragestellung der sachgerechten Anpassungsformel diskutiert wird, wird die sachgerechte Ermittlung der Einflussparameter nur rudimentär betrachtet. Ziel des Verfassers ist es daher, sich einerseits mit der Frage der geeigneten Anpassungsformel auseinander zu setzen und andererseits die Einflussparameter dieser Formel zu operationalisieren.

Der Verfasser untergliedert die Arbeit in fünf Kapitel. Im **ersten Kapitel** werden die Problemstellung und der Gang der Untersuchung vorgestellt.

Im **zweiten Kapitel** werden die für die Problemstellung relevanten Grundlagen der Unternehmensbewertung dargestellt. Hierbei wird zunächst ein Überblick zu den unterschiedlichen Werttheorien gegeben, und anschließend werden konkret die Besonderheiten der objektivierten und der subjektiven Unternehmensbewertung nach IDW S 1 vorgestellt. Der Verfasser geht hierbei auch knapp auf die Bedeutung der Unterschiede der beiden Werttheorien im Hinblick auf die Problemstellung ein. Unabhängig hiervon betrachtet er die Zukunftserfolgsverfahren zuerst allgemein für verschiedene Phasenmodelle. Hierauf aufbauend werden mit dem Ertragswertverfahren, dem FCF-WACC-Verfahren und dem APV-Verfahren drei Verfahren erläutert, bei denen die Eigenkapitalkosten unterschiedlich einfließen. Der Verfasser arbeitet hierbei vor allem die Unterschiede hinsichtlich der Berücksichtigung der Finanzierung und der daraus resultierenden Steuervorteile heraus. Bevor mit dem CAPM das am weitesten verbreitete Modell zur Ermittlung von Eigenkapitalkosten ausführlich dargestellt wird, leitet der Verfasser mit der Sachgerechtigkeit und Anwendbarkeit Anforderungen an Modelle zur Ermittlung von Eigenkapitalkosten her. Unter Beachtung der Anforderungen werden das CAPM und Möglichkeiten zur Ableitung der Komponenten des Modells im Anschluss kritisch analysiert.

Im **dritten Kapitel** wird zunächst das der Arbeit zugrunde liegende Verständnis von Finanzierungsrisiken definiert. Hieran anschließend wird allgemein der Einfluss der Finanzierungsrisiken auf die Rendite der Eigenkapitalgeber sowie die Notwendigkeit betrachtet, Parameter des CAPM hinsichtlich der Finanzierungsrisiken anzupassen. Der Verfasser erläutert, dass der historische Betafaktor üblicherweise anhand eines zweistufigen Verfahrens angepasst wird, bei dem zuerst die vergangenen Finanzierungsrisiken aus dem Betafaktor bereinigt (Unlevern) und anschließend die künftigen

Finanzierungsrisiken berücksichtigt werden (Relevern). Er erläutert kurz die unterschiedlichen Annahmen, die den im Schrifttum im Wesentlichen diskutierten und in der Bewertungspraxis angewandten Formeln zur Anpassung des Betafaktors zugrunde liegen. Bevor die Anpassungsformeln kritisch analysiert werden, leitet der Verfasser aufbauend auf den in Kapitel 2 dargestellten allgemeinen Anforderungen aus den Zielen des Un- und Releverns differenzierte Anforderungen an die beiden Schritte her. Im Rahmen der kritischen Analyse der Anpassungsformeln wird deutlich, dass durch vereinfachende Annahmen zum Wert und Betafaktor des Steuervorteils bei allen betrachteten Anpassungsformeln die sachgerechte Anwendung der Formeln nur unter bestimmten, teilweise eher realitätsfernen Bedingungen gegeben ist. Die Sachgerechtigkeit ist vor allem in einem regelmäßig im Rahmen der Unternehmensbewertung verwandten Mehr-Phasenmodell nur in restriktiven Ausnahmefällen gegeben. Der Verfasser schlägt daher vor, eine allgemeine Anpassungsformel zu verwenden, in die der Wert und der Betafaktor des Steuervorteils explizit einfließen.

Im **vierten Kapitel** wird zuerst aufbauend auf den Ergebnissen des dritten Kapitels diese allgemeine Anpassungsformel hergeleitet, in der die wesentlichen Einflussparameter explizit berücksichtigt werden. Die anschließende Analyse der Möglichkeiten die Parameter der Formel zu bestimmen sowie die Konkretisierung des Ermittlungsvorgehens unter Beachtung der Anforderungen bilden dann einen wesentlichen Schwerpunkt der Arbeit. Aufgrund der unterschiedlichen Anforderungen an das Un- und Relevern betrachtet der Verfasser die wesentlichen Einflussparameter der Formel getrennt für die beiden Schritte. Allgemein leitet er aus den Anforderungen für den ersten Anpassungsschritt ab, dass sich beim Unlevern die in die Formel einfließenden Parameter auf den Beobachtungszeitraum des historischen Betafaktors beziehen müssen und anstelle von Zeitpunktgrößen Durchschnittswerte über den Beobachtungszeitraum zu bestimmen sind. Hierbei ist soweit möglich das Intervall zu verwenden, das dem zu korrigierenden historischen Betafaktor zugrunde liegt. Neben dieser parameterübergreifenden Konkretisierung sieht es der Verfasser zur Erfüllung der Anforderungen auch bei den parameterspezifischen Konkretisierungen verschiedentlich als erforderlich an, von dem üblichen Vorgehen in der Bewertungspraxis abzuweichen.

Ausführlich widmet sich der Verfasser dem Betafaktor des Fremdkapitals, einem Parameter der Anpassungsformel, der bisher im Schrifttum wenig thematisiert wurde. Bei diesem Parameter analysiert er zunächst theoretisch die verschiedenen Ermittlungsmöglichkeiten und untersucht anschließend die historischen Betafaktoren, die sich bei Anwendung zweier unterschiedlicher Methoden für börsennotierte Anleihen ergeben. Bei der ersten Methode werden die Betafaktoren indirekt aus Renditen börsennotierter Anleihen (indirekte Methode) und bei der zweiten Methode durch eine lineare Regression der historischen Renditen einer börsennotierten Anleihe mit den Renditen eines Vergleichsindex (direkte Methode) ermittelt. Die Untersuchung des Verfassers bestätigt die zuvor im Rahmen der theoretischen Analyse erarbeiteten Kritikpunkte der beiden Methoden. Unter Beachtung der Anforderungen kommt der Verfasser aufgrund der theoretischen Analyse und der empirischen Untersuchung sowohl hinsichtlich des Un- als auch des Releverns zu dem Ergebnis, dass entgegen dem üblichen Vorgehen die direkte Methode angewandt werden sollte.

Der Verfasser kommt hier zu dem Ergebnis, dass sich die Einflussparameter der allgemeinen Anpassungsformel mit geringen Einschränkungen sachgerecht und mit angemessenem Aufwand bestimmen lassen. Eine Ausnahme stellt der explizit in die Anpassungsformel einfließende Betafaktor des Steuervorteils dar, sodass der Verfasser nach ausführlicher Betrachtung der Unsicherheiten empfiehlt, den Betafaktor des Steuervorteils beim Unlevern typisiert in Höhe des unverschuldeten Betafaktors anzunehmen.

Bei dem zweiten Anpassungsschritt, dem Relevern, entsteht ein Zirkularitätsproblem, da der Marktwert des Eigenkapitals sowohl Zielgröße der Unternehmensbewertung als auch Parameter der Anpassungsformel ist. Durch die Verwendung des Roll-Back-Verfahrens lässt sich dieses Zirkularitätsproblem lösen. Der Verfasser erläutert, dass die Anwendung des Roll-Back-Verfahrens einen wesentlichen Einfluss auf die Ermittlung der Eigenkapitalkosten und der Einflussparameter der Anpassungsformel hat. So müssen sich die Eigenkapitalkosten und hierdurch auch der verschuldete Betafaktor des Eigenkapitals sowie die in die Anpassungsformel einfließenden Betafaktoren in der Detailplanungsphase auf die entsprechende Periode beziehen. Der Verfasser konkretisiert das Vorgehen, die Einflussparameter zu bestimmen, für ein Zwei-Phasenmodell, bei dem in der Detailplanungsphase das Roll-Back-Verfahren angewandt wird. Beispielhaft zeigt er für den risikolosen Zinssatz, der sich ebenfalls auf die entsprechende Periode in Form einer Forward Rate beziehen muss, den Fehler, der entsteht, wenn wie in der Bewertungspraxis üblich ein einheitlicher Basiszinssatz oder Spot Rates verwendet werden und sich der risikolose Zinssatz somit nicht auf die entsprechende Periode bezieht. Im Gegensatz zur Detailplanungsphase sind dann für die Phase der ewigen Rente periodeneinheitliche Betafaktoren zu bestimmen. Durch die unterschiedlichen Anforderungen an die Detailplanungsphase und die Phase der ewigen Rente betrachtet der Verfasser die Parameter getrennt für die beiden Phasen. Unter anderem sieht er es als erforderlich an, zur Berücksichtigung der unterschiedlichen Gegebenheiten in den beiden Phasen eine abweichende Unsicherheit des Steuervorteils anzunehmen. Konkret schlägt er aufgrund seiner Analyse zu den Risiken vor, in der Detailplanungsphase typisierend den halben unverschuldeten Betafaktor und in der Phase der ewigen Rente den unverschuldeten Betafaktor als Betafaktor des Steuervorteils anzusetzen. Er verdeutlicht, dass im Gegensatz zu den in Kapitel 3 betrachteten Anpassungsformeln die allgemeine Anpassungsformel geeignet ist, die unterschiedlichen Unsicherheiten der Phasen zu berücksichtigen. Unter Beachtung der Möglichkeiten die Parameter der allgemeinen Anpassungsformel zu ermitteln, kommt er zu dem Ergebnis, dass die allgemeine Anpassungsformel den üblicherweise angewandten Formeln beim Relevern überlegen ist und daher angewandt werden sollte. Das vierte Kapitel endet mit einem zusammenfassenden Überblick zu den Konkretisierungen beim Un- und Relevern.

Die Arbeit schließt im **fünften Kapitel** mit einer Zusammenfassung der wesentlichen Untersuchungsergebnisse sowie einem hieraus abgeleiteten Ausblick auf zentrale Forschungsfragen.

In der vorgelegten Arbeit überzeugt besonders, wie klar der Verfasser das gestellte Problem strukturiert und wie konsequent er die zu Beginn der Arbeit herausgearbeiteten Würdigungskriterien seinen Überlegungen zugrunde legt. Hier liegt auch der besondere Wert der Arbeit. Der Verfasser zerlegt die gestellte Problemstellung konsequent und arbeitet die verschiedenen Aspekte systematisch vor dem Hintergrund der Äquivalenzanforderungen ab. An vielen Stellen greift er bekannte Erkenntnisse auf, ergänzt sie aber wo immer erforderlich durch sehr gelungene eigene Analysen und schließt vorhandene Lücken gleichermaßen konsequent wie kreativ. Ein besonderes Anliegen ist es dem Verfasser aufgrund seiner Historie als Projektmitarbeiter zudem, über die saubere theoretische Analyse hinaus auch die praktische Anwendbarkeit zu betrachten. Hier arbeitet er an verschiedenen Stellen heraus, dass die allgemeinen Anforderungen an eine Unternehmensbewertung bei der praktischen Umsetzung nicht immer konsequent eingehalten bzw. z. T. nicht beachtet werden. Seine fundierte Analyse versetzt den Verfasser hier in die Lage, diese Defizite aufzudecken und die Lücken zu schließen. Insofern sei der Arbeit eine weite Verbreitung sowohl in der theoretischen Diskussion zur Unternehmensbewertung als auch vor allem in der praktischen Umsetzung gewünscht.

Münster, im Mai 2012 — Prof. Dr. Hans-Jürgen Kirsch

Vorwort des Verfassers

Die vorliegende Arbeit entstand während meiner Tätigkeit als wissenschaftlicher Mitarbeiter am Institut für Rechnungslegung und Wirtschaftsprüfung (IRW) der Westfälischen Wilhelms-Universität in Münster und meiner Tätigkeit als Mitarbeiter bei der Rölfs RP AG Wirtschaftsprüfungsgesellschaft im Bereich Transactions. Sie wurde von der Wirtschaftswissenschaftlichen Fakultät in Münster im Mai 2012 als Dissertation angenommen.

An dieser Stelle möchte ich all jenen einen herzlichen Dank aussprechen, die mich bei der Anfertigung dieser Arbeit auf vielfältige Weise unterstützt haben. Im Besonderen gilt dies für meinen verehrten Doktorvater, Herrn Prof. Dr. Hans-Jürgen Kirsch. Ihm danke ich sowohl für die Möglichkeit zur Promotion als auch für die ständige Diskussionsbereitschaft und die wertvollen fachlichen Hinweise, die erheblich zum Gelingen dieser Arbeit beigetragen haben. Für die Unterstützung seitens RölfsPartner bedanke ich mich stellvertretend bei Herrn WP/StB Michael Wahlscheidt und Herrn WP/StB Jochen Breithaupt. Bedanken möchte ich mich auch bei Herrn Prof. Dr. Christoph Watrin für die Übernahme des Zweitgutachtens und bei Herrn Prof. Dr. Aloys Prinz für sein Mitwirken in der Promotionskommission.

Großer Dank gilt auch Herrn Prof. Dr. Dr. h. c. Jörg Baetge und den Mitarbeitern seines Forschungsteams für die wertvollen fachlichen Anregungen in den gemeinsamen Doktorandenseminaren. Weiterhin ist es mir ein Anliegen meinen (ehemaligen) Kollegen am Institut in Münster und bei RölfsPartner sowohl für fachliche Unterstützung als auch eine tolle Zeit zu danken. Namentlich erwähnen möchte ich an diese Stelle Frau Dipl.-Kffr. Yasmine Bassen, Frau Ann-Kathrin Bonke, Herrn Dr. Adrian Chadi, Herrn Dipl.-Kfm. Dominik Dettenrieder, Herrn Dipl.-Kfm. Florian Gallasch, Herrn Dipl.-Kfm. Timo Hesse, Herrn Dr. Tim Hoffmann, Herrn WP/StB Tim Horstmeier, Herrn Dr. Peter Koelen, Frau Dr. Kathrin Köhling, Frau RA Birte Körkemeyer, Herrn Dr. Alexander Olbrich, Herrn WP/StB/RA Jochen Reinke, Herrn Dr. Daniel Siegel, Herrn Dr. Oliver Tinz, Frau Dipl.-Kffr. Heike Tondera sowie Herrn Dipl.-Kfm. Christian Weber. Ein ganz besonderer Dank gilt Herrn Dr. Matthias Knabe, der sich in der Zeit am Institut das Büro mit mir geteilt hat. Ihm gebührt Dank sowohl für die vielfältige fachliche Unterstützung bei der Anfertigung der Arbeit als auch für eine unvergessliche Promotionszeit. Zudem danke ich den wissenschaftlichen Hilfskräften für ihre großartige Unterstützung.

Von ganzen Herzen möchte ich mich bei meiner Familie und meinen Freunden bedanken. Insbesondere meine Eltern und meine beiden Brüder haben mich auf meinem bisherigen Lebensweg immer wieder auf vielfältige Weise unterstützt und mir mit Rat und Tat zur Seite gestanden. Ohne ihren Rückhalt wäre es deutlich schwieriger gewesen die Arbeit anzufertigen. Ihnen möchte ich diese Arbeit widmen.

Münster, im Mai 2012 Gerrit Lütkeschümer

Inhaltsübersicht

Inhaltsverzeichnis

Abbildungsverzeichnis

Tabellenverzeichnis

Abkürzungsverzeichnis

A

AG	Aktiengesellschaft
ACWI	MSCI All Country World Index
APV	Adjusted Present Value
arith. Mittel	arithmetischer Mittelwert
Aufl.	Auflage
AMEX	American Stock Exchange

B

BB	Betriebs-Berater (Zeitschrift)
Bd.	Band
Beta	Betafaktor
BFuP	Betriebswirtschaftliche Forschung und Praxis (Zeitschrift)
BFV	Bloomberg Fair Value
BGH	Bundesgerichtshof
BGN	Bloombger Generic Price
BIS	Bank for International Settlements
BP	BewertungsPraktiker (Zeitschrift)
bspw.	beispielsweise
bzw.	beziehungsweise

C

CAPM	Capital Asset Pricing Model
CDAX	Composite DAX
CDS	Credit Default Swap
CFB	Corporate Finance biz (Zeitschrift)
c. p.	ceteris paribus

D

DAX	Deutscher Aktienindex
DB	Der Betrieb (Zeitschrift)
DBW	Die Betriebswirtschaft (Zeitschrift)
DCF	Discounted Cashflow

E

EBITDA	Earnings before Interest, Taxes, Depreciation and Amortization
ECI	Exane Convertible Index
EG	Europäische Gemeinschaft
ER	Ewige Rente

et al.	et alii
EU	Europäische Union
EURIBOR	Euro Interbank Offered Rate
e. V.	eingetragener Verein
EZB	Europäische Zentralbank
F	
f.	folgende (Seite)
ff.	fortfolgende (Seite)
FAUB	Fachausschuss für Unternehmensbewertung und Betriebswirtschaft
FB	Finanz Betrieb (Zeitschrift)
FCF	Free Cashflow
Fn.	Fußnote
FTE	Flow to Equity
G	
GB	Geschäftsbericht
GE	Geldeinheiten
gest. Mittel	gestutzter Mittelwert
ggf.	gegebenenfalls
GmbH	Gesellschaft mit beschränkter Haftung
GmbHR	GmbH-Rundschau (Zeitschrift)
H	
HFA	Hauptfachausschuss des IDW
HGB	Handelsgesetzbuch
Hrsg.	Herausgeber
hrsg. v.	herausgegeben von
I	
IACVA	International Association of Consultants, Valuators and Analysts
IAS	International Accounting Standard(s)
IASB	International Accounting Standards Board
i. d. F.	in der Fassung
i. d. R.	in der Regel
IDW	Institut der Wirtschaftsprüfer in Deutschland e. V.
IDW FN	IDW Fachnachrichten (Zeitschrift)
IFRS	International Financial Reporting Standard(s)
inkl.	inklusive
ISDA	International Swaps and Derivatives Association

J

JARAF	Journal of Applied Research in Accounting and Finance
JoF	The Journal of Finance

K

KGaA	Kommanditgesellschaft auf Aktien
KMU	kleine und mittlere Unternehmen
KMV	Kealhofer/MCQuown/Vasicek
KoR	Zeitschrift für internationale und kapitalmarktorientierte Rechnungslegung

M

m. w. N.	mit weiteren Nachweisen
MSCI	Morgan Stanley Capital International

N

No.	Number
Nr.	Nummer
NYSE	New York Stock Exchange

O

OLS	Ordinary Least Square
OTC	Over-the-Counter

R

rd.	rund
REX	Deutscher Rentenindex
REXP	REX-Performanceindex
Rn.	Randnummer
RWZ	Zeitschrift für Recht und Rechnungswesen

S

S	Standard des IDW
S.	Seite
SE	Societas Europaea (Europäische Aktiengesellschaft)
sog.	sogenannte(n/r/s)
StuW	Steuer und Wirtschaft (Zeitschrift)
SXXP	STOXX® Europe 600 (Performanceindex)

T

TCF	Total Cashflow
TM	Trade Mark
Ts.	Taunus

Tz.	Textziffer
U	
u. a.	und andere
UK/U. K.	United Kingdom
US/U. S.	United States
USA	United States of America
V	
VDAX	Volatilitätsindex des DAX
vgl.	vergleiche
VOFI	Vollständiger Finanzplan
W	
WACC	Weighted Average Cost of Capital
WiSt	Wirtschaftswissenschaftliches Studium (Zeitschrift)
WP	Wirtschaftsprüfer
WPg	Die Wirtschaftsprüfung (Zeitschrift)
X	
XETRA	Exchange Electronic Trading
Z	
z. B.	zum Beispiel
ZBB	Zeitschrift für Bankrecht und Bankwirtschaft
ZfB	Zeitschrift für Betriebswirtschaft
zfbf	Zeitschrift für betriebswirtschaftliche Forschung
z. T.	zum Teil

Symbolverzeichnis

$\overline{(\dots)}$	Erwartungswert
$(\dots)_{EK}$	Index (Eigenkapital)
$(\dots)_{FK}$	Index (Fremdkapital)
$(\dots)_{GK}$	Index (Gesamtkapital)
$(\dots)_{HK}$	Index (Hybride Finanzierungsinstrumente)
$(\dots)_{j}$	Laufindex (Unternehmen/Wertpapier)
$(\dots)_{LM}$	Index (Liquide Mittel)
$(\dots)_{M}$	Index (Marktportfolio)
$(\dots)^{MW}$	Index (Marktwert)
$(\dots)_{NBK}$	Index (beim Un- und Relevern nicht berücksichtigtes Kapital)
$(\dots)_{NFK}$	Index (Nettofremdkapital)
$(\dots)^{nST}$	Index (nach Unternehmenssteuern und persönlichen Steuern)
$(\dots)_{t}$	Zeitindex
$(\dots)_{TS}$	Index (Tax Shield)
$(\dots)^{UnST}$	Index (nach Unternehmenssteuern)
$(\dots)^{u}$	Index (unverschuldet)
$(\dots)^{v}$	Index (verschuldet)

α	Signifikanzniveau
β	Betafaktor
CF	(unbestimmte) Cashflow-Größe
E	Erträge der Eigenkapitalgeber
EK	Eigenkapital
EW	Ertragswert
FCF	Free Cashflow
FK	Fremdkapital
FTE	Flow to Equity
$FÜ$	Finanzielle Überschüsse
GK	Gesamtkapital
HK	Hybride Finanzierungsinstrumente
i	Fremdkapitalzinssatz
k	Diskontierungszins
LM	Liquide Mittel
M	Marktportfolio
max	Maximum
min	Minimum
MRP	Marktrisikoprämie
n	Laufindex (Zahl)
NBK	beim Unlevern nicht berücksichtigtes Kapital

NFK	Netto-Fremdkapital
nSt	nach Unternehmenssteuern und persönlichen Steuern
p_k	Marktrate der Risikoklasse k
q	Ausschüttungsquote
R^2	Bestimmtheitsmaß
r	Rendite
r_f	risikoloser Zinssatz
$r_{K,L}$	Forward Rate vom Ende der Periode K bis zum Ende der Periode L
s	Unternehmenssteuersatz
s^P	Persönlicher Steuersatz
s^{PA}	Persönlicher Steuersatz (Ausschüttung)
s^{PT}	Persönlicher Steuersatz (Thesaurierung)
SV	Periodischer Steuervorteil
t	Zeitindex (Jahre)
T	Letzte Periode der Detailplanungsphase
TS	Wert des Steuervorteils
UW	Unternehmenswert
VG	Verschuldungsgrad
w	Wachstumsrate
$w_{implizit}$	implizite Gesamtwachstumsrate
$WACC$	Weighted Average Cost of Capital

1 Problemstellung und Gang der Untersuchung

Unternehmen werden regelmäßig anhand von Zukunftserfolgsverfahren[1] bewertet, bei denen der Unternehmenswert durch die Kapitalisierung künftig erwarteter finanzieller Überschüsse mit einem risikoäquivalenten Zinssatz bestimmt wird.[2] Der Zinssatz ist hierbei auf die finanziellen Überschüsse abzustimmen,[3] die sich bei einem Unternehmen je nach konkretem Verfahren unterscheiden. Für die finanziellen Überschüsse der Eigenkapitalgeber, die in einem Equity-Verfahren[4] kapitalisiert werden, sind bspw. die erwarteten Eigenkapitalkosten für vergleichbar riskante Anlagen der geeignete Zinssatz.[5] Diese sind allerdings auch für die Höhe des Zinssatzes der anderen angewandten Verfahren relevant.[6]

Die erwarteten Eigenkapitalkosten werden im Rahmen der Unternehmensbewertung regelmäßig anhand des Capital Asset Pricing Model (CAPM) bestimmt. Im CAPM determiniert der Betafaktor die unternehmensindividuelle Unsicherheit, die laut HAMADA im Durchschnitt zu über 20 % durch **Finanzierungsrisiken** erklärt wird.[7] Finanzierungsrisiken ergeben sich aufgrund des Einflusses der Finanzierung auf die Unsicherheit des Unternehmens.[8] Der Betafaktor wird i. d. R. aus historischen Kapitalmarktdaten abgeleitet und bildet somit die in der Vergangenheit erwartete Unsicherheit ab. Die Unsicherheit kann hierbei in operative Risiken und Finanzierungsrisiken unterschieden werden. Auf den ersten Blick scheinen somit die Finanzierungsrisiken in den Eigenkapitalkosten berücksichtigt und einer Arbeit zu diesem Thema könnte die Relevanz abgesprochen werden. Zu beachten ist indes, dass es oftmals nicht möglich ist, unmittelbar für das Bewertungsobjekt einen Betafaktor zu bestimmen, und es dann erforderlich ist, den Betafaktor anhand von vergleichbaren Unternehmen zu ermitteln.[9] Zwar sollte ein solches Unternehmen grundsätzlich vergleichbare Finanzierungsrisiken haben, allerdings ist die Zahl der möglichen Vergleichsunternehmen eingeschränkt, soweit die Unternehmen sowohl ähnliche operative Risiken als auch vergleichbare Finanzierungsrisiken aufweisen sollen. Wird ein Unternehmen verwandt, welches lediglich hinsichtlich der operativen Risiken vergleichbar ist, müssen die im Betafaktor berücksichtigten Finanzierungsrisiken angepasst werden.[10] Indes kann es nicht nur erforderlich sein den Betafaktor anzupassen, wenn auf vergleichbare Unternehmen abgestellt wird, sondern ebenfalls, wenn der unternehmenseigene Betafaktor verwandt wird. So sind aufgrund des Stichtagsprinzips und des Grundsatzes des Zukunftsbezuges

---

1 Vgl. zu den Verfahren Abschnitt 22.

2 Vgl. MANDL, G./RABEL, K., Unternehmensbewertung, S. 31-42; IDW (Hrsg.), WP Handbuch, Abschnitt A, Rn. 8.

3 Vgl. Abschnitt 232.

4 Vgl. zur Unterscheidung von Equity- und Entity-Verfahren Abschnitt 221.

5 Vgl. BAETGE, J./NIEMEYER, K./KÜMMEL, J./SCHULZ, R., Bewertungsverfahren, S. 362.

6 Vgl. zu den verschiedenen Bewertungsverfahren Abschnitt 22.

7 Vgl. HAMADA, R. S., Capital Structure, S. 451.

8 Vgl. hierzu ausführlich Abschnitt 311.

9 Vgl. beispielhaft KERN, C./MÖLLS, S. H., Ableitung CAPM-basierter Betafaktoren, S. 440; KRUSCHWITZ, L./LÖFFLER, A./LORENZ, D., Unlevering und Relevering, S. 672; ARBEITSKREIS „FINANZIERUNG" DER SCHMALENBACH-GESELLSCHAFT DEUTSCHE GESELLSCHAFT FÜR BETRIEBSWIRTSCHAFT E. V., Wertorientierte Unternehmenssteuerung, S. 552. Neben einer fehlenden Börsennotierung des Bewertungsobjektes kann vor allem eine fehlende Eignung des Betafaktors, z. B. aufgrund kursbeeinflussender Ereignisse, es erforderlich machen, den Betafaktor anhand eines vergleichbaren Unternehmens zu ermitteln.

10 Vgl. IDW (Hrsg.), WP Handbuch, Abschnitt A, Rn. 304.

die Finanzierungsrisiken des Bewertungsobjektes zum Bewertungsstichtag relevant.[11] Der Betafaktor ist somit generell zu korrigieren, wenn die historisch erwarteten Finanzierungsrisiken von den am Bewertungsstichtag erwarteten Finanzierungsrisiken des Bewertungsobjektes abweichen.

Die Notwendigkeit, den Betafaktor an künftige Finanzierungsrisiken anzupassen, ist vor allem in Zeiten volatiler Kapitalmärkte ersichtlich. So stellt JONAS fest, dass „die Finanzkrise [...] schmerzhaft [beweist] [...], dass der Verschuldungsgrad und damit die Kapitalstruktur eines Unternehmens das Risiko des Unternehmens beeinflusst."[12] JONAS und auch GRABOWSKI weisen darauf hin, dass sich durch die Kursrückgänge der Aktien zum Ende des Jahres 2008 die Verschuldungsgrade deutlich erhöht haben.[13] Wenngleich der Anpassungsbedarf in Zeiten volatiler Kapitalmärkte besonders deutlich wird, kann hieraus jedoch nicht abgeleitet werden, dass der Betafaktor ausschließlich in diesen Phasen zu korrigieren ist. Von gleichbleibenden Finanzierungsrisiken kann auch sonst nicht ausgegangen werden.

Im Schrifttum und in der Bewertungspraxis wird der aus historischen Kapitalmarktdaten abgeleitete Betafaktor in zwei Schritten an die künftige Finanzierung angepasst. Im ersten Schritt, dem sog. **Unlevern**, wird der Betafaktor vollständig um die in der Vergangenheit erwartete Finanzierung bereinigt. Im zweiten Schritt, dem sog. **Relevern**, wird er an die künftig erwartete Finanzierung angepasst.[14] Hierfür werden funktionale Zusammenhänge zwischen dem aus historischen Kapitalmarktdaten abgeleiteten sog. verschuldeten Betafaktor und dem fiktiv unverschuldeten Betafaktor herangezogen. Diese **Anpassungsformeln** werden im Schrifttum in verschiedenen Varianten diskutiert.[15] Unterschiede ergeben sich unter anderem aufgrund der Annahme zur Finanzierungspolitik eines Unternehmens, der Unsicherheit der Steuervorteile oder auch der Unsicherheit der mit dem Fremdkapital verbundenen Zahlungen.

Während im Schrifttum vor allem die Fragestellung der sachgerechten Anpassungsformel große Bedeutung hat, wird die Operationalisierung der Einflussparameter indes nur rudimentär betrachtet. So stellen auch WATRIN/STÖVER fest, dass „Praktiker selbst bei Kenntnis der richtigen [...] Formel häufig vor dem Problem [stehen], diese Formel richtig zu operationalisieren."[16] Dies ist in der Bewertungspraxis z. B. bei dem Betafaktor des Fremdkapitals (auch Debt Beta genannt) zu beobachten. Indes ist zu beachten, dass der Betafaktor des Eigenkapitals lediglich dann sachgerecht angepasst werden kann, wenn sowohl die Anpassungsformel geeignet ist als auch die Einflussparameter sachgerecht bestimmt werden.

---

11 Vgl. zu den Äquivalenzkriterien Abschnitt 232.

12 JONAS, M., Unternehmensbewertung in der Krise, S. 545.

13 Vgl. JONAS, M., Unternehmensbewertung in der Krise, S. 545; GRABOWSKI, R. J., Cost of Capital Estimation, S. 35-38. GRABOWSKI nennt mit der Unsicherheit des Steuervorteils und dem Betafaktor des Fremdkapitals weitere Einflussparameter der Finanzierung, die sich verändert haben.

14 Vgl. beispielhaft KRUSCHWITZ, L./LÖFFLER, A./LORENZ, D., Unlevering und Relevering, S. 672; IDW (Hrsg.), WP Handbuch, Abschnitt A, Rn. 305-307.

15 Einen Überblick geben bspw. FERNÁNDEZ, P., Levered and Unlevered Beta, S. 1-16; ADERS, C./WAGNER, M., Kapitalkosten in der Bewertungspraxis, S. 30-42 oder auch Abschnitt 32.

16 WATRIN, C./STÖVER, R., Einfluss des Tax Shields, S. 61.

Daher werden im Rahmen dieser Arbeit einerseits die wesentlichen im Schrifttum diskutierten und in der Bewertungspraxis angewandten Anpassungsformeln kritisch analysiert und andererseits soll die im Schrifttum identifizierte Lücke der Operationalisierung der Einflussparameter geschlossen werden. Die Konkretisierung der in die Anpassungsformeln einfließenden Parameter stellt den Schwerpunkt der Arbeit dar. Wenngleich alle Parameter der Anpassungsformeln betrachtet werden, gilt ein besonderes Augenmerk dem Betafaktor des Fremdkapitals, der erst in den letzten Jahren in der deutschen Bewertungspraxis berücksichtigt wird.[17] Der Untersuchungsgegenstand wird auf die Ableitung der Eigenkapitalkosten für das gesamte Unternehmen eingeschränkt. Dies schließt nicht aus, dass Aspekte auch für die Bewertung von Unternehmensteilen relevant sind, jedoch werden diese in der Arbeit nicht explizit betrachtet. Da es sich bei dem CAPM um das in der Praxis am weitesten verbreitete Modell zur Ableitung der Eigenkapitalkosten handelt, wird die Analyse der Berücksichtigung von Finanzierungsrisiken hierauf beschränkt. Im Rahmen dieser Arbeit wird zwar nicht die Perspektive einer konkreten Werttheorie eingenommen,[18] jedoch werden Unterschiede gezeigt, die sich hinsichtlich der objektivierten und subjektiven Unternehmensbewertung nach IDW S 1 ergeben. Die **Untersuchung** ist wie folgt strukturiert:

Im Anschluss an die Einleitung werden in **Kapitel 2** kurz die zum Verständnis der Arbeit relevanten Grundlagen der Unternehmensbewertung dargestellt. Zunächst wird ein Überblick zu den wesentlichen in der deutschsprachigen Bewertungsliteratur diskutierten Werttheorien gegeben und anschließend konkret die objektivierte und die subjektive Unternehmensbewertung nach IDW S 1 erörtert. Zudem werden Zukunftserfolgsverfahren beschrieben, und hierbei wird insbesondere betrachtet, wie die Eigenkapitalkosten in die Verfahren einfließen. Die Untersuchung ist auf Zukunftserfolgsverfahren begrenzt, da diese das wesentliche Anwendungsfeld des CAPM im Rahmen der Unternehmensbewertung darstellen. Bevor mit dem CAPM eine Möglichkeit geschildert wird, die Eigenkapitalkosten zu ermitteln, werden Anforderungskriterien an deren Ermittlung hergeleitet. Das CAPM und insbesondere die Komponenten werden ausführlich analysiert und abschließend auf der Grundlage der zuvor erarbeiten Anforderungen gewürdigt.

In **Kapitel 3** wird zuerst das der Arbeit zugrunde liegende Verständnis von Finanzierungsrisiken definiert sowie die Relevanz der Finanzierungsrisiken für die Eigenkapitalkosten dargestellt. Anschließend wird betrachtet, welche Komponenten des CAPM aufgrund der Finanzierungsrisiken anzupassen sind. Es werden die im Schrifttum im Wesentlichen diskutierten und in der Bewertungspraxis angewandten Anpassungsformeln erläutert. Die in Kapitel 2 allgemein hergeleiteten Anforderungen an die Ermittlung der Eigenkapitalkosten werden hinsichtlich des Un- und Releverns konkretisiert. Abschließend werden die zuvor dargestellten Anpassungsformeln unter Beachtung der Anforderungen kritisch analysiert.

---

[17] Vgl. SCHULTE, J./FRANKEN, L./KOELEN, P./LEHMANN, D., Debt Beta in der Bewertungspraxis, S. 13-21; ADERS, C./WAGNER, M., Kapitalkosten in der Bewertungspraxis, 30-42.

[18] Vgl. zu den Werttheorien Abschnitt 21.

Ausgehend von den Erkenntnissen des vorherigen Kapitels wird in **Kapitel 4** eine allgemeine Anpassungsformel hergeleitet. Der Schwerpunkt des Kapitels, sowie der gesamten Arbeit, liegt indes in der Konkretisierung der in diese Anpassungsformel einfließenden Parameter. Hierbei werden, soweit erforderlich, Unterschiede hinsichtlich der Zukunftserfolgsverfahren und der unterschiedlichen Werttheorien des IDW S 1 gezeigt. Aufgrund unterschiedlicher Anforderungen beim Un- und Relevern werden die Parameter getrennt für die beiden Schritte betrachtet. Neben einer theoretischen Analyse der Methoden zur Bestimmung des Betafaktors des Fremdkapitals wird dieser Parameter zusätzlich anhand historischer Kapitalmarktdaten untersucht. Aufbauend auf der theoretischen Analyse und Untersuchung wird das Ermittlungsvorgehen für die Parameter konkretisiert. Abschließend werden die Konkretisierungsvorschläge für die Parameter und die allgemeine Anpassungsformel zusammenfassend gewürdigt.

Die Arbeit schließt in **Kapitel 5** mit einer Zusammenfassung der wesentlichen Erkenntnisse der Arbeit und einem Ausblick auf weitere relevante Forschungsfragen.

2 Grundlagen der Unternehmensbewertung

21 Werttheorien der Unternehmensbewertung

211. Überblick

Die Theorie der Unternehmensbewertung hat sich in der Vergangenheit stetig weiterentwickelt. Dies gilt auch für die Werttheorien der Unternehmensbewertung, hinsichtlich derer in der deutschen Bewertungsliteratur insbesondere die objektive und die subjektive Unternehmensbewertung sowie die funktionale Unternehmensbewertung unterschieden werden.[19] Im Folgenden werden diese knapp dargestellt.

Die **objektive Unternehmensbewertung** war bis ca. 1960 in der Literatur die dominierende Werttheorie.[20] Nach der objektiven Werttheorie kann der Wert eines Unternehmens als dessen Eigenschaft angesehen werden.[21] Der objektive Unternehmenswert ergibt sich somit unabhängig vom Bewertungssubjekt auf der Grundlage von Erfolgspotenzialen, die von „jedermann" realisiert werden könnten.[22] Diese fehlende Berücksichtigung des konkreten Bewertungssubjektes ist der wesentliche Kritikpunkt an der objektiven Unternehmensbewertung.[23]

Bei der **subjektiven Unternehmensbewertung** wird hingegen das konkrete Bewertungssubjekt berücksichtigt und der Unternehmenswert unter Beachtung der subjektiven Planungen und Vorstellungen des Bewertungssubjektes als Gebrauchswert bestimmt.[24] Diese zur objektiven Werttheorie konträre Werttheorie setzte sich im Laufe der 1960er Jahre durch.[25] Die subjektive Unternehmensbewertung wird neben dem Prinzip der Subjektbezogenheit durch die beiden Prinzipien der Zukunftsbezogenheit sowie der Gesamtbewertung charakterisiert.[26] Die mit der Subjektbezogenheit einhergehenden subjektiven Annahmen bedeuten jedoch eine Einschränkung der intersubjektiven Nachprüfbarkeit.[27]

---

19 Vgl. zu den Werttheorien z. B. MATSCHKE, M. J./BRÖSEL, G., Unternehmensbewertung, S. 14-24; PEEMÖLLER, V. H., Werttheorien, S. 1-11.

20 Vgl. MATSCHKE, M. J./BRÖSEL, G., Unternehmensbewertung, S. 14; PEEMÖLLER, V. H., Werttheorien, S. 5; LEITNER, F., Wirtschaftslehre der Unternehmung, S. 184; FELTEN, J.-B., Wert und Bewertung ganzer Unternehmungen, S. 11-16.

21 Vgl. PEEMÖLLER, V. H., Werttheorien, S. 4; MÜNSTERMANN, H., Wert und Bewertung der Unternehmung, S. 23; FELTEN, J.-B., Wert und Bewertung ganzer Unternehmungen, S. 11-16.

22 Vgl. PEEMÖLLER, V. H., Werttheorien, S. 4; MÜNSTERMANN, H., Wert und Bewertung der Unternehmung, S. 23 und zur Unabhängigkeit vom Bewertungssubjekt MELLEROWICZ, K., Der Wert der Unternehmung als Ganzes, S. 60.

23 Vgl. zur kritischen Betrachtung der objektiven Unternehmensbewertung z. B. MÜNSTERMANN, H., Wert und Bewertung der Unternehmung, S. 21-28; MATSCHKE, M. J./BRÖSEL, G., Unternehmensbewertung, S. 14-17; PEEMÖLLER, V. H., Werttheorien, S. 4-6.

24 Vgl. MATSCHKE, M. J./BRÖSEL, G., Unternehmensbewertung, S. 18-21; PEEMÖLLER, V. H., Werttheorien, S. 6 f.

25 Vgl. MATSCHKE, M. J./BRÖSEL, G., Unternehmensbewertung, S. 18.

26 Vgl. MATSCHKE, M. J./BRÖSEL, G., Unternehmensbewertung, S. 18-21 sowie umfassend zu den Prinzipien MÜNSTERMANN, H., Wert und Bewertung der Unternehmung, S. 18-28; POOTEN, H., Grundsätze ordnungsmäßiger Unternehmensbewertung, S. 113-119.

27 Vgl. PEEMÖLLER, V. H., Werttheorien, S. 6; KOELEN, P., Bewertungskalküle in der IFRS-Rechnungslegung, S. 48.

Die **funktionale Unternehmensbewertung** erweitert die Prinzipien der subjektiven Unternehmensbewertung um das Prinzip der Zweckabhängigkeit.[28] Aus Sicht der funktionalen Werttheorie hat ein Unternehmen nicht nur für jedes Bewertungssubjekt einen individuellen Wert, sondern kann auch in Abhängigkeit der verschiedenen Bewertungszwecke unterschiedliche Werte aufweisen.[29] Die Notwendigkeit der zweckabhängigen Bestimmung des Unternehmenswertes ist die heutzutage herrschende Meinung in der deutschen Bewertungsliteratur.[30]

Die Kölner Funktionslehre unterscheidet die drei Hauptfunktionen Entscheidungs-, Vermittlungs- und Argumentationsfunktion der Unternehmensbewertung sowie weitere Nebenfunktionen.[31] Vom IDW werden neben der Funktion des neutralen Gutachters die Funktionen eines Beraters oder Schiedsgutachters als typische Berufsaufgaben eines Wirtschaftsprüfers im Rahmen einer Unternehmensbewertung herausgearbeitet.[32] Als neutraler Gutachter soll der Wirtschaftsprüfer einen von den individuellen Wertvorstellungen betroffener Parteien unabhängigen Wert in Form eines objektivierten Unternehmenswertes ermitteln.[33] Im Folgenden werden die objektivierte und die subjektive Unternehmensbewertung nach IDW S 1 betrachtet.

212. Objektivierte Unternehmensbewertung nach IDW S 1

Ein objektivierter Unternehmenswert im Sinne des IDW S 1 „stellt einen intersubjektiv nachprüfbaren Zukunftserfolgswert aus Sicht der Anteilseigner dar“[34]. Die Ableitung der finanziellen Überschüsse bei der Ermittlung eines objektivierten Unternehmenswertes wird im IDW S 1 hinsichtlich verschiedener Aspekte konkretisiert, die z. T. auch die Finanzierung des Bewertungsobjektes betreffen.[35]

Einen wesentlichen Aspekt stellt die Annahme der **Fortführung des Unternehmens auf Basis des bestehenden Unternehmenskonzeptes**[36] dar.[37] Aufgrund dieser Annahme berechnet sich der objektivierte Unternehmenswert ausschließlich aus den finanziellen Überschüssen, die sich unter Be-

---

28 Vgl. MATSCHKE, M. J./BRÖSEL, G., Unternehmensbewertung, S. 22-24. Vgl. zum Zweckadäquanzprinzip BALLWIESER, W., Unternehmensbewertung, S. 1 f.; MOXTER, A., Grundsätze ordnungsmäßiger Unternehmensbewertung, S. 5-8.

29 Vgl. MATSCHKE, M. J./BRÖSEL, G., Unternehmensbewertung, S. 23.

30 Vgl. MATSCHKE, M. J./BRÖSEL, G., Unternehmensbewertung, S. 22; BALLWIESER, W., Unternehmensbewertung, S. 1; DRUKARCZYK, J./SCHÜLER, A., Unternehmensbewertung, S. 87.

31 Vgl. MATSCHKE, M. J./BRÖSEL, G., Unternehmensbewertung, S. 23; PEEMÖLLER, V. H., Werttheorien, S. 8. Vgl. zu den Nebenfunktionen BRÖSEL, G., Nebenfunktionen, S. 128-143.

32 Vgl. IDW (Hrsg.), IDW S 1 (2008), Tz. 12; IDW (Hrsg.), WP Handbuch, Abschnitt A, Rn. 18. Kritisch zu den Funktionen des IDW HAYN, M., Die funktionalen Wertkonzeptionen, S. 1346-1353 und MATSCHKE, M. J./BRÖSEL, G., Unternehmensbewertung, S. 54-58.

33 Vgl. KIRSCH, H.-J./KOELEN, P., IFRS-Rechnungslegung und Unternehmensbewertung, S. 284.

34 IDW (Hrsg.), IDW S 1 (2008), Tz. 29.

35 Vgl. IDW (Hrsg.), IDW S 1 (2008), Tz. 29.

36 Im Regelfall wird die mittelfristige Unternehmensplanung als Ergebnis des Unternehmenskonzepts angesehen. Vgl. IDW (Hrsg.), WP Handbuch, Abschnitt A, Rn. 77.

37 Vgl. hier und im Folgenden IDW (Hrsg.), IDW S 1 (2008), Tz. 32.

achtung der künftig resultierenden Chancen und Risiken aus den zum Bewertungsstichtag bereits eingeleiteten oder wenigstens im Unternehmenskonzept hinreichend konkretisierten Maßnahmen ergeben. Mögliche Verbesserungen der Unternehmensfinanzierung, die noch nicht eingeleitet oder im Unternehmenskonzept nicht vorgesehen sind, dürfen somit nicht berücksichtigt werden.

Des Weiteren werden im objektivierten Unternehmenswert nach IDW S 1 lediglich sog. **unechte Synergieeffekte** berücksichtigt.[38] Unter unechten Synergieeffekten werden diejenigen Effekte verstanden, die sich auch ohne Durchführung der dem Bewertungsanlass zugrunde liegenden Maßnahme realisieren lassen.[39] Dies kann z. B. dazu führen, dass die Auswirkungen von Bonitätsverbesserungen auf die Finanzierungskonditionen, die durch einen Unternehmenszusammenschluss entstehen, nicht berücksichtigt werden dürfen.

Das Unternehmenskonzept ist auch bei der Ableitung der Ausschüttungen zu beachten. So wird in der Detailplanungsphase[40] grundsätzlich das individuelle Unternehmenskonzept berücksichtigt.[41] Sofern jedoch keine Planung vorliegt, ist eine sachgerechte Prämisse zur Mittelverwendung zu treffen, die durchaus auch eine Reduktion von Verbindlichkeiten darstellen kann. In der Phase der ewigen Rente[42] orientiert sich die Höhe der Ausschüttung grundsätzlich an der Alternativanlage.[43] Die Verwendung der thesaurierten Mittel soll hierbei kapitalwertneutral unterstellt werden.[44]

Die persönlichen Ertragssteuern der Anteilseigner sind typisiert zu berücksichtigen. Unterschieden wird hierbei zwischen der unmittelbaren Typisierung und der mittelbaren Typisierung. Bei der **unmittelbaren Typisierung** wird eine Annahme zur Höhe des persönlichen Ertragssteuersatzes einer inländisch unbeschränkt steuerpflichtigen natürlichen Person vorgenommen und in den finanziellen Überschüssen sowie dem Kapitalisierungszinssatz berücksichtigt.[45] Hingegen wird bei der **mittelbaren Typisierung** auf eine explizite Berücksichtigung von persönlichen Steuern verzichtet und die Annahme getroffen, dass die finanziellen Überschüsse des Bewertungsobjektes und der Alternativanlage beim Anteilseigner der gleichen persönlichen Besteuerung unterliegen.[46] Die Wahl der Typisierung bestimmt sich i. d. R. nach den Bewertungsanlässen und -zwecken.

---

38 Vgl. IDW (Hrsg.), IDW S 1 (2008), Tz. 33 f.

39 Allerdings werden ausschließlich bereits eingeleitete oder im Unternehmenskonzept dokumentierte Maßnahmen berücksichtigt. Vgl. IDW (Hrsg.), IDW S 1 (2008), Tz. 34 und ausführlich zur Abgrenzung der Synergieeffekte PEEMÖLLER, V. H./KUNOWSKI, S., Ertragswertverfahren, S. 294; IDW (Hrsg.), WP Handbuch, Abschnitt A, Rn. 83-85.

40 Vgl. hierzu Abschnitt 222.

41 Vgl. hier und im Folgenden IDW (Hrsg.), IDW S 1 (2008), Tz. 35 f; KOELEN, P., Bewertungskalküle in der IFRS-Rechnungslegung, S. 131-134; TINZ, O., Abbildung von Wachstum, S. 119-120.

42 Vgl. hierzu Abschnitt 222.

43 Dies gilt, soweit Besonderheiten der Branche, Kapitalstruktur oder rechtliche Rahmenbedingungen dies zulassen. Vgl. hierzu IDW (Hrsg.), IDW S 1 (2008), Tz. 37; KOELEN, P., Bewertungskalküle in der IFRS-Rechnungslegung, S. 131-134.

44 Vgl. IDW (Hrsg.), IDW S 1 (2008), Tz. 37; TINZ, O., Abbildung von Wachstum, S. 121-122.

45 Vgl. zur unmittelbaren Typisierung IDW (Hrsg.), IDW S 1 (2008), Tz. 31 und 44.

46 Vgl. zur mittelbaren Typisierung IDW (Hrsg.), IDW S 1 (2008), Tz. 30 und 45; IDW (Hrsg.), WP Handbuch, Abschnitt A, Rn. 106.

213. Subjektive Unternehmensbewertung nach IDW S 1

Im Gegensatz zum objektivierten Unternehmenswert wird beim subjektiven Unternehmenswert nicht das zum Bewertungsstichtag bestehende Unternehmenskonzept zugrunde gelegt. Bei der Ableitung der finanziellen Überschüsse dürfen somit neben den eingeleiteten und hinreichend konkretisierten Maßnahmen auch weitere mögliche Maßnahmen berücksichtigt werden.[47]

Entsprechend werden auch nicht nur die Synergieeffekte berücksichtigt, die aus bereits eingeleiteten Maßnahmen entstehen (unechte Synergieeffekte), sondern auch diejenigen Synergieeffekte, die sich erst durch die Bewertungsmaßnahme ergeben werden (echte Synergieeffekte).[48]

Für die Berücksichtigung der Finanzierung eines Unternehmens bedeuten diese Unterschiede, dass nicht die im Unternehmenskonzept vorgesehene Finanzierung wertrelevant ist, sondern die vom Bewertungssubjekt vorgesehene Finanzierung.[49] Hierdurch sind künftige Veränderungen der Finanzierung wahrscheinlicher. Veränderungen der Finanzierung können nicht nur die Finanzierungskonditionen oder die Kapitalstruktur (Verschuldungsgrad) betreffen, sondern durch die Möglichkeit der Innenfinanzierung auch die Ausschüttungen eines Unternehmens beeinflussen. Des Weiteren können sich Veränderungen der Finanzierung auch in Form von Synergieeffekten durch die Bewertungsmaßnahme ergeben. So kann z. B. der Zusammenschluss zweier Unternehmen zu einer Verbesserung der Bonität und somit der Finanzierungskonditionen führen.

Die persönlichen Ertragssteuern der Anteilseigner richten sich bei der Ableitung eines subjektiven Unternehmenswertes nach den tatsächlichen steuerlichen Verhältnissen der Anteilseigner.[50]

Sowohl der objektivierte als auch subjektive Unternehmenswert nach IDW S 1 wird anhand eines Zukunftserfolgsverfahrens bestimmt.[51] Im folgenden Abschnitt werden die Zukunftserfolgsverfahren zuerst in die Verfahren der Unternehmensbewertung eingeordnet und anschließend ausführlich betrachtet.

22 Zukunftserfolgsverfahren

221. Einordnung und Systematisierung der Zukunftserfolgsverfahren

Die Verfahren der Unternehmensbewertung werden in der Literatur oftmals in die drei Kategorien

---

[47] Vgl. IDW (Hrsg.), IDW S 1 (2008), Tz. 49; WP Handbuch, Abschnitt A, Rn. 115-117.

[48] Vgl. WP Handbuch, Abschnitt A, Rn. 118-123. Für die Ermittlung der Preisuntergrenze des Verkäufers sind jedoch ausschließlich die unechten Synergieeffekte relevant. Vgl. hierzu IDW (Hrsg.), IDW S 1 (2008), Tz. 51.

[49] Vgl. hier und im Folgenden IDW (Hrsg.), IDW S 1 (2008), Tz. 52-55; WP Handbuch, Abschnitt A, Rn. 124-125.

[50] Vgl. IDW (Hrsg.), IDW S 1 (2008), Tz. 58; IDW (Hrsg.), WP Handbuch, Abschnitt A, Rn. 129.

[51] Vgl. IDW (Hrsg.), IDW S 1 (2008), Tz. 7.

Gesamtbewertungs-, Einzelbewertungs- und Mischverfahren[52] eingeteilt.[53]

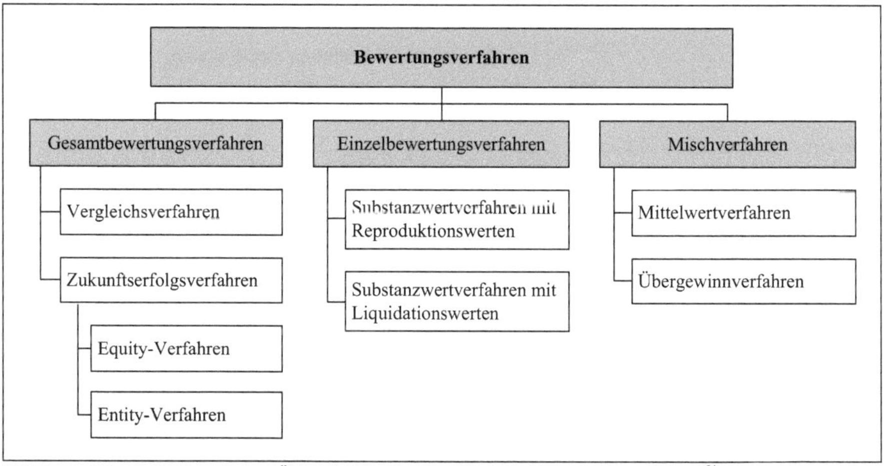

Abbildung 2-1: Systematischer Überblick zu den verschiedenen Bewertungsverfahren[54]

Wie bereits bei der Abgrenzung des Untersuchungsbereiches erläutert, wird in dieser Arbeit ausschließlich die Ermittlung von Eigenkapitalkosten im Rahmen von Zukunftserfolgsverfahren betrachtet. Zukunftserfolgsverfahren[55] gehören, wie auch die Vergleichsverfahren[56], der Kategorie der Gesamtbewertungsverfahren an, bei denen das zu bewertende Unternehmen als zusammenhängende Einheit bewertet wird und somit der Bewertung die finanziellen Überschüsse bei Nutzung sämtlicher Aktiva und Passiva zugrunde liegen.[57] Grundsätzlich wird bei Zukunftserfolgsverfahren der Unternehmenswert durch die Kapitalisierung der künftigen finanziellen Überschüsse ermittelt.[58]

Die kapitalwertorientierten Bewertungsverfahren können zunächst hinsichtlich der Kapitalisierung der finanziellen Überschüsse der Eigenkapitalgeber oder der den Eigen- und Fremdkapitalgebern zustehenden Überschüsse unterschieden werden.[59] Bei der Kapitalisierung der finanziellen Über-

52 Vgl. zu Einzelbewertungsverfahren MANDL, G./RABEL, K., Unternehmensbewertung, S. 46-49; BALLWIESER, W., Unternehmensbewertung, S. 10 und zu Mischverfahren MANDL, G./RABEL, K., Unternehmensbewertung, S. 49-51 oder BALLWIESER, W., Unternehmensbewertung, S. 10.

53 Vgl. MANDL, G./RABEL, K., Unternehmensbewertung, S. 30; STELLBRINK, J., Restwert, S. 11; KOELEN, P., Bewertungskalküle in der IFRS-Rechnungslegung, S. 56, TINZ, O., Abbildung von Wachstum, S. 40.

54 In Anlehnung an MANDL, G./RABEL, K., Unternehmensbewertung, S. 30; BALLWIESER, W., Unternehmensbewertung, S. 8. BALLWIESER ordnet die Vergleichsverfahren jedoch nicht unter den Gesamtbewertungsverfahren, sondern unter der zusätzlichen Kategorie „Überschlagsrechnungen" ein.

55 Vgl. zum Begriff des Zukunftserfolges BUSSE VON COLBE, W., Zukunftserfolg, S. 9-25.

56 Vgl. allgemein zu Vergleichsverfahren MANDL, G./RABEL, K., Unternehmensbewertung, S. 42-64.

57 Vgl. MANDL, G./RABEL, K., Unternehmensbewertung, S. 31; BALLWIESER, W., Unternehmensbewertung, S. 9.

58 Vgl. MANDL, G./RABEL, K., Unternehmensbewertung, S. 31-42; IDW (Hrsg.), WP Handbuch, Abschnitt A, Rn. 8.

59 Vgl. IDW (Hrsg.), WP Handbuch, Abschnitt A, Rn. 222-224; BAETGE, J./NIEMEYER, K./KÜMMEL, J./SCHULZ, R., Bewertungsverfahren, S. 355 f.

schüsse der Eigenkapitalgeber wird von einem Equity-Verfahren gesprochen und die zweite Variante wird als Entity-Verfahren bezeichnet.

Durch die Kapitalisierung der künftigen finanziellen Überschüsse der Eigenkapitalgeber bei den **Equity-Verfahren** wird unmittelbar der Marktwert des Eigenkapitals bestimmt.[60] Daher wird von einer Nettokapitalisierung gesprochen. Zu beachten ist, dass nicht nur im Zähler ausschließlich die den Eigenkapitalgebern zustehenden finanziellen Überschüsse angesetzt werden, sondern auch der Diskontierungszins ausschließlich die Renditeforderung der Eigenkapitalgeber abbildet. Den Equity-Verfahren ist sowohl das Ertragswertverfahren[61] als auch das Flow to Equity (FTE)-Verfahren[62] als eine Ausprägung der Discounted Cashflow (DCF)-Verfahren[63] zuzuordnen.

Bei den **Entity-Verfahren** werden hingegen nicht nur die finanziellen Überschüsse der Eigenkapitalgeber, sondern auch die der Fremdkapitalgeber kapitalisiert.[64] Im Nenner ist daher auch ein Zinssatz zu verwenden, der die Renditeerwartungen der Eigen- und Fremdkapitalgeber widerspiegelt.[65] Durch diese sogenannte Bruttokapitalisierung werden der Marktwert des Gesamtkapitals (Marktwert des Eigen- und Fremdkapitals) und somit der Gesamtunternehmenswert ermittelt. In der Regel ist jedoch der Marktwert des Eigenkapitals die gesuchte Größe, sodass bei den Entity-Verfahren in einem zweiten Schritt von dem Gesamtunternehmenswert der Marktwert des Fremdkapitals subtrahiert wird. Zu den Entity-Verfahren sind unter anderem das Adjusted-Present-Value (APV)-Verfahren[66] und das Free Cashflow (FCF)-WACC-Verfahren[67] zu zählen. Beide Verfahren sind den DCF-Verfahren zuzuordnen und unterscheiden sich im Wesentlichen durch die Berücksichtigung der Steuervorteile aus der Fremdfinanzierung.

Im Folgenden wird zunächst die grundsätzliche Konzeption der Zukunftserfolgsverfahren erläutert, und anschließend werden kurz die Besonderheiten des Ertragswertverfahrens, FCF-WACC- und

---

60 Vgl. hier und im Folgenden BAETGE, J./NIEMEYER, K./KÜMMEL, J./SCHULZ, R., Bewertungsverfahren, S. 355 f.; IDW (Hrsg.), WP Handbuch, Abschnitt A, Rn. 223 und 237 f.

61 Vgl. zum Ertragswertverfahren bspw. IDW (Hrsg.), WP Handbuch, Abschnitt A, Rn. 237-336; SCHULTZE, W., Methoden der Unternehmensbewertung, S. 76-88; PEEMÖLLER, V. H./KUNOWSKI, S., Ertragswertverfahren, S. 278-344.

62 Vgl. zum FTE-Verfahren bspw. IDW (Hrsg.), WP Handbuch, Abschnitt A, Rn. 376-380; BAETGE, J./NIEMEYER, K./KÜMMEL, J./SCHULZ, R., Bewertungsverfahren, S. 362; BALLWIESER, W., Unternehmensbewertung, S. 187-194; ROSS, S. A./WESTERFIELD, R. W./JAFFE, J. F., Corporate Finance, S. 479 f.

63 Vgl. allgemein zu den DCF-Verfahren HACHMEISTER, D., Discounted Cash Flow, S. 91-147; DRUKARCZYK, J./SCHÜLER, A., Unternehmensbewertung, S. 125-272; COPELAND, T. E./KOLLER, T./MURRIN, J., Unternehmenswert, S. 171-197.

64 Vgl. MANDL, G./RABEL, K., Unternehmensbewertung, S. 38-40; BAETGE, J./NIEMEYER, K./KÜMMEL, J./SCHULZ, R., Bewertungsverfahren, S. 355.

65 Vgl. BAETGE, J./NIEMEYER, K./KÜMMEL, J./SCHULZ, R., Bewertungsverfahren, S. 355; SCHULTZE, W., Methoden der Unternehmensbewertung, S. 92.

66 Vgl. MYERS, S. C., Corporate Financing and Investment Decisions, S. 1-25; BALLWIESER, W., Unternehmensbewertung, S. 134-160; MANDL, G./RABEL, K., Unternehmensbewertung, S. 41 f.; IDW (Hrsg.), WP Handbuch, Abschnitt A, Rn. 371-375; BAETGE, J./NIEMEYER, K./KÜMMEL, J./SCHULZ, R., Bewertungsverfahren, S. 361 f.

67 Vgl. BALLWIESER, W., Unternehmensbewertung, S. 161-184; BAETGE, J./NIEMEYER, K./KÜMMEL, J./SCHULZ, R., Bewertungsverfahren, S. 358-360.

APV-Verfahrens dargestellt.[68] Diese im Schrifttum häufig diskutierten Verfahren werden im Folgenden näher betrachtet, da die Eigenkapitalkosten bei diesen drei Verfahren unterschiedlich einfließen und sich somit ein guter Überblick ergibt.

222. Konzeption der Zukunftserfolgsverfahren

Wie bereits zuvor beschrieben, wird der Unternehmenswert bei Zukunftserfolgsverfahren durch die Kapitalisierung der künftig erwarteten finanziellen Überschüsse ermittelt.[69] Die folgende Formel stellt die kapitalwertorientierte Unternehmenswertermittlung allgemein dar. Hierbei sind $FÜ_t$ die erwarteten finanziellen Überschüsse und k_t der Diskontierungszinssatz der Periode t.[70]

Formel 2-1	$UW = \sum_{t=1}^{\infty} \frac{FÜ_t}{\prod_{t^*=1}^{t}(1 + k_{t^*})}$

Kann von einem konstanten Diskontierungszinssatz ausgegangen werden, vereinfacht sich die Formel wie folgt:

Formel 2-2	$UW = \sum_{t=1}^{\infty} \frac{FÜ_t}{(1 + k)^t}$

Können vereinfachend sowohl die erwarteten finanziellen Überschüsse als auch die Diskontierungszinssätze in allen künftigen Perioden als konstant angenommen werden, lässt sich der Unternehmenswert anhand der Formel für den Barwert einer ewigen Rente (oder auch Rentenmodell) ermitteln:[71]

---

68 Auf eine Darstellung des FTE-Verfahrens wird aufgrund der Ähnlichkeit des in Deutschland primär verwandten Ertragswertverfahrens verzichtet. Ein weiteres DCF-Verfahren stellt das Total Cashflow (TCF)-Verfahren dar, welches aufgrund der Ähnlichkeit zum FCF-Verfahren hier ebenfalls nicht zusätzlich betrachtet wird. Vgl. zum Verfahren bspw. MANDL, G./RABEL, K., Unternehmensbewertung, S. 365; BAETGE, J./NIEMEYER, K./KÜMMEL, J./SCHULZ, R., Bewertungsverfahren, S. 360.

69 Vgl. MANDL, G./RABEL, K., Unternehmensbewertung, S. 31 und 37; IDW (Hrsg.), WP Handbuch, Abschnitt A, Rn. 8. In diesem Abschnitt werden noch keine spezifischen finanziellen Überschüsse betrachtet.

70 Im Rahmen dieser Arbeit werden grundsätzlich Marktwerte betrachtet, sodass in den Formeln lediglich Abweichungen hiervon kenntlich gemacht werden. Zudem wird angenommen, dass die finanziellen Überschüsse unmittelbar am Ende der Periode anfallen.

71 Vgl. zur Herleitung z. B. BALLWIESER, W., Unternehmensbewertung, S. 224. Es wird neben den Annahmen in Fn. 70 eine unbegrenzte Lebensdauer des Unternehmens angenommen.

Formel 2-3	$UW = \frac{FÜ}{k}$

Formel 2-3 stellt den Basisfall des ewigen Rentenmodells dar, bei dem kein Wachstum berücksichtigt wird. Wachsen die finanziellen Überschüsse hingegen mit einer konstanten Rate, kann dieses Wachstum (w) mit der folgenden auf GORDON/SHAPIRO zurückgehenden Formel berücksichtigt werden:[72]

Formel 2-4	$UW = \frac{FÜ_1}{k - w}$

In der aktuellen Bewertungspraxis wird jedoch überwiegend ein Zwei-Phasenmodell verwandt.[73] Hierbei werden in der ersten Phase, der sog. Detailplanungsphase, die finanziellen Überschüsse und Diskontierungszinssätze periodenindividuell prognostiziert. In der zweiten Phase, der ewigen Rente, werden ein konstanter Diskontierungszinssatz angesetzt und auch konstante oder zumindest mit einem konstanten Faktor wachsende finanzielle Überschüsse angenommen. In der folgenden Formel wurde eine Detailplanungsphase bis zur Periode T berücksichtigt. Ausgehend von der ersten Periode der ewigen Rente (T+1) steigen die finanziellen Überschüsse um die Wachstumsrate (w), die durch den Abschlag vom Diskontierungszinssatz einfließt:[74]

Formel 2-5	$UW = \sum_{t=1}^{T} \frac{FÜ_t}{\prod_{t^*=1}^{t}(1 + k_{t^*})} + \frac{FÜ_{T+1}}{(k_{T+1} - w) \cdot \prod_{t^*=1}^{T}(1 + k_{t^*})}$

Bei den finanziellen Überschüssen handelt es sich i. d. R. ausschließlich um die künftigen Überschüsse, die aus dem betriebsnotwendigen Vermögen resultieren. Das nicht betriebsnotwendige Vermögen wird üblicherweise separat bewertet und zu dem Barwert addiert.[75]

72 Vgl. GORDON, M. J./SHAPIRO, E., Capital Equipment Analysis, S. 102-110. GORDON und SHAPIRO haben gezeigt, dass bei der Ermittlung eines Unternehmenswertes eine konstante, unendliche Wachstumsrate einer Dividendenzahlung durch einen Abschlag vom Diskontierungszinssatz abgebildet werden kann. Vgl. zur Herleitung der Formel auch BALLWIESER, W., Unternehmensbewertung, S. 225.

73 Vgl. IDW (Hrsg.), WP Handbuch, Abschnitt A, Rn. 158-159 sowie ausführlich zu den verschiedenen Phasenmodellen und zur Abgrenzung der Phasen TINZ, O., Abbildung von Wachstum, S. 23-38.

74 Vgl. ähnlich BALLWIESER, W., Unternehmensbewertung, S. 175.

75 Vgl. MANDL, G./RABEL, K., Unternehmensbewertung, S. 31. Nicht betriebsnotwendiges Vermögen soll im Folgenden nicht weiter betrachtet werden. Vgl. zur Bewertung des nicht betriebsnotwendigen Vermögens und zur Abgrenzung vom betriebsnotwendigen Vermögen exemplarisch IDW (Hrsg.), WP Handbuch, Abschnitt A, Rn. 130-136.

223. Ertragswertverfahren

Beim Ertragswertverfahren wird der Unternehmenswert im Allgemeinen durch die Diskontierung der künftig erwarteten Unternehmenserträge ermittelt, die den Anteilseignern zufließen.[76] Eine einheitliche Definition des Ertragsbegriffs existiert in der Literatur indes nicht.[77] Nach MOXTER sind unter dem Ertrag alle Vorteile zu verstehen, die der Anteilseigner aus dem Unternehmen künftig erwarten kann.[78] Wird ausschließlich der unmittelbare finanzielle Nutzen[79] eines Anteilseigners betrachtet, so ist dieser im Wesentlichen durch Ausschüttungen, Kapitaleinzahlungen, Kapitalrückzahlungen und Kursgewinnen des Unternehmens abzüglich der persönlichen Ertragsbesteuerung beeinflusst.[80] Dieser Ertragsbegriff wird im Rahmen der Arbeit zugrunde gelegt.

Die Ausschüttungen werden beim Ertragswertverfahren regelmäßig aus dem erwarteten Jahresergebnis unter Beachtung handelsrechtlicher Ausschüttungsrestriktionen sowie Finanz- und Steuerplanungen berechnet.[81] Der Anteil des Jahresergebnisses, der thesauriert wird, beeinflusst hingegen wesentlich die Kursgewinne bzw. erhöht die künftigen Ausschüttungen eines Unternehmens.[82] Ein aus der Thesaurierung des Jahresergebnisses entstehendes Wachstum der künftigen Ausschüttungen ist im Bewertungsmodell zu berücksichtigen. Vereinfachend wird hierbei regelmäßig der Barwert der zusätzlichen Ausschüttungen als Wertbeitrag aus der Thesaurierung separat erfasst.[83] Das hieraus entstehende Wachstum lässt sich jedoch auch als Wachstumsabschlag vom Diskontierungszinssatz berücksichtigen.[84]

Der Ertragswert ergibt sich bei Verwendung der vorstehenden Ertragsdefinition durch die Diskontierung der künftig erwarteten Erträge der Eigenkapitalgeber (E) der Periode t mit den Eigenkapi-

---

76 Vgl. MANDL, G./RABEL, K., Unternehmensbewertung, S. 31; MANDL, G./RABEL, K., Methoden der Unternehmensbewertung, S. 54; BALLWIESER, W., Unternehmensbewertung, S. 13.

77 Vgl. MANDL, G./RABEL, K., Unternehmensbewertung, S. 32-37 und MANDL, G./RABEL, K., Methoden der Unternehmensbewertung, S. 55-59.

78 Vgl. MOXTER, A., Grundsätze ordnungsmäßiger Unternehmensbewertung, S. 9. Somit müsste aus theoretischer Sicht der gesamte Nutzen betrachtet werden, der den Anteilseignern künftig entsteht. Im Rahmen dieser Arbeit wird jedoch ausschließlich auf den unmittelbaren finanziellen Nutzen abgestellt. Dies stellt eine übliche Vereinfachung dar. Vgl. KOELEN, P., Bewertungskalküle in der IFRS-Rechnungslegung, S. 62 m. w. N.

79 Eine Ausweitung des Ertragsbegriffs auf den mittelbaren finanziellen Nutzen würde eine Berücksichtigung von Nutzen aus Verbindungen des Unternehmens zu Dritten, wie z. B. einem anderen Unternehmen des Anteilseigners, bedeuten. Vgl. hierzu MANDL, G./RABEL, K., Unternehmensbewertung, S. 33.

80 Dieses Ertragsverständnis entspricht im Wesentlichen dem des IDW. Vgl. IDW (Hrsg.), WP Handbuch, Abschnitt A, Rn. 237-241.

81 Vgl. IDW (Hrsg.), WP Handbuch, Abschnitt A, Rn. 238.

82 Im Folgenden soll angenommen werden, dass die Kursgewinne den künftigen zusätzlichen Ausschüttungen aus der Thesaurierung des Jahresergebnisses entsprechen. Vgl. zur Berücksichtigung der Thesaurierung im Rahmen einer Bewertung nach IDW S 1 IDW (Hrsg.), WP Handbuch, Abschnitt A, Rn. 241 bzw. IDW (Hrsg.), IDW S 1 (2008), Tz. 35-37.

83 Vgl. ausführlich zur Berücksichtigung von thesaurierungsbedingtem Wachstum TINZ, O., Abbildung von Wachstum, S. 142-154.

84 Vgl. TSCHÖPEL, A./WIESE, J./WILLERSHAUSEN, T., Unternehmensbewertung und Wachstum Teil 1, S. 349-357; TSCHÖPEL, A./WIESE, J./WILLERSHAUSEN, T., Unternehmensbewertung und Wachstum Teil 2, S. 405-412; TINZ, O., Abbildung von Wachstum, S. 142-154.

talkosten eines verschuldeten Unternehmens[85]:[86]

Formel 2-6	$$EK = \sum_{t=1}^{\infty} \frac{E_t}{(1 + r_{EK}^{v})^t}$$

224. FCF-WACC-Verfahren

Das FCF-WACC-Verfahren ist, wie in Abschnitt 221. dargestellt, ein Verfahren der Bruttokapitalisierung und somit ein Entity-Verfahren. Es werden die periodenspezifisch erwarteten Free Cashflows (FCF) als finanzielle Überschüsse der Eigen- und Fremdkapitalgeber mit dem WACC (Weighted Average Cost of Capital) diskontiert.[87]

Formel 2-7	$$GK = \sum_{t=1}^{\infty} \frac{FCF_t}{(1 + WACC)^t}$$

Hierbei entsprechen die Free Cashflows den Einzahlungsüberschüssen aus dem operativen Geschäft des zu bewertenden Unternehmens unter der Annahme einer reinen Eigenfinanzierung und somit unter Hinzurechnung der Fremdkapitalkosten und Herausrechnung des Steuervorteils aus der Fremdfinanzierung.[88] Der WACC, als die gewogenen durchschnittlichen Kapitalkosten, ergibt sich aus der mit der Eigen- bzw. Fremdkapitalquote gewichteten Renditeforderung der Eigen- und Fremdkapitalgeber.[89] Der aufgrund der Fremdfinanzierung erwartete Steuervorteil wird bei der Berechnung des WACC durch den Term $(1 - s_t)$ berücksichtigt, sodass es sich um einen Nachsteuer WACC handelt.[90]

Formel 2-8	$$WACC_t = r_{EK_t}^{v} \cdot \frac{EK_{t-1}}{GK_{t-1}} + r_{FK_t} \cdot (1 - s_t) \cdot \frac{FK_{t-1}}{GK_{t-1}}$$

85 Vgl. zu den Anforderungen an die Ermittlung der Eigenkapitalkosten Abschnitt 23 und zu der Ermittlung Abschnitt 24.

86 Hier und bei den folgenden Verfahren können die übrigen in Abschnitt 222. dargestellten Formeln bei Vorliegen der notwendigen Annahmen äquivalent zu dem jeweils beschriebenen Vorgehen angewandt werden.

87 Vgl. BAETGE, J./NIEMEYER, K./KÜMMEL, J./SCHULZ, R., Bewertungsverfahren, S. 358-360.

88 Vgl. zur konkreten Berechnung des FCF z. B. BAETGE, J./NIEMEYER, K./KÜMMEL, J./SCHULZ, R., Bewertungsverfahren, S. 368-370.

89 Vgl. BAETGE, J./NIEMEYER, K./KÜMMEL, J./SCHULZ, R., Bewertungsverfahren, S. 358-360.

90 Vgl. PRATT, S. P./GRABOWSKI, R. J., Cost of Capital, S. 373-375; BAETGE, J./NIEMEYER, K./KÜMMEL, J./SCHULZ, R., Bewertungsverfahren, S. 358-360. Vereinfachend wird hier lediglich der Steuervorteil betrachtet, der sich aus dem Unternehmenssteuersatz (s_t) ergibt.

Mit der Formel 2-7 wird der Gesamtunternehmenswert ermittelt. In einem zweiten Schritt ist hiervon der Marktwert des Fremdkapitals abzuziehen, um schließlich den Marktwert des Eigenkapitals zu erhalten:[91]

Formel 2-9	$EK = \sum_{t=1}^{\infty} \frac{FCF_t}{(1 + WACC)^t} - FK$

225. APV-Verfahren

Bei dem APV-Verfahren handelt es sich ebenfalls um ein Entity-Verfahren.[92] Das grundsätzliche Vorgehen – die Kapitalisierung von finanziellen Überschüssen – ist beim APV-Verfahren vergleichbar zu den zuvor beschriebenen Verfahren. Die Besonderheit ist jedoch die Trennung der finanziellen Überschüsse in diejenigen, die entstehen würden, wenn das Unternehmen fiktiv unverschuldet wäre, und diejenigen, die durch den Steuervorteil der Fremdfinanzierung entstehen.[93] Der Gesamtunternehmenswert setzt sich somit im APV-Verfahren aus dem Wert des Steuervorteils der Fremdfinanzierung und dem Wert des fiktiv unverschuldeten Unternehmens zusammen:[94]

Formel 2-10	$EK = \underbrace{\sum_{t=1}^{\infty} \frac{FCF_t}{(1 + r_{EK}^u)^t}}_{\text{Wert des unverschuldeten Unternehmens}} + \underbrace{\sum_{t=1}^{\infty} \frac{SV_t}{(1 + r_{TS})^t}}_{\text{Wert des Steuervorteils}} - FK$

Die erwarteten finanziellen Überschüsse des fiktiv unverschuldeten Unternehmens sind wie im FCF-WACC-Verfahren die FCF. Im Gegensatz zu dem zuvor dargestellten Verfahren wird im APV-Verfahren der FCF mit dem Eigenkapitalkostensatz des fiktiv unverschuldeten Unternehmens (r_{EK}^u) diskontiert.[95] Dieser Eigenkapitalkostensatz soll die operativen Risiken des Unternehmens widerspiegeln. Der Wert des Steuervorteils ergibt sich, indem der erwartete periodische Steuervor-

---

[91] Vgl. BAETGE, J./NIEMEYER, K./KÜMMEL, J./SCHULZ, R., Bewertungsverfahren, S. 358-360.

[92] Vgl. BALLWIESER, W., Unternehmensbewertung, S. 132.

[93] Vgl. BALLWIESER, W., Unternehmensbewertung, S. 134; DRUKARCZYK, J./SCHÜLER, A., Unternehmensbewertung, S. 148 f.; DAMODARAN, A., Damodaran on Valuation, S. 211; IDW (Hrsg.), WP Handbuch, Abschnitt A, Rn. 371. Vgl. zu Vor- und Nachteilen dieser Besonderheit ENZINGER, ALEXANDER/KOFLER, PETER, APV-Verfahren, S. 188-193.

[94] Eine zusätzliche Trennung des Steuervorteils in einen Einkommenssteuereffekt und einen Unternehmenssteuereffekt ist ebenfalls möglich. Vgl. BALLWIESER, W., Unternehmensbewertung, S. 134.

[95] Vgl. BAETGE, J./NIEMEYER, K./KÜMMEL, J./SCHULZ, R., Bewertungsverfahren, S. 361; DAMODARAN, A., Damodaran on Valuation, S. 211. Die Eigenkapitalkosten eines fiktiv unverschuldeten Unternehmens ergeben sich, indem die Eigenkapitalkosten des verschuldeten Unternehmens um den Einfluss der Finanzierung korrigiert werden. Vgl. ausführlich Kapitel 3 und insbesondere Abschnitt 31 und 32.

teil (SV) mit einem Zinssatz (r_{TS}) diskontiert wird, der die Unsicherheit des Steuervorteils berücksichtigt.[96] Wie im FCF-WACC-Verfahren muss auch beim APV-Verfahren in einem zweiten Schritt der Marktwert des Fremdkapitals vom Gesamtunternehmenswert abgezogen werden, um den Marktwert des Eigenkapitals zu erhalten.

226. Zwischenfazit

Die Darstellung der verschiedenen Verfahren verdeutlicht, dass die Unterschiede vor allem aus der unterschiedlichen Berücksichtigung der Finanzierung des Unternehmens und der daraus resultierenden Steuervorteile entstehen.

Die beiden vorgestellten DCF-Verfahren betrachten die finanziellen Überschüsse, die ein rein eigenfinanziertes Unternehmen erzielen würde. Die Steuervorteile aus der Fremdfinanzierung werden bei dem APV-Verfahren jedoch in einem gesonderten Wert abgebildet und bei dem FCF-WACC-Verfahren im Diskontierungszinssatz berücksichtigt. Daraus resultiert, dass die gleichen finanziellen Überschüsse beim APV-Verfahren mit der erwarteten Renditeforderung der Eigenkapitalgeber für ein rein eigenfinanziertes Unternehmen diskontiert und beim FCF-WACC-Verfahren mit den erwarteten Gesamtkapitalkosten abgezinst werden, in die die Eigenkapitalkosten einfließen. Bei beiden Verfahren ergibt sich der Marktwert des Eigenkapitals erst nach Abzug des Marktwertes des Fremdkapitals.

Das Ertragswertverfahren betrachtet hingegen unmittelbar den Marktwert des Eigenkapitals und somit die Überschüsse, die den Eigenkapitalgebern nach der Fremdfinanzierung des Unternehmens zur Verfügung stehen. Zu diskontieren sind die finanziellen Überschüsse dementsprechend ausschließlich mit der von den Eigenkapitalgebern eines verschuldeten Unternehmens geforderten Rendite.

Nachdem betrachtet wurde, wie Eigenkapitalkosten in die einzelnen Bewertungsverfahren einfließen, werden im folgenden Abschnitt Anforderungen an die Ermittlung der Eigenkapitalkosten abgeleitet.

23 Ableitung von Anforderungen an Modelle zur Ermittlung von Eigenkapitalkosten

231. Vorbemerkungen

Im Rahmen der Unternehmensbewertung werden regelmäßig Probleme durch Modelle strukturiert. Ein Modell stellt hierbei immer nur ein abstrahiertes Abbild der Realität dar und geht daher übli-

---

96 Vgl. WATRIN, C./STÖVER, R., Einfluss des Tax Shields, S. 71.

cherweise mit einer Reduktion der Komplexität einher.[97] Ein Modell soll zwar die Komplexität reduzieren und somit anwendbar bleiben, indes darf es keine wesentlichen Aspekte vernachlässigen.[98] Es besteht daher bei der Bestimmung der Komplexität eines Modells ein Spannungsfeld zwischen der Sachgerechtigkeit und der Anwendbarkeit des Modells.[99]

Nicht nur für die Unternehmensbewertung an sich, sondern auch für die Ableitung der Bewertungsparameter werden Modelle verwandt. So wird vor allem der Eigenkapitalkostensatz regelmäßig anhand von Modellen bestimmt. Auch hier ist das identifizierte Spannungsfeld zwischen der Sachgerechtigkeit und der Anwendbarkeit zu beachten. So sollte das Modell aus theoretischer Sicht die Realität und somit die künftigen Eigenkapitalkosten möglichst exakt abbilden, gleichzeitig muss es jedoch anwendbar bleiben. Die Anwendbarkeit kann daher als notwendige Nebenbedingung angesehen werden. Im Folgenden werden die beiden Anforderungen hinsichtlich der Ermittlung der Eigenkapitalkosten konkretisiert.

232. Sachgerechtigkeit

Um Anforderungen an die Sachgerechtigkeit eines Modells zur Ermittlung von Eigenkapitalkosten zu bestimmen, muss die Aufgabe der Eigenkapitalkosten im Rahmen der Unternehmensbewertung betrachtet werden. „Bewerten heißt vergleichen“[100]: So müssen bei einer Unternehmensbewertung die künftigen Überschüsse des Bewertungsobjektes mit den Überschüssen der Alternativanlage verglichen werden. Durch die Anwendung von Zukunftserfolgsverfahren wird der Unternehmenswert als Barwert künftiger Überschüsse ermittelt, wobei der hierbei zu verwendende Diskontierungszinssatz die finanziellen Überschüsse einer vergleichbaren Alternativanlage, verdichtet als Rendite, widerspiegeln soll.[101] Damit der Diskontierungszinssatz tatsächlich einer vergleichbaren Alternativanlage gerecht werden kann, muss er hinsichtlich mehrerer Dimensionen äquivalent zu den finanziellen Überschüssen des Bewertungsobjektes sein.[102] Ein Modell zur Ermittlung von Kapitalkosten kann somit als sachgerecht angesehen werden, wenn es dazu führt, dass ein hieraus ermittelter Diskontierungszinssatz die **Äquivalenzgrundsätze**[103] erfüllt. Äquivalenz ist dabei hinsichtlich der drei Dimensionen Unsicherheit, Breite und zeitliche Struktur der Zahlungen herzustellen. In

---

97 Vgl. STACHOWIAK, H., Allgemeine Modelltheorie, S. 131, und generell zu den Merkmalen eines Modells S. 131-133.

98 Vgl. BALLWIESER, W., Unternehmensbewertung und Komplexitätsreduktion, S. 1-3.

99 Vgl. BALLWIESER, W., Unternehmensbewertung und Komplexitätsreduktion, S. 1-3; MATSCHKE, M. J./BRÖSEL, G., Unternehmensbewertung, S.123, TINZ, O., Abbildung von Wachstum, S. 28. Diese betrachten das Spannungsfeld nicht allgemein für Modelle, sondern speziell im Rahmen der Bewertung von Unternehmen.

100 MOXTER, A., Grundsätze ordnungsmäßiger Unternehmensbewertung, S. 123.

101 Vgl. MOXTER, A., Grundsätze ordnungsmäßiger Unternehmensbewertung, S. 123 f. und 155-167.

102 Vgl. TSCHÖPEL, A., Risikoberücksichtigung bei Grenzpreisbestimmungen, S. 27; TINZ, O., Abbildung von Wachstum, S. 38.

103 Ausführlich zu den Äquivalenzgrundsätzen z. B. MOXTER, A., Grundsätze ordnungsmäßiger Unternehmensbewertung, S. 155-202; POOTEN, H., Grundsätze ordnungsmäßiger Unternehmensbewertung, S. 233-241; MANDL, G./RABEL, K., Unternehmensbewertung, S. 75-78; BALLWIESER, W., Unternehmensbewertung, S. 84-123; KOELEN, P., Bewertungskalküle in der IFRS-Rechnungslegung, S. 65-67.

Abbildung 2-2 sind die im Rahmen der Arbeit relevanten Äquivalenzkriterien den drei Dimensionen zugeordnet.[104]

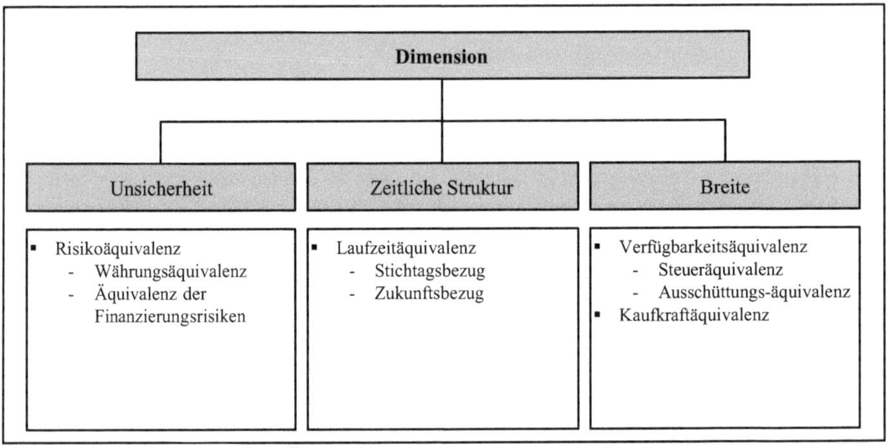

Abbildung 2-2: Einordnung von Äquivalenzkriterien hinsichtlich ihrer Dimension

Sowohl die finanziellen Überschüsse des Bewertungsobjektes als auch des Vergleichsobjektes sind als künftige Überschüsse und somit als Erwartungswerte zu verstehen.[105] Die erwarteten künftigen Überschüsse des Bewertungsobjektes sind aufgrund von verschiedensten Zukunftseinflüssen unsicher.[106] Damit das Prinzip der **Risikoäquivalenz** (auch als Unsicherheitsäquivalenz bezeichnet)[107] erfüllt ist, müssen die erwarteten künftigen Überschüsse des Bewertungsobjektes und des Vergleichsobjektes eine äquivalente Unsicherheit und somit vergleichbare Chancen und Risiken aufweisen.[108] Hierbei ist jedoch die Risikopräferenz des Bewertungssubjektes zu beachten. Regelmäßig wird von risikoaversen Investoren ausgegangen und somit angenommen, dass Risiken stärker gewichtet werden als Chancen,[109] was auch in dieser Arbeit unterstellt wird. Soweit die Unsicherheit der Überschüsse des Bewertungsobjektes höher (niedriger) einzuschätzen ist als bei dem Vergleichsobjekt, ist der Diskontierungszinssatz in Form eines Risikozuschlages (-abschlages) anzupassen.[110] Unterschiede hinsichtlich der Unsicherheit der künftigen Überschüsse können z. B. aus

---

[104] Neben den hier genannten existieren weitere Äquivalenzkriterien, die indes für die der Arbeit zugrunde liegende Problemstellung nicht relevant sind, sodass hiervon abstrahiert wird. Vgl. zu den Äquivalenzkriterien Fn. 103.

[105] Vgl. hier und im Folgenden MOXTER, A., Grundsätze ordnungsmäßiger Unternehmensbewertung, S. 171.

[106] Vgl. BALLWIESER, W., Unternehmensbewertung, S. 93.

[107] Im Rahmen dieser Arbeit werden die Begriffe Unsicherheit und Risiko synonym verwandt. Vgl. zum Verständnis von Unsicherheit Abschnitt 311.

[108] Vgl. MOXTER, A., Grundsätze ordnungsmäßiger Unternehmensbewertung, S. 155-167; MANDL, G./RABEL, K., Unternehmensbewertung, S. 77 f.; BALLWIESER, W., Unternehmensbewertung, S. 93; POOTEN, H., Grundsätze ordnungsmäßiger Unternehmensbewertung, S. 240 f.

[109] Vgl. BAETGE, J./NIEMEYER, K./KÜMMEL, J./SCHULZ, R., Bewertungsverfahren, S. 379 f.

[110] Vgl. MANDL, G./RABEL, K., Unternehmensbewertung, S. 77 f.; KOELEN, P., Bewertungskalküle in der IFRS-Rechnungslegung, S. 67. Neben einer Korrektur des Diskontierungszinssatzes können auch die finanziellen Überschüsse des Bewertungsobjektes durch die Sicherheitsäquivalenzmethode angepasst werden. Aufgrund der höhe-

der Finanzierung eines Unternehmens entstehen.[111] Ein im Rahmen der Arbeit relevantes Unterkriterium der Risikoäquivalenz ist daher die Äquivalenz der Finanzierungsrisiken.

Der Grundsatz der **Währungsäquivalenz** fordert die Verwendung der gleichen Währung bei der Ableitung der künftigen Überschüsse des Bewertungs- und des Vergleichsobjektes.[112] Die Währung hat einen Einfluss auf die Unsicherheit der künftigen Überschüsse eines Investors, sodass unterschiedliche Währungen der beiden Anlagealternativen i. d. R. zu einer fehlenden Risikoäquivalenz der künftigen Überschüsse führen. Aus diesem Grund wird im Rahmen dieser Arbeit die Währungsäquivalenz als Unterkriterium der Risikoäquivalenz angesehen.

Das Prinzip der **Laufzeitäquivalenz** verlangt eine Vergleichbarkeit der künftigen Überschüsse des Bewertungs- und des Vergleichsobjektes hinsichtlich der Laufzeitstruktur.[113] Äquivalent sollte daher nicht nur der Bewertungszeitraum sein, vielmehr sollten auch die künftigen Überschüsse eine vergleichbare zeitliche Struktur aufweisen.[114] Hieraus ergibt sich die Notwendigkeit, sowohl die finanziellen Überschüsse des Bewertungsobjektes als auch den Diskontierungszinssatz **zukunftsbezogen** abzuleiten. Das **Stichtagsprinzip** konkretisiert, zu welchem Zeitpunkt die Informationslage bei der Ableitung der künftigen Überschüsse bzw. des Diskontierungszinssatzes zu berücksichtigen ist.[115] So ist theoretisch diejenige Informationslage über die Zukunft zu berücksichtigen, die zum Bewertungsstichtag vorlag.[116] Im Sinne einer äquivalenten zeitlichen Struktur sollte der Diskontierungszinssatz periodenspezifisch abgeleitet werden.[117] Da für die Phase der ewigen Rente lediglich ein einheitlicher konstanter Zinssatz angesetzt wird, sollte sichergestellt werden, dass ein solcher Zinssatz die Laufzeitstruktur der Zahlungen in der Phase der ewigen Rente berücksichtigt und somit identisch zu dem Unternehmenswert ist, der sich bei einer unendlichen Diskontierung mit periodenspezifischen Zinssätzen ergibt.[118]

ren Praxisrelevanz und der Anwendbarkeit in der objektivierten Unternehmensbewertung wird im Rahmen dieser Arbeit jedoch ausschließlich die Korrektur des Diskontierungszinssatzes betrachtet. Vgl. zur Sicherheitsäquivalenzmethode beispielhaft BALLWIESER, W., Unternehmensbewertung, S. 77-80; POOTEN, H., Grundsätze ordnungsmäßiger Unternehmensbewertung, S. 242 f.; TSCHÖPEL, A., Risikoberücksichtigung bei Grenzpreisbestimmungen, S. 35 f.

111 Vgl. Abschnitt 31.

112 Vgl. BALLWIESER, W., Unternehmensbewertung, S. 84 f.

113 Vgl. BALLWIESER, W., Unternehmensbewertung, S. 85-92; KUHNER, C./MALTRY, H., Unternehmensbewertung, S. 86 f.; MANDL, G./RABEL, K., Unternehmensbewertung, S. 75 f.

114 Vgl. MANDL, G./RABEL, K., Unternehmensbewertung, S. 75.

115 Vgl. MOXTER, A., Grundsätze ordnungsmäßiger Unternehmensbewertung, S. 171; MANDL, G./RABEL, K., Unternehmensbewertung, S. 134. MANDL/RABEL sehen das Stichtagsprinzip ebenfalls als Teil des Laufzeitäquivalenzprinzips an.

116 Vgl. IDW (Hrsg.), IDW S 1 (2008), Rn. 23. Nach der Wurzeltheorie des BGH sind spätere Entwicklungen nur dann zu berücksichtigen, wenn die Wurzel bis zum Bewertungsstichtag zurückreicht. Vgl. BGH Urteil vom 17.1.1973 – IV ZR 142/70, S. 563-565; IDW (Hrsg.), WP Handbuch, Abschnitt A, Rn. 54 und 80.

117 Vgl. BALLWIESER, W., Unternehmensbewertung, S. 85-92; KUHNER, C./MALTRY, H., Unternehmensbewertung, S. 86 f.

118 Vgl. zur Berechnung eines einheitlichen Zinssatzes REESE, R., Schätzung von Eigenkapitalkosten, S. 21-29.

Der Grundsatz der **Verfügbarkeitsäquivalenz** verlangt, dass für das Bewertungssubjekt die Verfügbarkeit der künftigen finanziellen Überschüsse des zu bewertenden Unternehmens und die des Vergleichsobjektes äquivalent sind.[119] Sind die künftigen Überschüsse z. B. steuerfrei und somit vollständig verfügbar, so müssen auch die künftigen Überschüsse der Alternativanlage vollständig verfügbar sein und vice versa. In der Literatur wird vor allem die persönliche Besteuerung im Zusammenhang mit diesem Kriterium betrachtet, jedoch ist die Äquivalenz bei allen anderen Einschränkungen der Verfügbarkeit, wie z. B. bei Thesaurierungen, ebenfalls erforderlich. Das **Steueräquivalenzprinzip** verlangt eine einheitliche Berücksichtigung von Steuern bei den künftigen Überschüssen des Bewertungsobjektes und der Alternativanlage und ist somit ein Unterkriterium der Verfügbarkeitsäquivalenz.[120] Für KUHNER/MALTRY bedeutet die Verfügbarkeitsäquivalenz vor allem eine Kongruenz des Liquiditätsgrades unterschiedlicher Anlagen.[121] Illiquidität hat jedoch nicht unmittelbar eine Auswirkung auf die Verfügbarkeit der künftigen Überschüsse des Bewertungsobjektes, sondern bedeutet für einen Investor ein Risiko aufgrund fehlender Veräußerungsmöglichkeiten, sodass im Rahmen dieser Arbeit das Illiquiditätsrisiko als Unterkriterium der Risikoäquivalenz angesehen wird.[122]

Im Sinne des Prinzips der **Kaufkraftäquivalenz** (auch als Geldwertäquivalenz bezeichnet) sind die künftigen Überschüsse des Bewertungsobjektes und des Vergleichsobjektes entweder einheitlich als Nominalwerte (Nominalrechnung) oder als Realwerte (Realrechnung) abzuleiten.[123] Unter einheitlicher Berücksichtigung sollten im Sinne der Äquivalenz auch einheitliche Annahmen zur Höhe der Geldwertveränderung verstanden werden. Bei der Nominalrechnung werden im Gegensatz zur Realrechnung Veränderungen des Geldwertes nicht berücksichtigt. Üblicherweise werden Nominalwerte bei der Ableitung der künftigen Überschüsse zugrunde gelegt.[124]

In Abschnitt 33 wird die Sachgerechtigkeit hinsichtlich der Anforderungen an die Berücksichtigung der Finanzierungsrisiken bei der Ermittlung der Eigenkapitalkosten weiter spezifiziert. So soll die sachgerechte Berücksichtigung der Finanzierungsrisiken zwar zu einer Äquivalenz des Diskontie-

119 Vgl. POOTEN, H., Grundsätze ordnungsmäßiger Unternehmensbewertung, S. 238 f.; KOELEN, P., Bewertungskalküle in der IFRS-Rechnungslegung, S. 66.

120 Vgl. KUHNER, C./MALTRY, H., Unternehmensbewertung, S. 89 f.; MANDL, G./RABEL, K., Unternehmensbewertung, S. 77; MOXTER, A., Grundsätze ordnungsmäßiger Unternehmensbewertung, S. 177-184.

121 Vgl. KUHNER, C./MALTRY, H., Unternehmensbewertung, S. 88 f.

122 Vgl. hierzu SCHULZ, R., Größenabhängige Risikoanpassungen, S. 73; BALLWIESER, W., Unternehmensbewertung, S. 105, der einen Abschlag aufgrund fehlender Fungibilität im Zusammenhang mit der Risikoäquivalenz diskutiert.

123 Vgl. hier und im Folgenden MOXTER, A., Grundsätze ordnungsmäßiger Unternehmensbewertung, S. 185-192; POOTEN, H., Grundsätze ordnungsmäßiger Unternehmensbewertung, S. 239 f.; BALLWIESER, W., Unternehmensbewertung, S. 92.

124 BALLWIESER nennt als Grund den mit der Realrechnung verbunden Arbeitsaufwand. Vgl. BALLWIESER, W., Unternehmensbewertung, S. 92. MUNKERT weist darauf hin, dass die Jahresabschlüsse und die Planungsrechnungen von Unternehmen ebenfalls nominal aufgestellt werden. Vgl. MUNKERT, M. J., Kapitalisierungszinssatz, S. 334 f. Einen weiteren wesentlichen Grund stellt der regelmäßig aus nominalen Kapitalmarktdaten abgeleitete risikolose Zinssatz dar, der ansonsten anzupassen wäre. Vgl. MOXTER, A., Grundsätze ordnungsmäßiger Unternehmensbewertung, S. 185-189. Im Rahmen dieser Arbeit wird ebenfalls von einer Nominalrechnung ausgegangen.

rungszinssatzes und der finanziellen Überschüsse hinsichtlich der Annahmen zur Finanzierung führen,[125] jedoch sind hierbei nicht nur die Äquivalenzkriterien zu beachten.

233. Anwendbarkeit

Neben der Sachgerechtigkeit ist die Anwendbarkeit eine unabdingbare Nebenbedingung eines Modells zur Ableitung von Eigenkapitalkosten. Die Anwendbarkeit eines Modells wird im Wesentlichen durch die Möglichkeit, die **Einflussparameter des Modells** zu bestimmen, determiniert. Hinsichtlich der Beurteilung der Anwendbarkeit ist jedoch nicht nur die grundsätzliche Möglichkeit, die Parameter zu bestimmen relevant, sondern auch die Fragestellung, ob sich die Parameter mit einem angemessenen zeitlichen Aufwand verlässlich bestimmen lassen. Im Folgenden wird daher bei der Beurteilung der Anwendbarkeit zwischen zwei Stufen unterschieden:

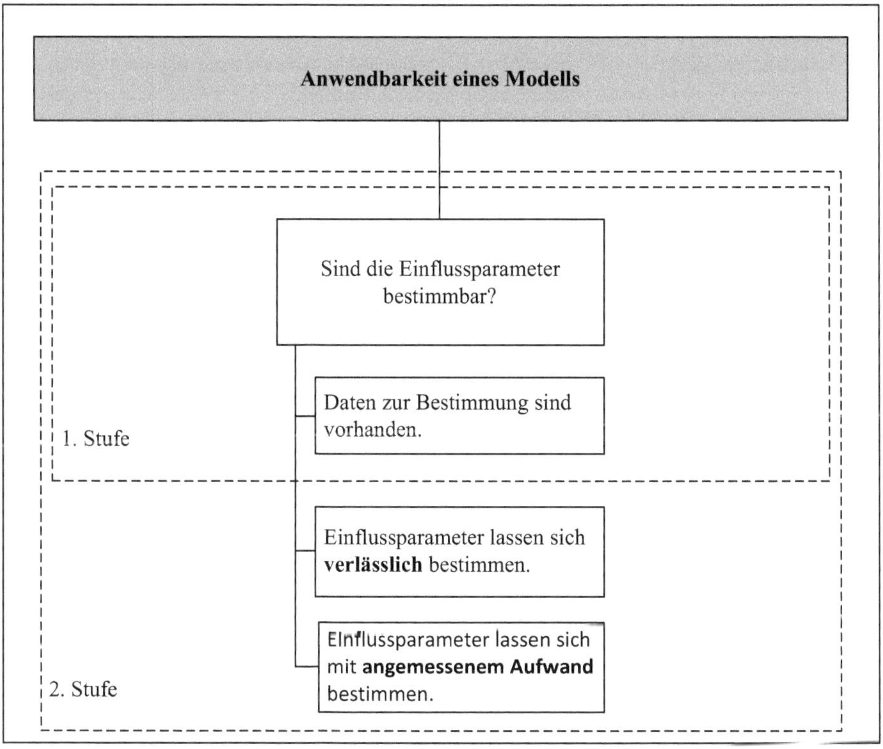

Abbildung 2-3: Anforderungen an die Anwendbarkeit eines Modells

[125] Vgl. Abschnitt 31.

Auf der ersten Stufe wird die grundsätzliche Möglichkeit betrachtet, einen Parameter zu ermitteln bzw. zu schätzen. Konkret bedeutet dies, dass für eine sachgerechte Methode die erforderlichen Daten existieren müssen. Auf der zweiten Stufe wird die Anwendbarkeit detaillierter beurteilt, indem betrachtet wird, ob die Parameter auch verlässlich und mit einem angemessenen Aufwand bestimmt bzw. geschätzt werden können. Zu beachten ist, dass die Bedeutung der Kriterien von individuellen Aspekten, wie z. B. dem Bewertungszweck bzw. der Funktion der Unternehmensbewertung, abhängt.[126] So ist z. B. im Rahmen einer objektivierten Unternehmensbewertung die Verlässlichkeit von größerer Bedeutung als bei der subjektiven Unternehmensbewertung nach IDW S 1. Gleichwohl bedeutet dies nicht, dass im Rahmen der subjektiven Unternehmensbewertung die Verlässlichkeit nicht erforderlich ist. So sind dort zwar individuelle Vorstellungen relevant, jedoch ist die subjektive Unternehmensbewertung nicht als willkürliche Bewertung zu verstehen.[127]

Die **Verlässlichkeit** eines Parameters kann hinsichtlich zwei Dimensionen eingeschränkt sein. Einerseits kann die Ermittlung ermessensbehaftet sein, sodass unterschiedliche Betrachter zu einem unterschiedlichen Ergebnis gelangen.[128] Andererseits kann das Ergebnis an sich von dem tatsächlichen Parameterwert abweichen.[129] Sowohl der Ermessenspielraum als auch das Abweichen von dem tatsächlichen Parameterwert ist unabhängig davon zu beurteilen, ob der Parameter den gesuchten Einflussparameter darstellt, da dieser Aspekt bereits im Rahmen der Sachgerechtigkeit beurteilt wird.[130] Damit ein Parameter verlässlich bestimmt werden kann, müssen somit unterschiedliche Betrachter zu identischen Ergebnissen gelangen und die Ergebnisse müssen mit einer hohen Wahrscheinlichkeit dem tatsächlichen Parameterwert entsprechen. Wenn unterschiedliche Betrachter zum identischen Ergebnis kommen, ist eine intersubjektive Nachprüfbarkeit gegeben.[131] Nach POPPER liegt eine intersubjektive Nachprüfbarkeit vor, wenn es sich nicht um eine einmalige Beobachtung handelt, sondern diese aufgrund einer Gesetzmäßigkeit reproduziert und somit von jedermann nachgeprüft werden kann.[132] Die intersubjektive Nachprüfbarkeit und somit auch die Streuung der Ergebnisse der Betrachter sind von den Ermessensspielräumen bei der Ermittlung der Parameter abhängig.[133] Umso geringer die Ermessensspielräume, je geringer die Streuung der Ergebnisse der unterschiedlichen Betrachter. Die intersubjektive Nachprüfbarkeit kann einerseits für einen Punktwert und anderseits für ein Schätzintervall gegeben sein.[134] Bei einem Schätzintervall ist die Ver-

---

126 Vgl. hierzu Abschnitt 211.

127 Vgl. WIELAND-BLÖSE, H., Die Bewertung von Beteiligungen im Überschuldungsstatus, S. 1189.

128 Vgl. IJIRI, Y./JAEDICKE, R. K., Reliability and Objectivity, S. 477; KOELEN, P., Bewertungskalküle in der IFRS-Rechnungslegung, S. 18.

129 Vgl. BAETGE, J./KRUSE, A., Objektivität der Urteilsbildung, S. 33 f.

130 IJIRI und JAEDICKE definieren die Verlässlichkeit umfassender und subsumieren die Frage der Entscheidungsrelevanz ebenfalls unter diesen Begriff. Vgl. IJIRI, Y./JAEDICKE, R. K., Reliability and Objectivity, S. 478 f. Werden, wie in dieser Arbeit, die Relevanz eines Parameters indes in Form der Sachgerechtigkeit und die verlässliche Messung des Parameters isoliert betrachtet, scheint eine Erweiterung des Begriffs nicht geeignet. Vgl. zur Missachtung der Entscheidungsrelevanz hinsichtlich der Beurteilung der Verlässlichkeit KOELEN, P., Bewertungskalküle in der IFRS-Rechnungslegung, S. 16-25 m. w. N.

131 Vgl. BAETGE, J./KRUSE, A., Objektivität der Urteilsbildung, S. 204.

132 Vgl. POPPER, K. R./KEUTH, H., Logik der Forschung, S. 21-25 und ähnlich auch BAETGE, J., Objektivierung, S. 16.

133 Vgl. KOELEN, P., Bewertungskalküle in der IFRS-Rechnungslegung, S. 16-25

134 Vgl. KÜMMEL, J., Grundsätze für die Fair Value-Ermittlung mit Barwertkalkülen, S. 92-95; BAETGE, J., Objektivierung, S. 116-118.

lässlichkeit jedoch grundsätzlich eingeschränkt, da das Ergebnis per se um den tatsächlichen Parameterwert streut. Um beide dargestellten Dimensionen zu berücksichtigen, wird unter einer **verlässlichen Bestimmung eines Parameters** im Rahmen dieser Arbeit eine **geringe Abweichung des ermessensfreien Ermittlungsergebnisses vom tatsächlichen Wert des Parameters** verstanden.[135] Ein Parameter lässt sich somit umso verlässlicher ermitteln, je geringer das intersubjektiv nachprüfbare Intervall ist, in dem sich der der tatsächliche Wert mit einer bestimmten Wahrscheinlichkeit befindet.[136] Da zukunftsorientierte Aussagen einer großen Unsicherheit unterliegen, ist vor allem hierbei die Verlässlichkeit kritisch zu sehen.[137] Hier zeigt sich insbesondere das Spannungsfeld zur Sachgerechtigkeit, für dessen Erfüllung zukunftsorientierte Daten wesentlich sind.[138]

Die Parameter eines Modells müssen sich nicht nur verlässlich, sondern auch mit einem **angemessenen Aufwand** bestimmen lassen. Ein hoher Aufwand kann zwar die grundsätzliche Möglichkeit ein Modell anzuwenden nicht verhindern, jedoch wird bei einem unangemessenen hohen Aufwand die tatsächliche Anwendung eines Modells regelmäßig nicht gegeben sein. Stehen z. B. zwei Modelle zur Verfügung um einen Parameter zu bestimmen und das Modell A ermöglicht im Gegensatz zu Modell B den Parameterwert exakt zu bestimmen, bedeutet dies nicht zwangsläufig, dass das Modell A angewandt wird. Benötigt Modell A ein Jahr zur Ermittlung des Parameters und Modell B eine Woche, um den Parameter annährend zu bestimmen, kann es sein, dass der Aufwand unangemessen ist und das weniger verlässliche Modell B verwandt wird. Als Aufwand soll vor allem der zeitliche Aufwand bei der Ermittlung eines Parameters betrachtet werden. Die Angemessenheit muss insbesondere im Hinblick auf die Bedeutung für das Ergebnis des Modells beurteilt werden. Eine eindeutige Aussage wird indes regelmäßig nicht möglich sein, da der Aufwand einerseits von individuellen Gegebenheiten abhängt und andererseits kein trennscharfes Kriterium existiert, um die Angemessenheit zu beurteilen. So wird es zwar als erforderlich angesehen, dass der zusätzliche Nutzen der Informationen deren Ermittlungsaufwand übersteigt,[139] jedoch lässt sich dies regelmäßig nicht vorab messen.

Zwar wird die Anwendbarkeit eines Modells im Wesentlichen durch die einzelnen Einflussparameter determiniert, indes reicht eine isolierte Betrachtung der Einflussparameter nicht aus. So muss auch das **Modell als Ganzes** hinsichtlich der Anwendbarkeit beurteilt werden. Eine eingeschränkte Anwendbarkeit eines oder nur weniger Parameter ist insbesondere hinsichtlich der Bedeutung der Parameter für das Ergebnis des Modells zu beurteilen und führt somit nicht zwangsläufig zu einer fehlenden Anwendbarkeit des gesamten Modells.

135 Vgl. ähnlich IJIRI, Y./JAEDICKE, R. K., Reliability and Objectivity, S. 474-483; KOELEN, P., Bewertungskalküle in der IFRS-Rechnungslegung, S. 18; KÜMMEL, J., Grundsätze für die Fair Value-Ermittlung mit Barwertkalkülen, S. 92-95.

136 Vgl. BAETGE, J., Objektivierung, S. 113-116.

137 Vgl. BAETGE, J., Objektivierung, S. 174.

138 Vgl. hierzu auch KOELEN, P., Bewertungskalküle in der IFRS-Rechnungslegung, S. 16-25, der ein Spannungsfeld zwischen entscheidungsrelevanten Informationen und verlässlichen Informationen identifiziert.

139 Vgl. POOTEN, H., Grundsätze ordnungsmäßiger Unternehmensbewertung, S. 143.

Zusammenfassend kann festgehalten werden, dass es grundsätzlich möglich sein muss, die Parameter eines Modells zu bestimmen bzw. zu schätzen. Zwar ist es ebenfalls erstrebenswert, die Parameter verlässlich und mit angemessenem Aufwand zu bestimmen, jedoch befindet sich die Erfüllung dieser Anforderungen an die Anwendbarkeit in einem Spannungsfeld mit der sachgerechten Ermittlung der Parameter.

24 Ermittlung von Eigenkapitalkosten mittels Capital Asset Pricing Model (CAPM)

241. Vorbemerkungen

In den vorherigen Kapiteln wurde dargestellt, wie die Eigenkapitalkosten in den Zukunftserfolgsverfahren berücksichtigt werden und welche Anforderungen an Modelle zur Ermittlung von Eigenkapitalkosten zu stellen sind. Eine wesentliche Anforderung ist hierbei die Risikoäquivalenz des Bewertungs- und des Vergleichsobjektes,[140] welches durch den Diskontierungszinssatz und somit auch durch die Eigenkapitalkosten ausgedrückt wird. Zur Ableitung von Eigenkapitalkosten wird i. d. R. auf kapitalmarktorientierte Modelle zurückgegriffen. Das weltweit dominierende Modell zur kapitalmarktorientierten Ableitung von Eigenkapitalkosten stellt das Capital Asset Pricing Model (CAPM) dar, welches im Folgenden detailliert beschrieben und hinsichtlich des hier betrachteten Kontext analysiert wird.

242. Konzeptionelle Grundlagen und Annahmen des CAPM

Das CAPM geht in seiner ursprünglichen Version auf SHARPE[141], LINTNER[142] und MOSSIN[143] zurück und basiert im Wesentlichen auf den Erkenntnissen und Annahmen der Portfolio Selection-Theorie von MARKOWITZ[144] sowie dem Separationstheorem von TOBIN[145].

Nach der von MARKOWITZ entwickelten **Portfolio Selection-Theorie** kann der Anleger sein Risiko[146] durch Diversifikation in Form eines Portfolios von mehreren Wertpapieren reduzieren.[147] Ein rational agierender, risikoaverser Anleger wird immer ein effizientes Portfolio halten. Ein **effizientes Portfolio** ist dadurch charakterisiert, dass es durch kein anderes Portfolio dominiert wird.[148] Dies ist der Fall, wenn das Portfolio bei gegebenem Risiko die maximale erwartete Rendite erzielt bzw. bei gegebener erwarteter Rendite das minimale Risiko hat. Besteht für den Anleger zusätzlich

140 Vgl. Abschnitt 232.
141 Vgl. SHARPE, W. F., Portfolio Analysis, S. 277-293.
142 Vgl. LINTNER, J., The Valuation of Risk Assets, S. 13-37.
143 Vgl. MOSSIN, J., Equilibrium in a Capital Asset Market, S. 768-783.
144 Vgl. MARKOWITZ, H., Portfolio Selection, S. 77-91.
145 Vgl. TOBIN, J., Liquidity Preference as Behavior Towards Risk, S. 65-86.
146 Das Risiko wird hierbei durch die Standardabweichung der Rendite gemessen.
147 Vgl. MARKOWITZ, H., Portfolio Selection, S. 77; BREALEY, R. A./MYERS, S. C./ALLAN, F., Corporate Finance, S. 181-188; VOLKART, R., Corporate Finance, S.221-231.
148 Vgl. hier und im Folgenden PERRIDON, L./STEINER, M./RATHGEBER, A. W., Finanzwirtschaft der Unternehmung, S. 253.

zur Anlage in Wertpapiere die Möglichkeit, Kapital zu einem sicheren Zins anzulegen oder aufzunehmen, ergeben sich die effizienten Portfolios aus der Kombination der Anlage bzw. Aufnahme von Kapital zum risikolosen Zins und der Investition des verbleibenden Kapitals in das Tangentialportfolio[149], welches die risikobehafteten Wertpapiere enthält.[150]

Nach dem **Separationstheorem** von TOBIN[151] kann die Zusammensetzung des Tangentialportfolios unabhängig von den individuellen Risikoneigungen der Anleger bestimmt werden.[152] Der Grad der Risikoaversion des individuellen Anlegers wird durch die Kombination aus Kapitalanlage und -aufnahme zum risikolosen Zins und dem risikobehafteten Portfolio berücksichtigt.

In dem Marktgleichgewichtsmodell CAPM wird angenommen, dass alle Marktteilnehmer die gleichen Erwartungen haben und somit von den gleichen erwarteten Renditen und Varianzen ausgehen.[153] Unter der Annahme, dass alle entsprechend der Portfolio Selection-Theorie handeln, kann daher unterstellt werden, dass alle Anleger Anteile des gleichen effizienten Tangentialportfolios halten und, wie zuvor dargestellt, unterschiedliche Risikoneigungen ausschließlich durch Kapitalanlage und -aufnahme zum risikolosen Zins berücksichtigt wird.[154] Gemäß des CAPM entspricht das Tangentialportfolio im Marktgleichgewicht dem sog. Marktportfolio, das sämtliche Wertpapiere des Marktes umfasst.[155] Dem Modell liegen dabei die folgenden Annahmen der Portfolio Selection-Theorie zugrunde:[156]

- Der Planungshorizont beträgt eine Periode,
- die Anleger sind risikoavers und maximieren ihren Nutzen des Vermögens am Ende der Planungsperiode, indem sie ihre Investitionsentscheidung anhand der Varianz und der erwarteten Rendite bestimmen.

149 Vgl. ausführlich zur Bestimmung des Tangentialportfolios z. B. FRANKE, G./HAX, H., Finanzwirtschaft des Unternehmens und Kapitalmarkt, S. 325-329.

150 Vgl. bspw. PERRIDON, L./STEINER, M./RATHGEBER, A. W., Finanzwirtschaft der Unternehmung, S. 263-265; KRUSCHWITZ, L./HUSMANN, S., Finanzierung und Investition, S. 208-210.

151 Vgl. hier und im Folgenden TOBIN, J., Liquidity Preference as Behavior Towards Risk, S. 82-85.

152 Vgl. KRUSCHWITZ, L./HUSMANN, S., Finanzierung und Investition, S. 186-188; SPREMANN, K., Portfoliomanagement, S. 227; FRANKE, G., Kapitalmarkt und Separation, S. 239-260.

153 Vgl. bspw. PERRIDON, L./STEINER, M./RATHGEBER, A. W., Finanzwirtschaft der Unternehmung, S. 262; WIESE, J., Komponenten des Zinsfußes, S. 35; TIMMRECK, C., Betafaktoren, S. 301 f.

154 Vgl. VOLKART, R., Corporate Finance, S. 229-232.

155 Vgl. WIESE, J., Komponenten des Zinsfußes, S. 35.

156 Vgl. PERRIDON, L./STEINER, M./RATHGEBER, A. W., Finanzwirtschaft der Unternehmung, S. 262; WIESE, J., Komponenten des Zinsfußes, S. 35; TIMMRECK, C., Betafaktoren, S. 301 f.; SCHULZ, R., Größenabhängige Risikoanpassungen, S. 30; BERK, J. B./DEMARZO, P. M., Corporate Finance, S. 357 f.

Zusätzliche Annahmen des CAPM ergeben sich aus der Forderung nach einem vollkommenen und vollständigen Kapitalmarkt sowie der Gleichgewichtsbedingung:[157]

- Anleger können sich unbegrenzt zum risikolosen Zinssatz verschulden oder zu diesem anlegen.
- Der Preis eines Wertpapiers ist sowohl für den Käufer als auch für den Verkäufer zu einem bestimmten Zeitpunkt gleich und gegeben, sodass er von keinem Investor beeinflusst werden kann.
- Die Zahl der auf dem Kapitalmarkt handelbaren Wertpapiere ist endlich und alle Investitionsmöglichkeiten sind handelbar sowie beliebig teilbar.
- Es besteht die unbegrenzte Möglichkeit von Leerverkäufen.
- Alle Anleger haben gleiche Erwartungen zu der Rendite der Wertpapiere sowie zu deren Varianzen und Kovarianzen.
- Der Kapitalmarkt ist frei von Friktionen und somit auch frei von persönlichen Steuern und Transaktionskosten.

Unter den vorstehenden Annahmen ergibt sich die erwartete Rendite ($\bar{r}_j$) des j-ten Wertpapiers aus der folgenden linearen Beziehung:[158]

Formel 2-11	$\bar{r}_j = r_f + ß_j \cdot (\bar{r}_M - r_f)$

Hierbei stellt $\bar{r}_M$ die erwartete Rendite des Marktportfolios und r_f die Rendite der risikolosen Anlage dar. Die Differenz der beiden Renditen wird als Marktrisikoprämie bezeichnet. Der Betafaktor $ß_j$ stellt die Reagibilität der erwarteten Rendite des j-ten Wertpapiers auf eine Veränderung der erwarteten Rendite des Marktportfolios dar und ist in der Formel der einzige wertpapierindividuelle Parameter.[159] Multipliziert mit der Marktrisikoprämie gibt der Betafaktor die Prämie für das individuelle, systematische Risiko des Wertpapiers an.[160] Der Betafaktor bezieht sich nur auf das systematische, nicht diversifizierbare Risiko, sodass nicht die Varianz der Rendite des j-ten Wertpapiers,

[157] Vgl. TIMMRECK, C., Betafaktoren, S. 301 f.; PERRIDON, L./STEINER, M./RATHGEBER, A. W., Finanzwirtschaft der Unternehmung, S. 262; WIESE, J., Komponenten des Zinsfußes, S. 35; SCHMIDT, R. H./TERBERGER, E., Grundzüge der Investitions- und Finanzierungstheorie, S. 57.

[158] Vgl. bspw. PERRIDON, L./STEINER, M./RATHGEBER, A. W., Finanzwirtschaft der Unternehmung, S. 265-267; STEINER, M./BAUER, C., Marktrisiko deutscher Aktien, S. 347; BREALEY, R. A./MYERS, S. C./ALLAN, F., Corporate Finance, S. 189; ROSS, S. A./WESTERFIELD, R. W./JAFFE, J. F., Corporate Finance, S. 284 f.

[159] Vgl. WIESE, J., Komponenten des Zinsfußes, S. 35 f.

[160] Vgl. IDW (Hrsg.), WP Handbuch, Abschnitt A, Rn. 192.

sondern die Kovarianz der Rendite des Wertpapiers und der Rendite des Marktes den Betafaktor determiniert.[161]

243. Erweiterung des Grundmodells zum Tax-CAPM

In dem vorstehend erläuterten Standard-CAPM wird die persönliche Besteuerung der mit den Wertpapieren erzielten Zinsen, Dividenden und Kursgewinnen implizit durch die Annahme eines vollkommenen Kapitalmarktes ausgeschlossen. Indes sind nach dem Verfügbarkeitsäquivalenzprinzip bzw. dem Steueräquivalenzprinzip persönliche Steuern für die Höhe der Eigenkapitalkosten relevant, wenn sie in den finanziellen Überschüssen berücksichtigt werden.[162] BRENNAN hat das Standard-CAPM um den Einfluss von persönlichen Steuern erweitert und die Auswirkungen auf die Gleichgewichtsrenditen hergeleitet.[163] BRENNAN leitet indes nicht her, wie sich die erwartete Rendite des Wertpapiers nach persönlichen Steuern ergibt, sondern welche Auswirkungen die Existenz von persönlichen Steuern auf die mittels CAPM abgeleitete Rendite eines Wertpapiers vor persönlichen Steuern hat.[164] Hierbei wird die zusätzliche Annahme benötigt, dass die Dividendenrendite deterministisch ist. Um die erwartete Rendite eines Wertpapiers nach persönlichen Ertragssteuern zu bestimmen, ist die Annahme eines einheitlichen typisierten linearen Einkommensteuertarifes erforderlich. Die erwartete Rendite nach persönlichen Steuern ($\overline{r}_j^{nSt}$) des j-ten Wertpapiers ergibt sich dann aus der folgenden, dem Standard-CAPM analogen linearen Beziehung:[165]

Formel 2-12	$\overline{r}_j^{nSt} = r_f^{nSt} + ß_j \cdot (\overline{r}_M^{nSt} - r_f^{nSt})$

Im folgenden Abschnitt werden die Komponenten des CAPM und Tax-CAPM ausführlich betrachtet.

---

161 Vgl. WIESE, J., Komponenten des Zinsfußes, S. 35 f.; ROSS, S. A./WESTERFIELD, R. W./JAFFE, J. F., Corporate Finance, S. 283.

162 Vgl. hierzu Abschnitt 232. Nach dem IDW S 1 sind die finanziellen Überschüsse grundsätzlich unter Berücksichtigung von persönlichen Steuern zu bestimmen. Vgl. IDW S 1 (2008), Tz. 28. Wird bei einer objektivierten Unternehmensbewertung nach IDW S 1 die persönliche Besteuerung jedoch mittelbar typisiert, wird angenommen, dass die finanziellen Überschüsse des Bewertungsobjektes und der Alternativanlage beim Anteilseigner der gleichen persönlichen Besteuerung unterliegen. Auf eine explizite Berücksichtigung der persönlichen Steuern wird dann verzichtet. Vgl. Abschnitt 212.

163 Vgl. BRENNAN, M. J., Taxes, Market Valuation and Corporate Financial Policy, S. 417-427.

164 Vgl. hier und im Folgenden JONAS, M./LÖFFLER, A./WIESE, J., Das CAPM mit deutscher Einkommensteuer, S. 899 f.

165 Vgl. JONAS, M./LÖFFLER, A./WIESE, J., Das CAPM mit deutscher Einkommensteuer, S. 901-906; IDW (Hrsg.), WP Handbuch, Abschnitt A, Rn. 201.

244. Komponenten des CAPM und des Tax-CAPM

244.1 Risikoloser Zinssatz

Der risikolose Zinssatz wird auch als Basiszinssatz bezeichnet und ist als Anlage zu verstehen, bei der keine Unsicherheit hinsichtlich der Währung, des Zeitpunktes und der Höhe der Zins- und Tilgungszahlungen besteht.[166] Eine solche Anlage ohne Währungs-, Termin- oder Ausfallrisiko existiert indes nicht, weshalb i. d. R. auf „quasisichere" Staatsanleihen zurückgegriffen wird.[167] Der risikolose Zinssatz muss den Anforderungen an die Ermittlung von Eigenkapitalkosten genügen und somit laufzeitäquivalent abgeleitet werden. Aus der Laufzeitäquivalenz ergibt sich der erforderliche Zukunfts- und Stichtagsbezug des risikolosen Zinssatzes.[168]

Regelmäßig wird bei der Ableitung der künftigen Überschüsse des Bewertungsobjektes von einem unendlichen Zeitraum ausgegangen, sodass gemäß der Laufzeitäquivalenz ebenfalls die Betrachtung eines unendlichen Zeitraumes bei dem risikolosen Zinssatz erforderlich wäre.[169] Indes ist dies normalerweise nicht möglich, da die Laufzeit von Staatsanleihen i. d. R. endlich ist. So hat z. B. Deutschland in der Vergangenheit keine Staatsanleihen mit einer Laufzeit von über 30 Jahren emittiert.[170]

Trotz der fehlenden vollständigen Risikolosigkeit und der Einschränkung bei der Erfüllung der Laufzeitäquivalenz sollte nach herrschender Meinung der risikolose Zinssatz aus den Renditen von Staatsanleihen abgeleitet werden.[171] Seit einigen Jahren hat sich in der deutschen Theorie und Praxis die Bestimmung von stichtags- und laufzeitbezogenen Zinssätzen von Nullkuponstaatsanleihen (Zerobonds) etabliert und die historischen Durchschnittsrenditen abgelöst.[172] Hierbei wird zur Schätzung der hypothetischen Nullkuponanleihen verschiedenster Laufzeiten und somit einer Zinsstrukturkurve regelmäßig die sog. SVENSSON-Methode[173] angewandt. Die hierfür benötigten Para-

166 Vgl. BALLWIESER, W., Unternehmensbewertung, S. 85; KOELEN, P., Bewertungskalküle in der IFRS-Rechnungslegung, S. 67; BUSCH, K., Unternehmensbewertung von kleinen und mittleren Unternehmen, S. 149.

167 Vgl. MOXTER, A., Grundsätze ordnungsmäßiger Unternehmensbewertung, S. 146; BALLWIESER, W., Unternehmensbewertung, S. 85 sowie IDW (Hrsg.), WP Handbuch, Abschnitt A, Rn. 286.

168 Vgl. zu den Anforderungen Abschnitt 232.

169 Vgl. BALLWIESER, W., Unternehmensbewertung, S. 85; IDW (Hrsg.), WP Handbuch, Abschnitt A, Rn. 287.

170 Vgl. REESE, R., Schätzung von Eigenkapitalkosten, S. 19.

171 Vgl. beispielhaft KOELEN, P., Bewertungskalküle in der IFRS-Rechnungslegung, S. 141-146; OBERMAIER, R., Bestimmung des Basiszinssatzes, S. 493.

172 Vgl. KOELEN, P., Bewertungskalküle in der IFRS-Rechnungslegung, S. 141-146; JONAS, M./WIELAND-BLÖSE, H./SCHIFFARTH, S., Basiszinssatz in der Unternehmensbewertung, S. 647-653; METZ, V., Kapitalisierungszinssatz, S. 63-65; WOLLNY, C., Der objektivierte Unternehmenswert, S. 313 f.; IDW (Hrsg.), Bestimmung des Basiszinssatzes, S. 490 f.; WIESE, J./GAMPENRIEDER, P., Marktorientierte Ableitung des Basiszinses, S. 1723. Die historischen Durchschnittsrenditen werden vor allem hinsichtlich des Stichtags- und Zukunftsbezuges sowie der weitreichenden Ermessensspielräume kritisch gesehen. Vgl. hierzu METZ, V., Kapitalisierungszinssatz, S. 49-51; DÖRSCHELL, A./FRANKEN, L./SCHULTE, J., Kapitalisierungszinssatz, S. 51 f.; MUNKERT, M. J., Kapitalisierungszinssatz, S. 125. Aufgrund der fehlenden Bedeutung in der aktuellen Bewertungspraxis wird die Ableitung des risikolosen Zinssatzes anhand der historischen Durchschnittsrenditen nicht weiter betrachtet.

173 Vgl. zur SVENSSON-Methode SVENSSON, L. E. O., Estimating and Interpreting Forward Interest Rates, S. 1-8; IDW (Hrsg.), WP Handbuch, Abschnitt A, Rn. 288 f. Die Methode von SVENSSON stellt eine Erweiterung der Methode von NELSON und SIEGEL dar. Vgl. zur NELSON/SIEGEL-Methode NELSON, C. R./SIEGEL, A. F., Yield Curves, S. 473-489.

meter werden in Deutschland aus deutschen Staatsanleihen abgeleitet und von der Deutschen Bundesbank veröffentlicht.[174] Mit den von der Deutschen Bundesbank veröffentlichten Parametern lassen sich indes lediglich Zinssätze für hypothetische Nullkuponanleihen mit einer Laufzeit von bis zu 30 Jahren auf der Grundlage von Marktdaten schätzen, sodass der FAUB die Verwendung eines Zinssatzes einer Nullkuponanleihe mit einer Restlaufzeit von 30 Jahren als nachhaltigen Schätzwert für die weiteren Laufzeiten vorschlägt.[175]

Die zum Bewertungsstichtag abgeleitete Zinsstrukturkurve enthält die zum Stichtag bestehenden Markterwartungen über künftige Entwicklungen verschiedener Parameter, wie z. B. Zinsen und Inflation.[176] Aus einer solchen Zinsstrukturkurve lassen sich somit die risikolosen Zinssätze nicht nur hinsichtlich der zeitlichen Struktur, mit Ausnahme der zuvor getätigten Einschränkung bezüglich längerer Laufzeiten, äquivalent zu den finanziellen Überschüssen einer Periode ableiten, auch werden sowohl der Zukunftsbezug als auch der Stichtagsbezug gewährleistet.[177] Allerdings werden die Zinsstrukturkurven in der Bewertungspraxis oftmals aus den durchschnittlichen Zinssätzen in dem Dreimonatszeitraum vor dem Stichtag bestimmt, wodurch der Stichtagsbezug eingeschränkt wird. Die Ableitung über einen Dreimonatszeitraum wird zur Glättung von kurzfristigen Marktschwankungen sowie möglicher Schätzfehler empfohlen.[178] Zwar kann je nach Marktsituation auch ein Zeitraum von weniger als drei Monaten zur Glättung ausreichen, indes ist im Hinblick auf Ermessensspielräume ein solcher standardisierter Dreimonatszeitraum gegenüber einem variablen Zeitraum zu bevorzugen.

Die Zinsstrukturkurve kann nicht nur anhand von Staatsanleihen des eigenen Landes, sondern auch mit Hilfe von Anleihen anderer Staaten[179] oder gar Unternehmen[180] bestimmt werden. Aus theoretischer Sicht sollte die Anlage verwandt werden, deren künftige Rendite die geringste Unsicherheit aufweist, da diese dem Ideal einer risikolosen Anlage am nächsten kommt.[181] Damit keine zusätzlichen Währungsrisiken auftreten, sollte die Zinsstrukturkurve anhand von Anleihen abgeleitet werden, die die Währung der finanziellen Überschüsse des Bewertungsobjektes aufweisen.[182] Im Euroraum bietet es sich daher an, die Anleihen derer Länder bzw. Unternehmen zu verwenden, die das geringste Ausfallrisiko besitzen.

---

174 Die Deutsche Bundesbank stellt seit 1997 börsentäglich aus börsennotierten Bundeswertpapieren abgeleitete Parameter zur Schätzung der Zinsstrukturkurve nach der SVENSSON-Methode zur Verfügung. Vgl. DEUTSCHE BUNDESBANK (Hrsg.), Parameter.

175 Vgl. IDW (Hrsg.), Bestimmung des Basiszinssatzes, S. 490 f.; WIESE, J./GAMPENRIEDER, P., Marktorientierte Ableitung des Basiszinses, S. 1723. Diesem Vorgehen liegt die Annahme zugrunde, dass die Zinsstrukturkurve nach 30 Jahren flach verläuft. Vgl. OBERMAIER, R., Bestimmung des Basiszinssatzes, S. 499.

176 Vgl. MANDL, G./RABEL, K., Unternehmensbewertung, S. 134.

177 Vgl. hierzu KOELEN, P., Bewertungskalküle in der IFRS-Rechnungslegung, S. 141-146.

178 Vgl. IDW (Hrsg.), Bestimmung des Basiszinssatzes, S. 490 f.

179 Die Europäische Zentralbank veröffentlicht seit 2004 ebenfalls Parameter zur Schätzung einer Zinsstrukturkurve anhand der SVENSSON-Methode.

180 Vgl. OBERMAIER, R., Bewertung, Zins und Risiko, S. 153 f.

181 Vgl. OBERMAIER, R., Bewertung, Zins und Risiko, S. 150-156 sowie KOELEN, P., Bewertungskalküle in der IFRS-Rechnungslegung, S. 143.

182 Vgl. BALLWIESER, W., Unternehmensbewertung, S. 85; OBERMAIER, R., Bewertung, Zins und Risiko, S. 173-176.

Wie in Abschnitt 222. dargestellt, werden bei der Unternehmensbewertung mit Zukunftserfolgsverfahren regelmäßig zwei Phasen getrennt betrachtet. In der Detailplanungsphase können die risikolosen Zinssätze periodenspezifisch entsprechend der Laufzeit bestimmt und abgebildet werden. Indes werden die einzelnen Perioden in der Phase der ewigen Rente nicht mehr individuell dargestellt, sodass es hier erforderlich ist, einen aus den laufzeitspezifischen Zinssätzen der Nullkuponanleihen abgeleiteten barwertäquivalenten, laufzeitkonstanten sog. einheitlichen Basiszinssatz anzusetzen.[183] Der einheitliche Basiszinssatz soll den Zinssatz angeben, bei dem die Diskontierung der künftigen Überschüsse des Bewertungsobjektes zu dem gleichen Barwert führt wie die Diskontierung der Überschüsse mit den laufzeitspezifischen Zinssätzen.[184] Vereinfachend wird die Barwertäquivalenz in der Bewertungspraxis regelmäßig ausschließlich über die laufzeitäquivalenten risikolosen Zinssätze und nicht über risikoadjustierte Zinssätze hergestellt.[185] Dieses Vorgehen ist aus theoretischer Sicht indes abzulehnen, da hierdurch die Unsicherheit der finanziellen Überschüsse und somit auch die Einflüsse der Finanzierung nicht berücksichtigt werden. Konkret wird ein Unternehmenswert, der anhand eines so ermittelten einheitlichen Basiszinssatzes bestimmt wird, im Allgemeinen von dem über laufzeitspezifische Zinssätze ermittelten Wert abweichen.[186]

Des Weiteren wird der einheitliche Basiszinssatz in der Bewertungspraxis regelmäßig für alle Phasen bestimmt.[187] Vereinfachend wird hierbei teilweise ein typisiertes Wachstum der finanziellen Überschüsse nicht nur in der ewigen Rente, sondern auch in der Detailplanungsphase unterstellt. Dieses Vorgehen ist aus theoretischer Sicht indes ebenfalls abzulehnen, da es bei deutlich unterschiedlichen finanziellen Überschüssen in der Detailplanungsphase zu erheblichen Ungenauigkeiten führen kann. Der zeitliche Aufwand wird durch dieses Vorgehen lediglich unwesentlich verringert.

Wird der einheitliche Basiszinssatz nur für die Phase der ewigen Rente bestimmt, muss beachtet werden, dass in diesem Fall die laufzeitäquivalenten risikolosen Zinssätze ausgehend vom Beginn der ewigen Rente zu verwenden sind. Solche zum Bewertungsstichtag erwarteten Renditen für künftige Perioden werden durch Forward Rates angegeben.[188] Es kann hinsichtlich der Äquivalenzkriterien auch erforderlich sein, die risikolosen Zinssätze in der Detailplanungsphase als Forward Rates zu bestimmen. Dieser Aspekt wird ausführlich in Abschnitt 422.31 betrachtet.

Die vorstehenden Ausführungen beziehen sich auf das Standard-CAPM. Wird das Tax-CAPM verwandt, muss der risikolose Zinssatz nach persönlichen Steuern bestimmt werden. In einem einfachen Steuersystem kann die persönliche Besteuerung durch die Multiplikation des ermittelten risikolosen Zinssatzes mit $(1 - s^P)$ berücksichtigt werden. Hinsichtlich der Verwendung eines einheit-

[183] Vgl. zum einheitlichen Basiszinssatz REESE, R., Schätzung von Eigenkapitalkosten, S. 21-29; JONAS, M./WIELAND-BLÖSE, H./SCHIFFARTH, S., Basiszinssatz in der Unternehmensbewertung, S. 653.

[184] Vgl. REESE, R., Schätzung von Eigenkapitalkosten, S. 21.

[185] Vgl. IDW (Hrsg.), WP Handbuch, Abschnitt A, Rn. 291.

[186] Vgl. zur Problematik und zur Berechnung des einheitlichen Basiszinssatzes unter Berücksichtigung der Unsicherheit REESE, R., Schätzung von Eigenkapitalkosten, S. 24-29.

[187] Vgl. hier und im Folgenden IDW (Hrsg.), WP Handbuch, Abschnitt A, Rn. 291.

[188] Vgl. SCHULTZE, W., Methoden der Unternehmensbewertung, S. 253.

lichen Basiszinssatzes ist jedoch zu beachten, dass der einheitliche Zinssatz aus den laufzeitspezifischen risikolosen Zinssätzen nach persönlichen Steuern abzuleiten ist. Ansonsten wäre erneut keine Barwertäquivalenz sichergestellt.

244.2 Marktrisikoprämie

Wie bereits zuvor angeführt, stellt die Marktrisikoprämie die Differenz zwischen der erwarteten Rendite des Marktportfolios und der Rendite der risikolosen Anlage dar. Somit gibt sie die zusätzliche Rendite an, die ein Anleger erwarten kann, wenn er statt in die risikolose Anlage in das Marktportfolio investiert.[189]

Aus theoretischer Sicht müsste das **Marktportfolio** nicht nur Aktien, sondern sämtliche risikobehaftete Anlagemöglichkeiten umfassen.[190] In der Bewertungspraxis wird jedoch vereinfachend regelmäßig ein Aktienindex als Surrogat für das Marktportfolio verwandt.[191] Ein solches Vorgehen missachtet zwar verschiedenste Investitions- und somit Diversifikationsmöglichkeiten der Anleger, da einerseits die Möglichkeit von Leerverkäufen und andererseits die Anlage in andere Vermögenswerte, wie z. B. Rohstoffe, Anleihen oder Immobilien nicht berücksichtigt werden.[192] Indes gibt es keinen Index, der den Gesamtmarkt abbildet, sodass das Ausweichen auf ein Surrogat des Marktportfolios erforderlich ist.[193] Die Verwendung eines Aktienindexes als Surrogat kann allerdings zu Fehleinschätzungen bei der Rendite sowie dem Risiko des Marktportfolios führen.[194] Damit ein Aktienindex das Markportfolio gut approximiert, sollte beachtet werden, dass der Index die Eigenschaften dieses zumindest annähernd abbildet.[195] Der Aktienindex sollte daher möglichst viele Branchen gemäß ihrer tatsächlichen Marktwertgewichtung abbilden.[196] So bietet sich die Verwendung eines breiten Aktienindexes an,[197] wie z. B. in Deutschland der CDAX oder in Europa der STOXX® Europe 600.[198] Unabhängig von der Zusammensetzung des Marktindexes sollte es sich

---

189 Vgl. KRUSCHWITZ, L./LÖFFLER, A., Kapitalkosten aus theoretischer und praktischer Perspektive, S. 806.

190 Vgl. BAETGE, J./KRAUSE, C., Die Berücksichtigung des Risikos, S. 441; PEASNELL, K., The Capital Asset Pricing Model, S. 39 f.; KLEEBERG, J. M., Marktindizes, S. 58; ZIMMERMANN, P., Schätzung und Prognose von Betawerten, S. 91 oder auch KRUSCHWITZ, L./LÖFFLER, A., Kapitalkosten aus theoretischer und praktischer Perspektive, S. 807.

191 Vgl. BAETGE, J./NIEMEYER, K./KÜMMEL, J./SCHULZ, R., Bewertungsverfahren, S. 387 f.; DÖRSCHELL, A./FRANKEN, L./SCHULTE, J., Kapitalisierungszinssatz, S. 92-94; DÖRSCHELL, A./FRANKEN, L./SCHULTE, J., Kapitalkosten 2010 für die Unternehmensbewertung, S. 37.

192 Vgl. ZIMMERMANN, P., Schätzung und Prognose von Betawerten, S. 92; KLEEBERG, J. M., Marktindizes, S. 58.

193 Vgl. HACHMEISTER, D., Discounted Cash Flow, S. 180; ZIMMERMANN, P., Schätzung und Prognose von Betawerten, S. 91.

194 Vgl. ROLL, R., A Critique of the Asset Pricing Theory's Tests, S. 129-176.

195 Vgl. KLEEBERG, J. M., Marktindizes, S. 60.

196 Vgl. STEINER, M./KLEEBERG, J., Indexauswahl, S. 171-182; KLEEBERG, J. M., Marktindizes, S. 57-61 oder auch ZIMMERMANN, P., Schätzung und Prognose von Betawerten, S. 91, der es allgemeiner formuliert und ausführt, dass ein Surrogat für das Marktportfolio „möglichst viele Assets und Assetarten mit einer Marktwertgewichtung enthalten sollte."

197 Vgl. ROSS, S. A., Arbitrage Theory, S. 280; REESE, R., Schätzung von Eigenkapitalkosten, S. 30.

198 Vgl. KRUSCHWITZ, L./LÖFFLER, A., Kapitalkosten aus theoretischer und praktischer Perspektive, S. 807. Anzumerken ist, dass die ausschließliche Verwendung von nationalen Indizes die internationalen Anlagemöglichkeiten

zwingend um einen Performanceindex handeln, da ein solcher – im Gegensatz zu einem Kursindex – auch die Rendite der Anteilseigner berücksichtigt, die nicht aus der Kursveränderung resultiert.[199]

Die Sachgerechtigkeit erfordert, dass die erwartete Rendite des ausgewählten Marktportfolios wie die Rendite der risikolosen Anlage laufzeitäquivalent und somit unter anderem stichtags- und zukunftsbezogen ermittelt wird.[200] Konkret müsste somit zum Bewertungsstichtag die erwartete Rendite des Marktportfolios für die unterschiedlichen Zahlungszeitpunkte der finanziellen Überschüsse bestimmt werden. Zwar werden in der Literatur Vorgehensweisen diskutiert, die ausgehend vom Bewertungsstichtag eine **zukunftsorientierte Ermittlung der erwarteten Marktrisikoprämie** zum Bewertungsstichtag ermöglicht, indes haben sich diese in der Bewertungspraxis bisher nicht etabliert.[201] Des Weiteren wird bei den Verfahren die Marktrisikoprämie zwar zukunftsorientiert bestimmt, jedoch regelmäßig als periodeneinheitliche Marktrisikoprämie und somit nicht individuell für die unterschiedlichen Zahlungszeitpunkte der finanziellen Überschüsse.[202] Kritisch kann bei diesen Vorgehensweisen vor allem auch eine Abhängigkeit von subjektiven Einschätzungen gesehen werden.[203] So werden zukunftsorientierte Marktrisikoprämien z. B. durch Expertenbefragungen oder implizit auf der Grundlage von Analysteneinschätzungen und Börsenkursen bestimmt.[204] Sämtlichen Ausführungen in dieser Arbeit liegt die in der Bewertungspraxis verbreitete **historische Ermittlung der Marktrisikoprämie** zugrunde. Bei dieser Methode wird die Marktrisikoprämie als Differenz der in einem Beobachtungszeitraum durchschnittlich realisierten Rendite des Marktportfolios und der risikolosen Anlage ermittelt.[205] Allerdings kann die historische Ermittlung hinsichtlich des **Stichtags- und Zukunftsbezuges** lediglich unter der Annahme als angemessen angesehen werden, dass von einer zeitlichen Stabilität der Marktrisikoprämie ausgegangen werden kann und „ein rationaler Marktteilnehmer den bisher beobachteten Durchschnittswert als Orientierung für seine gegenwärtige Erwartung verwendet“[206].[207] Wenngleich realisierte Renditen betrachtet werden, sind die **Verlässlichkeit** und somit die Anwendbarkeit bei der historischen Marktrisikoprämie eingeschränkt. So weist die methodische Vorgehensweise zur Ermittlung der historischen Marktrisikoprämie eine Vielzahl von **Ermessensspielräumen** auf. Hierbei ist vor allem die Wahl des Markt-

des Kapitalmarktteilnehmers nicht berücksichtigt. Vgl. zur Verwendung von nationalen Indizes ZIMMERMANN, P., Schätzung und Prognose von Betawerten, S. 92.

199 Vgl. hierzu auch ZIMMERMANN, P., Schätzung und Prognose von Betawerten, S. 92; KLEEBERG, J. M., Marktindizes, S. 7.

200 Vgl. zu den Anforderungen an die Ermittlung von Eigenkapitalkosten Abschnitt 23.

201 Vgl. zu zukunftsorientierten Methoden METZ, V., Kapitalisierungszinssatz, S. 222-238; DÖRSCHELL, A./FRANKEN, L./SCHULTE, J., Kapitalisierungszinssatz, S. 89 f.; REESE, R., Schätzung von Eigenkapitalkosten, S. 62-96.

202 Vgl. METZ, V., Kapitalisierungszinssatz, S. 222-238.

203 Vgl. STEHLE, R., Risikoprämie von Aktien, S. 917; CLAUS, J./THOMAS, J., Equity Premia, S. 1629-1666. Für eine ausführliche Würdigung verschiedener zukunftsorientierter Verfahren vgl. bspw. METZ, V., Kapitalisierungszinssatz, S. 232-238; REESE, R., Schätzung von Eigenkapitalkosten, S. 62-96.

204 Vgl. DÖRSCHELL, A./FRANKEN, L./SCHULTE, J., Kapitalisierungszinssatz, S. 89 f.

205 Vgl. DÖRSCHELL, A./FRANKEN, L./SCHULTE, J., Kapitalisierungszinssatz, S. 91.

206 KRUSCHWITZ, L./LÖFFLER, A., Kapitalkosten aus theoretischer und praktischer Perspektive, S. 807.

207 Vgl. zum Aspekt der zeitlichen Stabilität DASKE, H./GEBHARDT, G., Risikoprämien und Eigenkapitalkosten, S. 534; KRUSCHWITZ, L./LÖFFLER, A., Kapitalkosten aus theoretischer und praktischer Perspektive, S. 807.

portfolios, der risikolosen Anlage, des Referenzzeitraumes, des Renditeintervalls oder der Art der Mittelwertbildung der realisierten Renditen zu nennen.[208]

Die **Wahl des Marktportfolios** wurde bereits zuvor unabhängig von der historischen Ermittlung diskutiert, sodass hierauf nicht erneut eingegangen wird. Neben der Marktrendite beeinflusst auch die Rendite der **risikolosen Anlage** die Höhe der Marktrisikoprämie. Die historische Rendite der risikolosen Anlage kann indes nicht anhand der in Abschnitt 244.1 dargestellten Zinsstrukturkurve abgeleitet werden, da diese nicht die mit der risikolosen Anlage realisierte Rendite, sondern die zum Stichtag erwartete Rendite angibt. Der Vergleich mit der in der Vergangenheit realisierten Rendite des Marktportfolios kann somit als nicht sachgerecht angesehen werden. In Deutschland wird z. B. zur Messung der realisierten Rendite der risikolosen Anlage der REXP verwandt.[209] Der REXP ist ein Performanceindex, der die Rendite von Anleihen, Obligationen und Schatzanweisungen der Bundesrepublik Deutschland bei Wiederanlage der Zinserträge angibt.[210] Der Index enthält Anleihen mit einer Restlaufzeit von 0,5 bis 10,5 Jahren, die eine durchschnittliche Restlaufzeit von rd. 5,5 Jahren aufweisen. Die hinsichtlich der Sachgerechtigkeit geforderte Laufzeitäquivalenz zu den finanziellen Überschüssen des Bewertungsobjektes wird durch einen solchen Index somit nicht beachtet.

Verschiedene empirische Studien zeigen, dass sowohl die Renditen des Marktportfolios und der risikolosen Anlage als auch die Höhe der Marktrisikoprämie in der Vergangenheit durch die **Wahl des Referenzzeitraumes** signifikant beeinflusst wurden.[211] Dies scheint im Hinblick auf die grundsätzliche Verwendung von historischen Daten kritisch, da gerade die Stabilität der Marktrisikoprämie ein Kriterium für die Eignung vergangenheitsorientierter Daten darstellt. Wenngleich in einen längeren Referenzzeitraum mehrere Phasen einfließen und durch einen solchen Glättungseffekt die Stabilität der Marktrisikoprämie tendenziell mit der Länge des Zeitraumes zunimmt, hat ein geringfügig veränderter Beobachtungszeitraum weiterhin einen wesentlichen Einfluss.[212] Des Weiteren ist bei einem langen Zeitraum aufgrund von strukturellen Unterschieden vor allem der Stichtagsbezug kritisch zu sehen.[213] Einem kurzen stichtagsnahen Referenzzeitraum wird zwar ein höherer Stichtagsbezug zugesprochen,[214] allerdings berücksichtigt dieser im Extremfall nur eine Konjunkturphase, sodass der Zukunftsbezug vor allem aufgrund des regelmäßig unendlichen Bewertungskalküls fraglich erscheint.

208 Vgl. BALLWIESER, W., Der Kalkulationszinsfuß in der Unternehmensbewertung, S. 739; REESE, R., Schätzung von Eigenkapitalkosten, S. 30.
209 Vgl. STEHLE, R., Risikoprämie von Aktien, S. 920 f.
210 Vgl. hier und im Folgenden DEUTSCHE BÖRSE AG, REX und REXP.
211 Vgl. bspw. REESE, R., Schätzung von Eigenkapitalkosten, S. 33 f.; METZ, V., Kapitalisierungszinssatz, S. 214-216 m. w. N.; BAETGE, J./KRAUSE, C., Die Berücksichtigung des Risikos, S. 453 m. w. N.; WIDMANN, B./SCHIESZL, S./JEROMIN, A., Kapitalisierungszinssatz, S. 804 m. w. N.
212 Vgl. METZ, V., Kapitalisierungszinssatz, S. 216, WIDMANN, B./SCHIESZL, S./JEROMIN, A., Kapitalisierungszinssatz, S. 804; BORN, K., Unternehmensanalyse und Unternehmensbewertung, S. 117.
213 Vgl. WIDMANN, B./SCHIESZL, S./JEROMIN, A., Kapitalisierungszinssatz, S. 804.
214 Vgl. BORN, K., Unternehmensanalyse und Unternehmensbewertung, S. 117.

In der Literatur werden mit dem **Renditeintervall** und der **Mittelwertbildung** zwei weitere Themen im Zusammenhang mit der Ermittlung der Marktrisikoprämie intensiv diskutiert.[215] Hinsichtlich der Mittelwertbildung werden im Wesentlichen das arithmetische und das geometrische Mittel betrachtet. Das Renditeintervall und die Mittelwertbildung sind jedoch eng miteinander verzahnt, da ein geometrisches Mittel bedeutet, dass lediglich ein Renditeintervall über den gesamten Referenzzeitraum betrachtet und somit ein Anlagehorizont entsprechend dem Referenzzeitraum angenommen wird. Das andere in der Literatur diskutierte Extrem stellt der arithmetische Mittelwert der jährlichen Renditen dar,[216] welcher die in der Vergangenheit erzielte Überrendite bei einem einjährigen Anlagehorizont angibt. Zu beachten ist jedoch, dass die Marktrisikoprämie hinsichtlich der Sachgerechtigkeit laufzeitäquivalent und somit für unterschiedliche Anlagehorizonte zu bestimmen ist. Die Betrachtung ausschließlich eines Anlagehorizontes kann nur angemessen sein, wenn die Marktrisikoprämie unabhängig von der Anlagedauer ist. Wäre dies der Fall, wäre es indes irrelevant, welches Renditeintervall betrachtet und somit auch welche Mittelwertbildung vorgenommen würde. Verschiedene Untersuchungen zeigen jedoch einen wesentlichen Einfluss der Mittelwertbildung auf die Höhe der Marktrisikoprämie.[217] Um die vergangene Marktrisikoprämie für unterschiedliche Anlagehorizonte zu bestimmen, bietet sich somit eine Mischung aus dem geometrischen und dem arithmetischen Mittelwert an. Der geometrische Mittelwert wird verwandt, um die jährliche Rendite des jeweiligen Anlagehorizonts zu bestimmen und der arithmetische Mittelwert um die jährliche Rendite für verschiedene Zeiträume zu mitteln.

Neben den vorstehenden Ermessensspielräumen hinsichtlich des methodischen Vorgehens entstehen weitere Ermessensspielräume, wenn die historische Marktrisikoprämie, wie vom IDW empfohlen, aufgrund von veränderten Erwartungen zum Bewertungsstichtag angepasst wird.[218]

Wird das Tax-CAPM verwandt, muss die erwartete Marktrisikoprämie nach **persönlichen Steuern** bestimmt werden. Die anhand von vergangenheitsorientierten Kapitalmarktdaten abgeleitete Marktrisikoprämie stellt indes eine Rendite vor persönlichen Steuern dar, aus der die Marktrisikoprämie nach persönlichen Steuern nicht unmittelbar abgeleitet werden kann. Dies resultiert einerseits daraus, dass sich das Steuersystem im Zeitablauf verändert hat und andererseits aus einer unterschiedlichen Besteuerung der Renditen der risikolosen Anlage und der Marktrendite. So wurde die Marktrendite in der Vergangenheit geringer besteuert als die Rendite der risikolosen Anlage, wodurch teilweise die Situation entstand, dass sich nach persönlichen Steuern eine höhere Marktrisikoprämie

215 Vgl. bspw. METZ, V., Kapitalisierungszinssatz, S. 217-219; REESE, R., Schätzung von Eigenkapitalkosten, S. 34-40; COPELAND, T. E./KOLLER, T./MURRIN, J., Unternehmenswert, S. 269-271; BAETGE, J./KRAUSE, C., Die Berücksichtigung des Risikos, S. 450 f.

216 Vgl. METZ, V., Kapitalisierungszinssatz, S. 217 f.; COPELAND, T. E./KOLLER, T./MURRIN, J., Unternehmenswert, S. 269-271.

217 Vgl. für einen Überblick der Untersuchungen REESE, R., Schätzung von Eigenkapitalkosten, S. 34-40 m. w. N.; BAETGE, J./KRAUSE, C., Die Berücksichtigung des Risikos, S. 450-452 m. w. N.; WIDMANN, B./SCHIESZL, S./JEROMIN, A., Kapitalisierungszinssatz, S. 804 m. w. N.

218 Vgl. IDW (Hrsg.), WP Handbuch, Abschnitt A, Rn. 299.

als vor persönlichen Steuern ergab.[219] Soll die in der Vergangenheit erzielte Marktrisikoprämie nach persönlichen Steuern ermittelt werden, müssen somit die Marktrendite und die Rendite der risikolosen Anlage auf der Grundlage des damaligen Steuersystems ermittelt werden.[220] Allerdings ist fraglich, ob erwartet werden kann, dass eine solche Marktrisikoprämie auch künftig realisierbar ist.[221] So müssten sich bei einer veränderten, künftigen Steuerbelastung die Renditen vor persönlichen Steuern verändern, damit die Marktrisikoprämie nach Steuern weiterhin erzielt wird.

244.3 Betafaktor

Die im vorangehenden Abschnitt beschriebene Marktrisikoprämie soll die zusätzliche Rendite angeben, die ein Investor erwartet, wenn er statt in die risikolose Anlage in das risikobehaftete Marktportfolio investiert. Sowohl die Marktrisikoprämie als auch der risikolose Zinssatz sind unabhängig von spezifischen Verhältnissen des Wertpapiers. Der Betafaktor hingegen ist im CAPM das Maß für das spezifische Risiko der Rendite eines Wertpapiers. Übertragen auf ein Unternehmen gibt der Betafaktor also das spezifische Risiko der Rendite des Bewertungsobjektes an.[222]

Der Betafaktor eines Wertpapiers spiegelt die Reagibilität der erwarteten Rendite des Wertpapiers auf eine Veränderung der erwarteten Rendite des Marktportfolios wider.[223] Mathematisch bestimmt sich der Betafaktor aus der Kovarianz der Rendite des Wertpapiers und der Rendite des Marktes dividiert durch die Varianz der Rendite des Marktes.[224] Da nicht die Varianz der Rendite des Wertpapiers, sondern die Kovarianz mit der Rendite des Marktes als Maß für das Risiko der Rendite dient, gibt der Betafaktor ausschließlich das systematische, nicht weiter diversifizierbare Risiko des betrachteten Wertpapiers an.[225] **Systematische Risiken** entstehen durch Faktoren, wie z. B. Zinsänderungen oder Inflation, die den gesamten Markt betreffen und nicht durch Diversifizierung vermeidbar sind.[226] Jedoch beeinflussen die Faktoren die Wertpapiere in einem unterschiedlichen Ausmaß. Bei einem Betafaktor von größer eins wird angenommen, dass die Rendite des Wertpapiers größeren systematischen Risiken unterliegt als die Rendite des Marktes.[227] Hingegen wird bei einem negativen Betafaktor angenommen, dass das Wertpapier zwar durch systematische Risiken beeinflusst wird, diese jedoch zu gegenläufigen Effekten führen als beim Markt. Definitionsgemäß hat der Markt einen Betafaktor von eins.

---

219 Vgl. hierzu WAGNER, W./SAUR, G./WILLERSHAUSEN, T., Neuerungen der Unternehmensbewertungsgrundsätze, S. 731-747; DÖRSCHELL, A./FRANKEN, L./SCHULTE, J., Kapitalisierungszinssatz, S. 114-117.

220 Vgl. STEHLE, R., Risikoprämie von Aktien, S. 919-921.

221 Vgl. hier und im Folgenden WAGNER, W./SAUR, G./WILLERSHAUSEN, T., Neuerungen der Unternehmensbewertungsgrundsätze, S. 731-747; DÖRSCHELL, A./FRANKEN, L./SCHULTE, J., Kapitalisierungszinssatz, S. 114-117.

222 Vgl. TIMMRECK, C., Betafaktoren, S. 301; IDW (Hrsg.), WP Handbuch, Abschnitt A, Rn. 300.

223 Vgl. WIESE, J., Komponenten des Zinsfußes, S. 35 f.

224 Vgl. WIESE, J., Komponenten des Zinsfußes, S. 35; SCHULZ, R., Größenabhängige Risikoanpassungen, S. 32 und zu den Verfahren den Betafaktor zu ermitteln ZIMMERMANN, P., Schätzung und Prognose von Betawerten, S. 49-208.

225 Vgl. WIESE, J., Komponenten des Zinsfußes, S. 36.

226 Vgl. zum systematischen Risiko SCHULZ, R., Größenabhängige Risikoanpassungen, S. 32-34; METZ, V., Kapitalisierungszinssatz, S. 106 f.

227 Vgl. BAETGE, J./KRAUSE, C., Die Berücksichtigung des Risikos, S. 439.

Weist ein Wertpapier hingegen einen Betafaktor von null auf, ist die Rendite des Wertpapiers unabhängig von der Marktrendite und enthält keine systematischen Risiken.[228] Indes muss die Rendite eines solchen Wertpapiers nicht risikolos sein, sondern kann **unsystematischen Risiken** aufgrund von individuellen Faktoren[229] unterliegen.[230] Das unsystematische Risiko stellt denjenigen Teil der Varianz dar, der unabhängig von der Rendite des Marktportfolios ist. Dieses Risiko ist jedoch im Rahmen des CAPM nicht relevant. So wird angenommen, dass ein diversifizierter Investor von den unsystematischen Risiken eines Wertpapiers nicht betroffen ist, da sich der Einfluss der Risiken bei den Wertpapieren ausgleicht und somit der Erwartungswert der aus unsystematischen Risiken entstehenden Rendite für alle Wertpapiere im Portfolio null beträgt.[231]

Genau wie die Marktrisikoprämie und der risikolose Zinssatz müssen auch bei der Ableitung des Betafaktors die Äquivalenzkriterien beachtet werden. Bei den beiden zuerst betrachteten Parametern des CAPM wurden vor allem die Laufzeitäquivalenz und der daraus folgende Zukunfts- und Stichtagsbezug betrachtet. Der Betafaktor soll zwar diese Anforderungskriterien ebenfalls erfüllen, indes zusätzlich als unternehmensspezifischer Parameter die Risikoäquivalenz zum Bewertungsobjekt herstellen.[232] Somit muss der Betafaktor eines Unternehmens auch die Unsicherheit aus der Finanzierung des Unternehmens widerspiegeln. Aufgrund des geforderten Stichtags- und Zukunftsbezuges muss es sich hierbei um die zum Bewertungsstichtag erwartete künftige Unsicherheit der Finanzierung handeln.[233]

Obwohl es grundsätzlich erforderlich ist, den Betafaktor zukunftsorientiert zu bestimmen, wird der künftige Betafaktor i. d. R. aus historischen Kapitalmarktdaten abgeleitet. Der Grund liegt vor allem in fehlenden praktikablen Verfahren zur direkten Bestimmung eines künftigen Betafaktors. Um den Betafaktor aus historischen Kapitalmarktdaten zu schätzen, wird üblicherweise das sog. Marktmodell verwandt.[234] Bei diesem werden aus den Wertpapierkursen und den Kursen des Marktindexes die realisierten Renditen[235] abgeleitet, um anhand einer linearen Zeitreihenregression den Zusammenhang der Wertpapierrendite und der Marktrendite zu bestimmen.[236] Die Kassakurse des Wert-

[228] Vgl. BAETGE, J./KRAUSE, C., Die Berücksichtigung des Risikos, S. 439.

[229] Zum Beispiel kann ein solcher individueller Faktor, der nicht den gesamten Markt betrifft, die Insolvenz eines Zulieferers oder ein Managementfehler sein.

[230] Vgl. zur Abgrenzung von systematischem und unsystematischem Risiko SCHULZ, R., Größenabhängige Risikoanpassungen, S. 32-34; METZ, V., Kapitalisierungszinssatz, S. 103-114.

[231] Vgl. BAETGE, J./KRAUSE, C., Die Berücksichtigung des Risikos, S. 437 f.; TIMMRECK, C., Betafaktoren, S. 301.

[232] Vgl. ausführlich zu den Anforderungen an die Ermittlung von Eigenkapitalkosten Abschnitt 23.

[233] Vgl. zu Finanzierungsrisiken und allgemein zur Berücksichtigung der künftigen Unsicherheit aus der Finanzierung Abschnitt 31.

[234] Vgl. DÖRSCHELL, A./FRANKEN, L./SCHULTE, J., Kapitalisierungszinssatz, S. 123; ZIMMERMANN, P., Schätzung und Prognose von Betawerten, S. 18.

[235] Aus den Kursen können sowohl diskrete als auch stetige Renditen bestimmt werden. Da der Unterschied im Schrifttum jedoch als marginal bezeichnet wird, wird dieser Aspekt hier nicht weiter vertieft. Vgl. hierzu DÖRSCHELL, A./FRANKEN, L./SCHULTE, J., Kapitalisierungszinssatz, S. 124; ZIMMERMANN, P., Schätzung und Prognose von Betawerten, S. 54 f.

[236] Vgl. DÖRSCHELL, A./FRANKEN, L./SCHULTE, J., Kapitalisierungszinssatz, S. 123; ZIMMERMANN, P., Schätzung und Prognose von Betawerten, S. 18 und 56. Üblicherweise wird hierbei das Ordinary Least Square (OLS)-Verfahren angewandt. Vgl. ZIMMERMANN, P., Schätzung und Prognose von Betawerten, S. 60; JÄHNCHEN, S., Kapitalkosten von Versicherungsunternehmen, S. 33.

papiers sind hierbei um Dividendenzahlungen und Kapitalveränderungen zu bereinigen, damit alle Renditeeffekte berücksichtigt werden.[237] Soweit als Marktindex ein Performanceindex verwandt wird, sind diese Effekte in den Marktkursen bereits berücksichtigt. Der anhand des Marktmodells ermittelte Betafaktor ist indes nur unter bestimmten Bedingungen mit dem des CAPM kompatibel.[238] Dennoch wird dieses Verfahren regelmäßig angewandt, da es eine Möglichkeit darstellt, den Betafaktor aus historischen Daten abzuleiten.[239]

Den Betafaktor anhand von Daten aus der Vergangenheit zu bestimmen, ermöglicht grundsätzlich eine intersubjektive Nachprüfbarkeit, jedoch nur, soweit diese nicht durch Ermessensspielräume bei der Ermittlung eingeschränkt wird.[240] Ist das Bewertungsobjekt **börsennotiert**, entstehen bei den aus historischen Kapitalmarktdaten abgeleiteten Betafaktoren vor allem aufgrund der Länge des Beobachtungszeitraumes[241], des Renditeintervalls[242] und der Wahl des Marktportfolios[243] Ermessensspielräume.

In der Bewertungspraxis werden regelmäßig **Beobachtungszeiträume** in einer Bandbreite von ein bis fünf Jahren zugrunde gelegt.[244] Hierbei bedeutet c. p. ein längerer Beobachtungszeitraum mehr Datenpunkte und somit regelmäßig eine höhere statistische Verlässlichkeit.[245] Indes birgt ein längerer Beobachtungszeitraum die Gefahr von Strukturänderungen und somit einem sinkenden Zusammenhang zu den künftigen Risiken des Unternehmens.[246] Aus Sicht des Stichtagsprinzips und des erforderlichen Zukunftsbezuges ist daher ein kürzerer Zeitraum zu bevorzugen. Es wird jedoch empfohlen, mindestens 50 Datenpunkte zu betrachten.[247]

Als **Renditeintervall** werden regelmäßig Tages-, Wochen- oder Monatsintervalle verwandt. Ein längeres Renditeintervall reduziert Verzerrungen aufgrund eines illiquiden Handels,[248] indes werden

237 Vgl. DÖRSCHELL, A./FRANKEN, L./SCHULTE, J., Kapitalisierungszinssatz, S. 124; ZIMMERMANN, P., Schätzung und Prognose von Betawerten, S. 54.

238 Vgl. zu den Bedingungen ZIMMERMANN, P., Schätzung und Prognose von Betawerten, S. 21-23; BODIE, Z./KANE, A./MARCUS, A. J., Investments, S. 293-295 und zu den Unterschieden der Modelle PODDIG, T./DICHTL, H./PETERSMEIER, K., Statistik, Ökonometrie, Optimierung, S. 270 f.

239 Vgl. PODDIG, T./DICHTL, H./PETERSMEIER, K., Statistik, Ökonometrie, Optimierung, S. 271.

240 Vgl. zu den Ermessensspielräumen bspw. ZIMMERMANN, P., Schätzung und Prognose von Betawerten, S. 335; BÖCKING, H.-J./NOWAK, K., Discounted Cash Flow-Verfahren, S. 685-690.

241 Vgl. ZIMMERMANN, P., Schätzung und Prognose von Betawerten, S. 98.

242 Vgl. ausführlich zum Renditeintervall ZIMMERMANN, P., Schätzung und Prognose von Betawerten, S. 99-153. Das Renditeintervall wird des Weiteren durch den Wochentag zu Beginn des Intervalls determiniert. Vgl. WATRIN, C./STAHLBERG, G./KAPPENBERG, C., Einfluss des Wochentags, S. 176-191.

243 Vgl. grundsätzlich zur Wahl des Marktportfolios Abschnitt 244.2 und konkret zu den Auswirkungen bei der Bestimmung des Betafaktors ZIMMERMANN, P., Schätzung und Prognose von Betawerten, S. 91-97.

244 Vgl. STELLBRINK, J./BRÜCKNER, C., Beta-Schätzung, S. 5.

245 Vgl. ZIMMERMANN, P., Schätzung und Prognose von Betawerten, S. 98.

246 Vgl. ZIMMERMANN, P., Schätzung und Prognose von Betawerten, S. 98; DIMSON, E./MARSH, P. R., Thin Trading, S. 772 f.; KOLLER, T./GOEDHART, M. H./WESSELS, D./COPELAND, T. E., Valuation, S. 247.

247 BEIKER spricht von Verzerrungen bei weniger als 50 Datenpunkten. Vgl. BEIKER, H., Überrenditen und Risiken kleiner Aktiengesellschaften, S. 234 sowie auch BAETGE, J./KRAUSE, C., Die Berücksichtigung des Risikos, S. 442.

248 Vgl. KOLLER, T./GOEDHART, M. H./WESSELS, D./COPELAND, T. E., Valuation, S. 248.

ggf. nicht alle Informationen verarbeitet und die Zahl der Datenpunkte verringert sich bei gegebenem Beobachtungszeitraum.[249] Der Stichtags- oder Zukunftsbezug wird durch die Wahl des Renditeintervalls nicht unmittelbar beeinflusst, da der identische Beobachtungszeitraum betrachtet wird. Mittelbar kann jedoch ein bestimmtes Intervall zufällig dazu führen, dass der Betafaktor die Zukunft besser widerspiegelt

Die Verlässlichkeit des Betafaktors kann jedoch nicht nur durch Ermessensspielräume eingeschränkt sein, sondern auch durch die **Güte der Regressionsanalyse**. Damit die lineare Regression aussagekräftige Ergebnisse liefern kann, ist es erforderlich, dass sich die Renditepaare und somit die Rendite des Marktes und des betrachteten Wertpapiers auf den gleichen Zeitraum beziehen. Bei einer verzögerten Anpassung des Kurses des Wertpapiers an aktuelle Informationen und somit auch an Veränderungen des Marktes ist dies nicht gewährleistet. So würde bei einem Wertpapier, welches nicht zum Ende des Renditeintervalls gehandelt wird, die aus dem Kurs abgeleitete Rendite nicht das gesamte Intervall widerspiegeln.[250] Im Extremfall wird ein Wertpapier im gesamten Intervall gar nicht gehandelt, sodass die Marktrendite mit einer Nullrendite des Wertpapiers verglichen würde. FRANKEN/SCHULTE sehen für einen unverzerrten Anpassungsprozess eines Wertpapiers einen liquiden Handel und ein hinreichendes tatsächliches Handelsvolumen als Voraussetzung an.[251] Indes **fehlt es bisher an trennscharfen Grenzen**, wann die Liquidität eines Wertpapiers für die Ermittlung eines aussagekräftigen Betafaktors nicht mehr ausreicht.[252] Wenngleich es eine Vielzahl von Kriterien gibt, die ein Indiz für einen liquiden bzw. illiquiden Handel darstellen,[253] existiert kein Messkonzept, welches zu einem eindeutigen Ergebnis gelangt.[254]

In der konkreten Anwendung wird die Eignung eines Betafaktors regelmäßig anhand des **Bestimmtheitsmaßes** (R^2) bzw. des **t-Tests** überprüft.[255] Fraglich ist indes, ob das Bestimmtheitsmaß bzw. der t-Test in der Lage ist, die Eignung zu beurteilen. Mit dem t-Test wird untersucht, ob die unabhängige Variable (also die Marktrendite) einen statistisch signifikanten Einfluss auf die abhängige Variable (also die Rendite des Wertpapiers) hat.[256] Das Bestimmtheitsmaß entspricht dem „durch die Marktrendite erklärte[n] Anteil der Varianz der Assetrendite“[257]. Somit gibt der t-Test lediglich an, ob das Wertpapier ein signifikantes systematisches Risiko enthält und das Be-

249 Vgl. ausführlich zum Renditeintervall ZIMMERMANN, P., Schätzung und Prognose von Betawerten, S. 99-153.

250 Eine Ausnahme stellt die Trade to Trade-Methode dar, bei der das Renditeintervall auf den Handel des Wertpapiers abgestimmt wird. Vgl. hierzu MARSH, P., Equity Rights Issues, S. 839-862; DIMSON, E./MARSH, P. R., Thin Trading, S. 753-783; JÄHNCHEN, S., Kapitalkosten von Versicherungsunternehmen, S. 66; ZIMMERMANN, P., Schätzung und Prognose von Betawerten, S. 120-123.

251 Vgl. FRANKEN, L./SCHULTE, J., Eignung von Betafaktoren, S. 1115.

252 Eine solche Grenze müsste zudem auch vom Verfahren zur Bestimmung des Betafaktors abhängen, da im Schrifttum auch Verfahren diskutiert werden, die die verzögerte Kursbildung berücksichtigen. Vgl. zu den Verfahren bspw. JÄHNCHEN, S., Kapitalkosten von Versicherungsunternehmen, S. 65-68; ZIMMERMANN, P., Schätzung und Prognose von Betawerten, S. 120-153.

253 Vgl. für einen Überblick SCHIFFEL, S., Implizite Ausfallwahrscheinlichkeiten von Unternehmensanleihen, S. 35-44; SCHLECKER, M., Credit Spreads, S. 45-60.

254 Vgl. FRANKEN, L./SCHULTE, J., Eignung von Betafaktoren, S. 1115.

255 Vgl. FRANKEN, L./SCHULTE, J., Eignung von Betafaktoren, S. 1110.

256 Vgl. FRANKEN, L./SCHULTE, J., Eignung von Betafaktoren, S. 1112; KNOLL, L., Bestimmtheitsmaß, S. 1106-1109.

257 ZIMMERMANN, P., Schätzung und Prognose von Betawerten, S. 67.

stimmtheitsmaß den Anteil des systematischen Risikos am Gesamtrisiko. Somit werden die **Güte des Betafaktors** und dementsprechend die Eignung zur Abschätzung des Risikos des Wertpapiers **hierdurch nicht betrachtet**. Ein statistisches Maß zur Einschätzung der Güte stellt jedoch der Standardfehler des Betafaktors dar oder auch das aus diesem abgeleitete **Konfidenzintervall**.[258] Das Konfidenzintervall gibt den Bereich an, indem sich der „wahre" Betafaktor mit einer bestimmten Wahrscheinlichkeit befindet und somit die Verlässlichkeit.[259] Je geringer das Konfidenzintervall und je höher die Wahrscheinlichkeit ist, desto verlässlicher ist der jeweilige Betafaktor. Regelmäßig wird im Rahmen der Unternehmensbewertung ein Signifikanzniveau von 5 % unterstellt.[260] Bei Verwendung eines solchen Signifikanzniveaus wird ein 95 %-Konfidenzintervall bestimmt. Wenngleich das Konfidenzintervall die Verlässlichkeit verdeutlicht, fehlt es auch bei diesem Maß an trennscharfen Grenzen, die anzeigen, wann die Verlässlichkeit zu gering ist. Allerdings **bietet das Konfidenzintervall die Möglichkeit**, den Unternehmenswert als Bandbreite darzustellen und somit **die Auswirkungen der eingeschränkten Verlässlichkeit zu quantifizieren und transparent zu machen**. Wann die Bandbreite noch angemessen ist, hängt von dem Bewertungsanlass ab und lässt sich nicht theoretisch festlegen. Im Hinblick auf Ermessensspielräume sollte die Bewertungspraxis indes klare Grenzen definieren, welche Bandbreite als noch angemessen angesehen werden kann.

Ist das Bewertungsobjekt **nicht börsennotiert**, kann der Betafaktor mittelbar anhand von Betafaktoren börsennotierter Vergleichsunternehmen abgeleitet werden.[261] Hierbei entstehen vor allem durch die Wahl eines bzw. einer Gruppe von Vergleichsunternehmen zusätzliche Ermessensspielräume. Jedoch verhindert die Individualität des Bewertungsobjektes einen allgemeingültigen, klar definierten Auswahlprozess der Vergleichsunternehmen. In der Literatur werden im Wesentlichen der Pure Play-Ansatz, der Peer Group-Ansatz und der Rückgriff auf Industrie- oder Branchenbetas zur Auswahl von Vergleichsunternehmen diskutiert.[262]

Bei dem **Pure Play-Ansatz** wird lediglich ein Referenzunternehmen herangezogen, welches möglichst identische Eigenschaften wie das Bewertungsobjekt bzw. ein Geschäftsbereich des Bewertungsobjektes aufweisen soll.[263] Der sog. **Peer Group-Ansatz** stützt den Vergleich nicht auf ein Unternehmen, sondern auf eine Gruppe von vergleichbaren Unternehmen.[264] Wenngleich beide

258 Vgl. zum Standardfehler und Konfidenzintervall sowie den Anwendungsvoraussetzungen ZIMMERMANN, P., Schätzung und Prognose von Betawerten, S. 69 f.

259 Vgl. ZIMMERMANN, P., Schätzung und Prognose von Betawerten, S. 70.

260 Vgl. STELLBRINK, J./BRÜCKNER, C., Beta-Schätzung, S. 3; DÖRSCHELL, A./FRANKEN, L./SCHULTE, J./BRÜTTING, C., Risikozuschläge, S. 1160.

261 Vgl. BAETGE, J./NIEMEYER, K./KÜMMEL, J./SCHULZ, R., Bewertungsverfahren, S. 391.

262 Vgl. BAETGE, J./NIEMEYER, K./KÜMMEL, J./SCHULZ, R., Bewertungsverfahren, S. 391 f.; ZIMMERMANN, P., Schätzung und Prognose von Betawerten, S. 350-351; KOELEN, P., Bewertungskalküle in der IFRS-Rechnungslegung, S. 154-157.

263 Weiterführend zum Pure Play-Ansatz ZIMMERMANN, P., Schätzung und Prognose von Betawerten, S. 350 f.; FULLER, R. J./KERR, H. S., Estimating the Divisional Cost of Capital, S. 998 f.; ARBEITSKREIS „FINANZIERUNG" DER SCHMALENBACH-GESELLSCHAFT DEUTSCHE GESELLSCHAFT FÜR BETRIEBSWIRTSCHAFT E. V., Wertorientierte Unternehmenssteuerung, S. 552.

264 Vgl. weiterführend zum Peer Group-Ansatz und zu den Auswahlkriterien METZ, V., Kapitalisierungszinssatz, S. 211; HACHMEISTER, D., Discounted Cash Flow, S. 196; ARBEITSKREIS „FINANZIERUNG" DER SCHMALENBACH-

Ansätze auf die Verfügbarkeit von börsennotierten Vergleichsunternehmen angewiesen sind, ist die Anwendbarkeit bei dem Peer Group-Ansatz tendenziell eher gegeben als bei dem Pure Play-Ansatz.[265] Dies resultiert daraus, dass bei dem Pure Play-Ansatz eine höhere Identität mit dem Vergleichsunternehmen erforderlich ist. Soweit börsennotierte Vergleichsunternehmen vorliegen, können hingegen anhand beider Ansätze die individuellen Risikofaktoren berücksichtigt werden. Hierdurch ist eine hohe Sachgerechtigkeit der Ansätze möglich. Indes sind die verlässliche Bestimmung und somit auch die Anwendbarkeit der beiden Ansätze aufgrund von Ermessensspielräumen bei der Auswahl der Vergleichsunternehmen und der damit eingeschränkten intersubjektiven Nachprüfbarkeit kritisch zu sehen.[266]

Durch die Verwendung von **Industrie- oder Branchenbetafaktoren**[267] können Ermessensspielräume bezüglich der Auswahl der Vergleichsunternehmen reduziert werden.[268] Indes wird die Berücksichtigung der bewertungsobjektindividuellen Eigenschaften eingeschränkt und es verbleiben aufgrund der Wahl der Branche, soweit diese nicht eindeutig ist, weiterhin Ermessensspielräume. Zur Erfüllung der Sachgerechtigkeit muss angenommen werden können, dass Unternehmen einer Branche vergleichbare Unsicherheiten aufweisen. Dies ist jedoch unter anderem aufgrund von unterschiedlichen Wertschöpfungsstufen innerhalb einer Branche, Unternehmensgrößen oder auch bei Unternehmen, die in mehreren Branchen aktiv sind, kritisch zu sehen.[269] Wenngleich die geringeren Ermessensspielräume und auch der vereinfachte Auswahlprozess positiv hinsichtlich der Anwendbarkeit zu sehen sind, ist zu beachten, dass je nach Branchengröße wesentlicher zusätzlicher Aufwand entstehen kann, wenn die Betafaktoren aller Unternehmen an künftige Finanzierungsrisiken anzupassen sind.[270]

Die Analogieansätze zeigen das Spannungsfeld zwischen der Sachgerechtigkeit und der Anwendbarkeit. Der Pure Play-Ansatz weist von den Ansätzen die größte Sachgerechtigkeit auf, jedoch ist die Anwendbarkeit eingeschränkt. Hingegen ist bei Branchenbetafaktoren die Sachgerechtigkeit eingeschränkt und die Anwendbarkeit je nach Branchengröße gegeben. In der deutschen Bewertungspraxis wird vor allem der Peer-Group-Ansatz angewandt, der einen Mittelweg zwischen dem Pure Play-Ansatz und der Verwendung von Branchenbetafaktoren darstellt.

GESELLSCHAFT DEUTSCHE GESELLSCHAFT FÜR BETRIEBSWIRTSCHAFT E. V., Wertorientierte Unternehmenssteuerung, S. 554.

265 Vgl. BAETGE, J./NIEMEYER, K./KÜMMEL, J./SCHULZ, R., Bewertungsverfahren, S. 391 f.; ZIMMERMANN, P., Schätzung und Prognose von Betawerten, S. 351.

266 Vgl. KOELEN, P., Bewertungskalküle in der IFRS-Rechnungslegung, S. 156; METZ, V., Kapitalisierungszinssatz, S. 202.

267 Weiterführend zu Industrie- und Branchenbetafaktoren METZ, V., Kapitalisierungszinssatz, S. 211; ZIMMERMANN, P., Schätzung und Prognose von Betawerten, S. 320-329 oder auch HACHMEISTER, D., Discounted Cash Flow, S. 195 f.

268 Vgl. hier und im Folgenden KOELEN, P., Bewertungskalküle in der IFRS-Rechnungslegung, S. 155-157; METZ, V., Kapitalisierungszinssatz, S. 202; BAETGE, J./NIEMEYER, K./KÜMMEL, J./SCHULZ, R., Bewertungsverfahren, S. 391 f.

269 Vgl. BAETGE, J./NIEMEYER, K./KÜMMEL, J./SCHULZ, R., Bewertungsverfahren, S. 392.

270 Vgl. Abschnitt 421.3.

Aufbauend auf der vorstehenden Analyse der Komponenten des CAPM wird im folgenden Abschnitt das CAPM in seiner Gesamtheit kritisch analysiert.

245. Kritische Analyse des CAPM und des Tax-CAPM

Das CAPM und auch das Tax-CAPM wurden in der Literatur bereits hinreichend kritisch gewürdigt,[271] sodass hier nur auf einige hinsichtlich des Untersuchungsgegenstandes wesentliche Aspekte eingegangen wird.

Der Vorteil des CAPM ist darin zu sehen, dass sich die erwartete Rendite einer Alternativanlage, die hinsichtlich verschiedener Dimensionen äquivalent zu den künftigen Überschüssen des Bewertungsobjektes ist, marktorientiert ableiten lässt.[272] Indes wird die **Sachgerechtigkeit** des Modells in Bezug auf die Ermittlung der Eigenkapitalkosten für die Unternehmensbewertung durch verschiedene Aspekte eingeschränkt. Im Wesentlichen bezieht sich die allgemeine Kritik am CAPM auf die teilweise realitätsfernen Annahmen, die dem Modell zugrunde liegen.[273] So sind beispielhaft die Annahmen zu nennen, dass alle Marktteilnehmer die gleichen Erwartungen hinsichtlich der Rendite und dem Risiko der Wertpapiere haben oder dass keine persönlichen Steuern existieren. Zu dem letztgenannten Kritikpunkt ist jedoch anzumerken, dass mit dem Tax-CAPM eine Variante entwickelt wurde, die persönliche Steuern berücksichtigt.[274] Zwar wurden auch einige andere Modellvarianten entwickelt, die teilweise mit weniger Annahmen auskommen,[275] jedoch wird sowohl in der Literatur als auch in der Praxis im Wesentlichen das Standard-CAPM und in Deutschland auch das Tax-CAPM diskutiert bzw. angewandt.

Hinsichtlich der im Rahmen der Sachgerechtigkeit geforderten **Risikoäquivalenz** ist zu beachten, dass im CAPM lediglich die aufgrund von systematischen Risiken erwartete Rendite bestimmt wird. Eine Risikoäquivalenz ist somit nur gegeben, wenn das Bewertungssubjekt tatsächlich diversifiziert ist und somit unsystematische Risiken irrelevant sind. Wenngleich Konstellationen möglich sind, in denen dies nicht der Fall ist, kann allgemein gezeigt werden, dass bereits wenige Aktien bei ähnlichem Investitionsvolumen ausreichen, um einen signifikanten Diversifikationseffekt zu erzielen.[276] Im Hinblick auf die geforderte **Laufzeitäquivalenz** ist vor allem kritisch zu sehen, dass das einperiodige CAPM regelmäßig für die Unendlichkeit und somit mehrperiodig angewandt wird. Die

[271] Vgl. exemplarisch WIESE, J., Komponenten des Zinsfußes, S. 42-46; SCHULZ, R., Größenabhängige Risikoanpassungen, S. 37-39; HERING, T., Investitionstheorie, S. 283-296; PERRIDON, L./STEINER, M./RATHGEBER, A. W., Finanzwirtschaft der Unternehmung, S. 268-274; BODIE, Z./KANE, A./MARCUS, A. J., Investments, S. 295-299; ROLL, R., A Critique of the Asset Pricing Theory's Tests, S. 129-176; FAMA, E. F./FRENCH, K. R., CAPM, S. 1947-1958.

[272] Vgl. HACHMEISTER, D., Discounted Cash Flow, S. 162.

[273] Vgl. beispielhaft KUHNER, C./MALTRY, H., Unternehmensbewertung, S. 166; MANDL, G./RABEL, K., Unternehmensbewertung, S. 308 f.; TIMMRECK, C., Betafaktoren, S. 302; BALLWIESER, W., Unternehmensbewertung, S. 99. Vgl. zu den Annahmen 242.

[274] Vgl. zum Tax-CAPM Abschnitt 243.

[275] Vgl. WIESE, J., Komponenten des Zinsfußes, S. 42 m. w. N.

[276] Vgl. SCHULZ, R., Größenabhängige Risikoanpassungen, S. 48-52.

in der Praxis verbreitete mehrfache Anwendung des einperiodigen CAPM setzt jedoch restriktive Bedingungen voraus.[277] Des Weiteren ist in Bezug auf die Unternehmensbewertung kritisch festzustellen, dass die Annahme der Gleichgewichtsbedingung zu einer Situation führt, in der eine Unternehmensbewertung nicht erforderlich erscheint.[278]

Kritisch kann indes nicht nur das Modell an sich gesehen werden, sondern auch die Ermittlung der in das Modell einfließenden Parameter und somit neben der Sachgerechtigkeit auch die **Anwendbarkeit**[279]. Vorstehend wurden Möglichkeiten gezeigt, die Parameter zu bestimmen, sodass die grundsätzliche Möglichkeit zur Schätzung der Einflussparameter gegeben ist. Um die Anwendbarkeit detaillierter zu beurteilen, ist ferner zu betrachten, ob sich die Parameter verlässlich und mit einem angemessenen Aufwand bestimmen lassen. In Abschnitt 244. wurden vor allem hinsichtlich der Marktrisikoprämie sowie des Betafaktors Ermessensspielräume dargestellt, die die Verlässlichkeit einschränken. Beispielhaft sei an dieser Stelle die Wahl der Vergleichsunternehmen beim Betafaktor oder des Referenzzeitraumes sowie des Renditeintervalls bei der Marktrisikoprämie genannt. Die Verlässlichkeit des Betafaktors kann zudem aufgrund einer fehlenden Liquidität oder fehlender statistischer Güte eingeschränkt sein. Bei der Bestimmung des risikolosen Zinssatzes liegen zwar ebenfalls Ermessensspielräume vor, jedoch sind diese durch die in der jüngeren Vergangenheit im Wesentlichen stichtagsbezogene Ableitung laufzeitspezifischer Zinssätze anhand von Nullkuponanleihen reduziert und weniger bedeutsam. Da lediglich der Betafaktor unternehmensspezifisch bestimmt wird, kann vor allem auch hinsichtlich der Bedeutung der Eigenkapitalkosten für den Unternehmenswert der zeitliche Aufwand als angemessen angesehen werden.

Die Einflussparameter sind indes nicht nur für die Anwendbarkeit des Modells relevant, sondern auch hinsichtlich der **Sachgerechtigkeit** der ermittelten Eigenkapitalkosten. Aufgrund des geforderten Stichtags- und Zukunftsbezuges ist sowohl beim Betafaktor als auch bei der Marktrisikoprämie die Ableitung aus historischen Kapitalmarktdaten kritisch zu sehen. Indes erstreckt sich der Beobachtungszeitraum beim Betafaktor oftmals lediglich über ein bis zwei Jahre, sodass ein gewisser Stichtagsbezug gegeben ist. Die Marktrisikoprämie wird in Deutschland hingegen oftmals für wesentlich längere Zeiträume bestimmt, bei denen der Stichtagsbezug nicht mehr gegeben und der Zukunftsbezug fraglich ist. Neben der Laufzeitäquivalenz ist auch die Risikoäquivalenz bei der Marktrisikoprämie eingeschränkt, da regelmäßig Aktienindizes als Marktportfolio verwandt werden und somit nicht alle Diversifikationsmöglichkeiten beachtet werden. Allerdings wird dies zumindest teilweise durch den Betafaktor ausgeglichen, der aufgrund des höheren Marktrisikos c. p. geringer ist. Die Sachgerechtigkeit des Betafaktors kann jedoch ebenfalls nicht nur durch den Stichtags- und Zukunftsbezug eingeschränkt sein, sondern z. B. auch bei einer fehlenden Risikoäquivalenz der ausgewählten Vergleichsunternehmen.

---

277 Vgl. FAMA, E. F., Discounting under Uncertainty, S. 415-428; FAMA, E. F., Risk-Adjusted Discount Rates, S. 3-24; HACHMEISTER, D., Diskontierung bei Unsicherheit, S. 25-32; WIESE, J., Das Nachsteuer-CAPM im Mehrperiodenkontext, S. 116-120; PODDIG, T., Standpunkte zum CAPM, S. 15-17.

278 Vgl. BALLWIESER, W., Unternehmensbewertung und Komplexitätsreduktion, S. 175 f.

279 Vgl. zur Anwendbarkeit Abschnitt 233.

Bei einem auf Basis von aktuellen Zinssätzen von Nullkuponanleihen abgeleiteten risikolosen Zinssatz ist der Stichtags- und Zukunftsbezug gegeben. Indes kann die Sachgerechtigkeit, wie in Abschnitt 244.1 dargestellt, durch einen vereinfacht bestimmten einheitlichen Basiszinssatz eingeschränkt sein. Dies ist z. B. der Fall, wenn der einheitliche Zinssatz ohne Berücksichtigung der Unsicherheit der künftigen Überschüsse des Bewertungsobjektes bestimmt wird.[280] Des Weiteren muss im Hinblick auf den risikolosen Zinssatz kritisch angemerkt werden, dass es sich lediglich um einen quasisicheren Zinssatz handelt. Die Ableitung anhand von Staatsanleihen ist insbesondere in Zeiten steigender Staatsverschuldung und Abwertungen der Bonität von Staaten kritisch zu hinterfragen.

Allerdings ist die Sachgerechtigkeit nicht nur aufgrund der betrachteten Aspekte bei der Ermittlung der einzelnen Parameter eingeschränkt, sondern vor allem auch aufgrund der **fehlenden Abstimmung der verschiedenen Einflussparameter** untereinander. So werden bspw. regelmäßig zwei verschiedene risikolose Zinssätze in dem Modell verwandt. In die Marktrisikoprämie fließt ein anhand von vergangenheitsorientierten Daten bestimmter risikoloser Zinssatz ein, während der risikolose Zinssatz als eigenständiger Parameter zukunftsorientiert aus Zinssätzen von Nullkuponanleihen abgeleitet wird. Daher schlägt METZ vor, die Marktrisikoprämie an das aktuelle Zinsniveau anzupassen.[281]

Des Weiteren müssen die Marktrisikoprämie und der Betafaktor aufeinander abgestimmt sein. Dies ist trotz der vergangenheitsorientierten Ableitung der Parameter nicht der Fall, da die Beobachtungszeiträume regelmäßig deutlich voneinander abweichen. Weicht die im Beobachtungszeitraum des Betafaktors erwartete Marktrisikoprämie von der historischen Marktrisikoprämie ab, wird die Risikoprämie falsch eingeschätzt, da zur Ermittlung dieser der Betafaktor mit der historischen Marktrisikoprämie multipliziert wird.

Bereits der kurze Überblick zu kritischen Aspekten verdeutlicht, dass das CAPM die Anforderungen an ein Modell zur Ableitung von Eigenkapitalkosten nur eingeschränkt erfüllt.[282] Trotzdem wird in der Bewertungspraxis und dem Schrifttum an dem CAPM festgehalten. Dies resultiert vor allem aus derzeitig fehlenden Alternativen,[283] die die Anforderungen an die Ermittlung von Eigenkapitalkosten erfüllen. Vor allem aufgrund der weiten Verbreitung des CAPM erscheint es trotzdem erforderlich, sich dem Modell weiterhin wissenschaftlich zu widmen. Hierbei ist es insbesondere möglich, die Sachgerechtigkeit und Anwendbarkeit der Ermittlung der Einflussparameter des CAPM zu verbessern. In den folgenden Kapiteln 3 und 4 soll daher betrachtet werden, in welcher Form die Finanzierung eines Unternehmens bei der Ermittlung der Einflussparameter des Modells berücksichtigt werden sollte, um ein möglichst angemessenes Verhältnis von Sachgerechtigkeit und Anwendbarkeit herzustellen. Hierfür wird in Kapitel 3 zuerst grundlegend der Einfluss der Finanzierungsrisiken auf die Eigenkapitalrendite dargestellt sowie erforderliche Anpassungen im CAPM

280 Vgl. hierzu Abschnitt 244.1 oder auch REESE, R., Schätzung von Eigenkapitalkosten, S. 24-29.
281 Vgl. METZ, V., Kapitalisierungszinssatz, S. 204 f.
282 Vgl. zu den Anforderungen Abschnitt 23.
283 Vgl. hierzu auch SCHULZ, R., Größenabhängige Risikoanpassungen, S. 37; WIESE, J., Komponenten des Zinsfußes, S. 46 m. w. N.

ermittelt. Anschließend werden die im Schrifttum im Wesentlichen diskutierten Anpassungsformeln kritisch analysiert. In Kapitel 4 wird für eine allgemeine Anpassungsformel die Ermittlung der wesentlichen Einflussparameter konkretisiert.

3 Kritische Analyse der Anpassungsformeln zur Berücksichtigung von Finanzierungsrisiken bei Anwendung des CAPM

31 Finanzierungsrisiken und deren Berücksichtigung im CAPM

311. Allgemeiner Einfluss der Finanzierungsrisiken auf die Eigenkapitalrendite

Im Rahmen der Unternehmensbewertung entsteht aufgrund der Diskontierung von künftigen Überschüssen eine Unsicherheitssituation.[284] Unsicherheit bedeutet hierbei, dass die künftigen Überschüsse sowohl positiv als auch negativ vom Erwartungswert abweichen können.[285] Im Rahmen dieser Arbeit wird, wie auch in der Unternehmensbewertungsliteratur, diese Unsicherheit als Risiko bezeichnet.[286] Eine solche Definition von Risiko ist zu unterscheiden vom intuitiven Risikobegriff, bei dem ausschließlich negative Abweichungen vom Erwartungswert als Risiko angesehen werden.[287] Finanzierungsrisiken entstehen demnach durch den Einfluss der Finanzierung eines Unternehmens auf die Streuung der künftigen Überschüsse bzw. der Rendite der Eigenkapitalgeber.

Auch die Portfolio Selection-Theorie, auf der das CAPM basiert, verwendet mit der Varianz ein Risikomaß, das nicht nur negative Abweichungen berücksichtigt.[288] Im CAPM selbst stellt der Betafaktor das Risikomaß dar, das ebenfalls sowohl die positiven als auch die negativen Abweichungen vom Erwartungswert umfasst.[289] Allerdings werden, wie in Abschnitt 244.3 bereits erläutert, im CAPM lediglich systematische Risiken des Unternehmens berücksichtigt, da von einem diversifizierten Investor ausgegangen wird. Auch im Rahmen dieser Arbeit soll von diversifizierten Investoren ausgegangen werden, sodass der Untersuchungsgegenstand der Arbeit die Berücksichtigung der systematischen Finanzierungsrisiken ist. Systematische Risiken stellen die nicht durch Diversifizierung vermeidbaren Risiken dar,[290] die in einem Unternehmen im Wesentlichen durch die drei Faktoren Marktrisiko, leistungswirtschaftliches Risiko und finanzwirtschaftliches Risiko beeinflusst werden.[291]

---

284 Vgl. BAETGE, J./NIEMEYER, K./KÜMMEL, J./SCHULZ, R., Bewertungsverfahren, S. 379; KIRSCH, H.-J., Objektivierung künftiger Zahlungsströme, S. 365.

285 Vgl. BAETGE, J./NIEMEYER, K./KÜMMEL, J./SCHULZ, R., Bewertungsverfahren, S. 379 f.; BAETGE, J./KRAUSE, C., Die Berücksichtigung des Risikos, S. 435 f.; PERRIDON, L./STEINER, M./RATHGEBER, A. W., Finanzwirtschaft der Unternehmung, S. 103.

286 Vgl. beispielhaft BAETGE, J./NIEMEYER, K./KÜMMEL, J./SCHULZ, R., Bewertungsverfahren, S. 379. Vgl. zu dieser Risikodefinition auch HEIDORN, W., Fixkostenleverage und Risiko der Unternehmung, S. 13-18.

287 Vgl. METZ, V., Kapitalisierungszinssatz, S. 78; BAETGE, J./NIEMEYER, K./KÜMMEL, J./SCHULZ, R., Bewertungsverfahren, S. 379; BAETGE, J./KRAUSE, C., Die Berücksichtigung des Risikos, S. 435; KEPPLER, M., Risiko, S. 610; ADAM, D., Investitionsrechnung bei Unsicherheit, S. 1142.

288 Vgl. MARKOWITZ, H., Portfolio Selection, S. 77 sowie Abschnitt 242.

289 Vgl. LINTNER, J., The Valuation of Risk Assets, S. 14; TIMMRECK, C., Betafaktoren, S. 301; METZ, V., Kapitalisierungszinssatz, S. 78 f.

290 Vgl. exemplarisch WIESE, J., Komponenten des Zinsfußes, S. 36.

291 Vgl. ADERS, C./WAGNER, M., Kapitalkosten in der Bewertungspraxis, S. 31; METZ, V., Kapitalisierungszinssatz, S. 106 f.; BREID, V., Erfolgspotentialrechnung, S. 111-119; GAHLON, J. M./GENTRY, J. A., Financial Leverage, S. 15-23.

Ursächlich für die systematischen Risiken ist das **Marktrisiko** eines Unternehmens, das aus dem Einfluss exogener Faktoren auf die Schwankung des Umsatzes entsteht.[292] Ein solcher exogener Einfluss ist z. B. die Entwicklung der Weltkonjunktur.[293] Verstärkt wird der Einfluss der exogenen Faktoren auf die Schwankung der Unternehmensrenditen durch das **leistungswirtschaftliche Risiko** (oder auch *Degree of Operating Leverage* genannt) eines Unternehmens, welches durch die Wertschöpfungs- und Fixkostenstruktur determiniert wird.[294] Diese beiden Risikofaktoren bilden zusammen die sog. systematischen **operativen Risiken** eines Unternehmens ab, denen ein rein eigenfinanziertes Unternehmen unterliegt.[295]

Der dritte Faktor der systematischen Risiken ist das **finanzwirtschaftliche Risiko** (oder auch **Finanzierungsrisiko** bzw. *Degree of Financial Leverage* genannt). Ist ein Unternehmen fremdfinanziert, werden die aus den systematischen, operativen Risiken resultierenden Schwankungen der finanziellen Überschüsse der Eigenkapitalgeber zusätzlich beeinflusst.[296] Nachfolgend wird der Einfluss der Finanzierung auf die Schwankung der Eigenkapitalrendite ausführlich dargestellt.

In der Literatur wird vor allem die Kapitalstruktur bzw. der Verschuldungsgrad als Einflussfaktor der Finanzierung eines Unternehmens auf die Risiken genannt.[297] Anhand des Leverage-Effektes lässt sich der grundsätzliche Hebeleffekt der Verschuldung auf die Rendite der Eigenkapitalgeber zeigen.[298]

Formel 3-1	$\bar{r}_{EK} = \bar{r}_{GK} + (\bar{r}_{GK} - i) \cdot \frac{FK}{EK}$

Formel 3-1 verdeutlicht, dass bei einer Substitution von Eigen- durch Fremdkapital die Rendite der Eigenkapitalgeber immer höher als bei einer reinen Eigenfinanzierung ist, soweit der Fremdkapital-

292 Vgl. ADERS, C., Unternehmensbewertung bei Preisinstabilität und Inflation, S. 69 f.; BREID, V., Erfolgspotentialrechnung, S. 113.

293 Vgl. ADERS, C./WAGNER, M., Kapitalkosten in der Bewertungspraxis, S. 31; BREID, V., Erfolgspotentialrechnung, S. 113.

294 Vgl. STEINER, M./BAUER, C., Marktrisiko deutscher Aktien, S. 352; ADERS, C./WAGNER, M., Kapitalkosten in der Bewertungspraxis, S. 31 sowie ausführlich zum leistungswirtschaftlichen Risiko HEIDORN, W., Fixkostenleverage und Risiko der Unternehmung, S. 24-68.

295 Vgl. exemplarisch ADERS, C./WAGNER, M., Kapitalkosten in der Bewertungspraxis, S. 31; METZ, V., Kapitalisierungszinssatz, S. 106 f. BREID fasst die beiden Risiken als Geschäftsrisiko zusammen. Vgl. BREID, V., Erfolgspotentialrechnung, S. 117.

296 Vgl. ADERS, C./WAGNER, M., Kapitalkosten in der Bewertungspraxis, S. 31.

297 Vgl. exemplarisch MUNKERT, M. J., Kapitalisierungszinssatz, S. 201-206; MANDL, G./RABEL, K., Unternehmensbewertung, S. 299-302; IDW (Hrsg.), WP Handbuch, Abschnitt A, Rn. 227.

298 Vgl. PERRIDON, L./STEINER, M./RATHGEBER, A. W., Finanzwirtschaft der Unternehmung, S. 490. Hier soll noch von sicheren Zahlungen an die Fremdkapitalgeber ausgegangen werden. Die Eigenkapitalgeber erhalten den Residualanspruch, der nach Abzug der Fremdkapitalzinsen von den operativen Überschüssen verbleibt.

zinssatz niedriger als die Gesamtkapitalrendite des Unternehmens ist.[299] Indes zeigt die Formel ebenfalls, dass die Substitution im umgekehrten Fall aufgrund der von der Gesamtkapitalrendite unabhängigen, vorrangigen Fremdkapitalzahlung zu einer geringeren Eigenkapitalrendite führt.[300] Diese Effekte werden als Leverage-Chance bzw. Leverage-Risiko (oder auch Leverage-Gefahr) bezeichnet. Aus den beiden Effekten folgt eine steigende Schwankungsbreite der erwartenden Eigenkapitalrendite, die auch Leverage-Horn genannt wird.[301] Die Abbildung 3-1 zeigt für die beiden Alternativen – eine Gesamtkapitalrendite (r_{GK}) kleiner bzw. größer als der Fremdkapitalzinssatz (i) – dass die Schwankungsbreite der Eigenkapitalrendite und somit die Risiken der Eigenkapitalgeber bei einem sich erhöhenden Verschuldungsgrad steigen.

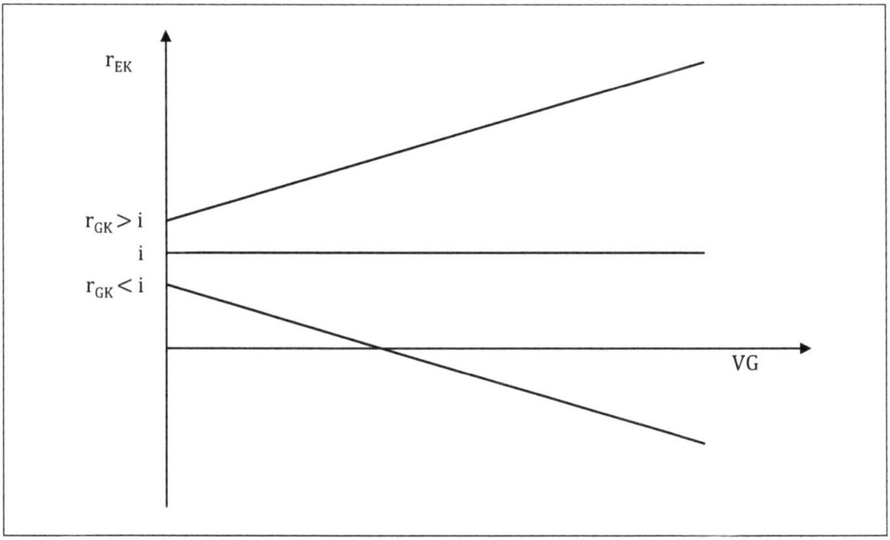

Abbildung 3-1: Schwankungsbreite (Leverage-Horn) der Eigenkapitalrendite in Abhängigkeit vom Verschuldungsgrad und der Gesamtkapitalrendite[302]

Die Betrachtung des Leverage-Effektes zeigt den Verschuldungsgrad als eine Determinante der Finanzierungsrisiken. MODIGLIANI/MILLER haben 1958 im Rahmen einer kapitaltheoretischen Mo-

[299] Vgl. hier und im Folgenden PERRIDON, L./STEINER, M./RATHGEBER, A. W., Finanzwirtschaft der Unternehmung, S. 489-494; IDW (Hrsg.), WP Handbuch, Abschnitt A, Rn. 227; SCHMIDT, R. H./TERBERGER, E., Grundzüge der Investitions- und Finanzierungstheorie, S. 244 f; BAETGE, J./KIRSCH, H.-J./THIELE, S., Bilanzanalyse, S. 359-362.

[300] Lediglich bei einer Substitution kann von einer unveränderten Gesamtkapitalrendite ausgegangen werden, sodass bei sonstigen Veränderungen des Verschuldungsgrades keine eindeutig Aussage zum Einfluss auf die Eigenkapitalrendite möglich ist.

[301] Vgl. BAETGE, J./NIEMEYER, K./KÜMMEL, J./SCHULZ, R., Bewertungsverfahren, S. 395; PERRIDON, L./STEINER, M./RATHGEBER, A. W., Finanzwirtschaft der Unternehmung, S. 493.

[302] In enger Anlehnung an BAETGE, J./NIEMEYER, K./KÜMMEL, J./SCHULZ, R., Bewertungsverfahren, S. 395; BAETGE, J./KIRSCH, H.-J./THIELE, S., Bilanzanalyse, S. 361, und PERRIDON, L./STEINER, M./RATHGEBER, A. W., Finanzwirtschaft der Unternehmung, S. 493.

dellanalyse ebenfalls diese Determinante betrachtet und unter anderem die nachfolgenden Thesen zum Einfluss der Kapitalstruktur auf den Gesamtunternehmenswert, die durchschnittlichen Kapitalkosten und die Eigenkapitalkosten aufgestellt:[303]

- Der Marktwert eines Unternehmens ist unabhängig von seiner Kapitalstruktur und ergibt sich durch die Kapitalisierung der erwarteten Gewinne mit der Marktrate p_k der Risikoklasse[304] des Unternehmens.
- Die durchschnittlichen Kapitalkosten eines Unternehmens sind unabhängig von der Kapitalstruktur des Unternehmens und entsprechen dem Kapitalisierungszins eines rein eigenfinanzierten Unternehmens der gleichen Risikoklasse.

Demnach sind unter den Annahmen von MODIGLIANI/MILLER die durchschnittlichen Kapitalkosten unabhängig von der Kapitalstruktur, die im Rahmen dieser Arbeit untersuchten Eigenkapitalkosten jedoch nicht. So leiten sie aus diesen beiden Thesen her, dass die Eigenkapitalkosten eines Unternehmens eine linear ansteigende Funktion des Verschuldungsgrades darstellen. Ihr Modell basiert auf einer Vielzahl von Annahmen.[305] Hierbei können vor allem die Annahmen, dass keine Steuern und Insolvenzkosten[306] existieren, als realitätsfern angesehen werden. Den Steueraspekt haben MODIGLIANI/MILLER 1963 jedoch in einem weiteren Aufsatz betrachtet und dort ihre Thesen um den Einfluss von Unternehmenssteuern korrigiert. Hierbei haben Sie gezeigt, dass der Wert eines verschuldeten Unternehmens dem Wert eines unverschuldeten Unternehmens zuzüglich des Wertes des Steuervorteils[307] entspricht und somit, anders als zuvor angenommen, nicht unabhängig von der Finanzierung eines Unternehmens ist.[308] Unter Beachtung der Unternehmenssteuern berechnen sich die Eigenkapitalkosten nach MODIGLIANI/MILLER wie folgt:[309]

Formel 3-2	$$\bar{r}_{EK}^{v} = \underbrace{\bar{r}_{EK}^{u}}_{\text{Rendite eines unverschuldeten Unternehmens}} + \underbrace{(1-s)\cdot(\bar{r}_{EK}^{u} - r_{FK})\cdot\frac{FK}{EK}}_{\text{Einfluss der Finanzierung auf die Rendite der Eigenkapitalgeber}}$$

303 Vgl. MODIGLIANI, F./MILLER, M. H., The Cost of Capital, Corporation Finance and the Theory of Investment, S. 269-271; PERRIDON, L./STEINER, M./RATHGEBER, A. W., Finanzwirtschaft der Unternehmung, S. 501.

304 Unter der Marktrate der Risikoklasse ist der risikoadjustierte Diskontierungszinssatz zu verstehen.

305 Vgl. bspw. KRUSCHWITZ, L./LÖFFLER, A./LORENZ, D., Unlevering und Relevering, S. 673; WALLMEIER, M., Kapitalkosten und Finanzierungsprämissen, S. 1476.

306 Vgl. zur Berücksichtigung der Insolvenzmöglichkeit in der Unternehmensbewertung KNABE, M., Insolvenzrisiken in der Unternehmensbewertung, S. 83-110.

307 Unter den Annahmen von MODIGLIANI/MILLER kann der Wert des Steuervorteils durch $s \cdot FK$ ausgedrückt werden.

308 Vgl. MODIGLIANI, F./MILLER, M. H., Corporate Income Taxes and the Cost of Capital, S. 436.

309 Vgl. MODIGLIANI, F./MILLER, M. H., Corporate Income Taxes and the Cost of Capital, S. 439.

In Formel 3-2 spiegelt der erste Term die Rendite eines unverschuldeten Unternehmens wider, die ausschließlich den operativen Risiken unterliegt. Der zweite Term der Gleichung drückt den Einfluss der Finanzierung eines Unternehmens auf die Rendite der Eigenkapitalgeber aus.[310] Nach dieser Formel determinieren die Fremdkapitalrendite des Unternehmens[311] und der Steuersatz neben dem Verschuldungsgrad und der Rendite eines unverschuldeten Unternehmens den Einfluss, den die Finanzierung eines Unternehmens auf die Rendite der Eigenkapitalgeber hat. Die Höhe dieser Determinanten beeinflusst den anhand des Leverage-Effektes dargestellten **Hebeleffekt der Finanzierung** und somit auch die Unsicherheit der Eigenkapitalrendite. Anzumerken ist indes, dass die vorstehende Formel lediglich einen Eindruck zum Einfluss der Finanzierung auf die Rendite der Eigenkapitalgeber vermittelt und nicht alle Faktoren enthält. MODIGLIANI/MILLER schließen durch ihre Annahmen weitere Determinanten der Finanzierungsrisiken aus.[312] So nehmen sie z. B. das Fremdkapital, die Rendite des Fremdkapitals und den Steuersatz als konstant und sicher an. Sind die Parameter jedoch unsicher, beeinflusst diese Unsicherheit neben dem Hebeleffekt ebenfalls die Unsicherheit der Eigenkapitalrendite.

312. Berücksichtigung der Finanzierungsrisiken im CAPM

Nachdem zuvor der grundsätzliche Einfluss der Finanzierung auf die Renditeforderung der Eigenkapitalgeber dargestellt wurde, stellt sich die Frage, auf welche Weise sich dieser Einfluss konkret auf die Komponenten des CAPM auswirkt. Grundsätzlich kann die Finanzierung eines Unternehmens einen unmittelbaren Einfluss lediglich auf den Betafaktor und somit den einzigen unternehmensindividuellen Parameter haben.[313]

Wie in Abschnitt 244.3 erläutert, werden die Betafaktoren üblicherweise anhand von historischen Kapitalmarktdaten abgeleitet. Sind die börsennotierten Unternehmen fremdfinanziert, werden die Aktienkurse und die daraus abgeleiteten Renditen nicht nur durch operative Aspekte, sondern auch durch die Finanzierung der Unternehmen beeinflusst. Da Unternehmen regelmäßig fremdfinanziert sind, stellen die aus historischen Kapitalmarktdaten abgeleiteten Betafaktoren im Allgemeinen verschuldete Betafaktoren dar.[314] Auf den ersten Blick könnte daher der Eindruck entstehen, dass die Finanzierung eines Unternehmens bereits in den Betafaktoren berücksichtigt und keine weitere Anpassung erforderlich ist. Indes müssen hierbei die Anforderungen an die Ableitung der Eigenkapitalkosten beachtet werden. Einerseits die Forderung nach Risikoäquivalenz und andererseits nach Zukunftsbezug sowie die Einhaltung des Stichtagsprinzips im Rahmen der Laufzeitäquivalenz macht eine Anpassung des Betafaktors an die zum Bewertungsstichtag geplante künftige Finanzie-

310 Vgl. ADERS, C./WAGNER, M., Kapitalkosten in der Bewertungspraxis, S. 32.

311 MODIGLIANI/MILLER sehen die Fremdkapitalrendite als risikolos an, sodass r_{FK} in der Formel dem risikolosen Zinssatz entspricht.

312 Vgl. hier und im Folgenden MODIGLIANI, F./MILLER, M. H., Corporate Income Taxes and the Cost of Capital, S. 433-443.

313 Vgl. Abschnitt 242. sowie 244.3.

314 Vgl. zu diesem Aspekt exemplarisch ADERS, C./WAGNER, M., Kapitalkosten in der Bewertungspraxis, S. 33; DINSTUHL, V., Konzernbezogene Unternehmensbewertung, S. 241.

rung des Bewertungsobjektes und die daraus resultierenden Unsicherheiten erforderlich. Auf die Anpassung könnte somit nur verzichtet werden, wenn die Annahmen zur künftigen Finanzierung des Bewertungsobjektes zum Bewertungsstichtag denen entsprechen, die den Kursen zugrunde lagen, aus denen die verschuldeten Betafaktoren bestimmt wurden.[315] Wenngleich im Schrifttum vereinzelt der Eindruck entsteht, dass lediglich bei einem über ein Vergleichsunternehmen abgeleiteten Betafaktor eine Anpassung erforderlich sei,[316] ist dies regelmäßig auch bei einem unternehmenseigenen Betafaktor der Fall. So kann allgemein davon ausgegangen werden, dass sich Marktparameter, die die Finanzierung betreffen, wie z. B. das Zinsniveau, unternehmensindividuelle Parameter, wie z. B. die Ausfallwahrscheinlichkeit, oder Unternehmensplanungen im Beobachtungszeitraum verändern. Vor allem bei der subjektiven Unternehmensbewertung ist eine Abweichung von der in der Vergangenheit geplanten Finanzierung wahrscheinlich, da dort die vom Bewertungssubjekt geplante Finanzierung relevant ist und nicht, wie bei der objektivierten Unternehmensbewertung, das bestehende Unternehmenskonzept.[317] Ferner ist hinsichtlich des Erfordernisses der Anpassung zu beachten, dass je nach Phasenmodell die künftigen Finanzierungsrisiken periodenindividuell zu berücksichtigen sind, der aus Kapitalmarkdaten abgeleitete verschuldete Betafaktor des Eigenkapitals jedoch eine periodeneinheitliche Unsicherheit angibt.

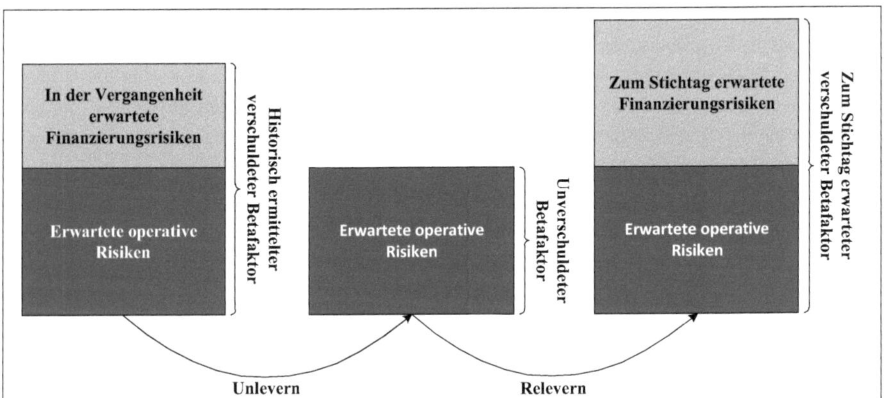

Abbildung 3-2: Schematische Darstellung der Berücksichtigung von Finanzierungsrisiken im Betafaktor

Zur Anpassung des Betafaktors an die künftige Finanzierung wird regelmäßig ein zweistufiges Verfahren angewandt. In einem ersten Schritt werden die im Betafaktor enthaltenen operativen Risiken isoliert, indem der verschuldete Betafaktor um die enthaltenen Finanzierungsrisiken bereinigt wird.[318] Nach dem sog. **Unlevern** werden in einem zweiten Schritt, dem sog. **Relevern**, die operati-

[315] Vgl. ADERS, C./WAGNER, M., Kapitalkosten in der Bewertungspraxis, S. 40 f.
[316] Vgl. bspw. KRUSCHWITZ, L./LÖFFLER, A./LORENZ, D., Unlevering und Relevering, S. 672-678.
[317] Vgl. Abschnitt 212. und 213.
[318] Wird der Betafaktor aus Vergleichsunternehmen abgeleitet, werden die Finanzierungsrisiken der Vergleichsunternehmen zur Bereinigung herangezogen. Vgl. ausführlich zum Unlevern Abschnitt 421.

ven Risiken um den Einfluss der künftigen Finanzierung des Bewertungsobjektes angepasst.[319] Abbildung 3-2 zeigt das beschriebene Vorgehen schematisch. Eine Ausnahme bildet hierbei das APV-Verfahren. Bei diesem ist zwar das Unlevern erforderlich, das anschließende Relevern jedoch nicht, da der Wert eines rein eigenfinanzierten Unternehmens und der Wert des Steuervorteils aus der Fremdfinanzierung getrennt bestimmt werden. Die finanziellen Überschüsse eines rein eigenfinanzierten Unternehmens unterliegen operativen Risiken, die durch den unverschuldeten Betafaktor ausgedrückt werden.[320]

Zusätzlich zu den Anpassungen aufgrund der künftigen Finanzierung kann es erforderlich sein, den unverschuldeten Betafaktor aufgrund von Änderungen der künftigen operativen Risiken anzupassen. Dies wäre z. B. der Fall, wenn das Bewertungsobjekt neben den bisherigen Geschäftsbereichen künftig in einem weiteren Geschäftsbereich tätig sein wird. Möglichkeiten, den unverschuldeten Betafaktor an künftig veränderte operative Risiken anzupassen, sind jedoch nicht Gegenstand der Arbeit.[321]

Im Schrifttum wird teilweise empfohlen, den aus historischen Kapitalmarktdaten abgeleiteten verschuldeten Betafaktor hinsichtlich der Zukunft anzupassen.[322] Bei einer häufig anzutreffenden Korrektur des Betafaktors wird der künftige verschuldete Betafaktor berechnet, indem der aus den Kapitalmarktdaten abgeleitete historische Betafaktor mit 2/3 multipliziert und 1/3 addiert wird.[323] Diese Korrektur geht auf BLUME zurück, der empirisch festgestellt hat, dass die verschuldeten Betafaktoren langfristig eine Tendenz zu eins haben, dem Mittelwert aller Betafaktoren.[324] Die Untersuchungen von BLUME ergeben jedoch nicht, dass die regelmäßig verwandten Korrekturfaktoren 2/3 und 1/3 geeignet sind, um den Betafaktor anzupassen. Da BLUME in seiner Untersuchung verschuldete Betafaktoren betrachtet, kann die von ihm festgestellte Tendenz zum Mittelwert des Weiteren sowohl aus veränderten operativen Risiken als auch aus Finanzierungsrisiken resultieren. Da die Finanzierungsrisiken durch das Un- und Relevern indes bereits an die künftig erwartete Finanzierung angepasst werden, sollte die BLUME-Anpassung nicht zusätzlich angewandt werden. So würde die zusätzliche Anpassung zu Fehlern führen, soweit die festgestellte Tendenz zum Mittelwert teilweise aus veränderten Finanzierungsrisiken resultiert.

Der **risikolose Zinssatz** ist kein Parameter, der unternehmensindividuell beeinflusst wird, sodass die Finanzierung eines Unternehmens keinen Einfluss auf diesen hat. Indes wird regelmäßig ein einheitlicher Basiszinssatz verwandt, bei dessen Bestimmung die Unsicherheit der finanziellen

319 Vgl. ausführlich zum Relevern Abschnitt 422.
320 Vgl. Abschnitt 225.
321 Zu beachten ist, dass ein weiterer Geschäftsbereich auch einen Einfluss auf die künftigen Finanzierungsrisiken haben kann. Dieser Einfluss wird jedoch beim Un- und Relevern berücksichtigt.
322 Vgl. METZ, V., Kapitalisierungszinssatz, S. 207.
323 Bloomberg bietet neben dem unangepassten historischen Betafaktor (RAW Beta) ebenfalls dieses sog. Adjusted Beta an. Vgl. bspw. DÖRSCHELL, A./FRANKEN, L./SCHULTE, J., Kapitalisierungszinssatz, S. 146; TIMMRECK, C., Betafaktoren, S. 304.
324 Vgl. hier und im Folgenden BLUME, M. E., Betas and Their Regression Tendinces, S. 785-795; BLUME, M. E., On the Assessment of Risk, S. 1-10.

Überschüsse des Bewertungsobjektes berücksichtigt werden muss.[325] Da die Unsicherheit der finanziellen Überschüsse auch durch die Finanzierung des Unternehmens beeinflusst wird, müssen die Finanzierungsrisiken ebenfalls berücksichtigt werden. Das Vorgehen unterscheidet sich nicht von der Berücksichtigung anderer Risikoeinflüsse.[326] So muss sichergestellt werden, dass die Diskontierung der finanziellen Überschüsse mit den laufzeitäquivalenten Zinssätzen zu dem gleichen Barwert führt wie die Diskontierung mit dem einheitlichen Basiszinssatz.[327]

Die vorstehenden Ausführungen zum einheitlichen Basiszinssatz gelten grundsätzlich hinsichtlich der **Marktrisikoprämie** ebenfalls. Indes wird in der Bewertungspraxis im Allgemeinen keine einheitliche Marktrisikoprämie unter Berücksichtigung der unternehmensindividuellen finanziellen Überschüsse bestimmt. Dennoch sind die Finanzierungsrisiken der Unternehmen nicht irrelevant für die Marktrisikoprämie, da das Marktrisiko sowohl durch operative Risiken der Unternehmen als auch durch deren Finanzierungsrisiken beeinflusst wird. Die Finanzierung eines individuellen Unternehmens hat zwar nur einen marginalen Einfluss, indes beeinflussen marktweit veränderte Finanzierungsrisiken die Marktrisikoprämie. Eine systematische Veränderung der Finanzierungsrisiken ist z. B. denkbar, wenn sich über alle Ratingklassen die Ausfallwahrscheinlichkeit erhöht oder gesetzliche Änderungen eine bestimmte Finanzierungsform bevorzugen. Da die Marktrisikoprämie üblicherweise aus langfristigen, historischen Kapitalmarktdaten abgeleitet wird, erscheint es bei einer systematischen Veränderung der Finanzierungsrisiken erforderlich, die Marktrisikoprämie anzupassen. Würde hingegen die Marktrisikoprämie zukunftsbezogen zum Bewertungsstichtag ermittelt, wäre dies nicht erforderlich. Der fehlende Zukunftsbezug der Marktrisikoprämie stellt jedoch ein generelles Problem der Unternehmensbewertung und kein spezielles Problem hinsichtlich der Berücksichtigung von Finanzierungsrisiken bei der Ermittlung von Eigenkapitalkosten dar. Im Rahmen dieser Arbeit werden indes lediglich die unternehmensindividuellen Finanzierungsrisiken betrachtet.

Vorstehend wurde herausgearbeitet, dass es erforderlich ist, den Betafaktor an die Finanzierung anzupassen. Im folgenden Abschnitt werden die in der Literatur im Wesentlichen diskutierten Formeln zum Un- und Relevern des Betafaktors dargestellt. Anschließend werden die in Abschnitt 23 abgeleiteten Anforderungskriterien für das Un- und Relevern konkretisiert und die Anpassungsformeln auf Grundlage der Anforderungen kritisch analysiert.

32 Anpassungsformeln zur Berücksichtigung von Finanzierungsrisiken

321. Vorbemerkungen

Der verschuldete Betafaktor muss durch das sog. Unlevern um den Einfluss der Finanzierung des Unternehmens bereinigt und anschließend durch das sog. Relevern an die künftige Finanzierung

[325] Vgl. Abschnitt 244.1.

[326] Vgl. hierzu REESE, R., Schätzung von Eigenkapitalkosten, 24-28.

[327] Vgl. hierzu ausführlich Abschnitt 422.2.

angepasst werden. Der Zusammenhang zwischen dem unverschuldeten und dem verschuldeten Betafaktor kann anschaulich dargestellt werden, indem der Betafaktor des Gesamtunternehmens ($ß_{GK}$) in verschiedene Wertkomponenten zerlegt wird. Der Betafaktor eines Portfolios von Wertpapieren ergibt sich aus den Betafaktoren der einzelnen Wertpapiere, gewichtet mit dem jeweiligen Anteil des Wertpapiers am Gesamtportfolio.[328] Wird diese Erkenntnis auf ein Unternehmen übertragen und wird zudem beachtet, dass sich nach dem APV-Verfahren der Marktwert des Gesamtunternehmens aus dem Marktwert des Eigenkapitals des fiktiv unverschuldeten Unternehmens und dem Wert des Steuervorteils ergibt, kann folgender Zusammenhang hergestellt werden:[329]

Formel 3-3	$ß_{GK} = ß_{EK}^{u} \cdot \frac{EK^u}{EK^u + TS} + ß_{TS} \cdot \frac{TS}{EK^u + TS}$

Der Marktwert des Gesamtunternehmens kann jedoch auch in den Marktwert des Eigenkapitals des verschuldeten Unternehmens und den Marktwert des Fremdkapitals aufgeteilt werden, sodass sich folgender Zusammenhang ergibt:[330]

Formel 3-4	$ß_{GK} = ß_{EK}^{v} \cdot \frac{EK}{EK + FK} + ß_{FK} \cdot \frac{FK}{EK + FK}$

Wird Formel 3-3 in Formel 3-4 eingesetzt und umgeformt, zeigt sich, dass der Zusammenhang zwischen dem unverschuldeten Betafaktor ($ß_{EK}^{u}$) und dem verschuldeten Betafaktor des Eigenkapitals ($ß_{EK}^{v}$) unter anderem vom Betafaktor des Fremdkapitals ($ß_{FK}$), dem Betafaktor des Steuervorteils ($ß_{TS}$) und den jeweiligen Anteilen der Wertkomponenten am Gesamtunternehmenswert abhängt.

Formel 3-5	$ß_{EK}^{v} \cdot \frac{EK}{GK} + ß_{FK} \cdot \frac{FK}{GK} = ß_{EK}^{u} \cdot \frac{EK^u}{GK} + ß_{TS} \cdot \frac{TS}{GK}$ $mit\ EK^u = EK + FK - TS$

Die in der Literatur üblicherweise zum Un- und Relevern diskutierten Formeln können aus dem obigen Zusammenhang hergeleitet werden und unterscheiden sich vor allem aufgrund von unter-

---

328 Vgl. SHARPE, W. F./COOPER, G. M., Risk-Return, S. 49; CORREIA, C./FLYNN, D./ULIANA, E./WORMALD, M., Financial Management, Abschnitt 4-20.

329 Vgl. SCHULTE, J./FRANKEN, L./KOELEN, P./LEHMANN, D., Debt Beta in der Bewertungspraxis, S. 14; RUBACK, R. S., Capital Cash Flows, S. 97. Die Marktwerte beziehen sich hier und in den folgenden Anpassungsformeln auf den Beginn des Zeitraumes, für den die Betafaktoren die Unsicherheit angeben.

330 Vgl. SCHULTE, J./FRANKEN, L./KOELEN, P./LEHMANN, D., Debt Beta in der Bewertungspraxis, S. 14; RUBACK, R. S., Capital Cash Flows, S. 97.

schiedlichen Annahmen, wie z. B. zur Unsicherheit des Fremdkapitals oder zur Finanzierungspolitik und dadurch bedingt zur Unsicherheit des Steuervorteils.[331]

Hinsichtlich der Finanzierungspolitik werden in der Literatur vorwiegend zwei idealtypische Annahmen diskutiert.[332] Dies ist einerseits die Annahme der autonomen Finanzierungspolitik, bei der zum Stichtag die künftigen Fremdkapitalbestände aller Perioden festgelegt werden,[333] und andererseits die Annahme der atmenden bzw. wertorientierten Finanzierungspolitik, bei der zum Stichtag der Verschuldungsgrad der künftigen Perioden festgelegt wird.[334] Üblicherweise wird bei der atmenden Finanzierungspolitik der Verschuldungsgrad in Marktwerten zum Stichtag determiniert, jedoch wird im Schrifttum ebenfalls eine Orientierung an Buchwerten diskutiert,[335] sodass auch im Folgenden beide Möglichkeiten betrachtet werden. Die atmende Finanzierungspolitik zu Buchwerten wird als Alternative betrachtet, da ihr eine größere Realitätsnähe zugesprochen wird.[336]

Da die Anpassungsformeln in der Literatur regelmäßig hinsichtlich der Finanzierungspolitik charakterisiert werden, soll auch im Folgenden hiernach unterschieden werden. Für die einzelne Finanzierungspolitik werden teilweise verschiedene Formeln dargestellt, die sich aufgrund von unterschiedlichen Annahmen zur Unsicherheit des Steuervorteils, der Unsicherheit des Fremdkapitals und des Wachstums des Steuervorteils ergeben.

322. Anpassungsformeln bei einer autonomen Finanzierungspolitik

Bei der autonomen Finanzierungspolitik wird der künftige Fremdkapitalbestand zum Stichtag deterministisch festgelegt und nicht an einen vorgegebenen Verschuldungsgrad angepasst.[337] Den Thesen von MODIGLIANI/MILLER liegt ebenfalls die Annahme einer autonomen Finanzierungspolitik zugrunde. HAMADA kombiniert die Thesen von MODIGLIANI/MILLER mit dem CAPM und zeigt

331 Vgl. hierzu die Übersicht bei ADERS, C./WAGNER, M., Kapitalkosten in der Bewertungspraxis, S. 41 f.

332 Vgl. hier und im Folgenden WALLMEIER, M., Kapitalkosten und Finanzierungsprämissen, S. 1474; ADERS, C./WAGNER, M., Kapitalkosten in der Bewertungspraxis, 30-42; RICHTER, F./DRUKARCZYK, J., Wachstum, Kapitalkosten und Finanzierungseffekte, S. 627-639.

333 Vgl. RICHTER, F./DRUKARCZYK, J., Wachstum, Kapitalkosten und Finanzierungseffekte, S. 630; SCHWETZLER, B./DARIJTSCHUK, N., Unternehmensbewertung, Finanzierungspolitik und optimale Kapitalstruktur, S. 2; STELLBRINK, J., Restwert, S. 161.

334 Vgl. DRUKARCZYK, J./SCHÜLER, A., Unternehmensbewertung, S. 185 f.; RICHTER, F./DRUKARCZYK, J., Wachstum, Kapitalkosten und Finanzierungseffekte, S. 633; SCHWETZLER, B./DARIJTSCHUK, N., Unternehmensbewertung, Finanzierungspolitik und optimale Kapitalstruktur, S. 2.

335 Vgl. bspw. DRUKARCZYK, J./HONOLD, D., Unternehmensbewertung, S. 333-408; FERNÁNDEZ, P., Levered and Unlevered Beta, S. 1-16.

336 Vgl. FERNÁNDEZ, P., A More Realisitic Valuation, S. 13-15; FERNÁNDEZ, P., Value of Tax Shields, S. 1; ADERS, C./WAGNER, M., Kapitalkosten in der Bewertungspraxis, S. 37; DRUKARCZYK, J./HONOLD, D., Unternehmensbewertung, S. 343. Vgl. ausführlich zur Analyse der Realitätsnähe Abschnitt 345.

337 Vgl. IDW (Hrsg.), WP Handbuch, Abschnitt A, Rn. 340; DRUKARCZYK, J./SCHÜLER, A., Unternehmensbewertung, S. 180; RICHTER, F./DRUKARCZYK, J., Wachstum, Kapitalkosten und Finanzierungseffekte, S. 630; SCHWETZLER, B./DARIJTSCHUK, N., Unternehmensbewertung, Finanzierungspolitik und optimale Kapitalstruktur, S. 2; STELLBRINK, J., Restwert, S. 161.

einen Zusammenhang zwischen dem unverschuldeten und dem verschuldeten Betafaktor für eine solche autonome Finanzierungspolitik:[338]

Formel 3-6	$$ß_{EK}^{u} = \frac{ß_{EK}^{v}}{1 + (1 - s) \cdot \frac{FK}{EK}}$$

Mit dieser Gleichung kann der Betafaktor anhand des sog. Unleverns vom verschuldeten in einen unverschuldeten Betafaktor umgerechnet werden. Die Formel zum sog. Relevern kann durch das Auflösen der Gleichung nach $ß_{EK}^{v}$ ermittelt werden und lautet wie folgt:[339]

Formel 3-7	$$ß_{EK}^{v} = ß_{EK}^{u} + ß_{EK}^{u} \cdot (1 - s) \cdot \frac{FK}{EK}$$

Neben der Annahme der Finanzierungspolitik und den Annahmen des CAPM[340] hat HAMADA bei der Herleitung der Formel folgende weitere wesentliche Annahmen implizit oder explizit verwandt:[341]

- Der Fremdkapitalbestand ist zum Bewertungszeitpunkt bekannt und im Zeitablauf konstant.
- Die Fremdkapitalkosten sind in voller Höhe steuerlich abzugsfähig.
- Der Fremdkapitalzinssatz und der Steuersatz sind ebenfalls konstant und risikolos.
- Es wird von persönlichen Steuern abstrahiert.
- Der Diskontierungszinssatz für den Steuervorteil entspricht dem Fremdkapitalkostensatz.

Unter diesen Annahmen bestimmt HAMADA, wie auch MODIGLIANI/MILLER, den Wert des Steuervorteils als Steuersatz multipliziert mit dem Marktwert des Fremdkapitals. Die Unsicherheit des Steuervorteils entspricht annahmegemäß der Unsicherheit des Fremdkapitals und ist somit risikolos. Werden in Formel 3-5 der Wert des Steuervorteils, der Betafaktor des Steuervorteils und der Be-

338 Vgl. HAMADA, R. S., Portfolio Analysis, Market Equilibrium and Corporation Finance, S. 20 und HAMADA, R. S., Capital Structure, S. 439; HAMADA stellt den Zusammenhang zwischen dem verschuldetem Betafaktor und dem unverschuldetem Betafaktor wie folgt dar: $ß_{EK}^{u} = EK/EK^{u} \cdot ß_{EK}^{v}$. Durch einsetzen von $EK^{u} = (GK - s \cdot FK)$ und auflösen nach $ß_{EK}^{u}$ ergibt sich Formel 3-6.

339 Da sich die Formeln durch Umstellen ineinander überführen lassen, wird im Folgenden regelmäßig nur eine Formel abgebildet.

340 Vgl. Abschnitt 2.4.2.

341 Vgl. HAMADA, R. S., Portfolio Analysis, Market Equilibrium and Corporation Finance, S. 13-31; HAMADA, R. S., Capital Structure, S. 435-452; PRATT, S. P./GRABOWSKI, R. J., Cost of Capital, S. 189; WALLMEIER, M., Kapitalkosten und Finanzierungsprämissen, S. 1476; KRUSCHWITZ, L./LÖFFLER, A./LORENZ, D., Unlevering und Relevering, S. 673.

tafaktor des Fremdkapitals durch diese Annahmen ersetzt, ergibt sich durch Umstellen zu $ß_{EK}^{v}$ der in Formel 3-7 angegebene Zusammenhang.

BIERMAN/OLDFIELD[342] haben 1979 bewiesen, dass die Formel 3-2 von MODIGLIANI/MILLER auch bei risikobehaftetem Fremdkapital gilt. CONINE[343] hat 1980 die Untersuchungen von BIERMAN/OLDFIELD verwandt, um die HAMADA-Formel ebenfalls um risikobehaftetes Fremdkapital zu erweitern.[344] Da weiterhin angenommen wird, dass der Steuervorteil der gleichen Unsicherheit unterliegt wie das Fremdkapital, wird dieser auch risikobehaftet angenommen. Die Formel 3-7 verändert sich hierdurch wie folgt:[345]

Formel 3-8	$ß_{EK}^{v} = ß_{EK}^{u} + (ß_{EK}^{u} - ß_{FK}) \cdot (1 - s) \cdot \frac{FK}{EK}$

Die Thesen von MODIGLIANI/MILLER, auf denen die zuvor dargestellten Anpassungsformeln basieren, wurden unter der Annahme eines konstanten Fremdkapitalbestands hergeleitet. Jedoch wird nicht nur von dieser Annahme ausgegangen, sondern auch allgemein von Wachstum hiert.[346] EHRHARDT/DAVES[347] untersuchen die Auswirkungen von nachhaltigem Wachstum des Fremdkapitals auf die Umrechnung des Betafaktors und kommen zu dem Ergebnis, dass das Modell von MODIGLIANI/MILLER und somit die vorstehenden Anpassungsformeln bei Wachstum des Fremdkapitals nicht geeignet sind.[348] Unter Berücksichtigung von Wachstum leiten sie folgenden Zusammenhang her:[349]

Formel 3-9	$ß_{EK}^{v} = ß_{EK}^{u} + (ß_{EK}^{u} - ß_{FK}) \cdot \frac{FK}{EK} - (ß_{EK}^{u} - ß_{TS}) \cdot \frac{s \cdot r_{FK}}{r_{TS} - w} \cdot \frac{FK}{EK}$

342 Vgl. BIERMAN, H./OLDFIELD, G. S., Corporate Debt and Corporate Taxes, S. 951-956.

343 Vgl. CONINE, T. E., Corporate Debt and Corporate Taxes, S. 1033-1037.

344 Vgl. ebenfalls zum risikobehafteten Fremdkapitalzinssatz im Modell von MODIGLIANI/MILLER MERTON, R. C., On the Pricing of Corporate Debt, S. 449-470; STIGLITZ, J. E., Modigliani Miller Theorem, S. 784-793; LAITENBERGER, J./LODOWICKS, A., Das Modigliani-Miller-Theorem mit ausfallgefährdetem Fremdkapital, S. 145-149.

345 Vgl. CONINE, T. E., Corporate Debt and Corporate Taxes, S. 1033-1037. Seine Formel 4a wurde geringfügig umgeformt. In der jüngeren Bewertungsliteratur wird die CONINE-Formel auch als FERNÁNDEZ-Formel bezeichnet. Vgl. SCHULTE, J./FRANKEN, L./KOELEN, P./LEHMANN, D., Debt Beta in der Bewertungspraxis, S. 18. Dies ist allerdings irreführend, da FERNÁNDEZ zwar die identische Formel vorschlägt, jedoch andere Annahmen verwendet. Vgl. Abschnitt 343.23.

346 Vgl. MODIGLIANI, F./MILLER, M. H., Corporate Income Taxes and the Cost of Capital, S. 435.

347 Vgl. EHRHARDT, M. C./DAVES, P. R., Corporate Valuation, S. 31-38.

348 Vgl. EHRHARDT, M. C./DAVES, P. R., Corporate Valuation, S. 32-34.

349 Vgl. EHRHARDT, M. C./DAVES, P. R., Corporate Valuation, S. 31-38. ADERS leitet ebenfalls eine Formel unter Berücksichtigung von Wachstum her, allerdings entspricht dort die Unsicherheit des Steuervorteils dem Betafaktor des Fremdkapitals. Vgl. ADERS, C./WAGNER, M., Kapitalkosten in der Bewertungspraxis, S. 37.

EHRHARDT/DAVES setzen hierbei gegenüber den zuvor beschriebenen Anpassungsformeln die Annahme, dass das Fremdkapital im Zeitablauf nachhaltig um einen konstanten Faktor wächst und dadurch auch der Steuervorteil steigt. Des Weiteren berücksichtigen sie die Unsicherheit des Steuervorteils als eigenständigen Parameter und diskontieren den Steuervorteil mit einem individuellen Zinssatz, der die Unsicherheit des Steuervorteils widerspiegeln soll. Der Steuervorteil wird somit nicht mehr pauschal als genauso unsicher wie das Fremdkapital angesehen. Der Wert des Steuervorteils berechnet sich in diesem Fall wie folgt:[350]

Formel 3-10	$TS = \frac{s \cdot r_{FK} \cdot FK_0}{r_{TS} - w}$

Auch Formel 3-9 kann aus Formel 3-5 abgeleitet werden, indem der Wert des Steuervorteils durch die vorstehende Berechnung ersetzt und zu $ß_{EK}^{v}$ aufgelöst wird.

Die nachfolgende Übersicht verdeutlicht die Auswirkungen der verschiedenen Annahmen auf die Formel zur Umrechnung der Betafaktoren bei einer autonomen Finanzierungspolitik:[351]

		Annahme zur Unsicherheit des Fremdkapitals	
		$ß_{FK} = 0$	$ß_{FK} \neq 0$
Annahme zum Wachstum des Steuervorteils	$w = 0$	$ß_{EK}^{v} = ß_{EK}^{u} + ß_{EK}^{u} \cdot (1 - s) \cdot \frac{FK}{EK}$ (HAMADA-Formel)	$ß_{EK}^{v} = ß_{EK}^{u} + (ß_{EK}^{u} - ß_{FK}) \cdot (1 - s) \cdot \frac{FK}{EK}$ (CONINE-Formel)
	$w \neq 0$	$ß_{EK}^{v} = ß_{EK}^{u} \cdot \left(1 + \frac{FK}{EK}\right) - (ß_{EK}^{u} - ß_{TS}) \cdot \frac{s \cdot r_{FK}}{r_{TS} - w} \cdot \frac{FK}{EK}$ (EHRHARDT/DAVES-Formel ohne risikobehaftetes Fremdkapital)	$ß_{EK}^{v} = ß_{EK}^{u} + (ß_{EK}^{u} - ß_{FK}) \cdot \frac{FK}{EK} - (ß_{EK}^{u} - ß_{TS}) \cdot \frac{s \cdot r_{FK}}{r_{TS} - w} \cdot \frac{FK}{EK}$ (EHRHARDT/DAVES-Formel mit risikobehaftetem Fremdkapital)

Abbildung 3-3: Anpassungsformeln bei einer autonomen Finanzierungspolitik[352]

[350] Vgl. EHRHARDT, M. C./DAVES, P. R., Corporate Valuation, S. 31-38.

[351] Allerdings sind auch weitere Annahmen bei der autonomen Finanzierungspolitik denkbar, die zu weiteren Variationen der Anpassungsformeln führen. So betrachten z. B. CLUBB und DORAN die Auswirkung von unterschiedlichen Finanzierungsformen, wie bspw. Vorzugsaktien oder Wandelanleihen, auf die Anpassungsformel von HAMADA. Vgl. CLUBB, C. D./DORAN, P., Capital Budgeting, Debt Management and the APV Criterion, S. 681-694.

[352] Vgl. EHRHARDT, M. C./DAVES, P. R., Corporate Valuation, S. 31-38; CONINE, T. E., Corporate Debt and Corporate Taxes, S. 1033-1037; HAMADA, R. S., Portfolio Analysis, Market Equilibrium and Corporation Finance, S. 20; HAMADA, R. S., Capital Structure, S. 439; ADERS, C./WAGNER, M., Kapitalkosten in der Bewertungspraxis, S. 30-42.

323. Anpassungsformeln bei einer atmenden Finanzierungspolitik zu Marktwerten

Neben der autonomen Finanzierungspolitik wird im Schrifttum vor allem die atmende Finanzierungspolitik zu Marktwerten diskutiert. Bei einer atmenden bzw. wertorientierten Finanzierungspolitik wird der Fremdkapitalbestand an den Marktwert des Unternehmens angepasst, um eine konstante, vorgegebene Kapitalstruktur beizubehalten.[353] Die Anpassung des Fremdkapitalbestands an den unsicheren Marktwert des Unternehmens bedeutet, dass die Höhe des Fremdkapitalbestands ebenfalls unsicher ist.[354] Bei einer solchen Finanzierungspolitik ist somit der Steuervorteil der Fremdfinanzierung selbst bei sicherem Steuersatz und Fremdkapitalzinssatz unsicher.[355] Unter der Annahme, dass die Anpassung erst am Ende der Periode durchgeführt wird, kann der Fremdkapitalbestand in der entsprechenden Periode indes als sicher angesehen werden.[356]

MILES/EZZELL haben eine Formel zur Umrechnung eines verschuldeten Betafaktors in einen unverschuldeten Betafaktor unter der Annahme einer solchen konstanten Kapitalstruktur hergeleitet:[357]

Formel 3-11	$ß^{u}_{EK} = ß^{v}_{EK} \cdot \left(\frac{1 - \frac{FK}{GK}}{1 - \frac{s \cdot r_f \cdot \frac{FK}{GK}}{1 + r_f}} \right)$

Wird die Formel nach $ß^{v}_{EK}$ umgestellt und in die Form der vorstehenden Formeln gebracht, ergibt sich die folgende Formel:

Formel 3-12	$ß^{v}_{EK} = ß^{u}_{EK} + ß^{u}_{EK} \cdot \frac{FK}{EK} \cdot \left(\frac{1 + r_f \cdot (1 - s)}{1 + r_f} \right)$

Neben der konstanten Kapitalstruktur und den Annahmen des CAPM[358] haben MILES/EZZELL weitere wesentliche Annahmen bei der Herleitung verwandt:[359]

- Die Fremdkapitalkosten sind in voller Höhe steuerlich abzugsfähig.

---

353 Vgl. DRUKARCZYK, J./SCHÜLER, A., Unternehmensbewertung, S. 185 f.; RICHTER, F./DRUKARCZYK, J., Wachstum, Kapitalkosten und Finanzierungseffekte, S. 633; SCHWETZLER, B./DARIJTSCHUK, N., Unternehmensbewertung, Finanzierungspolitik und optimale Kapitalstruktur, S. 2.

354 Vgl. MILES, J. A./EZZELL, J. R., Weighted Average Cost of Capital, S. 721.

355 Vgl. HARRIS, R. S./PRINGLE, J. J., Risk-Adjusted Discount Rates, S. 240; MILES, J. A./EZZELL, J. R., Weighted Average Cost of Capital, S. 721.

356 Vgl. MILES, J. A./EZZELL, J. R., Weighted Average Cost of Capital, S. 719-729.

357 Vgl. zur allgemeinen Herleitung MILES, J. A./EZZELL, J. R., Weighted Average Cost of Capital, S. 726 f. und zur Umrechnung des Betafaktors MILES, J. A./EZZELL, J. R., Reformulating Tax Shield Valuation, S. 1491.

358 Vgl. Abschnitt 242.

359 Vgl. MILES, J. A./EZZELL, J. R., Weighted Average Cost of Capital, S. 719-730 sowie KRUSCHWITZ, L./LÖFFLER, A./LORENZ, D., Unlevering und Relevering, S. 676.

- Der Fremdkapitalzinssatz und der Steuersatz sind konstant und risikolos.
- Es wird von persönlichen Steuern abstrahiert.
- Die Eigenkapitalkosten des fiktiv unverschuldeten Unternehmens sind im Zeitablauf konstant.

Des Weiteren wurden die Steuervorteile in der ersten Periode als sicher angenommen und mit dem risikolosen Zinssatz diskontiert.[360] Hingegen haben MILES/EZZELL die Steuervorteile in den folgenden Perioden aufgrund der zuvor erläuterten Unsicherheit durch die Anpassung der Kapitalstruktur mit den unverschuldeten Eigenkapitalkosten diskontiert.[361] Es wird somit die Unsicherheit des Steuervorteils entsprechend den operativen Risiken, ausgedrückt durch den unverschuldeten Betafaktor, angenommen. LÖFFLER hat gezeigt, dass die Formel von MILES/EZZELL nicht nur bei einer im Zeitablauf konstanten Kapitalstruktur, sondern auch bei einer zeitlich variablen Kapitalstruktur gilt. In dem Fall muss der entsprechende Betafaktor in jeder Periode für die dann vorliegende Kapitalstruktur neu berechnet werden.[362]

HARRIS/PRINGLE folgen zwar dem grundsätzlichen Vorgehen von MILES/EZZELL und nehmen ebenfalls eine konstante Kapitalstruktur an, jedoch berechnen sie den Wert des Steuervorteils durch Diskontierung aller periodischen Steuervorteile mit den unverschuldeten Eigenkapitalkosten und sehen somit die Steuervorteile grundsätzlich als unsicher an.[363] Dieses Vorgehen widerspricht jedoch der Annahme von MILES/EZZELL nicht, sondern kann als Spezialfall angesehen werden, in dem stetige finanzielle Überschüsse und eine unmittelbare Anpassung vorliegen.[364] Im Wesentlichen kann diese Annahme als Komplexitätsreduktion angesehen werden, die nur zu geringfügigen Abweichungen führt.[365] HARRIS/PRINGLE leiten aus ihren Annahmen folgenden Zusammenhang für einen unverschuldeten Eigenkapitalkostensatz her:[366]

Formel 3-13	$\bar{r}_{EK}^{u} = \bar{r}_{EK}^{v} \cdot \frac{EK}{GK} + r_{FK} \cdot \frac{FK}{GK}$

360 Vgl. hier und im Folgenden HARRIS, R. S./PRINGLE, J. J., Risk-Adjusted Discount Rates, S. 240; MILES, J. A./EZZELL, J. R., Weighted Average Cost of Capital, S. 719-730; MILES, J. A./EZZELL, J. R., Reformulating Tax Shield Valuation, S. 1485-1491.

361 Vgl. HARRIS, R. S./PRINGLE, J. J., Risk-Adjusted Discount Rates, S. 240.

362 Vgl. LÖFFLER, A., Zwei Anmerkungen zu WACC, S. 938-943.

363 Vgl. HARRIS, R. S./PRINGLE, J. J., Risk-Adjusted Discount Rates, S. 237-243.

364 Vgl. TAGGART, R. A., Consistent Valuation, S. 12; HARRIS, R. S./PRINGLE, J. J., Risk-Adjusted Discount Rates, S. 240.

365 Vgl. HARRIS, R. S./PRINGLE, J. J., Risk-Adjusted Discount Rates, S. 240 sowie STREITFERDT, F., WACC, S. 298.

366 Vgl. HARRIS, R. S./PRINGLE, J. J., Risk-Adjusted Discount Rates, S. 240.

Aus diesem Zusammenhang kann Formel 3-14 abgeleitet werden, die auch als Praktiker-Formel bezeichnet wird.[367] Der Fremdkapitalzinssatz wird wie bei MILES/EZZELL als sicher angenommen.

Formel 3-14	$ß_{EK}^{v} = ß_{EK}^{u} \cdot (1 + \frac{FK}{EK})$

In der Literatur wird auf Grundlage des von HARRIS/PRINGLE gezeigten Zusammenhangs zwischen den unverschuldeten und verschuldeten Kapitalkosten regelmäßig auch eine Formel unter der Annahme hergeleitet, dass der Fremdkapitalzinssatz unsicher und somit $ß_{FK}$ ungleich null ist.[368]

Formel 3-15	$ß_{EK}^{v} = ß_{EK}^{u} + (ß_{EK}^{u} - ß_{FK}) \cdot \frac{FK}{EK}$

Im Gegensatz zu den Anpassungsformeln, die sich bei einer autonomen Finanzierungspolitik ergeben, sind unter den Annahmen von HARRIS/PRINGLE bei Wachstum keine Anpassungen erforderlich. Dies resultiert aus der Annahme, dass die Unsicherheit des Steuervorteils dem unverschuldeten Betafaktor entspricht. Unter dieser Annahme haben der Steuervorteil der Fremdfinanzierung und somit das Wachstum der Steuervorteile keinen Einfluss auf das Verhältnis zwischen dem unverschuldeten und verschuldeten Betafaktor.[369]

Die folgende Übersicht verdeutlicht die Auswirkungen der verschiedenen Annahmen auf die Formel zur Umrechnung der Betafaktoren bei einer atmenden Finanzierungspolitik zu Marktwerten.[370]

367 Vgl. bspw. SCHULTE, J./FRANKEN, L./KOELEN, P./LEHMANN, D., Debt Beta in der Bewertungspraxis, S. 15. Der Zusammenhang ergibt sich aus Formel 3-5, wenn für $ß_{TS}$ entsprechend der Annahmen $ß_{EK}^{u}$ eingesetzt wird sowie für $ß_{FK}$ null und nach $ß_{EK}^{v}$ aufgelöst wird.

368 Vgl. RUBACK, R. S., Capital Cash Flows, S. 99; ADERS, C./WAGNER, M., Kapitalkosten in der Bewertungspraxis, S. 36. Der Zusammenhang ergibt sich aus Formel 3-5, wenn für $ß_{TS}$ entsprechend der Annahmen $ß_{EK}^{u}$ eingesetzt und nach $ß_{EK}^{v}$ aufgelöst wird.

369 Vgl. zu dem Ergebnis, dass Wachstum in einem solchen Fall keinen Einfluss auf die Anpassungsformeln hat ADERS, C./WAGNER, M., Kapitalkosten in der Bewertungspraxis, S. 37.

370 Hierbei handelt es sich um keine abschließende Übersicht. Wie in Fn. 351 für die autonome Finanzierungspolitik dargestellt, sind auch bei der atmenden Finanzierungspolitik zu Marktwerten weitere Annahmen denkbar, die zu Variationen bei den Anpassungsformeln führen können. Beispielhaft können hier die Annahmen von EHRHARDT und SHRIEVES genannt werden, die zwar von einer atmenden Finanzierungspolitik ausgehen, bei der jedoch die Anpassung nur alle zwei Jahre durchgeführt wird. Vgl. EHRHARDT, M. C./SHRIEVES, R. E., Systematic Risk of Common Equity, S. 843-856.

		Annahme zur Unsicherheit des Fremdkapitals	
		$ß_{FK} = 0$	$ß_{FK} \neq 0$
Annahme zur Unsicherheit des Steuervorteils	$ß_{TS} = ß^u_{EK}$	$ß^v_{EK} = ß^u_{EK} \cdot (1 + \frac{FK}{EK})$ (HARRIS/PRINGLE-Formel ohne risikobehaftetes Fremdkapital)	$ß^v_{EK} = ß^u_{EK} + (ß^u_{EK} - ß_{FK}) \cdot \frac{FK}{EK}$ (HARRIS/PRINGLE-Formel mit risikobehaftetem Fremdkapital)
	Periode 1: $ß_{TS} = ß_{FK}$ ab Periode 2: $ß_{TS} = ß^u_{EK}$	$ß^v_{EK} = ß^u_{EK} + ß^u_{EK} \cdot \frac{FK}{EK} \cdot \left(\frac{1 + r_f \cdot (1-s)}{1 + r_f}\right)$ (MILES/EZZELL-Formel ohne risikobehaftetes Fremdkapital)	$ß^v_{EK} = ß^u_{EK} + (ß^u_{EK} - ß_{FK}) \cdot \frac{FK}{EK} \cdot \left(\frac{1 + r_{FK} \cdot (1-s)}{1 + r_{FK}}\right)$ (MILES/EZZELL-Formel mit risikobehaftetem Fremdkapital)

Abbildung 3-4: Anpassungsformeln bei einer atmenden Finanzierungspolitik zu Marktwerten[371]

324. Anpassungsformeln bei einer atmenden Finanzierungspolitik zu Buchwerten

Unter einer atmenden Finanzierungspolitik wird im Allgemeinen die Anpassung des Fremdkapitalbestands an den Marktwert des Unternehmens verstanden, um eine konstante, vorgegebene Kapitalstruktur beizubehalten.[372] Im Schrifttum werden jedoch mit der Begründung einer größeren Realitätsnähe auch die Orientierung an der Kapitalstruktur zu Buchwerten und somit die Annahme eines konstanten Verschuldungsgrades zu Buchwerten diskutiert.[373] Die Finanzierungspolitik determiniert hierbei die Unsicherheit der Höhe des Fremdkapitalbestands und hierdurch auch die Unsicherheit des Steuervorteils. Allerdings bedeutet eine Orientierung an Buchwerten nicht, dass in der Anpassungsformel das Eigen- und das Fremdkapital als Buchwert einfließen. FERNÁNDEZ gibt für ein Unternehmen, das eine solche Finanzierungspolitik verfolgt, den folgenden Zusammenhang zwischen dem verschuldeten und dem unverschuldeten Betafaktor an:[374]

[371] Vgl. MILES, J. A./EZZELL, J. R., Weighted Average Cost of Capital, S. 726 f.; MILES, J. A./EZZELL, J. R., Reformulating Tax Shield Valuation, S. 1491; PRATT, S. P./GRABOWSKI, R. J., Cost of Capital, S. 191; HARRIS, R. S./PRINGLE, J. J., Risk-Adjusted Discount Rates, S. 240; ADERS, C./WAGNER, M., Kapitalkosten in der Bewertungspraxis, S. 30-42.

[372] Vgl. DRUKARCZYK, J./SCHÜLER, A., Unternehmensbewertung, S. 185 f.; RICHTER, F./DRUKARCZYK, J., Wachstum, Kapitalkosten und Finanzierungseffekte, S. 633.

[373] Vgl. FERNÁNDEZ, P., A More Realistic Valuation, S. 13-15; FERNÁNDEZ, P., Value of Tax Shields, S. 1; ADERS, C./WAGNER, M., Kapitalkosten in der Bewertungspraxis, S. 37; DRUKARCZYK, J./HONOLD, D., Unternehmensbewertung, S. 343. Vgl. ausführlich zur Analyse der Realitätsnähe Abschnitt 345.

[374] Vgl. FERNÁNDEZ, P., Levered and Unlevered Beta, S. 13; PRATT, S. P./GRABOWSKI, R. J., Cost of Capital, S. 196.

Formel 3-16	$\beta_{EK}^{v} = \beta_{EK}^{u} + (\beta_{EK}^{u} - \beta_{FK}) \cdot (1 - s) \cdot \frac{FK}{EK}$

Die Formel entspricht im ersten Eindruck der Formel 3-8 der autonomen Finanzierungspolitik. Indes liegt dieser Formel nicht nur eine andere Finanzierungspolitik zugrunde, sondern werden auch darüber hinaus abweichende Annahmen unterstellt.[375] Zwar geht FERNÁNDEZ ebenfalls von risikobehaftetem Fremdkapital aus, wie die Berücksichtigung von β_{FK} deutlich macht.[376] Indes ist der Formel nicht unmittelbar zu entnehmen, dass er bei der Herleitung berücksichtigt hat, dass das Wachstum des Fremdkapitalbestands zu einem höheren Wert des Steuervorteils führt. Den Steuervorteil unterteilt er in den Teil, der aus dem bestehenden Fremdkapital resultiert und den Teil des Steuervorteils, der aus dem Wachstum des Fremdkapitals entsteht. Für die Veränderung des Fremdkapitals nimmt FERNÁNDEZ eine Unsicherheit entsprechend den operativen Risiken an. Aufgrund der Annahme eines konstanten und sicheren Steuersatzes sowie der vollständigen steuerlichen Abzugsfähigkeit der Fremdkapitalkosten bestimmt er den Wert des Steuervorteils für das bestehende Fremdkapital durch den Steuersatz multipliziert mit dem Fremdkapital. Der Wert des Steuervorteils fließt unter seinen Annahmen wie folgt in die Anpassungsformel ein:[377]

Formel 3-17	$TS = FK_0 \cdot s + \frac{w \cdot FK_0 \cdot s}{r_{EK}^{u} - w} = \frac{s \cdot r_{EK}^{u} \cdot FK}{r_{EK}^{u} - w}$

Auch die Formel von FERNÁNDEZ lässt sich aus Formel 3-5 herleiten, wenn in diese für den Wert des Steuervorteils die vorstehende Formel eingesetzt wird und auch der Betafaktor des Steuervorteils entsprechend seiner Annahmen modifiziert wird.[378]

325. Zwischenfazit

Es wurde gezeigt, dass zur Anpassung des Betafaktors an die künftige Finanzierung mit dem Un- und Relevern ein zweistufiges Verfahren angewandt wird. Hierfür wird der Zusammenhang zwischen dem unverschuldeten und dem verschuldeten Betafaktor des Eigenkapitals benötigt, den die zuvor dargestellten Anpassungsformeln angeben. Unterschiede zwischen den Formeln entstehen aufgrund von unterschiedlichen Annahmen zu Einflussparametern der Finanzierung. Die einzelnen Formeln lassen sich aus der Formel 3-5 ableiten, indem dort der Betafaktor des Fremdkapitals, der

[375] Vgl. zu den Annahmen FERNÁNDEZ, P., Levered and Unlevered Beta, S. 2-5; FERNÁNDEZ, P., Value of Tax Shields, S. 146-158; FERNÁNDEZ, P., Value of Tax Shields, S. 1-9; FERNÁNDEZ, P., A More Realisitic Valuation, S. 13 f.

[376] FERNÁNDEZ stellt dar, dass seine Formel lediglich in einer Welt ohne Fremdkapitalkosten gilt, ohne dies zu spezifizieren. Vgl. FERNÁNDEZ, P., Levered and Unlevered Beta, S. 5.

[377] Vgl. die Formeln 9 und 12 von FERNÁNDEZ, P., Levered and Unlevered Beta, S. 3-5.

[378] Vgl. zu der von ihm angenommenen Unsicherheit des Steuervorteils Abschnitt 343.23.

Betafaktor des Steuervorteils sowie der Wert des Steuervorteils entsprechend der Annahmen modifiziert werden.

Um die Annahmen zu beurteilen, die den Anpassungsformeln zugrunde liegen, werden im folgenden Abschnitt, aufbauend auf den in Abschnitt 23 dargestellten allgemeinen Anforderungskriterien an die Ermittlung der Eigenkapitalkosten, nun Anforderungskriterien für die Berücksichtigung der Finanzierungsrisiken in den Eigenkapitalkosten abgeleitet. Ausgehend von diesen Kriterien werden in Abschnitt 34 die zuvor dargestellten Anpassungsformeln kritisch analysiert.

33 Anforderungen an die Berücksichtigung der Finanzierungsrisiken bei der Ermittlung von Eigenkapitalkosten

In Abschnitt 23 wurden mit Sachgerechtigkeit und Anwendbarkeit allgemeine Anforderungskriterien an Modelle abgeleitet. Damit ein Modell zur Ermittlung von Eigenkapitalkosten sachgerecht ist, muss es gewährleisten, dass die Eigenkapitalkosten hinsichtlich mehrerer Dimensionen äquivalent zu den finanziellen Überschüssen des Bewertungsobjektes sind. Ferner muss ein Modell anwendbar bleiben, sodass es möglich sein muss sämtliche Parameter zu ermitteln. Dies sollte verlässlich und mit angemessenem Aufwand möglich sein.

Durch die zuvor dargestellten Anpassungsformeln sollen in einem zweistufigen Verfahren, dem Un- und Relevern, die Äquivalenz der Eigenkapitalkosten hinsichtlich der künftigen Finanzierungsrisiken sichergestellt werden.[379] Zwar ist die Berücksichtigung der Finanzierungsrisiken ein Teil der Ermittlung der Eigenkapitalkosten, dennoch bedeutet dies nicht, dass sich die Anforderungen an Modelle zur Ermittlung von Eigenkapitalkosten unmittelbar auf die Anpassungsformeln und deren Parameter übertragen lassen. So ist im Hinblick auf die Sachgerechtigkeit eines Modells bzw. einer Formel das damit verbundene Ziel zu beachten. Da die Ziele beim Un- und Relevern unterschiedlich sind, müssen die Anforderungen für die beiden Schritte getrennt betrachtet werden.

Das Ziel des **Unleverns** ist die vollständige Bereinigung des historischen verschuldeten Betafaktors um die enthaltenen Finanzierungsrisiken und somit die Isolierung der operativen Risiken. Im Hinblick auf das Unlevern ist eine Anpassungsformel somit **sachgerecht**, wenn die Formel zu einem Betafaktor führt, der nicht mehr durch die Finanzierung des Unternehmens beeinflusst ist. Um dies sicherzustellen, müssen durch die Formeln alle wesentlichen Einflüsse berücksichtigt werden, die sich aufgrund der Finanzierung des Unternehmens auf den Betafaktor ergeben. Indes müssen nicht nur alle wesentlichen Einflussparameter in der Formel enthalten sein, sondern die Parameter müssen auch die Markterwartungen, die in die historischen Kurse und somit den Betafaktor eingeflossen sind, widerspiegeln. Es muss somit beim Unlevern, anders als hinsichtlich der Anforderungen an Modelle zur Ermittlung von Eigenkapitalkosten dargestellt, keine Äquivalenz zu den finanziellen Überschüssen des Bewertungsobjektes hergestellt werden, sondern eine **Äquivalenz zu den Er-**

[379] Vgl. Abschnitt 312.

wartungen der Marktteilnehmer, die in den historischen Betafaktoren hinsichtlich der Finanzierung enthalten sind.

Ausgehend von dem im Rahmen des Unleverns bestimmten unverschuldeten Betafaktor, der das operative Risiko widerspiegeln soll, ist das Ziel des **Releverns**, den Betafaktor an die in den künftigen finanziellen Überschüssen des Bewertungsobjektes zugrunde liegende Finanzierungsannahmen anzupassen. Durch das Relevern soll somit die in Abschnitt 232. geforderte Äquivalenz hergestellt werden. Im Hinblick auf das Relevern ist eine Anpassungsformel somit **sachgerecht**, wenn einerseits, wie beim Unlevern, alle wesentlichen Einflussparameter berücksichtigt werden und andererseits die Einflussparameter **äquivalent zu den Annahmen** bestimmt werden, **die den künftigen finanziellen Überschüssen des Bewertungsobjektes zugrunde liegen**.

Neben der Sachgerechtigkeit ist sowohl beim Un- als auch Relevern die **Anwendbarkeit** eine unabdingbare Nebenbedingung. Wenngleich beim Un- und Relevern Unterschiede hinsichtlich der Zielsetzung und dadurch bedingt der Sachgerechtigkeit festgestellt wurden, sind die Anforderungen an die Anwendbarkeit identisch. Die Anwendbarkeit einer Anpassungsformel ist grundsätzlich gegeben, wenn sich alle Parameter der Formel bestimmen bzw. schätzen lassen. Wie auch bei den Modellen zur Ermittlung von Eigenkapitalkosten sollte dies jedoch auch verlässlich mit einem angemessenen Aufwand möglich sein.[380]

Anforderungs-kriterien / Anforderungen an ...	Sachgerechtigkeit	Anwendbarkeit
Modelle zur Ermittlung von Eigenkapitalkosten	- Die Eigenkapitalkosten müssen die Äquivalenzkriterien erfüllen. - Die Modellparameter müssen dafür äquivalent zu den Annahmen sein, die den finanziellen Überschüsse des Bewertungsobjektes zugrunde liegen.	- Sämtliche Parameter müssen sich bestimmen bzw. schätzen lassen. (Stufe 1) - Die Parameter müssen sich verlässlich mit einem angemessenen Aufwand bestimmen bzw. schätzen lassen. (Stufe 2)
Anpassungsformeln und deren Parameter beim Unlevern	- Alle wesentlichen Einflussparameter müssen in der Formel berücksichtigt werden. - Die Parameter müssen äquivalent zu den **Erwartungen der Marktteilnehmer** bestimmt werden.	
Anpassungsformeln und deren Parameter beim Relevern	- Alle wesentlichen Einflussparameter müssen in der Formel berücksichtigt werden. - Die Parameter müssen äquivalent zu den Annahmen sein, die den **finanziellen Überschüsse des Bewertungsobjektes** zugrunde liegen.	

Abbildung 3-5: Zusammenfassender Überblick zu den Anforderungen

380 Für eine ausführliche Darstellung der Anwendbarkeit wird auf Abschnitt 233. verwiesen.

Abbildung 3-5 zeigt zusammenfassend die allgemeinen Anforderungen an Modelle zur Ermittlung von Eigenkapitalkosten und die speziell beim Un- und Relevern relevanten Anforderungen. Für die theoretische Eignung der in diesem Kapitel betrachteten Anpassungsformeln ist zunächst bedeutend, dass die Formel die wesentlichen Einflussparameter enthält. Da dies sowohl beim Un- als auch Relevern erforderlich ist, wird in der kritischen Analyse im folgenden Abschnitt nicht nach den beiden Schritten unterschieden. Da die Anpassungsformeln ineinander überführbar sind, können die Formeln grundsätzlich sowohl zum Un- und Relevern angewandt werden. Für die Konkretisierung der Ermittlung der Einflussparameter in Kapitel 4 ist hingegen auch die Äquivalenz der Parameter zu den Markterwartungen beim Unlevern bzw. beim Relevern die Äquivalenz zu den Annahmen, die den finanziellen Überschüssen des Bewertungsobjektes zugrunde liegen, relevant. Die Anwendbarkeit wird ebenfalls erst im Rahmen der Konkretisierung der Parameter betrachtet.

34 Kritische Analyse der den Anpassungsformeln zugrunde liegenden Annahmen

341. Vorbemerkungen

In Abschnitt 321. wurde dargestellt, dass sich der Betafaktor eines Portfolios aus den Betafaktoren der einzelnen Wertpapiere, gewichtet mit dem jeweiligen Anteil des Wertpapiers am Gesamtportfolio ergibt.[381] Des Weiteren wurde dieser Aspekt auf die Unternehmensbewertung übertragen und der Betafaktor des Gesamtunternehmens in die Betafaktoren der einzelnen Wertkomponenten gewichtet mit dem Anteil am Gesamtunternehmenswert zerlegt. Hierbei wurde das Gesamtunternehmen einerseits in die Wertkomponenten Marktwert des Eigenkapitals und Fremdkapitals sowie anderseits den Marktwert des Eigenkapitals eines fiktiv unverschuldeten Unternehmens und den Wert des Steuervorteils aufgeteilt. Die in Abschnitt 32 dargestellten Anpassungsformeln lassen sich durch Variation der Annahmen zu den in der bekannten Formel 3-5 aufgeführten Wertkomponenten und Betafaktoren ableiten.

Formel 3-5	$ß^v_{EK} \cdot \frac{EK}{GK} + ß_{FK} \cdot \frac{FK}{GK} = ß^u_{EK} \cdot \frac{EK^u}{GK} + ß_{TS} \cdot \frac{TS}{GK}$ $mit\ EK^u = EK + FK - TS$

Die den Anpassungsformeln zugrunde liegenden Annahmen führen zwar zu einer Reduktion der Komplexität der Formeln. Allerdings darf dies nicht dazu führen, dass wesentliche Aspekte vernachlässigt werden.[382] Vielmehr müssen die Formeln alle wesentlichen Einflussfaktoren der Finanzierung berücksichtigen. Die Anpassungsformeln unterscheiden sich hinsichtlich der Annahmen zu folgenden Parametern:

[381] Vgl. SHARPE, W. F./COOPER, G. M., Risk-Return, S. 49; CORREIA, C./FLYNN, D./ULIANA, E./WORMALD, M., Financial Management, Abschnitt 4-20.

[382] Vgl. Abschnitt 231.

- Betafaktor des Fremdkapitals
- Wert des Steuervorteils
- Betafaktor des Steuervorteils

Im Folgenden wird daher kritisch analysiert, ob durch die Annahmen zu den drei Parametern **wesentliche Einflüsse der Finanzierung in den Anpassungsformeln nicht berücksichtigt werden**, und somit die Sachgerechtigkeit eingeschränkt ist. Hinsichtlich des Wertes und des Betafaktors des Steuervorteils unterscheiden sich die Anpassungsformeln vor allem aufgrund der den Formeln zugrunde liegenden Finanzierungspolitik, da aus dieser teilweise Annahmen implizit abgeleitet werden. Die beiden Parameter werden daher getrennt für die autonome Finanzierungspolitik[383], atmende Finanzierungspolitik zu Marktwerten[384] und atmende Finanzierungspolitik zu Buchwerten[385] analysiert. Hierbei wird vor allem auch betrachtet, ob sich die Annahmen tatsächlich implizit aus der Finanzierungspolitik ableiten lassen. Aufgrund der Bedeutung der Finanzierungspolitik für die Anpassungsformeln wird in Abschnitt 345. die Realitätsnähe der unterstellten Finanzierungspolitik betrachtet.

342. Betafaktor des Fremdkapitals

Bei der Herleitung der ursprünglichen Formeln von MODIGLIANI/MILLER, HAMADA, MILES/EZZELL und auch HARRIS/PRINGLE wurde von risikolosem Fremdkapital ausgegangen und somit ein Betafaktor des Fremdkapitals ($ß_{FK}$) in Höhe von null angenommen.[386] Hierbei handelt es sich um eine Annahme, die oftmals nicht die Realität widerspiegelt, da eine vom Markt unabhängige Anlage im Prinzip nicht existiert, weshalb z. B. bei der Bestimmung des risikolosen Zinssatzes i. d. R. auf „quasisichere" Staatsanleihen zurückgegriffen wird.[387] Zwar abstrahiert ein Modell immer von der Realität, jedoch sollten hierdurch nicht wesentliche Aspekte vernachlässigt werden.[388] In der Bewertungspraxis besteht kein einheitliches Vorgehen hinsichtlich der Annahme zur Unsicherheit des Fremdkapitals, sodass teilweise weiterhin angenommen wird, dass das Fremdkapital risikolos sei.[389] Im Folgenden werden daher Auswirkungen dieser Annahme auf die Anpassung der Betafaktoren betrachtet.

383 Vgl. zu den Formeln Abschnitt 322.

384 Es werden ausschließlich die Anpassungsformeln von HARRIS/PRINGLE ausführlich analysiert, da diese eine größere Relevanz in der Bewertungspraxis haben. Im Folgenden sind somit unter den Anpassungsformeln bei einer atmenden Finanzierungspolitik zu Marktwerten die Formeln von HARRIS/PRINGLE gemeint. Vgl. zu den Formeln Abschnitt 323.

385 Vgl. zu den Formeln 324.

386 Vgl. MODIGLIANI, F./MILLER, M. H., Corporate Income Taxes and the Cost of Capital, S. 436; MILES, J. A./EZZELL, J. R., Weighted Average Cost of Capital, S. 719; HAMADA, R. S., Portfolio Analysis, Market Equilibrium and Corporation Finance, S. 20 und HAMADA, R. S., Capital Structure, S. 439 oder auch Abschnitt 32.

387 Vgl. MOXTER, A., Grundsätze ordnungsmäßiger Unternehmensbewertung, S. 146; BALLWIESER, W., Unternehmensbewertung, S. 85 sowie IDW (Hrsg.), WP Handbuch, Abschnitt A, Rn. 286.

388 Vgl. BALLWIESER, W., Unternehmensbewertung und Komplexitätsreduktion, S. 1-3 und Abschnitt 231.

389 Vgl. SCHULTE, J./FRANKEN, L./KOELEN, P./LEHMANN, D., Debt Beta in der Bewertungspraxis, S. 13.

WATRIN/STÖVER sehen die Annahme von risikolosem Fremdkapital lediglich bei Unternehmen, die ein AAA-Rating aufweisen, als vertretbar an.[390] Lediglich eine geringe Anzahl an Unternehmen haben ein solches Rating, so hat z. B. Moody's im Jahr 2010 lediglich rd. 2,1 % der von ihnen betrachteten Unternehmen ein AAA-Rating gegeben.[391] Das Fremdkapital unterliegt aufgrund verschiedener Aspekte Unsicherheiten. Insbesondere sind hier das Ausfallrisiko sowohl der Zinszahlungen als auch der Kapitalrückzahlungen, das Zinsänderungsrisiko sowie das Währungsrisiko als Unsicherheit zu nennen.[392] Die aufgeführten Risiken determinieren sowohl die systematischen als auch unsystematischen Risiken des Fremdkapitals.[393] Im Rahmen des CAPM sind indes ausschließlich die systematischen Risiken relevant.[394]

Im Folgenden wird betrachtet, wie sich die Annahme von risikolosem Fremdkapital in einer Situation mit risikobehaftetem Fremdkapital auf die Höhe der geschätzten Finanzierungsrisiken und hierdurch auf den unverschuldeten und den verschuldeten Betafaktor auswirkt. In einer Situation mit unsicherem Fremdkapital (ausgedrückt durch $ß_{FK} > 0$) bestehen Ausfallrisiken für die Fremdkapitalgeber. Diese übernehmen hierdurch einen Teil der operativen Risiken.[395] Der Eigenkapitalgeber kann somit einen Teil der Risiken an den Fremdkapitalgeber abgeben und behält gleichzeitig durch den Verschuldungshebel[396] weiterhin eine Chance auf überproportionale Gewinne, die allerdings durch die höheren Fremdkapitalkosten aufgrund der Unsicherheit verringert sind. Die Annahme von sicherem Fremdkapital in einer Situation mit unsicherem Fremdkapital führt dazu, dass die teilweise Übernahme der operativen Risiken durch die Fremdkapitalgeber missachtet wird und die zusätzliche Unsicherheit der Eigenkapitalgeber durch die Finanzierung überschätzt wird.

Da die operativen Risiken, ausgedrückt durch den unverschuldeten Betafaktor, beim **Unlevern** stets als Residualwert ermittelt werden, bedeuten überschätzte Finanzierungsrisiken gleichzeitig unterschätzte operative Risiken. Die nachfolgende Abbildung zeigt diesen Effekt beispielhaft. In dem Beispiel sind sowohl der Verschuldungsgrad als auch der verschuldete Betafaktor eins, und der tatsächliche Betafaktor des Fremdkapitals beträgt 0,2.[397]

390 Vgl. WATRIN, C./STÖVER, R., Einfluss des Tax Shields, S. 68.

391 Vgl. MOODY'S INVESTORS SERVICE (Hrsg.), Corporate Default and Recovery Rates, S. 59.

392 Vgl. KRUSCHWITZ, L./MILDE, H., Geschäftsrisiko, Finanzierungsrisiko und Kapitalkosten, S. 1121 f.

393 Vgl. hierzu auch WEINSTEIN, M., Systematic Risk, S. 257-278.

394 Vgl. PERRIDON, L./STEINER, M./RATHGEBER, A. W., Finanzwirtschaft der Unternehmung, S. 268; SCHIFFEL, S., Implizite Ausfallwahrscheinlichkeiten von Unternehmensanleihen, S. 25.

395 Vgl. ADERS, C./WAGNER, M., Kapitalkosten in der Bewertungspraxis, S. 33; DÖRSCHELL, A./FRANKEN, L./SCHULTE, J., Kapitalisierungszinssatz, S. 44; KRUSCHWITZ, L./MILDE, H., Geschäftsrisiko, Finanzierungsrisiko und Kapitalkosten, S. 1121.

396 Vgl. hierzu Abschnitt 311.

397 Hierbei wird eine atmende Finanzierungspolitik unterstellt. Die tatsächliche Aufteilung des verschuldeten Betafaktors wurde anhand der Formel von HARRIS/PRINGLE berechnet.

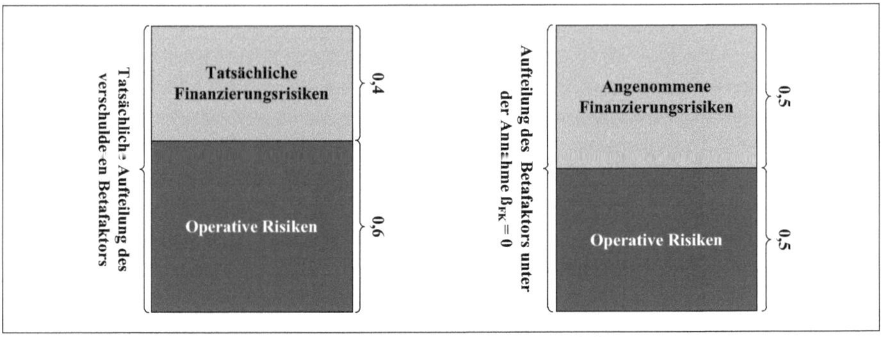

Abbildung 3-6: Auswirkung eines falschen Betafaktors des Fremdkapitals

Beim anschließenden **Relevern** werden die Finanzierungsrisiken durch die Annahme $ß_{FK}$ = 0 ebenfalls überschätzt, sodass der verschuldete Betafaktor bei einem gegebenen korrekten unverschuldeten Betafaktor überschätzt wird. Wird jedoch sowohl beim Un- als auch beim Relevern die Unsicherheit des Fremdkapitals nicht berücksichtigt, kann die Auswirkung auf den verschuldeten Betafaktor nicht eindeutig beziffert werden. In dem Fall hängt die Fehleinschätzung von der Veränderung der künftigen Finanzierungsannahmen des Bewertungsobjektes gegenüber den Annahmen beim Unlevern ab. Um dies zu verdeutlichen, wird das vorstehende Beispiel für das Relevern fortgeführt. Die Abbildung zeigt einerseits die „korrekten“ verschuldeten Betafaktoren, die sich ausgehend vom tatsächlichen unverschuldeten Betafaktor in Höhe von 0,6 für unterschiedliche künftige Verschuldungsgrade und Betafaktoren des Fremdkapitals ergeben. Andererseits sind in der letzten Spalte die verschuldeten Betafaktoren angegeben, die ausgehend von dem „falschen“ unverschuldeten Betafaktor in Höhe von 0,5[398] für unterschiedliche künftige Verschuldungsgrade bestimmt werden, wenn erneut der Betafaktor des Fremdkapitals in Höhe von null angenommen wird.

Künftiger Verschuldungsgrad	$ß^u_{EK}$ = 0,6					$ß^u_{EK}$ = 0,5
	Künftiger Betafaktor des Fremdkapitals ($ß_{FK}$)					$ß_{FK}$ = 0
	0	0,1	0,2	0,3	0,5	
2,00	1,80	1,60	1,40	1,20	0,80	1,50
1,50	1,50	1,35	1,20	1,05	0,75	1,25
1,00	1,20	1,10	1,00	0,90	0,70	1,00
0,75	1,05	0,98	0,90	0,83	0,68	0,88
0,50	0,90	0,85	0,80	0,75	0,65	0,75

Abbildung 3-7: Verschuldeter Betafaktor in Abhängigkeit von der Annahme zum künftigen Betafaktor des Fremdkapitals und künftigen Verschuldungsgrad

Die markierten Felder in der Abbildung zeigen, dass der Fehler bei identischen Annahmen beim Un- und Relevern hinsichtlich des Verschuldungsgrades und des Betafaktors des Fremdkapitals

398 Vgl. Abbildung 3-6.

durch den gegenläufigen Effekt korrigiert wird.[399] Weichen die Finanzierungsannahmen hingegen voneinander ab, kann dies sowohl zu einem überschätzten als auch unterschätzten verschuldeten Betafaktor führen. Ceteris paribus führt ein gegenüber dem Unlevern sinkender künftiger Betafaktor des Fremdkapitals dazu, dass der verschuldete Betafaktor durch die Annahme von risikolosem Fremdkapital beim Un- und Relevern unterschätzt wird und umgekehrt.

Es kann somit festgestellt werden, dass die Annahme, das Fremdkapital sei risikolos, nicht der Realität entspricht, und in einer Situation mit risikobehaftetem Fremdkapital zu einer wesentlichen Fehleinschätzung führen kann. Im Hinblick auf die Sachgerechtigkeit sollte daher der Betafaktor des Fremdkapitals in den Anpassungsformeln explizit berücksichtigt werden. Für die in Abschnitt 32 betrachteten Finanzierungspolitiken wurden Anpassungsformeln dargestellt, bei denen dies der Fall ist. Wenngleich bereits in den 1980er Jahren Anpassungsformeln hergeleitet wurden,[400] die den Betafaktor des Fremdkapitals explizit berücksichtigen, werden diese Formeln erst seit der jüngeren Vergangenheit in der deutschen Bewertungspraxis vermehrt angewandt.[401] Die weitere Analyse bezieht sich ausschließlich auf Anpassungsformeln, in denen der Betafaktor des Fremdkapitals als eigenständiger Parameter einfließt.[402]

Im Folgenden werden die Annahmen zur Unsicherheit und zum Wert des Steuervorteils betrachtet. Hierbei wird unter anderem auch die Auswirkung von risikobehaftetem Fremdkapital auf die Annahme zu den beiden Parametern betrachtet.

343. Steuervorteil der Fremdfinanzierung

343.1 Vorbemerkungen

Steuervorteile werden durch eine unterschiedliche steuerliche Behandlung von Eigen- und Fremdkapitalkosten generiert und können sowohl auf der Ebene des Unternehmens als auch der Eigenkapitalgeber entstehen.[403] Auf der Unternehmensebene reduzieren z. B. Zinszahlungen als Teil der Fremdkapitalkosten im Gegensatz zu Eigenkapitalkosten die Bemessungsgrundlage für die Unternehmenssteuern. Allerdings entsteht bei der persönlichen Besteuerung ein gegenteiliger Effekt, da die geringere Steuerbelastung des Unternehmens wiederum zu einer höheren Bemessungsgrundlage bei dem Eigenkapitalgeber und somit zu höheren Steuern führt.

Der Wert des Steuervorteils ergibt sich allgemein aus der Diskontierung der erwarteten, periodischen Steuervorteile aufgrund der Fremdfinanzierung mit einem risikoadjustierten Diskontierungs-

399 So betrugen auch beim Unlevern der Verschuldungsgrad eins und der Betafaktor des Fremdkapitals 0,2.
400 Vgl. Abschnitt 32.
401 Vgl. SCHULTE, J./FRANKEN, L./KOELEN, P./LEHMANN, D., Debt Beta in der Bewertungspraxis, S. 13.
402 Für die autonome Finanzierungspolitik gibt die rechte Spalte der Abbildung 3-3 die entsprechenden Formeln an und für die atmende Finanzierungspolitik zu Marktwerten die rechte Spalte der Abbildung 3-4.
403 Vgl. hier und im Folgenden WATRIN, C./STÖVER, R., Einfluss des Tax Shields, S. 61.

zinssatz (r_{TS}). Für die Phase der ewigen Rente lässt sich der Wert des Steuervorteils bei einem erwarteten nachhaltigen Wachstum des Steuervorteils wie folgt berechnen:[404]

Formel 3-18	$TS = \frac{SV_1}{r_{TS} - w}$

Allgemein ergibt sich der Steuervorteil aus der Differenz der Steuerbelastung bei reiner Eigenfinanzierung und derjenigen bei Fremdfinanzierung.[405] Vereinfachend lässt sich der erwartete Steuervorteil durch den **erwarteten Steuersatz** und die **erwarteten abzugsfähigen Fremdkapitalkosten** bestimmen.[406] Die Fremdkapitalkosten ergeben sich hierbei durch die erwartete Höhe des Fremdkapitalbestands sowie den erwarteten Fremdkapitalkostensatz. Hierbei ist zu beachten, dass lediglich die steuerlich abzugsfähigen Fremdkapitalkosten relevant sind.

Der risikoadjustierte Diskontierungszinssatz muss die Unsicherheit der erwarteten Steuervorteile widerspiegeln, die sich durch die Unsicherheit der einzelnen Determinanten ergibt.[407] Hierbei ist indes zu beachten, dass aufgrund der multiplikativen Verknüpfung der Einflussfaktoren das Gesamtrisiko von der Korrelation der Faktoren untereinander abhängt. Bei einer negativen Korrelation zwischen zwei Faktoren reduziert sich die Gesamtunsicherheit der Faktoren, indes verstärkt sich diese bei einer positiven Korrelation. Je nach Korrelation der Faktoren kann der Betafaktor des Steuervorteils sogar null oder negativ werden. Die Unsicherheit eines einzelnen Parameters kann somit nicht als Unter- oder Obergrenze angesehen werden. Um die Unsicherheit des Steuervorteils beurteilen zu können, sind somit alle Einflussfaktoren sowie deren Abhängigkeiten untereinander relevant. Im Folgenden werden die verschiedenen Einflussfaktoren betrachtet.

Die Unsicherheit des **erwarteten Steuersatzes** kann einerseits aus der Gestaltung des Steuersystems und andererseits aus Änderungen des Steuersystems resultieren. Unsicherheiten aufgrund der Gestaltung des Steuersystems ergeben sich z. B., wenn der Steuersatz von der Bemessungsgrundlage abhängig ist. Werden die Steuervorteile betrachtet, die sich nach persönlichen Steuern ergeben, beeinflusst neben der Unternehmenssteuer auch die persönliche Besteuerung die Unsicherheit. Hinsichtlich der persönlichen Besteuerung ist zu beachten, dass, soweit die Thesaurierung und die Ausschüttung steuerlich unterschiedlich behandelt werden, auch die Ausschüttungsquote und somit die Ausschüttungspolitik des Unternehmens einen weiteren Einflussfaktor und somit auch Unsicherheitsfaktor für den Steuervorteil darstellt.[408] Unabhängig von der aktuellen Gestaltung des Steuer-

404 Vgl. BAETGE, J./NIEMEYER, K./KÜMMEL, J./SCHULZ, R., Bewertungsverfahren, S. 407 f.; EHRHARDT, M. C./DAVES, P. R., Corporate Valuation, S. 33; HACHMEISTER, D., Discounted Cash Flow, S. 98.

405 Vgl. KRUSCHWITZ, LUTZ/LÖFFLER, ANDREAS/ESSLER, WOLFGANG, Unternehmensbewertung für die Praxis, S. 46.

406 Vgl. hier und im Folgenden KRUSCHWITZ, LUTZ/LÖFFLER, ANDREAS/ESSLER, WOLFGANG, Unternehmensbewertung für die Praxis, S. 46.

407 Vgl. ENZINGER, ALEXANDER/KOFLER, PETER, APV-Verfahren, S. 195-197.

408 Vgl. WIESE, J., Die Modigliani/Miller-Theoreme und Ausschüttungspolitik, S. 1-39.

systems besteht Unsicherheit aufgrund von möglichen Änderungen, wie z. B. hinsichtlich des Unternehmenssteuersatzes.

Die Unsicherheit der **erwarteten abzugsfähigen Fremdkapitalkosten** wird ebenfalls durch verschiedene Aspekte beeinflusst. Einerseits sind als Unsicherheitsfaktoren die **Höhe des nominalen Fremdkapitalbestands** und die **Ausfallwahrscheinlichkeit** der mit dem Fremdkapital verbundenen Zahlungen zu nennen. Andererseits ist zu beachten, dass lediglich die abzugsfähigen Fremdkapitalkosten relevant sind. So führt z. B. die in Deutschland geltende Zinsschranke dazu, dass die **Abzugsfähigkeit** des Zinsaufwandes unsicher ist.[409] Die Abzugsfähigkeit des Zinsaufwandes hängt durch die Zinsschranke vor allem von der Höhe des EBITDA ab, da der Anteil des Zinsaufwandes, der den Zinsertrag übersteigt, nur bis zur Höhe von 30 % des EBITDA in der Periode der Entstehung abzugsfähig ist.[410] Das Steuersystem sowie dessen mögliche Veränderungen stellen somit nicht nur hinsichtlich des Steuersatzes eine Unsicherheit dar, sondern auch hinsichtlich der abzugsfähigen Fremdkapitalkosten. So würde ein generelles Abzugsverbot von Fremdkapitalkosten oder eine Ausweitung bzw. Einschränkung der Abzugsfähigkeit die Höhe des Steuervorteils beeinflussen. Eine solche Unsicherheit stellt ein Risiko dar, welches den Markt betrifft und somit systematisch ist. Systematische Risiken sind im CAPM relevant und somit im Rahmen der Anpassungsformeln zu berücksichtigen.

Im Folgenden wird die Berücksichtigung der beschriebenen Unsicherheitsfaktoren in den Anpassungsformeln getrennt nach der Finanzierungspolitik analysiert. Die Finanzierungspolitik ist hierbei zentral, da aus dieser Annahmen implizit abgeleitet werden. Hierbei wird zunächst die Eignung der Anpassungsformel in einem Ein-Phasenmodell betrachtet und später wird die Analyse um ein Mehr-Phasenmodell erweitert.[411] Die Eignung in einem Mehr-Phasenmodell ist von großer Bedeutung, da im Rahmen der Unternehmensbewertung diese regelmäßig verwandt werden.

343.2 Wert und Betafaktor des Steuervorteils

343.21 Autonome Finanzierungspolitik

MODIGLIANI/MILLER gehen bei der Herleitung ihrer Thesen von einem konstanten Fremdkapitalbestand, Fremdkapitalkostensatz und Steuersatz aus.[412] Sie nehmen des Weiteren an, dass die Parameter sicher sind. Diese Annahmen verwendet HAMADA, um eine vereinfachte Anpassungsformel für eine autonome Finanzierungspolitik herzuleiten.[413] Aufgrund der Annahme konstanter, sicherer

409 Vgl. MEITNER, M./STREITFERDT, F., Zinsschranke, S. 258-269.

410 Vgl. ausführlich zur Zinsschranke und den Ausnahmen SIEGEL, D., Die Bilanzierung latenter Steuern, S. 124-127; WATRIN, C./WITTKOWSKI, A./STROHM, C., Unternehmensteuerreform 2008, S. 786-788.

411 Vgl. Abschnitt 344.

412 Vgl. hier und im Folgenden MODIGLIANI, F./MILLER, M. H., Corporate Income Taxes and the Cost of Capital, S. 433-443 oder auch Abschnitt 322.

413 Vgl. HAMADA, R. S., Portfolio Analysis, Market Equilibrium and Corporation Finance, S. 13-31; HAMADA, R. S., Capital Structure, S. 435-452.

Steuervorteile wird der **Wert des Steuervorteils** nicht als eigenständiger Parameter explizit in der Anpassungsformel berücksichtigt, sondern vereinfacht:[414]

Formel 3-19	$TS = \frac{s \cdot r_{FK} \cdot FK}{r_{FK}} = s \cdot FK$

CONINE geht zwar von risikobehaftetem Fremdkapital aus, jedoch wird der Wert des Steuervorteils in den beiden Anpassungsformeln identisch berücksichtigt. So kürzt sich in der vorstehenden Formel die Rendite des Fremdkapitals heraus, die die Unsicherheit des Fremdkapitals berücksichtigt. Die Formeln von HAMADA und CONINE unterscheiden sich somit ausschließlich durch die Annahme, dass das Fremdkapital und somit auch der Steuervorteil risikobehaftet sind. Aufgrund der Erkenntnis in Abschnitt 342., dass es erforderlich ist, von risikobehaftetem Fremdkapital auszugehen, bezieht sich die Analyse hinsichtlich dieser klassischen Anpassungsformeln auf diejenige von CONINE.

Neben den klassischen Anpassungsformeln wird die Formel von EHRHARDT/DAVES für eine autonome Finanzierungspolitik betrachtet,[415] in der ein nachhaltig konstantes Wachstum des Steuervorteils berücksichtigt werden kann. Des Weiteren wird der risikoadjustierte Diskontierungszinssatz in der Formel nicht mit der Fremdkapitalrendite gleichgesetzt, sondern als eigenständiger Parameter betrachtet. Hierdurch kann der Diskontierungszinssatz auf die Unsicherheit des Steuervorteils abgestimmt werden. Der Wert des Steuervorteils wird in der Anpassungsformel daher anhand der bekannten Formel 3-10 berücksichtigt:

Formel 3-10	$TS = \frac{s \cdot r_{FK} \cdot FK_0}{r_{TS} - w}$

CONINE geht im Gegensatz zu EHRHARDT/DAVES bei seiner Anpassungsformel von einem konstanten Fremdkapitalbestand aus, sodass der Wert des Steuervorteils nur in diesen begrenzten Rahmenbedingungen sachgerecht berücksichtigt wird.[416] Bei Vorliegen von Wachstum würde der Wert des Steuervorteils c. p. unterschätzt werden.[417] Obwohl im Rahmen einer Bewertung regelmäßig von Wachstum ausgegangen wird,[418] wird dennoch im Schrifttum und in der Bewertungspraxis im Rahmen einer autonomen Finanzierungspolitik üblicherweise nicht die Anpassungsformel von

414 Vgl. bspw. ADERS, C./WAGNER, M., Kapitalkosten in der Bewertungspraxis, S. 36.

415 Vgl. zu den Anpassungsformeln der autonomen Finanzierungspolitik Abschnitt 322. und für einen Überblick Abbildung 3-3.

416 Vgl. WALLMEIER, M., Kapitalkosten und Finanzierungsprämissen, S. 1473.

417 Vgl. zu den Auswirkungen einer solchen Fehleinschätzung auf den Betafaktor Abschnitt 343.3.

418 Vgl. zu den Wachstumsabschlägen in der Bewertungspraxis TINZ, O., Abbildung von Wachstum, S. 75-78.

EHRHARDT/DAVES angewandt.[419] Bei einem Steuersatz von 30 %, einer Fremdkapitalrendite von 7 % und einem Wachstum von 2 % wird der Wert des Steuervorteils um rd. 29 % unterschätzt, wenn das Wachstum nicht berücksichtigt wird.[420]

In beiden Anpassungsformeln wird angenommen, dass sich der Steuervorteil multiplikativ aus der erwarteten Fremdkapitalrendite, dem Marktwert des Fremdkapitals und dem Unternehmenssteuersatz ergibt. Hierdurch wird indes von **persönlichen Steuern** abstrahiert, die, wie einleitend ausgeführt, ebenfalls einen Einfluss auf den Steuervorteil haben. Durch die persönliche Besteuerung entsteht ein negativer Steuervorteil, da die Steuerersparnis der Fremdfinanzierung die Bemessungsgrundlage für die persönliche Besteuerung erhöht und somit eine höhere persönliche Steuerbelastung entsteht. MILLER hat gezeigt, dass die Berechnung des Steuervorteils nach persönlichen Steuern nicht dem Vorgehen entspricht, das den Thesen von MODIGLIANI/MILLER zugrunde liegt und somit auch den vorstehenden Anpassungsformeln.[421] MODIGLIANI hat klargestellt, dass die von ihm und MILLER hergeleitete Umrechnungsformel von unverschuldeten zu verschuldeten Kapitalkosten bei Vorliegen von persönlichen Steuern und unterschiedlicher Besteuerung von Ausschüttungen und Thesaurierungen angepasst werden muss.[422]

Anhand der dargestellten Anpassungsformeln für eine autonome Finanzierungspolitik lässt sich daher der Betafaktor nicht sachgerecht anpassen, wenn der Steuervorteil nach persönlichen Steuern für die Anpassung relevant ist. Dies ist davon abhängig, ob Eigenkapitalkosten nach persönlichen Steuern oder vor persönlichen Steuern bestimmt werden.[423]

Die **abzugsfähigen Fremdkapitalkosten** ergeben sich sowohl bei CONINE als auch bei EHRHARDT/DAVES aus der erwarteten Fremdkapitalrendite und dem Marktwert des Fremdkapitals. Dies stellt eine vereinfachende Annahme dar, da hierdurch nicht differenziert wird, ob die mit dem Fremdkapital verbundenen Zahlungen tatsächlich abzugsfähig sind. So kann in Deutschland z. B. durch die Zinsschranke die Abzugsfähigkeit eingeschränkt sein.[424] Des Weiteren sind in Deutschland z. B. Gewinne aufgrund des Ausfalls von Fremdkapital unter bestimmten Bedingungen nicht zu versteuern.[425] Weichen die abzugsfähigen Fremdkapitalkosten von den erwarteten Fremdkapital-

419 Vgl. z. B. DÖRSCHELL, A./FRANKEN, L./SCHULTE, J., Kapitalisierungszinssatz, S. 40-45; SCHULTE, J./FRANKEN, L./KOELEN, P./LEHMANN, D., Debt Beta in der Bewertungspraxis, S. 13-21.

420 Bei einem Fremdkapitalbestand von 1.000 ergibt sich ohne Wachstum ein Wert des Steuervorteils von 300 GE $\left(=\frac{0,3\cdot 0,07\cdot 1.000}{0,07}\right)$ und mit Wachstum ein Wert von 420 GE $\left(=\frac{0,3\cdot 0,07\cdot 1.000}{0,07-0,02}\right)$. Vgl. zum Einfluss der Anpassungsformel von MODIGLIANI/MILLER bei Vorliegen von Wachstum STELLBRINK, J., Restwert, S. 180-183.

421 Vgl. MILLER, M. H., Debt and Taxes, S. 266-268.

422 Vgl. MODIGLIANI, F., Debt, Dividend Policy, Taxes, Inflation and Market Valuation, S. 255-273. WIESE hat das Modell erweitert für ein komplexeres Steuersystem und ein Endlichkeitskalkül. Vgl. WIESE, J., Die Modigliani/Miller-Theoreme und Ausschüttungspolitik, S. 1-39.

423 Vgl. zur ausführlichen Beurteilung der Relevanz dieser Einschränkung Abschnitt 346.

424 Vgl. ausführlich SIEGEL, D., Die Bilanzierung latenter Steuern, S. 124-127; WATRIN, C./WITTKOWSKI, A./STROHM, C., Unternehmensteuerreform 2008, S. 786-788.

425 Vgl. STEPHAN, J., Finanzielle Kennzahlen, S. 97.

kosten ab, ermitteln die dargestellten Anpassungsformeln den Wert des Steuervorteils nicht fehlerfrei.

Einen weiteren wesentlichen Einfluss auf den Wert des Steuervorteils hat der risikoäquivalente Zinssatz, mit dem die Steuervorteile diskontiert werden. Der Diskontierungszinssatz wird wesentlich durch die **Unsicherheit des Steuervorteils** determiniert. Da die Unsicherheit des Steuervorteils somit auch den Wert des Steuervorteils beeinflusst, ist zu beachten, dass die Unsicherheit des Steuervorteils einen doppelten Einfluss auf das Verhältnis zwischen dem verschuldeten und unverschuldeten Betafaktor hat. So haben sowohl der Wert des Steuervorteils als auch der Betafaktor des Steuervorteils, der die Unsicherheit widerspiegelt, einen Einfluss auf das Verhältnis zwischen dem unverschuldeten und verschuldeten Betafaktor.[426] Da eine falsch eingeschätzte Unsicherheit regelmäßig auch zu einem falsch eingeschätzten Wert des Steuervorteils führt, kann sich die gesamte Fehleinschätzung sowohl verstärken als auch abschwächen. Dies hängt einerseits davon ab, ob die Unsicherheit des Steuervorteils über- oder unterschätzt wird und andererseits, ob $ß_{TS}$ größer oder kleiner als $ß_{EK}^{u}$ ist.[427] Im Folgenden wird zuerst die **Anpassungsformel von CONINE** hinsichtlich der Annahme zur Unsicherheit des Steuervorteils betrachtet.

Die Steuervorteile bei der autonomen Finanzierungspolitik werden im Allgemeinen als „**sichere Tax Shields**" bezeichnet.[428] Die Bezeichnung ist allerdings irreführend, da hierdurch der Eindruck entsteht, dass die Steuervorteile bei einer autonomen Finanzierungspolitik generell sicher seien. Es wird zwar regelmäßig angenommen, dass die Höhe des Fremdkapitalbestands bei einer autonomen Finanzierungspolitik sicher sei, allerdings ist dies nur eine Determinante des Steuervorteils.[429] So können z. B. die Zahlungen des Fremdkapitals, der Steuersatz oder die steuerliche Abzugsfähigkeit der Zahlungen unsicher sein.[430] In der Anpassungsformel von CONINE wird der Betafaktor des Steuervorteils mit dem Betafaktor des Fremdkapitals gleichgesetzt, sodass mit Ausnahme der Unsicherheit der Zahlungen des Fremdkapitals die Determinanten als sicher angenommen werden.[431] Im Folgenden sollen diese Annahmen hinsichtlich ihrer Realitätsnähe betrachtet werden.

Die Sicherheit der **Höhe des Fremdkapitalbestands** wird regelmäßig daraus abgeleitet, dass bei der autonomen Finanzierungspolitik angenommen wird, dass der Fremdkapitalbestand deterministisch zum Bewertungszeitpunkt geplant wird.[432] So bestände keine Unsicherheit hinsichtlich der Höhe des Fremdkapitalbestands, wenn der Plan mit Sicherheit umgesetzt würde. Indes würde dies bedeuten, dass die Möglichkeit der Umsetzung zustandsunabhängig ist. Hiervon kann indes nicht ausgegangen werden, da die künftige Höhe des Fremdkapitals von unsicheren Parametern, wie z. B.

426 Vgl. Formel 3-5.

427 Vgl. ausführlich zu den Fehleinschätzungen Abschnitt 343.3.

428 Vgl. beispielhaft ADERS, C./WAGNER, M., Kapitalkosten in der Bewertungspraxis, S. 30-42; HOWER, S., Steuerliche Vorteile der Fremdfinanzierung, S 10.

429 Vgl. ENZINGER, ALEXANDER/KOFLER, PETER, Anpassung der Betafaktoren, S. 54.

430 Vgl. Abschnitt 343.1.

431 Vgl. MODIGLIANI, F., Debt, Dividend Policy, Taxes, Inflation and Market Valuation, S. 255; MODIGLIANI, F./MILLER, M. H., Corporate Income Taxes and the Cost of Capital, S. 435.

432 Vgl. ADERS, C./WAGNER, M., Kapitalkosten in der Bewertungspraxis, S. 35.

Neuinvestitionen, Steueränderungen, Zinsänderungen oder auch der Entwicklung des operativen Geschäfts abhängt.[433] CASTEDELLO/DAVIDSON/SCHLUMBERGER sehen daher zu Recht die Höhe des Fremdkapitals grundsätzlich als zustandsabhängig und somit als eine unsichere Größe an. RICHTER/DRUKARCZYK sehen ebenfalls Unsicherheiten bei der autonomen Finanzierungspolitik und begründen dies damit, dass Finanzierungskontrakte in aller Regel nur für einen begrenzten Zeitraum fixiert werden können.[434] Da es unrealistisch ist eine vollkommene Zustandsunabhängigkeit anzunehmen,[435] kann der Fremdkapitalbestand auch bei der autonomen Finanzierungspolitik als Erwartungswert und somit als unsicher angesehen werden.[436]

Die Zustandsabhängigkeit kann gut verdeutlicht werden, wenn die Finanzierung eines einfachen Unternehmens betrachtet wird. Das Unternehmen besitzt ausschließlich eine Maschine und hat diese mit einem Kredit finanziert. Der Kredit wird linear über 10 Jahre getilgt, und es ist keine planmäßige Neuverschuldung vorgesehen. Nach 5 Jahren endet die Zinsbindung und es besteht für das Unternehmen ein Sonderkündigungsrecht. In einem solchen Fall ist der Fremdkapitalbestand zwar vorab geplant, indes stellt er lediglich einen Erwartungswert dar. So kann nach 5 Jahren das Zinsniveau deutlich erhöht sein und das Unternehmen macht von ihrem Kündigungsrecht Gebrauch oder eine unerwartete Reparatur erfordert eine Neuaufnahme von Fremdkapital. Dieses einfache Beispiel verdeutlicht, dass selbst wenn der Fremdkapitalbestand verhältnismäßig sicher geplant werden kann, der konkrete Bestand von bestimmten Zuständen abhängt und somit unsicher ist.

KRUSCHWITZ/LÖFFLER/LORENZ sehen in der Annahme von sicheren Fremdkapitalbeständen bei den klassischen Anpassungsformeln einen logischen Widerspruch.[437] So sind sie der Meinung, dass bei Anwendung der Formel unterstellt wird, dass das Unternehmen gleichzeitig eine atmende und eine autonome Finanzierungspolitik betreibt. Bei einer atmenden Finanzierungspolitik ist der Fremdkapitalbestand jedoch aufgrund der Abhängigkeit vom Gesamtunternehmenswert unsicher, sodass ein Widerspruch entsteht. Die Aussage, dass sowohl eine autonome als auch eine atmende Finanzierungspolitik unterstellt wird, leiten KRUSCHWITZ/LÖFFLER/LORENZ daraus ab, dass es ihnen gelingt, die klassischen Anpassungsformeln auch unter der Annahme eines konstanten Verschuldungsgrades herzuleiten. Allerdings gelingt dies lediglich, sofern weiterhin angenommen wird, dass bei einem konstanten Verschuldungsgrad der Wert des Steuervorteils sicher ist. Dies ist, wie sie selbst zeigen, bei unsicheren Fremdkapitalbeständen im Allgemeinen jedoch nicht der Fall. Der Widerspruch liegt somit darin begründet, dass eine atmende Finanzierungspolitik angenommen und gleichzeitig von einem sicheren Steuervorteil ausgegangen wird. Zwar ist die Annahme eines sicheren Fremdkapi-

433 Vgl. CASTEDELLO, M./DAVIDSON, R./SCHLUMBERGER, E., Unsichere Steuervorteile, S. 372.

434 Vgl. RICHTER, F./DRUKARCZYK, J., Wachstum, Kapitalkosten und Finanzierungseffekte, S. 635; ADERS, C./WAGNER, M., Kapitalkosten in der Bewertungspraxis, S. 38.

435 Vgl. zur Realitätsnähe der autonomen Finanzierungspolitik auch Abschnitt 345.

436 Vgl. zu dieser Erkenntnis auch STELLBRINK, J., Restwert, S. 198-201.

437 Vgl. hier und im Folgenden KRUSCHWITZ, L./LÖFFLER, A./LORENZ, D., Unlevering und Relevering, S. 672-678.

talbestands, wie vorstehend dargestellt, als unrealistisch anzusehen, jedoch ist ein allgemeiner Widerspruch in den klassischen Anpassungsformeln nicht festzustellen.[438]

Wie einleitend ausgeführt, wird neben der Höhe des Fremdkapitalbestands auch der **erwartete Steuersatz** als sicher angenommen. Dies würde unter anderem erfordern, dass sich sämtliche Steuersätze nicht ändern bzw. mit Sicherheit vorausgesagt werden können.[439] Diese Annahme spiegelt jedoch nicht die Realität wider.[440] Allerdings bestreiten auch MODIGLIANI/MILLER, deren Annahmen auch CONINE im Wesentlichen unterstellt, nicht, dass die Steuersätze einer Unsicherheit unterliegen können, sondern abstrahieren vereinfachend von dieser Unsicherheit.[441]

Da in der Anpassungsformel von CONINE auch angenommen wird, dass alle Fremdkapitalkosten abzugsfähig sind, wird die Unsicherheit der **abzugsfähigen Fremdkapitalkosten** mit dem Betafaktor des Fremdkapitals gleichgesetzt. Indes wurde in Abschnitt 343.1 gezeigt, dass die Abzugsfähigkeit selbst bereits eine Unsicherheit darstellt. Beispielhaft sei an dieser Stelle auf die in Deutschland eingeführte Zinsschranke verwiesen. Durch die Annahme, dass alle Fremdkapitalkosten bis in alle Ewigkeit abzugsfähig sind, werden somit Determinanten der Unsicherheit vernachlässigt.

Zusammenfassend kann festgestellt werden, dass bei einer autonomen Finanzierungspolitik sämtliche dargestellte Determinanten des Steuervorteils einer Unsicherheit unterliegen.[442] Aus der Annahme einer autonomen Finanzierungspolitik lässt sich somit nicht ableiten, dass die Unsicherheit des Steuervorteils ausschließlich dem Betafaktor des Fremdkapitals entspricht. Da die Anpassungsformel von CONINE dies annimmt, kann die **Anwendung lediglich in den Ausnahmefällen sachgerecht** sein, in denen der Betafaktor des Steuervorteils zufällig dem Betafaktor des Fremdkapitals entspricht. Da neben der Unsicherheit des Steuervorteils auch der Wert des Steuervorteils nicht alle Determinanten berücksichtigt, müssen weitere Ausnahmebedingungen erfüllt sein, damit die Sachgerechtigkeit der Anpassungsformel von CONINE gegeben ist.

Bei der **Anpassungsformel von EHRHARDT/DAVES** sind der Betafaktor des Steuervorteils und der Diskontierungszinssatz des Steuervorteils expliziter Bestandteil der Anpassungsformel, sodass sich die individuelle Unsicherheit der Steuervorteile berücksichtigen lässt. Die beiden Parameter können somit die Unsicherheit widerspiegeln, die sich aufgrund der vorstehend dargestellten Einflussfaktoren ergibt. Grundsätzlich lässt sich somit die Unsicherheit des Steuervorteils **sachgerecht in der Anpassungsformel berücksichtigen**. Zwar kann die Möglichkeit eingeschränkt sein, wenn sich die Unsicherheit des Steuervorteils nicht sachgerecht bestimmen lässt, jedoch wird in diesem Kapitel lediglich die theoretische Eignung der Anpassungsformel betrachtet, die gegeben ist, wenn die Ein-

---

438 Ebenfalls kritisch zu dem Ergebnis von KRUSCHWITZ/LÖFFLER/LORENZ äußern sich MEITNER, M./STREITFERDT, F., Unlevern und Relevern von Betafaktoren, S. 1-23.

439 Vgl. CASTEDELLO, M./DAVIDSON, R./SCHLUMBERGER, E., Unsichere Steuervorteile, S. 372.

440 Vgl. Abschnitt 343.1.

441 Vgl. MODIGLIANI, F./MILLER, M. H., Corporate Income Taxes and the Cost of Capital, S. 435.

442 Zu diesem Ergebnis kommen auch ADERS, C./WAGNER, M., Kapitalkosten in der Bewertungspraxis, S. 37-38; ENZINGER, ALEXANDER/KOFLER, PETER, APV-Verfahren, S. 195.

flussfaktoren berücksichtigt werden. Da in die Formel von EHRHARDT/DAVES jedoch ein Wert des Steuervorteils einfließt, der von Determinanten abstrahiert, wie z. B. der steuerlichen Abzugsfähigkeit der Fremdkapitalkosten oder der persönlichen Besteuerung, ist die Anwendung der Formel ebenfalls **nur sachgerecht, wenn der Einfluss dieser Determinanten unwesentlich ist**. Von solchen Bedingungen kann jedoch nicht allgemein ausgegangen werden.

343.22 Atmende Finanzierungspolitik zu Marktwerten

Zuvor wurden die Annahmen zum Wert und Betafaktor des Steuervorteils hinsichtlich der Anpassungsformeln bei einer autonomen Finanzierungspolitik analysiert. Im Folgenden wird die Anpassungsformel von HARRIS/PRINGLE für eine atmende Finanzierungspolitik zu Marktwerten hinsichtlich der beiden Parameter betrachtet.[443]

Die Steuervorteile bei einer atmenden Finanzierungspolitik zu Marktwerten werden als **unsicher** angesehen.[444] Die Unsicherheit wird mit der Forderung nach einer konstanten Kapitalstruktur begründet, die eine Anpassung des Marktwertes des Fremdkapitals an den Marktwert des Unternehmens erforderlich macht. Bei einer unmittelbaren Anpassung, wie von HARRIS/PRINGLE angenommen, unterliegt die Höhe des Fremdkapitals der gleichen Unsicherheit wie der Marktwert des Gesamtunternehmens. In der Anpassungsformel unterstellen die beiden Autoren, dass die Unsicherheit des Steuervorteils den operativen Risiken und somit dem unverschuldeten Betafaktor entspricht.[445] Unter dieser Annahme müssen der Betafaktor des Gesamtunternehmens und der unverschuldete Betafaktor ebenfalls identisch sein, wie die Umformung der folgenden Formel zeigt:[446]

Formel 3-20	$$ß_{GK} = ß_{EK}^{u} \cdot \frac{EK^u}{EK^u + TS} + ß_{TS} \cdot \frac{TS}{EK^u + TS}$$ $$\Leftrightarrow \quad ß_{GK} = ß_{EK}^{u} \cdot \frac{EK^u}{EK^u + TS} + ß_{EK}^{u} \cdot \frac{TS}{EK^u + TS}$$ $$\Leftrightarrow \quad ß_{GK} = ß_{EK}^{u} \cdot \left(\frac{EK^u}{EK^u + TS} + \frac{TS}{EK^u + TS}\right)$$ $$\Leftrightarrow \quad ß_{GK} = ß_{EK}^{u}$$

443 Vgl. zu der Anpassungsformel Abschnitt 323.

444 Vgl. hier und im Folgenden MILES, J. A./EZZELL, J. R., Weighted Average Cost of Capital, S. 721; HARRIS, R. S./PRINGLE, J. J., Risk-Adjusted Discount Rates, S. 240.

445 Vgl. ADERS, C./WAGNER, M., Kapitalkosten in der Bewertungspraxis, S. 36; HARRIS, R. S./PRINGLE, J. J., Risk-Adjusted Discount Rates, S. 240; RUBACK, R. S., Capital Cash Flows, S. 98.

446 Vgl. SCHULTE, J./FRANKEN, L./KOELEN, P./LEHMANN, D., Debt Beta in der Bewertungspraxis, S. 14; RUBACK, R. S., Capital Cash Flows, S. 97 und Formel 3-5.

Werden $ß_{TS}$ und $ß_{GK}$ als identisch angenommen, kann die Unsicherheit des Steuervorteils allerdings lediglich die Unsicherheit der Höhe des Fremdkapitals abbilden, da vorstehend dargestellt wurde, dass der Betafaktor des Gesamtunternehmens bei einer atmenden Finanzierungspolitik zu Marktwerten die Unsicherheit hinsichtlich der Höhe des Fremdkapitals determiniert. In Abschnitt 343.1 wurde indes gezeigt, dass auch weitere Determinanten des Steuervorteils, wie z. B. die steuerliche Abzugsfähigkeit der Fremdkapitalkosten oder der Steuersatz, unsicher sind. Zwar wäre es theoretisch auch vorstellbar, dass sich die Unsicherheit der übrigen Determinanten ausgleicht, jedoch kann hiervon lediglich in Ausnahmefällen ausgegangen werden. Vielmehr schließen HARRIS/PRINGLE die Unsicherheit der übrigen Determinanten annahmegemäß aus. Die vorstehenden Ausführungen verdeutlichen somit, dass die Annahme, dass sich der unverschuldete Betafaktor und die Unsicherheit des Steuervorteils entsprechen, bei Anwendung der atmenden Finanzierungspolitik zu Marktwerten lediglich in Ausnahmefällen gilt. Diese Annahme ist indes bedeutend, da hierdurch der **Wert des Steuervorteils** nicht explizit in die Anpassungsformel einfließt.

Da in der Anpassungsformel von HARRIS/PRINGLE das Verhältnis zwischen dem unverschuldeten und verschuldeten Betafaktor unabhängig von dem Wert des Steuervorteils ist, könnte der Eindruck entstehen, dass die Anpassungsformel auch geeignet ist, wenn der Steuervorteil nach persönlichen Steuern für die Anpassung relevant ist.[447] Es wäre jedoch nur sachgerecht die Formel anzuwenden, wenn auch unter dem Einfluss von **persönlichen Steuern** die Annahme gilt, dass die Unsicherheit des Steuervorteils dem unverschuldeten Betafaktor entspricht. Hiervon kann jedoch nicht ausgegangen werden, soweit die persönliche Besteuerung, wie in Abschnitt 343.1 dargestellt, einer Unsicherheit unterliegt.

Anders verhält es sich hingegen bei dem erwarteten **Wachstum des Steuervorteils**, soweit angenommen werden kann, dass das Wachstum ausschließlich aus der Höhe des Fremdkapitals und nicht aus anderen Faktoren, wie z. B. der Veränderung des Steuersatzes oder der steuerlichen Abzugsfähigkeit, resultiert. In dem Fall wäre die Unsicherheit der Veränderung des Fremdkapitals und somit auch des Wachstums des Steuervorteils bereits in den operativen Risiken und somit dem Betafaktor des Steuervorteils berücksichtigt.[448] Für die zuvor erläuterten Ausnahmefälle könnte dann weiterhin angenommen werden, dass sich der Betafaktor des Steuervorteils und der unverschuldete Betafaktor entsprechen.

Allgemein kann festgehalten werden, dass die Höhe des Steuervorteils und somit auch weitere Einflussfaktoren wie das Wachstum für die Anpassungsformel irrelevant sind, soweit gilt, dass die Unsicherheit des Steuervorteils dem unverschuldeten Betafaktor entspricht. Indes wurde gezeigt, dass diese Annahme bei Anwendung einer atmenden Finanzierungspolitik zu Marktwerten nur unter bestimmten Bedingungen gilt, sodass die **Sachgerechtigkeit** der Anpassungsformeln ebenfalls lediglich in den Ausnahmefällen gegeben ist.

---

447 Vgl. zur Relevanz des Steuervorteils nach persönlichen Steuern Abschnitt 346.

448 Vgl. hierzu auch ADERS, C./WAGNER, M., Kapitalkosten in der Bewertungspraxis, S. 37.

343.23 Atmende Finanzierungspolitik zu Buchwerten

Zuvor wurden die Annahmen zum Wert und Betafaktor des Steuervorteils hinsichtlich der Anpassungsformel von HARRIS/PRINGLE für eine atmende Finanzierungspolitik zu Marktwerten betrachtet. FERNÁNDEZ bezeichnet die atmende Finanzierungspolitik zu Buchwerten als die realitätsnähere Finanzierungspolitik und hat hierfür eine Anpassungsformel hergeleitet, die im Folgenden hinsichtlich der beiden Parameter betrachtet wird.[449]

Wie bereits in Abschnitt 324. dargestellt, wird in der Anpassungsformel von FERNÁNDEZ für eine atmende Finanzierungspolitik zu Buchwerten der Wert des Steuervorteils wie folgt ermittelt:

Formel 3-17	$TS = FK_0 \cdot s + \frac{w \cdot FK_0 \cdot s}{r_{EK}^u - w} = \frac{s \cdot r_{EK}^u \cdot FK}{r_{EK}^u - w}$

Wie in den zuvor betrachteten Anpassungsformeln werden auch von FERNÁNDEZ lediglich Unternehmenssteuern berücksichtigt. Die Formel ist somit ebenfalls nicht geeignet den Betafaktor sachgerecht anzupassen, wenn der Steuervorteil nach persönlichen Steuern für die Anpassung relevant ist. Zwar ist der Steuervorteil nach persönlichen Steuern nicht immer relevant,[450] jedoch ist die Sachgerechtigkeit der Anpassungsformel durch weitere Annahmen auf bestimmte Situationen begrenzt. So abstrahiert FERNÁNDEZ in der Anpassungsformel sowohl hinsichtlich der Unsicherheit, aber auch hinsichtlich der Höhe der Steuervorteile von der Möglichkeit einer eingeschränkten steuerlichen Abzugsfähigkeit.[451] Des Weiteren nimmt er den Steuersatz als konstant und sicher an. Zuvor wurde indes dargestellt, dass sowohl die Abzugsfähigkeit als auch der Steuersatz einer Unsicherheit unterliegt.[452]

Unsicher ist der Wert des Steuervorteils nach FERNÁNDEZ bei dieser Finanzierungspolitik aufgrund der periodischen **Veränderung des Marktwertes des Fremdkapitals**.[453] Er gibt an, dass sich unter der Annahme einer konstanten Kapitalstruktur zu Buchwerten der Marktwert des Fremdkapitals proportional zu den Aktiva entwickelt, und setzt somit den Buchwert und den Marktwert des Fremdkapitals gleich.[454] FERNÁNDEZ nimmt an, dass die Aktiva und somit auch das Fremdkapital mit der gleichen nachhaltigen Rate wachsen wie die FCF. Des Weiteren unterstellt er, dass der unverschuldete Eigenkapitalkostensatz den geeigneten Diskontierungszinssatz darstellt, um den Barwert der periodischen Veränderung des Fremdkapitals zu bestimmen. Dies bedeutet jedoch nicht, dass von FERNÁNDEZ für den Steuervorteil die identische Unsicherheit angenommen wird, die den

449 Vgl. zu der Anpassungsformel Abschnitt 324.

450 Vgl. zur Relevanz des Steuervorteils nach persönlichen Steuern Abschnitt 346.

451 Vgl. FERNÁNDEZ, P., A More Realisitic Valuation, S. 14.

452 Vgl. Abschnitt 343.1.

453 Vgl. FERNÁNDEZ, P., Levered and Unlevered Beta, S. 2-5; FERNÁNDEZ, P., Value of Tax Shields, S. 146-158.

454 Vgl. hier und im Folgenden FERNÁNDEZ, P., Levered and Unlevered Beta, S. 2-5; FERNÁNDEZ, P., A More Realisitic Valuation, S. 14.

Anpassungsformeln von HARRIS/PRINGLE zugrunde liegt. Die berücksichtigte Unsicherheit ist bei der Anpassungsformel für die atmende Finanzierungspolitik zu Buchwerten regelmäßig niedriger.[455] Dies resultiert daraus, dass FERNÁNDEZ lediglich für die periodische Veränderung des Fremdkapitals eine Unsicherheit entsprechend der operativen Risiken annimmt. Den Steuervorteil aus dem bestehenden Fremdkapitalbestand sieht er wie bei der autonomen Finanzierungspolitik als genauso unsicher an wie das Fremdkapital und somit entsprechend dem Betafaktor des Fremdkapitals. Somit setzt sich die Unsicherheit des Steuervorteils ($ß_{TS}$) bei FERNÁNDEZ wie folgt zusammen:

Formel 3-21	$$ß_{TS} = ß_{FK} \frac{FK_0 \cdot s}{TS} + ß_{EK}^{u} \frac{\frac{w \cdot FK_0 \cdot s}{r_{EK}^{u} - w}}{TS}$$ $$mit\ TS = FK_0 \cdot s + \frac{w \cdot FK_0 \cdot s}{r_{EK}^{u} - w}$$

Nach Formel 3-21 ist die Unsicherheit des Steuervorteils unter den Annahmen von FERNÁNDEZ niedriger als bei der atmenden Finanzierungspolitik zu Marktwerten, soweit der Betafaktor des Fremdkapitals niedriger als der unverschuldete Betafaktor ist. Hiervon ist indes regelmäßig auszugehen.

Im Folgenden soll die zentrale Annahme der Anpassungsformel, die **unverschuldeten Eigenkapitalkosten seien der geeignete Diskontierungszinssatz**, um den Barwert der periodischen Veränderung des Fremdkapitals zu bestimmen, betrachtet werden. Diese Annahme bedeutet, dass die FCF der gleichen Unsicherheit unterliegen wie die periodische Veränderung des Fremdkapitals und somit die Schwankungen um den Erwartungswert vergleichbar sind. Hierbei ist zu beachten, dass bei dem Fremdkapitalbestand lediglich die Veränderung und beim FCF die Gesamtgröße betrachtet wird. Zwar wird für den FCF und das Fremdkapital das gleiche Wachstum erwartet, sodass es grundsätzlich plausibel erscheint, eine Abhängigkeit von den operativen Risiken anzunehmen, jedoch muss die Schwankung dennoch nicht identisch stark sein. So stellt auch FERNÁNDEZ nicht schlüssig dar, warum dies der geeignete Diskontierungszinssatz sein soll. Er nennt als Grund lediglich die proportionale Entwicklung zu den Aktiva. Damit bleibt die gleiche Frage jedoch für die Veränderung der Aktiva unbeantwortet.

Die Annahmen von FERNÁNDEZ hinsichtlich des Steuervorteils werden auch von COOPER/NYBORG sowie ARZAC/GLOSTEN kritisch betrachtet.[456] Die beiden Erstgenannten kommen zu dem Ergebnis, dass nicht alle Annahmen von FERNÁNDEZ simultan erfüllt sein können.[457] Hierbei kritisieren sie vor allem, dass der verschuldete Betafaktor in der Anpassungsformel von FERNÁNDEZ unabhängig

455 Vgl. FERNÁNDEZ, P., A More Realisitic Valuation, S. 17.

456 Vgl. COOPER, I. A./NYBORG, K. G., Value of Tax Shields, S. 215-225; ARZAC, E./GLOSTEN, L. R., Tax Shield Valuation, S. 453-461.

457 Vgl. hier und im Folgenden COOPER, I. A./NYBORG, K. G., Value of Tax Shields, S. 223.

vom Wachstum ist. So sei dies, wenn der Wert des Steuervorteils vom Wachstum abhängt, lediglich unter der Annahme möglich, dass sich $ß_{TS}$ und $ß_{EK}^{u}$ entsprechen. Dieser Argumentation kann jedoch nicht gefolgt werden. So müssen sich, anders als COOPER/NYBORG behaupten, nicht $ß_{TS}$ und $ß_{EK}^{u}$ entsprechen, sondern die Wertkomponente des Steuervorteils, die vom Wachstum beeinflusst ist, muss die identische Unsicherheit aufweisen wie der unverschuldete Betafaktor, damit die Wertkomponente in die Anpassungsformel nicht explizit einfließt. Da FERNÁNDEZ dies annimmt, ist in der Anpassungsformel von ihm der verschuldete Betafaktor unabhängig vom Wachstum.[458] Des Weiteren kritisieren COOPER/NYBORG sowie auch ARZAC/GLOSTEN, dass FERNÁNDEZ die Annahmen von MODIGLIANI/MILLER bei einer atmenden Finanzierungpolitik verwendet.[459] Die Kritik bezicht sich jedoch auf die erste Veröffentlichung von FERNÁNDEZ im Jahr 2004, in der er noch nicht darstellt, dass er nicht eine atmende Finanzierungspolitik zu Marktwerten, sondern zu Buchwerten betrachtet. Dieser Kritikpunkt entsteht somit aus einem Missverständnis.

Zusammenfassend ist festzuhalten, dass, wie auch in den zuvor betrachteten Formeln, hinsichtlich der Unsicherheit und des Wertes des Steuervorteils von Einflussfaktoren abstrahiert wird. Des Weiteren ist zu beachten, dass die Unsicherheit des Steuervorteils nicht als eigenständiger Parameter in der Anpassungsformel berücksichtigt, sondern implizit aus der Finanzierungspolitik abgeleitet wird, obwohl dies nicht eindeutig möglich erscheint. Daher ist auch hier die Sachgerechtigkeit lediglich unter restriktiven Bedingungen gegeben.

Im Folgenden sollen unabhängig von der konkreten Anpassungsformel Auswirkungen einer Fehleinschätzung des Steuervorteils oder der Unsicherheit betrachtet werden.

343.3 Auswirkungen einer Fehleinschätzung des Wertes und der Unsicherheit des Steuervorteils auf die Anpassung des Betafaktors

Vorstehend wurden die den Anpassungsformeln zugrunde liegenden Annahmen hinsichtlich der Unsicherheit des Steuervorteils und des Wertes des Steuervorteils betrachtet. Hierbei wurde deutlich, dass die Formeln auf einer Vielzahl an Annahmen basieren, die in der Realität oftmals nicht erfüllt sind. Werden die Anpassungsformeln dennoch angewandt, spiegeln der angenommene Wert des Steuervorteils und die Unsicherheit regelmäßig nicht die tatsächlichen Gegebenheiten wider. Im Folgenden werden daher die hieraus resultierenden Auswirkungen auf das Verhältnis zwischen dem unverschuldeten und verschuldeten Betafaktor betrachtet.

[458] DE BODT/LEVASSEUR leiten zwar eine Anpassungsformel für eine atmende Finanzierungspolitik zu Buchwerten her, bei der der verschuldete Betafaktor abhängig vom Wachstum ist. Indes gehen Sie hierbei von einem sicheren und konstanten Wachstum aus und greifen ansonsten auf die Annahmen zurück, die der Formel von HAMDA zugrunde liegen, sodass angenommen wird, dass der vom Wachstum beeinflusste Steuervorteil keine Unsicherheit aufweist und somit auch nicht dem unverschuldeten Betafaktor entspricht. Vgl. DE BODT, E./LEVASSEUR, M., A Short Note on the Hamada Formula, S. 1-15.

[459] Vgl. COOPER, I. A./NYBORG, K. G., Value of Tax Shields, S. 225; ARZAC, E./GLOSTEN, L. R., Tax Shield Valuation, S. 456.

Hierfür soll zuerst die **Fehleinschätzung der Unsicherheit des Steuervorteils** auf den unverschuldeten Betafaktor beim Unlevern bzw. den verschuldeten Betafaktor beim Relevern isoliert betrachtet werden. Um die Auswirkungen detailliert zu analysieren, bietet es sich an, den Betafaktor des Gesamtunternehmens in den Einfluss des Marktwertes des unverschuldeten Unternehmens und den des Steuervorteils aufzuteilen.[460]

Formel 3-3	$$ß_{GK} = ß_{EK}^{u} \cdot \frac{EK^{u}}{EK^{u} + TS} + ß_{TS} \cdot \frac{TS}{EK^{u} + TS}$$

Die bekannte Formel 3-3 verdeutlicht, dass eine geringere Unsicherheit des Steuervorteils und somit ein geringer Betafaktor des Steuervorteils c. p. zu einem geringeren Betafaktor des Gesamtunternehmens führt. Ausgehend von einem gegebenen Betafaktor des Gesamtunternehmens, der durch den Betafaktor des Fremdkapitals und den verschuldeten Betafaktor des Eigenkapitals sowie dem jeweiligen Anteil am Gesamtunternehmenswert determiniert wird, führt beim **Unlevern** c. p. ein zu niedrig geschätztes $ß_{TS}$ zu einem zu hoch geschätzten $ß_{EK}^{u}$ und umgekehrt. Ein zu hoch geschätzter unverschuldeter Betafaktor bedeutet, dass die Finanzierungsrisiken unterschätzt und die operativen Risiken überschätzt werden.

Beim **Relevern** werden durch eine unterschätzte Unsicherheit des Steuervorteils erneut die Finanzierungsrisiken unterschätzt, sodass ausgehend vom tatsächlichen unverschuldeten Betafaktor der verschuldete Betafaktor unterschätzt würde. Wird die Unsicherheit des Steuervorteils sowohl beim Un- als auch beim Relevern unterschätzt, schwächt sich der Fehler aufgrund des gegenläufigen Effektes ab. Der Fehler würde sich bei identischen Annahmen beim Un- und Relevern sogar aufheben. Hiervon ist indes regelmäßig nicht auszugehen, da das Un- und Relevern aufgrund unterschiedlicher Annahmen zur Finanzierung angewandt wird.

Im Folgenden sollen die Auswirkungen einer **Fehleinschätzung des Wertes des Steuervorteils** ebenfalls isoliert betrachtet werden. Da sich die Auswirkungen beim **Relevern** anschaulicher darstellen lassen, werden diese zuerst betrachtet. Durch den in Formel 3-3 in die einzelnen Wertkomponenten aufgeteilten Betafaktor des Gesamtkapitals wird deutlich, dass die Auswirkungen eines falsch eingeschätzten Wertes des Steuervorteils auf den Betafaktor des Gesamtunternehmens davon abhängen, ob $ß_{TS}$ kleiner oder größer als $ß_{EK}^{u}$ ist und ob der Wert des Steuervorteils unter- oder überschätzt wird. Ein überschätzter Wert des Steuervorteils bedeutet, dass der Anteil der Unsicherheit des Steuervorteils ebenfalls überschätzt wird und somit bei einem $ß_{TS}$ kleiner $ß_{EK}^{u}$ der Betafaktor des Gesamtunternehmens unterschätzt wird. Ein unterschätzter Betafaktor des Gesamtunternehmens bedeutet beim Relevern c. p. unterschätzte Finanzierungsrisiken. Die nachfolgende Übersicht zeigt die möglichen Kombinationen und deren Auswirkungen auf die Finanzierungsrisiken:

[460] Vgl. Abschnitt 321.

		Unsicherheit des Steuervorteils		
		$ß_{TS} < ß_{EK}^{u}$	$ß_{TS} = ß_{EK}^{u}$	$ß_{TS} > ß_{EK}^{u}$
Wert des Steuervorteils	unter-schätzt	Finanzierungsrisiken werden überschätzt. ↑	Finanzierungsrisiken werden korrekt eingeschätzt. =	Finanzierungsrisiken werden unterschätzt. ↓
	über-schätzt	Finanzierungsrisiken werden unterschätzt. ↓	Finanzierungsrisiken werden korrekt eingeschätzt. =	Finanzierungsrisiken werden überschätzt. ↑

Abbildung 3-8: Auswirkung der Fehleinschätzung des Wertes des Steuervorteils auf die Einschätzung der Finanzierungsrisiken

Gemäß der vorstehenden Übersicht hat die Fehleinschätzung in der bei der atmenden Finanzierungspolitik zu Marktwerten angenommenen Situation, dass $ß_{TS}$ und $ß_{EK}^{u}$ identisch sind, keine Auswirkung. Allerdings ist dies lediglich der Fall, soweit die Unsicherheit tatsächlich identisch ist.[461]

Die in Abbildung 3-8 gezeigten Auswirkungen auf die Finanzierungsrisiken gelten in der Form auch beim **Unlevern**. Hierbei ist zu beachten, dass der tatsächliche unverschuldete Betafaktor immer größer als der Betafaktor des Steuervorteils ist, wenn der Betafaktor des Gesamtunternehmens größer als der Betafaktor des Steuervorteils ist und umgekehrt.[462] Überschätzte Finanzierungsrisiken führen beim Unlevern zu einem unterschätzten unverschuldeten Betafaktor, da dieser die Residualgröße aus dem verschuldeten Betafaktor und den Finanzierungsrisiken darstellt. Dementsprechend führen unterschätzte Finanzierungsrisiken zu einem zu hohen unverschuldeten Betafaktor.

Ob eine Fehleinschätzung der Finanzierungsrisiken nach dem Un- und Relevern zu einem höheren oder niedrigeren verschuldeten Betafaktor führt, ist nicht eindeutig. So kann bei beiden Schritten die Fehleinschätzung sowohl zu einem höheren als auch niedrigeren Finanzierungsrisiko führen. Die Fehleinschätzung nach beiden Schritten hängt erneut davon ab, inwiefern sich die Annahmen zur Finanzierung beim Un- und Relevern unterscheiden.

Bisher wurden die Unsicherheit des Steuervorteils und der Wert des Steuervorteils isoliert betrachtet. Formel 3-3 zeigt indes, dass sich der Einfluss des Steuervorteils auf den Betafaktor des Gesamtunternehmens multiplikativ aus dem **Anteil des Steuervorteils am Gesamtunternehmen** und der **Unsicherheit des Steuervorteils** ergibt. Hierbei ist zu beachten, dass eine fehlerhaft eingeschätzte Unsicherheit des Steuervorteils im Allgemeinen auch bedeutet, dass der Wert des Steuervorteils

461 Vgl. Abschnitt 343.22.
462 Vgl. Formel 3-20.

ebenfalls fehlerhaft eingeschätzt wird, da die Unsicherheit des Steuervorteils auch einen Einfluss auf den Diskontierungszinssatz des Steuervorteils hat. Konkret führt ein geringerer Diskontierungszinssatz bei einer unterschätzten Unsicherheit des Steuervorteils c. p. immer zu einem überschätzten Wert des Steuervorteils und umgekehrt. Aufgrund der multiplikativen Verknüpfung der beiden Parameter kann sich die entstehende Fehleinschätzung der Finanzierungsrisiken sowohl verstärken als auch abschwächen. Dies hängt einerseits davon ab, ob der Betafaktor des Steuervorteils über- oder unterschätzt wird und andererseits, ob der angenommene sowie der tatsächliche Betafaktor des Steuervorteils größer oder kleiner als der unverschuldete Betafaktor ist. Wird z. B. die Unsicherheit des Steuervorteils unterschätzt und somit c. p. der Wert des Steuervorteils überschätzt, verstärkt sich die Auswirkung der Fehleinschätzung der Unsicherheit des Steuervorteils, wenn sowohl der tatsächliche als auch der angenommene Betafaktor des Steuervorteils kleiner als der unverschuldete Betafaktor sind. Dies resultiert daraus, dass in dem Fall sowohl die unterschätzte Unsicherheit des Steuervorteils als auch der überschätzte Wert des Steuervorteils nach den obenstehenden Ausführungen zu höheren Finanzierungsrisiken führen. In dem in Abbildung 3-9 mit A markierten Fall wird zwar ebenfalls die Unsicherheit des Steuervorteils unterschätzt und somit der Wert des Steuervorteils überschätzt, jedoch ist dort der angenommene Betafaktor des Steuervorteils größer als der unverschuldete Betafaktor. Hierdurch führt der überschätzte Wert nach Abbildung 3-8 zu geringeren Finanzierungsrisiken, sodass der Effekt gegenläufig zu dem ist, der durch die unterschätzte Unsicherheit des Steuervorteils entsteht. Die mit einem X versehenen Felder stellen Kombinationen dar, die nicht auftreten können. So sind z. B. in der zweiten Spalte der Betafaktor des Steuervorteils und der unverschuldete Betafaktor identisch. Da in dieser Situation der angenommene Betafaktor des Steuervorteils nicht gleichzeitig den tatsächlichen Betafaktor des Steuervorteils unterschätzen und größer als der unverschuldete Betafaktor sein kann, ist diese Kombination nicht möglich.

			Tatsächliche Unsicherheit des Steuervorteils		
			$ß_{TS} < ß^u_{EK}$	$ß_{TS} = ß^u_{EK}$	$ß_{TS} > ß^u_{EK}$
Unsicherheit des Steuervorteils / Wert des Steuervorteils	unterschätzt / überschätzt	$ß^{Schätzer}_{TS} < ß^u_{EK}$	verstärkt ↑	verstärkt ↑	verstärkt ↑
		$ß^{Schätzer}_{TS} = ß^u_{EK}$	X	X	identisch =
		$ß^{Schätzer}_{TS} > ß^u_{EK}$	X	X	abgeschwächt (A) ↓
	überschätzt / unterschätzt	$ß^{Schätzer}_{TS} < ß^u_{EK}$	verstärkt ↑	X	X
		$ß^{Schätzer}_{TS} = ß^u_{EK}$	identisch =	X	X
		$ß^{Schätzer}_{TS} > ß^u_{EK}$	abgeschwächt ↓	abgeschwächt ↓	abgeschwächt ↓

Abbildung 3-9: Einfluss des Wertes des Steuervorteils auf den Effekt eines falsch eingeschätzten Betafaktor des Steuervorteils

Abbildung 3-9 zeigt, in welchen Kombinationen die Fehleinschätzung verstärkt bzw. abgeschwächt wird. Es wird deutlich, dass sich bei einer überschätzten Unsicherheit des Steuervorteils die Fehleinschätzung tendenziell abschwächt und bei einer unterschätzten Unsicherheit verstärkt. Die Fehleinschätzung verstärkt sich immer, wenn die angenommene Unsicherheit des Steuervorteils kleiner als der unverschuldete Betafaktor ist. Dies beschreibt den Fall, den FERNÁNDEZ für die von ihm abgeleitete Anpassungsformel für eine atmende Finanzierungspolitik zu Buchwerten annimmt.[463] Bei der Anpassungsformel für eine autonome Finanzierungspolitik von CONINE wird der Betafaktor des Steuervorteils mit dem Betafaktor des Fremdkapitals gleichgesetzt.[464] Da der Betafaktor des Fremdkapitals regelmäßig geringer als der unverschuldete Betafaktor ist, wird dies oftmals auch bei dieser Formel angenommen. Die Abbildung zeigt des Weiteren, dass der Einfluss identisch bleibt, wenn $ß_{TS}$ und $ß_{EK}^{u}$ identisch angenommen werden. Diese Annahme wird bei den Anpassungsformeln der atmenden Finanzierungspolitik zu Marktwerten zugrunde gelegt.[465]

344. Verwendung der Anpassungsformeln in einem Zwei-Phasenmodell

Im Rahmen der Unternehmensbewertung werden regelmäßig nicht nur die zuvor betrachteten Ein-Phasen-Modelle, die eine ewige Rente unterstellen, sondern auch Mehr-Phasenmodelle verwandt.[466] Üblicherweise wird vor allem ein Zwei-Phasenmodell bestehend aus einer Detailplanungsphase und der Phase der ewigen Rente angewandt.[467] Daher wird in diesem Abschnitt die Möglichkeit der Verwendung der Anpassungsformeln in einem solchen Zwei-Phasenmodell analysiert.

Werden die Anpassungsformeln in einem Zwei-Phasenmodell angewandt, sollten die Wertkomponenten, wie das Eigen- und Fremdkapital sowie der Steuervorteil, ebenfalls anhand eines solchen Modells bestimmt werden. Da die Marktwerte des Eigen- und Fremdkapitals explizit in die Anpassungsformeln einfließen, ist dies möglich.[468] Der Wert des Steuervorteils hingegen fließt in den dargestellten Anpassungsformeln nicht explizit, sondern je nach Finanzierungspolitik vereinfachend ein. Welche Auswirkungen dies auf die Verwendung in einem Zwei-Phasenmodell hat, soll im Folgenden betrachtet werden.

Wie in Abschnitt 343.21 dargestellt, wird in allen dargestellten Anpassungsformeln bei einer **autonomen Finanzierungspolitik** der Wert des Steuervorteils als ewige Rente ermittelt, sodass die Anpassungsformeln für ein Mehr-Phasenmodell grundsätzlich nicht geeignet sind. Zwar führen die Anpassungsformeln unter bestimmten Bedingungen auch in einem Mehr-Phasenmodell zu dem richtigen Ergebnis, jedoch handelt es sich hierbei um Ausnahmefälle. So muss der Marktwert des Fremdkapitals die Veränderungen der Determinanten des Steuervorteils vollständig abbilden. Die-

463 Vgl. Abschnitt 343.23.
464 Vgl. Abschnitt 322. und 343.21.
465 Vgl. Abschnitt 323. und 343.22.
466 Vgl. zu den unterschiedlichen Phasen-Modellen Abschnitt 222.
467 Vgl. IDW (Hrsg.), WP Handbuch, Abschnitt A, Rn. 158-160.
468 Vgl. ausführlich zur Ermittlung der beiden Parameter Abschnitt 421.22 und Abschnitt 422.32.

ser Aspekt soll hier jedoch nicht näher betrachtet werden, da eine Anwendung in einem Mehr-Phasenmodell aufgrund der restriktiven Bedingungen nicht zu empfehlen ist. INSELBAG/KAUFOLD haben die Formeln von MODIGLIANI/MILLER für eine beliebig deterministische Entwicklung verallgemeinert.[469] Der Wert des Steuervorteils fließt dort unmittelbar in die Formel ein. WATRIN/STÖVER leiten hierauf aufbauend eine Anpassungsformel bei einer autonomen Finanzierungspolitik her, in die der Wert des Steuervorteils unmittelbar einfließt und somit Veränderungen in den Phasen abgebildet werden können.[470]

Anders verhält es sich hingegen bei der **atmenden Finanzierungspolitik zu Marktwerten**. Durch die Annahme, dass der unverschuldete Betafaktor die Unsicherheit des Steuervorteils widerspiegelt, hat der Wert des Steuervorteils keinen Einfluss auf das Verhältnis zwischen dem verschuldeten und dem unverschuldeten Betafaktor. Ändern sich die Determinanten des Steuervorteils, hat dies somit ebenfalls keinen Einfluss, sodass die Formeln zur atmenden Finanzierungspolitik zu Marktwerten, soweit die Unsicherheit des Steuervorteils dem unverschuldeten Betafaktor entspricht, grundsätzlich auch in einem Mehr-Phasenmodell angewandt werden können. LÖFFLER hat des Weiteren gezeigt, dass die Anwendung der Formeln der atmenden Finanzierungspolitik auch bei einer zeitlich variablen Kapitalstruktur sachgerecht ist.[471] Somit können die Formeln ebenfalls bei einem in der Detailplanungsphase oder zwischen den Phasen schwankenden Verschuldungsgrad verwandt werden. Indes ist darauf hinzuweisen, dass die Sachgerechtigkeit lediglich gegeben ist, wenn die Unsicherheit des Steuervorteils tatsächlich dem unverschuldeten Betafaktor entspricht.[472]

Die von FERNÁNDEZ hergeleitete Anpassungsformel für eine **atmende Finanzierungspolitik zu Buchwerten** ist indes nicht unabhängig vom Wert des Steuervorteils, da nicht für den gesamten Steuervorteil angenommen wird, dass dieser eine Unsicherheit entsprechend dem unverschuldeten Betafaktor aufweist.[473] So wird dies lediglich für die Veränderung des Fremdkapitals angenommen. Der Wert des Steuervorteils fließt in die Anpassungsformel ebenfalls als ewige Rente ein, sodass die Anpassungsformel in einem Mehr-Phasenmodell nicht angewandt werden sollte.

Zuvor wurde der Fall betrachtet, dass ein Unternehmen für die Detailplanungsphase die identische Finanzierungspolitik vorsieht wie für die Phase der ewigen Rente. Im Schrifttum wird indes im Hinblick auf Unternehmensbewertung auch eine **hybride Finanzierungspolitik** diskutiert.[474] Sowohl KRUSCHWITZ/LÖFFLER/CANEFIELD als auch DIERKES/GÖRGER betrachten die Kombination einer autonomen Finanzierungspolitik in der Detailplanungsphase mit einer atmenden Finanzierungspolitik zu Marktwerten in der ewigen Rente. Unterschiede ergeben sich zwischen den beiden

469 Vgl. INSELBAG, I./KAUFOLD, H., Alternative Financing Strategies, S. 118 und auch RICHTER, F., Unternehmensbewertung bei variablem Verschuldungsgrad, S. 385.
470 Vgl. WATRIN, C./STÖVER, R., Einfluss des Tax Shields, S. 68.
471 Vgl. LÖFFLER, A., Zwei Anmerkungen zu WACC, S. 938-943.
472 Vgl. Abschnitt 343.22.
473 Vgl. Abschnitt 343.23.
474 Vgl. KRUSCHWITZ, L./LÖFFLER, A./CANEFIELD, D., Hybride Finanzierungspolitik und Unternehmensbewertung, S. 427-431; DIERKES, S./GRÖGER, H.-C., Hybride Finanzierungspolitiken, S. 59-64.

Vorgehensweisen durch die Annahme zum Verschuldungsgrad in der zweiten Phase. Bei KRUSCHWITZ/LÖFFLER/CANEFIELD ist der Verschuldungsgrad bereits zum Bewertungsstichtag vorgegeben. Hingegen ergibt sich der Verschuldungsgrad bei DIERKES/GÖRGER aus dem zu Beginn der zweiten Phase vorliegenden Marktwert des Eigen- und Fremdkapitals und ist somit unsicher.[475] Sowohl KRUSCHWITZ/LÖFFLER/CANEFIELD als auch DIERKES/GÖRGER begründen die Relevanz einer solchen hybriden Finanzierungspolitik mit der abnehmenden Prognosegenauigkeit.[476]

Unabhängig davon, ob in der Detailplanungsphase eine autonome Finanzierungspolitik und in der ewigen Rente eine atmende Finanzierungspolitik zu Marktwerten unterstellt wird, führt die abnehmende Prognosegenauigkeit zu einer **unterschiedlichen Unsicherheit des Steuervorteils** in den Phasen. Sowohl bei den dargestellten Anpassungsformeln der autonomen Finanzierungspolitik als auch bei denen der atmenden Finanzierungspolitik wird hingegen von einer identischen Unsicherheit für alle Perioden ausgegangen.[477] Bei den Anpassungsformeln für eine atmende Finanzierungspolitik zu Marktwerten lässt sich der Betafaktor allerdings auch bei einer unterschiedlichen Unsicherheit in den verschiedenen Phasen sachgerecht bestimmen. Es muss jedoch die restriktive Annahme erfüllt sein, dass der unverschuldete Betafaktor trotz der unterschiedlichen Unsicherheit zwischen den Phasen in allen Phasen dem Betafaktor des Steuervorteils entspricht. Somit ist keine der dargestellten Anpassungsformeln uneingeschränkt geeignet den Betafaktor anzupassen, wenn die Unsicherheit des Steuervorteils in den verschiedenen Phasen unterschiedlich ist.

Bei einer solchen hybriden Finanzierungspolitik, die auch häufig in der Bewertungspraxis unterstellt wird,[478] lässt sich die unterschiedliche Unsicherheit der Phasen ferner nicht dadurch berücksichtigt, dass in der ersten Phase die klassischen Anpassungsformeln bei einer autonomen Finanzierungspolitik[479] und in der zweiten Phase die bei einer atmenden Finanzierungspolitik zu Marktwerten verwandt wird. Ein solches Vorgehen ist als nicht sachgerecht anzusehen, da die Unsicherheit des Steuervorteils in der ewigen Rente auch einen Einfluss auf den Wert des Steuervorteils in der Detailplanungsphase hat, dies allerdings durch die Anpassungsformel der autonomen Finanzierungspolitik nicht berücksichtigt wird. Das folgende Beispiel soll diesen Sachverhalt verdeutlichen. Der geplante nominale Fremdkapitalbestand eines Unternehmens, der dem Marktwert des Fremdkapitals entspricht, sei konstant 1.000 GE. Der erwartete Fremdkapitalkostensatz beträgt 7 % und der Zinsaufwand ist vollständig abzugsfähig. Der risikoäquivalente Diskontierungszinssatz der Steuervorteile soll in der Detailplanungsphase ebenfalls 7 % betragen. Der unverschuldete Eigenkapitalkostensatz, der in der ewigen Rente auch die Unsicherheit des Steuervorteils widerspiegelt, beträgt 10 %. Der erwartete Steuersatz liegt konstant bei 30 %. Die folgende Tabelle 3-1 zeigt den

475 Vgl. DIERKES, S./GRÖGER, H.-C., Hybride Finanzierungspolitiken, S. 62-64.

476 Vgl. KRUSCHWITZ, L./LÖFFLER, A./CANEFIELD, D., Hybride Finanzierungspolitik und Unternehmensbewertung, S. 427-431; DIERKES, S./GRÖGER, H.-C., Hybride Finanzierungspolitiken, S. 59-64.

477 Vgl. Abschnitt 32. Eine Ausnahme stellt die Anpassungsformel von MILES/EZZELL da, bei der die Steuervorteile in der ersten Periode als sicher angesehen werden. Vgl. hierzu MILES, J. A./EZZELL, J. R., Weighted Average Cost of Capital, S. 719-729.

478 Vgl. IDW (Hrsg.), WP Handbuch, Abschnitt A, Rn. 341.

479 Vgl. zu den Anpassungsformeln Abschnitt 322.

sich hieraus periodenindividuell ergebenden Wert des Steuervorteils im Vergleich zu dem in der Anpassungsformel von CONINE berücksichtigten Wert des Steuervorteils.[480]

Periode	1	2	3	4	ER
Nominaler Fremdkapitalbestand	1.000	1.000	1.000	1.000	1.000
Erwarteter Fremdkapitalkostensatz	7,0 %	7,0 %	7,0 %	7,0 %	7,0 %
Steuersatz (s)	30,0 %	30,0 %	30,0 %	30,0 %	30,0 %
Periodischer Steuervorteil (SV)	21,00	21,00	21,00	21,00	21,00
Riskoäquivalenter Diskontierungszinssatz (r_{TS})	7,0 %	7,0 %	7,0 %	7,0 %	10,0 %
Periodenindividueller Marktwert des Steuervorteils (TS)	231	227	221	216	210
Finanzierungspolitik	autonom	autonom	autonom	autonom	atmend
Periodenindividueller Barwert des Steuervorteils in der Anpassungsformel	300	300	300	300	irrelevant
Differenz	69	73	79	84	

Tabelle 3-1: Vergleich der in der Anpassungsformel berücksichtigten Werte und der tatsächlichen Werte des Steuervorteils

Der Vergleich der in der Anpassungsformel berücksichtigten Werte des Steuervorteils und der tatsächlichen Werte des Steuervorteils in den Perioden der Detailplanungsphase verdeutlicht, dass bei diesem Beispiel ein zu hoher Wert in der Anpassungsformel berücksichtigt wird. Dies resultiert daraus, dass die in der Detailplanungsphase verwandte Anpassungsformel die höhere Unsicherheit des Steuervorteils ab der ewigen Rente nicht berücksichtigt. In dem Beispiel wurde angenommen, dass der Steuervorteile konstant ist. Da die Anpassungsformel von CONINE Wachstum ebenfalls nicht berücksichtigt, wäre die Differenz bei Wachstum aufgrund des gegenläufigen Effekts geringer oder bei hohem Wachstum sogar negativ. In dem vorstehenden Beispiel würden aus einer positiven Differenz ein zu niedriger verschuldeter Betafaktor und somit ein überschätzter Marktwert des Eigenkapitals resultieren und umgekehrt.[481] Das Beispiel bestätigt, dass die unterschiedliche Unsicherheit in den Phasen nicht dadurch berücksichtigt werden kann, dass für die Phasen verschiedene Anpassungsformeln verwandt werden.

345. Realitätsnähe der zugrunde liegenden Finanzierungspolitik

Die dargestellten Anpassungsformeln wurden für eine konkrete Finanzierungspolitik hergeleitet und Annahmen implizit aus der Finanzierungspolitik abgeleitet. Damit die Anwendung einer konkret für eine Finanzierungspolitik hergeleitete Formeln sachgerecht ist, muss es realistisch sein, dass bei

480 In der Anpassungsformel von CONINE wird der Wert des Steuervorteils durch den Term $s \cdot FK$ berücksichtigt. Vgl. Abschnitt 343.21.

481 Vgl. zu den Auswirkungen einer Fehleinschätzung des Wertes des Steuervorteils Abschnitt 343.3. Hier ist eine eindeutige Aussage möglich, da in der Detailplanungsphase annahmegemäß der unverschuldete Betafaktor höher als die Unsicherheit des Steuervorteils ist.

dem betrachteten Unternehmen die entsprechende Finanzierungspolitik tatsächlich eingehalten wird. Daher wird im Folgenden die Realitätsnähe der jeweiligen Finanzierungspolitik betrachtet.

Eine **autonome Finanzierungspolitik** bedeutet, dass die künftigen Fremdkapitalbestände zum Bewertungszeitpunkt aller Perioden deterministisch festgelegt werden.[482] Eine solche Annahme kann für einen kurzen Zeitraum, in der eine detaillierte Finanzplanung sowie Verträge bestehen, durchaus realitätsnah sein.[483] Für einen ewigen Zeitraum erscheint dies jedoch aufgrund einer größeren Prognoseunsicherheit unrealistisch.[484] So wird hierdurch angenommen, dass der künftige Fremdkapitalbestand zustandsunabhängig ist, was, wie in Abschnitt 343.21 dargestellt, als realitätsfern anzusehen ist. Zu beachten ist des Weiteren, dass HAMADA und CONINE einen Spezialfall der autonomen Finanzierungspolitik betrachten. So nehmen sie an, dass der Fremdkapitalbestand konstant bleibt. Diese Annahme ist als besonders realitätsfern anzusehen.

Wird die **atmende Finanzierungspolitik zu Marktwerten** konsequent angewandt, muss die Kapitalstruktur im Extremfall unmittelbar an die veränderten Umweltbedingungen angepasst werden.[485] Eine solche unmittelbare Anpassung erscheint per se unrealistisch, sodass im Folgenden eine periodische Anpassung betrachtet wird. Allerdings ist es auch bei einer jährlichen Anpassung fragwürdig, ob eine tatsächliche Umsetzung aufgrund der damit einhergehenden, eingeschränkten Entscheidungsfreiheit realistisch ist.[486] Die Auswirkungen der Umsetzung einer solchen Finanzierungspolitik sollen anhand von zwei Extremsituationen dargestellt werden. So ist es einerseits möglich, dass sich der Marktwert des Eigenkapitals deutlich erhöht und andererseits deutlich verringert.[487] In der ersten Situation müsste das Unternehmen Fremdkapital aufnehmen, obwohl bei einem hohen Marktwert des Eigenkapitals für das Unternehmen die Finanzierung über Eigenkapital attraktiv ist. Hingegen muss in der zweiten Situation Fremdkapital getilgt und durch Eigenkapital ersetzt werden, obwohl bei einem niedrigen Marktwert des Eigenkapitals die Finanzierung über Eigenkapital unattraktiv ist. Im Hinblick auf die Wirtschaftlichkeit ist vor allem auch zu beachten, dass die Verträge die erforderliche Flexibilität für eine derartige Finanzierungspolitik aufweisen müssen. Dies ist z. B. hinsichtlich der Pensionsrückstellungen als fraglich anzusehen.[488] Weitere Argumente gegen die Anwendung einer solchen idealtypischen Finanzierungspolitik sind der hohe Planungsaufwand, da die Unternehmen in einer Finanzplanung zusätzlich die Entwicklung des künftigen Unternehmenswertes prognostizieren müssen. Nicht börsennotierte Unternehmen müssen des Weiteren regelmäßig den Marktwert des Unternehmens bestimmen, um die Kapitalstruktur anzupassen. Die

482 Vgl. IDW (Hrsg.), WP Handbuch, Abschnitt A, Rn. 340; DRUKARCZYK, J./SCHÜLER, A., Unternehmensbewertung, S. 180; RICHTER, F./DRUKARCZYK, J., Wachstum, Kapitalkosten und Finanzierungseffekte, S. 630.

483 RICHTER und DRUKARCZYK merken an, dass Finanzierungskontrakte in aller Regel nur für einen begrenzten Zeitraum fixiert werden. Vgl. RICHTER, F./DRUKARCZYK, J., Wachstum, Kapitalkosten und Finanzierungseffekte, S. 635.

484 Vgl. STELLBRINK, J., Restwert, S. 199-201; ADERS, C./WAGNER, M., Kapitalkosten in der Bewertungspraxis, S. 38.

485 Vgl. HARRIS, R. S./PRINGLE, J. J., Risk-Adjusted Discount Rates, S. 237-244.

486 Vgl. hierzu LANGENKÄMPER, C., Unternehmensbewertung, S. 60 f.

487 Vgl. hier und im Folgenden FERNÁNDEZ, P., Levered and Unlevered Beta, S. 4; LANGENKÄMPER, C., Unternehmensbewertung, S. 60 f.

488 Vgl. STELLBRINK, J., Restwert, S. 201 f.

vorstehenden Argumente zeigen, dass eine atmende Finanzierungspolitik zu Marktwerten als unrealistisch angesehen werden kann. Dieses Ergebnis wird auch durch eine empirische Untersuchung unterstützt, die in der Vergangenheit keine konstante Kapitalstruktur zu Marktwerten bei Unternehmen zeigt. So ermitteln DE BODT/LEVASSEUR für die Unternehmen der NYSE einen durchschnittlichen Verschuldungsgrad zu Marktwerten, der in den Jahren 1986 bis 2005 zwischen 0,96 und 2,22 schwankt. In den zehn Jahren vor 2005 schwankte der durchschnittliche Verschuldungsgrad immerhin noch zwischen 1,09 und 2,22.[489]

Zwar wird in der Literatur die atmende Finanzierungspolitik zu Marktwerten regelmäßig als realitätsfern angesehen, jedoch wird die grundsätzliche Orientierung an der Kapitalstruktur nicht abgelehnt. Allerdings wird die bilanzorientierte Kapitalstruktur als realitätsnäher angesehen.[490] FERNÁNDEZ begründet die **Orientierung an Buchwerten** anstelle von Marktwerten damit, dass sich die Kriterien von Ratingagenturen regelmäßig auf Buchwerte beziehen, der Wert des Fremdkapitals nicht von der Entwicklung am Aktienmarkt abhängt und nicht börsennotierte Unternehmen sich besser an Buchwerten orientieren können.[491] Ergänzend führt FERNÁNDEZ eine empirische Untersuchung an, die für 271 amerikanische Unternehmen zeigt, dass die Kapitalstruktur zu Marktwerten bei diesen durchschnittlich stärker schwankt als zu Buchwerten.[492] Dies deckt sich auch mit den Ergebnissen von DE BODT/LEVASSEUR, die ermittelt haben, dass die durchschnittlichen Verschuldungsgrade zu Buchwerten der Unternehmen der NYSE in den Jahren 1986 bis 2005 zwischen 1,22 und 1,60 lagen und somit geringer schwankten als die vorstehend betrachteten Marktwerte.[493] NISSEM/PENMAN analysieren die Kapitalstruktur zu Buchwerten von 1963 bis 1999 für Unternehmen der NYSE bzw. früher der AMEX.[494] Vor allem seit 1980 zeigt die Kapitalstruktur zu Buchwerten bei den betrachteten Unternehmen nur noch geringe Veränderungen. Zwar kann aus den empirischen Untersuchungen nicht abgeleitet werden, dass Unternehmen eine solche Finanzierungspolitik verfolgen. Allerdings erscheint sie realistischer als die Finanzierungpolitik einer konstanten Kapitalstruktur zu Marktwerten.

Zusammenfassend kann hinsichtlich der beiden üblicherweise im Schrifttum angenommen Finanzierungsannahmen, der autonomen Finanzierungspolitik und der atmenden Finanzierungspolitik zu Marktwerten, festgehalten werden, dass diese unrealistisch erscheinen.[495]

[489] Vgl. DE BODT, E./LEVASSEUR, M., A Short Note on the Hamada Formula, S. 1-16.

[490] Vgl. ADERS, C./WAGNER, M., Kapitalkosten in der Bewertungspraxis, S. 37; DRUKARCZYK, J./HONOLD, D., Unternehmensbewertung, S. 343.

[491] Vgl. FERNÁNDEZ, P., A More Realisitic Valuation, S. 13-15; FERNÁNDEZ, P., Value of Tax Shields, S. 1.

[492] Vgl. FERNÁNDEZ, P., A More Realisitic Valuation, S. 16.

[493] Vgl. DE BODT, E./LEVASSEUR, M., A Short Note on the Hamada Formula, S. 1-16.

[494] Vgl. hier und im Folgenden NISSIM, D./PENMAN, S. H., Ratio Analysis and Equity Valuation, S. 109-154.

[495] Vgl. STELLBRINK, J., Restwert, S. 202; DRUKARCZYK, J./HONOLD, D., Unternehmensbewertung, S. 343.

346. Zwischenfazit

In Abschnitt 33 wurde dargestellt, dass im Hinblick auf die Sachgerechtigkeit beim Unlevern einerseits gefordert wird, dass alle Einflussparameter in den Anpassungsformeln berücksichtigt werden und andererseits, dass diese die Erwartungen der Marktteilnehmer widerspiegeln müssen.[496] Beim Relevern wird ebenfalls gefordert, dass alle Einflussparameter zu berücksichtigen sind, jedoch müssen die Parameter die Äquivalenzkriterien erfüllen. Da erst in Kapitel 4 die Ermittlung der Einflussparameter für das Un- und Relevern konkretisiert wird, wurde in diesem Abschnitt die Sachgerechtigkeit lediglich hinsichtlich der Vollständigkeit der Einflussparameter beurteilt, sodass nicht zwischen Un- und Relevern unterschieden werden musste.

Um zu beurteilen, ob sich in den dargestellten Anpassungsformeln alle Einflussfaktoren berücksichtigen lassen, wurden die den Formeln zugrunde liegenden Annahmen zu den wesentlichen Einflussparametern ausführlich betrachtet. Nach Formel 3-5 stellen

- der Betafaktor des Steuervorteils,
- der Wert des Steuervorteils,
- der Marktwert des Eigenkapitals
- der Marktwert des Fremdkapitals und
- der Betafaktor des Fremdkapitals

die wesentlichen Einflussparameter auf das Verhältnis zwischen dem unverschuldeten und dem verschuldeten Betafaktor dar. Da die Anpassungsformeln für eine konkrete Finanzierungspolitik hergeleitet werden, basieren die Annahmen zu den Parametern teilweise auf der Finanzierungspolitik. Hierdurch wird zwar die Komplexität reduziert, jedoch ist dies nur sachgerecht, wenn hierdurch keine wesentlichen Aspekte vernachlässigt werden. Wird ein implizit abgeleiteter Parameter jedoch nicht eindeutig durch die Finanzierungspolitik determiniert, kann nicht ausgeschlossen werden, dass Aspekte vernachlässigt werden. Im Folgenden werden die Ergebnisse der vorstehenden Analyse für die einzelnen Parameter und soweit Unterschiede bestehen getrennt für die zuvor analysierten Anpassungsformeln einer autonomen Finanzierungspolitik, atmenden Finanzierungpolitik zu Marktwerten und der atmenden Finanzierungspolitik zu Buchwerten dargestellt. Separat wird die Eignung der Anpassungsformeln in Verbindung mit persönlichen Steuern betrachtet.

Der **Betafaktor des Steuervorteils** ist ein Parameter der Anpassungsformeln, von dem angenommen wird, dass er durch die Finanzierungspolitik determiniert wird. So wird die Unsicherheit des Steuervorteils bei den klassischen Anpassungsformeln der **autonomen Finanzierungspolitik** von CONINE und HAMADA in Höhe des Betafaktors des Fremdkapitals angenommen. Dies resultiert unter anderem daraus, dass bei einer autonomen Finanzierungspolitik regelmäßig unterstellt wird, dass

[496] Vgl. hier und im Folgenden zu den Anforderungen Abschnitt 33.

die Höhe des Fremdkapitals keiner Unsicherheit unterliegt. Es wurde jedoch gezeigt, dass es unrealistisch ist, anzunehmen, dass die Höhe des Fremdkapitalbestands unabhängig von künftigen Ereignissen ist. Der Fremdkapitalbestand stellt somit einen Erwartungswert dar, der Unsicherheiten unterliegt. Damit der Betafaktor des Fremdkapitals die Unsicherheit des Steuervorteils widerspiegelt, muss des Weiteren das Steuersystem in Form des Steuersatzes und der steuerlichen Abzugsfähigkeit der mit dem Fremdkapital verbundenen Zahlungen keine Unsicherheit aufweisen. Es kann jedoch davon ausgegangen werden, dass der Steuersatz und die Abzugsfähigkeit der Fremdkapitalkosten einer Unsicherheit unterliegen. Konkret ist z. B. die in Deutschland eingeführte Zinsschranke zu nennen. Hinsichtlich der Unsicherheit des Steuervorteils werden somit in der Anpassungsformel nicht alle Einflussfaktoren berücksichtigt, sodass die Sachgerechtigkeit eingeschränkt ist. EHRHARDT/DAVES leiten indes eine Anpassungsformel für eine autonome Finanzierungspolitik her, in der die Annahme zur Unsicherheit explizit berücksichtigt werden kann. Hierdurch können theoretisch alle Unsicherheitsfaktoren des Steuervorteils berücksichtigt werden, sodass eine sachgerechte Berücksichtigung der Unsicherheit des Steuervorteils möglich ist.

Bei der **atmenden Finanzierungspolitik zu Marktwerten** wird angenommen, dass der Steuervorteil eine den operativen Risiken entsprechende Unsicherheit aufweist. Dies wird damit begründet, dass die Höhe des Fremdkapitals bei einer solchen Finanzierungspolitik der gleichen Unsicherheit wie der Marktwert des Gesamtunternehmens unterliegt. In der Analyse wurde indes gezeigt, dass sich die operativen Risiken und die Unsicherheit des Marktwertes des Gesamtunternehmens bei konsequenter Umsetzung der Finanzierungspolitik lediglich dann entsprechen, wenn die Unsicherheit des Steuervorteils ausschließlich von der Höhe des Fremdkapitals und somit der Finanzierungspolitik abhängt. Damit dies der Fall ist, dürfte aufgrund des Steuersystems erneut keine Unsicherheit resultieren. Es werden daher bei einer atmenden Finanzierungspolitik zu Marktwerten nicht alle Einflussfaktoren in der Anpassungsformel von HARRIS/PRINGLE berücksichtigt, sodass die Sachgerechtigkeit ebenfalls eingeschränkt ist.

Hinsichtlich der Unsicherheit des Steuervorteils bei der von FERNÁNDEZ hergeleiteten Anpassungsformel für eine **atmende Finanzierungspolitik zu Buchwerten** wurde dargestellt, dass FERNÁNDEZ die Unsicherheit des Steuervorteils ebenfalls durch die Finanzierungspolitik determiniert sieht. So unterscheidet er die Unsicherheit aufgrund der Veränderung des Fremdkapitals und die Unsicherheit des bestehenden Fremdkapitals. Die Unsicherheit aus der Veränderung des Fremdkapitals sieht er aufgrund der Finanzierungspolitik als genauso unsicher an wie die operativen Risiken. Zwar zeigt er nachvollziehbar, dass die Veränderung des Fremdkapitals bei einer solchen Finanzierungspolitik von der Veränderung des Buchwertes der Aktiva abhängt, indes erläutert er nicht, wieso die erwartete Veränderung der gleichen Unsicherheit unterliegt wie die operativen Risiken. Wenngleich es durchaus sachgerecht erscheint, anzunehmen, dass bei einem erwarteten nachhaltigen Wachstum der FCF auch die Aktiva ein identisches nachhaltiges Wachstum aufweisen, bedeutet dies nicht, dass der FCF und die erwartete Veränderung der Aktiva identisch schwanken. Hieraus kann zwar nicht abgeleitet werden, dass in dem Betafaktor des Steuervorteils Einflussfaktoren nicht berücksichtigt werden, indes erscheint es fraglich, dass der in die Anpassungsformel eingeflossene Betafaktor des Steuervorteils aus der Finanzierungspolitik abgeleitet werden kann. Da zudem auch in der Anpassungsformel von FERNÁNDEZ von Unsicherheiten des Steuersystems abstrahiert wird, ist auch hier die Sachgerechtigkeit eingeschränkt.

Einen weiteren Parameter, den die Annahme zur Finanzierungspolitik betrifft, stellt der **Wert des Steuervorteils** dar. Es wurde gezeigt, dass in den Anpassungsformeln von CONINE und HAMADA für eine **autonome Finanzierungspolitik** von konstanten Parametern ausgegangen wird und somit auch von einem konstanten Fremdkapitalbestand sowie einem konstanten Steuervorteil. Das Wachstum des Steuervorteils kann indes je nach Diskontierungszinssatz und nachhaltiger Wachstumsrate einen Großteil des Wertes des Steuervorteils ausmachen.[497] Somit enthalten die Anpassungsformeln von CONINE und HAMADA einen wesentlichen Einflussfaktor nicht. Die Anpassungsformel von EHRHARDT/DAVES ermöglicht hingegen die Berücksichtigung einer nachhaltigen Wachstumsrate und ist somit erneut den beiden anderen Formeln hinsichtlich der Sachgerechtigkeit überlegen. Allerdings bedeutet dies nicht, dass sich durch die Anpassungsformel von EHRHARDT/DAVES alle Einflussfaktoren des Wertes des Steuervorteils berücksichtigen lassen. So wird sowohl in den beiden klassischen Anpassungsformeln als auch in der von EHRHARDT/DAVES davon ausgegangen, dass alle mit dem Fremdkapital verbunden Zahlungen abzugsfähig sind und sich das Steuersystem nicht verändert. Ein weiterer Aspekt, der bei allen dargestellten Anpassungsformeln der autonomen Finanzierungspolitik die Eignung einschränkt, ist, dass der Wert des Steuervorteils als ewige Rente ermittelt wird. Hierdurch ist die Sachgerechtigkeit hinsichtlich der Verwendung in einem Mehr-Phasenmodell nicht gegeben.

Bei der **atmenden Finanzierungspolitik zu Marktwerten** hat der Wert des Steuervorteils keinen Einfluss auf das Verhältnis zwischen dem unverschuldeten und dem verschuldeten Betafaktor, da angenommen wird, dass die Unsicherheit des Steuervorteils den operativen Risiken entspricht. In diesem Fall ist es auch in einem Mehr-Phasenmodell sachgerecht, die Anpassungsformel zu verwenden. Es muss indes sichergestellt sein, dass die Annahme, der Betafaktor des Steuervorteils und der unverschuldete Betafaktor entsprechen sich, zutrifft. Wie vorstehend dargestellt, ist diese Annahme regelmäßig nicht erfüllt, wenn die atmende Finanzierungspolitik zu Marktwerten tatsächlich eingehalten wird, da in dem Fall neben der Höhe des Fremdkapitals keine weiteren Faktoren unsicher sein dürfen.

Bei der **atmenden Finanzierungspolitik zu Buchwerten** wird zwar lediglich für den Steuervorteil, der aus der Veränderung des Fremdkapitals entsteht, angenommen, dass dieser genauso unsicher sei wie die operativen Risiken. Dennoch muss durch diese Annahme auch hier das Wachstum des Steuervorteils nicht explizit in der Anpassungsformel berücksichtigt werden. Hinsichtlich der eingeschränkten Sachgerechtigkeit der Annahme wird auf die vorstehenden Ausführungen verwiesen. Für den Steuervorteil des bestehenden Fremdkapitals nimmt FERNÁNDEZ eine abweichende Unsicherheit an, sodass der Steuervorteil einen Einfluss auf die Anpassungsformel hat. Die Sachgerechtigkeit wird jedoch eingeschränkt, da hierbei von Einflussfaktoren, wie der Abzugsfähigkeit der

497 Vgl. zur Bedeutung des Wachstums TINZ, O., Abbildung von Wachstum, S. 75 und Abschnitt 343.21.

Zinszahlungen oder der Veränderung des Steuersystems, abstrahiert wird. Wie auch bei der autonomen Finanzierungspolitik ist die Sachgerechtigkeit in einem Mehr-Phasenmodell eingeschränkt, da der Steuervorteil als ewige Rente in die Anpassungsformel einfließt.

Wie bereits in Abschnitt 343.3 dargestellt, ist zu beachten, dass die Unsicherheit des Steuervorteils auch den Wert des Steuervorteils beeinflusst. In Abbildung 3-9 wurde gezeigt, dass sich eine Fehleinschätzung der Unsicherheit immer dann verstärkt, wenn der angenommene Betafaktor des Steuervorteils kleiner als der unverschuldete Betafaktor ist. Hingegen bleibt die Fehleinschätzung identisch, wenn angenommen wird, dass die Unsicherheit des Steuervorteils dem unverschuldeten Betafaktor entspricht. Die zuerst genannte Situation stellt regelmäßig die Annahme bei den Anpassungsformeln einer autonomen Finanzierungspolitik und einer atmenden Finanzierungspolitik zu Buchwerten dar. Hingegen beschreibt die zweite Situation die Annahme bei einer atmenden Finanzierungspolitik zu Marktwerten, sodass eine Fehleinschätzung der Unsicherheit bei einer atmenden Finanzierungspolitik weniger kritisch erscheint.

Formel 3-5 stellt dar, dass neben dem Einfluss des Steuervorteils der **Marktwert des Eigenkapitals**, der **Marktwert des Fremdkapitals** und der **Betafaktor des Fremdkapitals** ebenfalls einen Einfluss auf das Verhältnis zwischen dem unverschuldeten und dem verschuldeten Betafaktor haben. Es wurden für alle Finanzierungsannahmen Anpassungsformeln dargestellt, in die die drei Parameter explizit einfließen. Zudem wurden sowohl für die autonome als auch für die atmende Finanzierungspolitik Anpassungsformeln betrachtet, die den Betafaktor des Fremdkapitals nicht explizit berücksichtigen, sondern in Höhe von null annehmen. In der Analyse wurde gezeigt, dass das Risiko der Eigenkapitalgeber c. p. falsch eingeschätzt wird, wenn eine solche Anpassungsformel in einer Situation mit risikobehaftetem Fremdkapital verwandt wird. Die Sachgerechtigkeit wird im Schrifttum für diese Formeln daher lediglich für Unternehmen mit einem AAA-Rating als gegeben angesehen.[498] Aus Sicht der Sachgerechtigkeit sind die Anpassungsformeln zu bevorzugen, die den Betafaktor des Fremdkapitals explizit berücksichtigen, da hierdurch die Eignung nicht auf spezielle Fälle begrenzt wird.

Zuvor wurden die Anpassungsformeln für den Fall betrachtet, dass **persönliche Steuern** nicht relevant sind. In der Analyse wurde herausgearbeitet, dass sich in keiner der dargestellten Anpassungsformeln der Einfluss der persönlichen Besteuerung auf den Wert des Steuervorteils und den Betafaktor des Steuervorteils sachgerecht berücksichtigen lässt. In der Anpassungsformel von EHRHARDT/DAVES für eine autonome Finanzierungspolitik lässt sich der Einfluss auf den Betafaktor des Steuervorteils zwar berücksichtigen, jedoch nicht der Einfluss auf den Wert des Steuervorteils. Somit ist keine der dargestellten Anpassungsformeln geeignet, den Betafaktor sachgerecht anzupassen, wenn der Steuervorteil nach persönlichen Steuern und die Unsicherheit dieses Steuervorteils für die Anpassung relevant sind. Die Notwendigkeit, den Wert des Steuervorteils und den Betafaktor des Steuervorteils nach persönlichen Steuern zu bestimmen, ist davon abhängig, ob Eigenkapitalkosten

498 Vgl. WATRIN, C./STÖVER, R., Einfluss des Tax Shields, S. 68.

nach persönlichen Steuern oder vor persönlichen Steuern ermittelt werden. Nach dem IDW S 1 ist zwar grundsätzlich ein Unternehmenswert nach persönlichen Steuern zu bestimmen,[499] jedoch ist hierfür unter bestimmten Annahmen eine explizite Berücksichtigung der persönlichen Steuern in den Eigenkapitalkosten nicht erforderlich. So wird bei der mittelbaren Typisierung der persönlichen Steuerbelastung die Annahme getroffen, dass die finanziellen Überschüsse des Bewertungsobjektes und der Alternativanlage beim Anteilseigner der gleichen persönlichen Besteuerung unterliegen.[500] Wenngleich in der deutschen Bewertungspraxis persönliche Steuern im Rahmen der Unternehmensbewertung durchaus eine Relevanz besitzen, bleiben diese in der internationalen Bewertungspraxis häufig unberücksichtigt.[501] Somit existiert durchaus eine Vielzahl an Bewertungssituationen, in denen die fehlende Möglichkeit, den Einfluss der persönlichen Besteuerung in den Anpassungsformeln sachgerecht zu berücksichtigen, keine Relevanz hat.

Die dargestellten Anpassungsformeln wurden **für eine konkrete Finanzierungspolitik hergeleitet**. Es wurde indes dargestellt, dass die den Formeln zugrunde liegenden Annahmen teilweise nicht ausschließlich aus der Finanzierungspolitik abgeleitet werden können, sodass die Sachgerechtigkeit der Anpassungsformeln auch dann nicht zwangsläufig gegeben ist, wenn die entsprechende Finanzierungspolitik tatsächlich umgesetzt wird. Unabhängig hiervon kann die Sachgerechtigkeit einer konkret für eine Finanzierungspolitik hergeleiteten Anpassungsformel lediglich angenommen werden, wenn es realistisch ist, dass die entsprechende Finanzierungspolitik angewandt wird. Es wurde jedoch dargestellt, dass vor allem die Realitätsnähe einer atmenden Finanzierungspolitik zu Marktwerten und einer autonomen Finanzierungspolitik nicht gegeben ist. Zwar weist eine atmende Finanzierungspolitik zu Buchwerten eine höhere Realitätsnähe auf, jedoch kann entgegen dem Vorgehen von FERNÁNDEZ die Annahme zur Unsicherheit des Fremdkapitalbestands hier nicht aus der Finanzierungspolitik abgeleitet werden.

Zusammenfassend kann festgehalten werden, dass in keiner der dargestellten Anpassungsformeln sowohl der Wert als auch der Betafaktor des Steuervorteils explizit berücksichtigt wird, sondern bei der Herleitung vereinfachende Annahmen zu diesen Parametern getroffen wurden. Dies führt dazu, dass die Sachgerechtigkeit der Anpassungsformeln nur für bestimmte, teilweise realitätsferne Bedingungen gegeben ist. So wird insbesondere hinsichtlich der Höhe als auch der Unsicherheit des Steuervorteils davon ausgegangen, dass verschiedene Einflussfaktoren, wie z. B. die steuerliche Abzugsfähigkeit der Fremdkapitalkosten, keinen Einfluss haben. Ferner ist bei den Anpassungsformeln für eine autonome Finanzierungspolitik und eine atmende Finanzierungspolitik zu Buchwerten die Anwendung in einem von der Bewertungspraxis häufig angewandten Mehr-Phasenmodell nicht sachgerecht. Bei der Anpassungsformel für eine atmende Finanzierungspolitik zu Marktwerten ist zwar die Anwendung in einem Mehr-Phasenmodell grundsätzlich gegeben, jedoch wird vor allem in der Detailplanungsphase oftmals keine atmende Finanzierungspolitik zu Marktwerten unterstellt.

499 Vgl. IDW S 1 (2008), Tz. 28.
500 Vgl. Abschnitt 212. und IDW (Hrsg.), IDW S 1 (2008), Tz. 30 und 45; IDW (Hrsg.), WP Handbuch, Abschnitt A, Rn. 106.
501 Vgl. IDW (Hrsg.), WP Handbuch, Abschnitt A, Rn. 350.

Die vereinfachenden Annahmen zum Betafaktor des Steuervorteils, die den Formeln zugrunde liegen, werden regelmäßig aus der Finanzierungspolitik abgeleitet. Allerdings wurde dargestellt, dass der Betafaktor des Steuervorteils nicht ausschließlich durch die unterstellte Finanzierungspolitik beeinflusst wird und sich somit nicht eindeutig aus dieser ableiten lässt. Die Herleitung einer Anpassungsformel für eine bestimmte Finanzierungspolitik unter Verwendung solcher Annahmen ist daher aus Sicht der Sachgerechtigkeit abzulehnen. Es sollte im Hinblick auf die Sachgerechtigkeit eine allgemeine Anpassungsformel verwandt werden, die alle wesentlichen Einflussparameter und somit auch den Betafaktor des Steuervorteils und den Wert des Steuervorteils explizit berücksichtigt. Hierdurch ist die Eignung nicht nur auf Ausnahmefälle beschränkt. Dies bedeutet jedoch nicht, dass die Finanzierungspolitik irrelevant für das Verhältnis zwischen dem unverschuldeten und dem verschuldeten Betafaktor ist. Sofern es möglich ist, aus der angenommenen Finanzierungspolitik Annahmen eindeutig abzuleiten, können diese weiterhin in den explizit einfließenden Parametern berücksichtigt werden.

Auf Grundlage der bisherigen Analyse wird empfohlen eine allgemeine Anpassungsformel zu verwenden, die alle wesentlichen Einflussparameter explizit berücksichtigt. Im folgenden Kapital wird eine solche Anpassungsformel hergeleitet und konkretisiert, wie die Parameter für eine solche Anpassungsformel sowohl unter Beachtung der Sachgerechtigkeit als auch der Anwendbarkeit bestimmt werden sollten.

4 Ableitung und Konkretisierung einer allgemeinen Anpassungsformel

41 Allgemeine Anpassungsformel zur Berücksichtigung von Finanzierungsrisiken

Im Rahmen der kritischen Analyse im vorherigen Kapitel wurde deutlich, dass die sachgerechte Anwendung der dargestellten Anpassungsformeln aufgrund der vereinfachenden Annahmen zum Wert und Betafaktor des Steuervorteils auf bestimmte, teilweise realitätsferne Bedingungen eingeschränkt ist. Diese Bedingungen entsprechen oftmals nicht der Situation im Rahmen einer Unternehmensbewertung. So sind z. B. die dargestellten Anpassungsformeln nicht geeignet den Betafaktor in einem Mehr-Phasenmodell anzupassen, wenn die Unsicherheit des Steuervorteils in den Phasen unterschiedlich ist.[502] Werden die Formeln in Situationen verwandt, in denen die Bedingungen nicht vorliegen, führt dies im Allgemeinen zu den im vorherigen Kapitel identifizierten Fehlern. Um diese Fehler zu vermeiden, sollte eine Anpassungsformel verwandt werden, mit der die Betafaktoren unter weniger restriktiven Bedingungen sachgerecht hinsichtlich der Finanzierung angepasst werden können. Eine solche allgemeine Anpassungsformel muss alle Faktoren explizit berücksichtigten, die einen wesentlichen Einfluss auf das Verhältnis zwischen dem unverschuldeten und verschuldeten Betafaktor des Eigenkapitals haben. Somit müssen neben dem Betafaktor des Fremdkapitals, dem Marktwert des Fremdkapitals und dem Marktwert des Eigenkapitals, die teilweise auch in den dargestellten Anpassungsformeln explizit enthalten sind, der Betafaktor und der Wert des Steuervorteils als eigenständige Parameter in der Anpassungsformel berücksichtigt werden. Die allgemeine Anpassungsformel lässt sich aus der folgenden schon mehrfach betrachteten Formel ableiten, die die wesentlichen Einflussfaktoren enthält:[503]

Formel 3-5	$ß_{EK}^{v} \cdot \frac{EK^{v}}{GK} + ß_{FK} \cdot \frac{FK}{GK} = ß_{EK}^{u} \cdot \frac{EK^{u}}{GK} + ß_{TS} \cdot \frac{TS}{GK}$

Diese Formel kann durch Umformungen in die folgende Form überführt werden, die die allgemeine Anpassungsformel beim Relevern darstellt:[504]

Formel 4-1	$ß_{EK}^{v} = ß_{EK}^{u} + \underbrace{(ß_{EK}^{u} - ß_{FK}) \cdot \frac{FK}{EK}}_{\mathbf{A}} - \underbrace{(ß_{EK}^{u} - ß_{TS}) \cdot \frac{TS}{EK}}_{\mathbf{B}}$

502 Eine Ausnahme stellt die Anpassungsformel für eine atmende Finanzierungspolitik zu Marktwerten dar, wenn angenommen kann, dass trotz der unterschiedlichen Unsicherheit in den Phasen, der Betafaktor des Steuervorteils dennoch in allen Phasen dem unverschuldeten Betafaktor entspricht.

503 Die Marktwerte beziehen sich hier und in den folgenden Anpassungsformeln auf den Beginn des Zeitraumes, für den die Betafaktoren die Unsicherheit angeben.

504 Vgl. Anhang 1 zu den Umformungsschritten. Zu der identischen allgemeinen Anpassungsformel gelangen auch WATRIN/STÖVER sowie ENZINGER/KOFLER. Vgl. WATRIN, C./STÖVER, R., Einfluss des Tax Shields, S. 68; ENZINGER, ALEXANDER/KOFLER, PETER, Anpassung der Betafaktoren, S. 53.

Hierbei gibt **Term A** die zusätzliche, systematische Unsicherheit an, die – ohne Berücksichtigung der steuerlichen Effekte – durch die anteilige Fremdfinanzierung des Unternehmens entsteht.[505] Der **Term B** gibt hingegen die systematische Unsicherheit an, die durch den Steuervorteil der Fremdfinanzierung entsteht. Soweit wie der Betafaktor des Steuervorteils kleiner als der unverschuldete Betafaktor ist, verringert sich durch den Steuervorteil die Unsicherheit der Eigenkapitalgeber.

Umgeformt nach $ß_{EK}^{u}$ und vereinfacht ergibt sich die Anpassungsformel zum Unlevern wie folgt:[506]

Formel 4-2	$ß_{EK}^{u} = \frac{ß_{EK}^{v} \cdot EK + ß_{FK} \cdot FK - ß_{TS} \cdot TS}{EK + FK - TS}$

Da in der Formel der Wert des Steuervorteils explizit einfließt, lässt sich ein anhand eines Mehr-Phasenmodells bestimmter Wert des Steuervorteils berücksichtigen. Hierdurch kann z. B. ein in den Phasen abweichendes Wachstum der Steuervorteile oder ein abweichender Diskontierungszinssatz berücksichtigt werden. Durch die explizite Berücksichtigung des Betafaktors und des Wertes des Steuervorteils können weitere Einflussfaktoren, wie z. B. die steuerliche Abzugsfähigkeit der Fremdkapitalkosten, berücksichtigt werden. Somit ist die Sachgerechtigkeit der Anwendung der Anpassungsformel nicht auf die im vorherigen Kapitel dargestellten, restriktiven Bedingungen eingeschränkt.

Es ist jedoch nicht nur im Hinblick auf die Sachgerechtigkeit die Anwendung einer solchen allgemeinen Anpassungsformel zu empfehlen, sondern ebenfalls hinsichtlich der Transparenz. So ist sichergestellt, dass der Bewerter die wesentlichen Einflussfaktoren explizit betrachtet und die Faktoren nicht vereinfacht aufgrund restriktiver Annahmen bei der Herleitung der Formel einfließen. Dies gilt vor allem auch für Annahmen, die implizit aus der Finanzierungspolitik abgeleitet werden.

Die Sachgerechtigkeit sowie die Anwendbarkeit der Anpassungsformel und somit die abschließende Würdigung hängen jedoch von den Möglichkeiten ab, die Parameter der allgemeinen Anpassungsformel sowohl im Rahmen des Unleverns als auch des Releverns zu ermitteln. Im Folgenden sollen daher die Möglichkeiten zur Bestimmung der Parameter kritisch analysiert werden. Hierbei werden die in Abschnitt 33 erarbeiteten Anforderungskriterien zugrunde gelegt. Angesichts der unterschiedlichen Kriterien werden das Un- und das Relevern getrennt betrachtet.

505 Vgl. zum Einfluss hinsichtlich der Eigenkapitalkosten STELLBRINK, J., Restwert, S. 188.
506 Vgl. Anhang 2.

42 Konkretisierung der in die Anpassungsformeln einfließenden Parameter

421. Konkretisierung der beim Unlevern einfließenden Parameter

421.1 Parameterübergreifende Konkretisierungen

Um die Sachgerechtigkeit **beim Unlevern** sicherzustellen, müssen in der Anpassungsformel nicht nur alle wesentlichen Einflussfaktoren der Finanzierung des betrachteten Unternehmens berücksichtigt werden, sondern die Parameter müssen auch die Markterwartungen widerspiegeln, die in die Aktienkurse, aus denen der historische Betafaktor des Unternehmens abgeleitet wird,[507] eingeflossen sind. Die Parameter müssen somit äquivalent zu den Erwartungen der Marktteilnehmer sein.[508]

Die Forderung der Äquivalenz der Markterwartungen ist vor allem dahingehend zu betrachten, dass der Betafaktor über einen Zeitraum bestimmt wird. Hierdurch fließen nicht die Markterwartungen zu einem Zeitpunkt, sondern die Erwartungen in einem Beobachtungszeitraum in den Betafaktor ein. Um eine Äquivalenz zu den Markterwartungen herzustellen, müssen sich die Parameter ebenfalls auf den gesamten Zeitraum beziehen.[509] Die Markterwartung zu einem Zeitpunkt zu verwenden, erscheint nur sachgerecht, wenn die Erwartungen nicht von denen im Beobachtungszeitraum abweichen. Hiervon ist indes regelmäßig nicht auszugehen, da die historischen Betafaktoren des Eigenkapitals im Allgemeinen über mehrere Monate oder sogar Jahre der Vergangenheit ermittelt werden. Vor allem, wenn der Beobachtungszeitraum unterschiedliche Konjunkturphasen enthält oder der Betafaktor für stark wachsende Unternehmen ermittelt wird, erscheint es fraglich, ob sich nicht die Erwartungen der Marktteilnehmer bspw. zur Unsicherheit des Fremdkapitals oder zum Fremdkapitalbestand im Beobachtungszeitraum verändert haben.[510]

Es kann somit festgehalten werden, dass aus Sicht der Äquivalenz eine Zeitraumbetrachtung der Parameter erforderlich ist. Soweit sich die Parameter somit auf einen Zeitpunkt beziehen, muss versucht werden, die **Zeitpunktgröße der Zeitraumgröße zeitlich äquivalent** zu machen.[511] Hierzu bietet es sich an, die jeweilige Zeitpunktgröße als **Durchschnittswert** des Beobachtungszeitraumes zu bestimmen. PRATT/GRABOWSKI schlagen dieses Vorgehen ebenfalls als Möglichkeit vor.[512] Auch DÖRSCHELL/FRANKEN/SCHULTE verwenden Durchschnittswerte beim Unlevern und weisen als Begründung hierfür auf Auswirkungen einer Veränderung der Kapitalstruktur im Beobachtungszeitraum hin.[513] Die Verwendung von Durchschnittswerten ist jedoch nicht nur hinsichtlich der Äquivalenz vorteilhaft, darüber hinaus kann der Einfluss möglicher Ausreißer reduziert werden.

---

[507] Vgl. zur Ableitung des verschuldeten Betafaktors Abschnitt 244.3.

[508] Vgl. zu diesem Anforderungskriterium Abschnitt 33.

[509] Vgl. zur Forderung nach zeitlicher Entsprechung in der Bilanzanalyse BAETGE, J./KIRSCH, H.-J./THIELE, S., Bilanzanalyse, S. 151.

[510] Vgl. allgemein DAMODARAN, A., Damodaran on Valuation, S. 75 und zu Parameterveränderungen in der Finanzkrise JONAS, M., Unternehmensbewertung in der Krise, S. 545 f.; GRABOWSKI, R. J., Cost of Capital Estimation, S. 36; PRATT, S. P./GRABOWSKI, R. J., Cost of Capital, S. 180.

[511] Vgl. BAETGE, J./KIRSCH, H.-J./THIELE, S., Bilanzanalyse, S. 151.

[512] Vgl. PRATT, S. P./GRABOWSKI, R. J., Cost of Capital, S. 201 oder auch KERN, C./MÖLLS, S. H., Ableitung CAPM-basierter Betafaktoren, S. 448, die die Verwendung der durchschnittlichen Kapitalstruktur vorschlagen.

[513] Vgl. DÖRSCHELL, A./FRANKEN, L./SCHULTE, J., Ermittlung der Kapitalkosten, S. 7; DÖRSCHELL, A./FRANKEN, L./SCHULTE, J., Kapitalisierungszinssatz, S. 197.

In der Bewertungspraxis werden hingegen oftmals keine Durchschnittswerte bestimmt, sondern die **Markterwartungen zum Ende des Beobachtungszeitraumes** verwandt.[514] Für eine ausschließliche Verwendung der Erwartungen zum Bewertungsstichtag wird in der Bewertungspraxis vereinzelt das Argument vorgetragen, dass die Parameter zum Bewertungsstichtag einen höheren Zukunftsbezug aufweisen und dieser hinsichtlich des künftig erwarteten Betafaktors relevant ist. Eine solche Argumentation missachtet jedoch, dass das Ziel des Unleverns darin besteht, die operativen Risiken zu isolieren. Der Zukunftsbezug wird erst durch das Relevern auf Grundlage der operativen Risiken hergestellt. Die operativen Risiken lassen sich indes nur bestimmen, wenn die in dem verschuldeten Betafaktor enthaltenen Finanzierungsrisiken herausgerechnet werden. Wie vorstehend dargestellt, ist hierfür der Durchschnittswert zu verwenden.

Durch ein einfaches Beispiel soll der Fehler deutlich gemacht werden, der entstehen kann, wenn Zeitpunktgrößen wie der Fremdkapitalbestand und Zeitraumgrößen wie der Betafaktor gleichzeitig verwandt werden. Hierfür wird ein Unternehmen betrachtet, das zuerst rein eigenfinanziert war und erst am Ende des Beobachtungszeitraumes Fremdkapital in Höhe von 1.000 GE aufgenommen hat. Des Weiteren soll angenommen werden, dass die Marktteilnehmer bis zur Fremdkapitalaufnahme von einem dauerhaft rein eigenfinanzierten Unternehmen ausgegangen sind und der Betafaktor des Unternehmens demnach annährend dem Betafaktor eines rein eigenfinanzierten Unternehmens entspricht. Künftig wird von einem konstanten Fremdkapitalbestand von 1.000 GE ausgegangen. Werden nun, wie in der Bewertungspraxis üblich, die Parameter zum Ende des Beobachtungszeitraumes verwandt, würde für den gesamten Beobachtungszeitraum ein Fremdkapitalbestand von 1.000 GE unterstellt, obwohl das Unternehmen fast über den gesamten Beobachtungszeitraum kein Fremdkapital aufwies. Die Berechnung der Finanzierungsrisiken auf Grundlage eines Fremdkapitalbestands von 1.000 GE führt zu einer Überschätzung der Finanzierungsrisiken und somit zu einer Unterschätzung der operativen Risiken. Würde ausgehend von dem zu geringen operativen Risiko der künftige Fremdkapitalbestand von 1.000 GE verwandt um den künftigen Betafaktor zu bestimmen, würde dies zu einem unterschätzten verschuldeten Betafaktor führen.[515]

Hinsichtlich der Anwendbarkeit ist indes zu beachten, dass die Verwendung von Durchschnittswerten regelmäßig einen höheren Aufwand bedeutet, da die Parameter zu verschiedenen Zeitpunkten bestimmt werden müssen. Ob hierdurch ein unangemessener Aufwand entsteht, wird unter anderem in den folgenden Abschnitten untersucht. So wird dort ausführlich betrachtet, wie mit

- dem Marktwert des Eigenkapitals,
- dem Marktwert des Fremdkapitals,
- dem Betafaktor des Fremdkapitals,
- dem Wert des Steuervorteils und

---

514 Vgl. hierzu bspw. PRATT, S. P./GRABOWSKI, R. J., Cost of Capital, S. 201.

515 Vgl. zu einem ähnlichen Beispiel PRATT, S. P./GRABOWSKI, R. J., Cost of Capital, S. 200 f.

- dem Betafaktor des Steuervorteils

die Parameter der Anpassungsformel im Rahmen des Unleverns konkret bestimmt werden können.

421.2 Parameterspezifische Konkretisierungen

421.21 Marktwert und Betafaktor des Eigenkapitals

421.211. Zusammensetzung des Eigenkapitals

Bisher wurde in dieser Arbeit, wie im Schrifttum üblich, das Eigenkapital vereinfacht nicht differenziert betrachtet. Allerdings können sich Aktiengesellschaften und auch Kommanditgesellschaften auf Aktien (KGaA) durch verschiedene Aktienarten, wie z. B. Stamm- und Vorzugsaktien, finanzieren.[516] Hierbei ist indes zu beachten, dass die verschuldeten Betafaktoren der **einzelnen Eigenkapitalarten nicht getrennt um die Finanzierungsrisiken bereinigt** werden können. So spiegelt der unverschuldete Betafaktor in der Anpassungsformel die gesamten operativen Risiken eines vollständig eigenfinanzierten Unternehmens wider und nicht die operativen Risiken, die auf eine konkrete Eigenkapitalart entfallen. Damit der unverschuldete Betafaktor die operativen Risiken eines eigenfinanzierten Unternehmens abbilden kann, muss in Formel 4-2 der Zähler die Unsicherheit des gesamten Kapitals berücksichtigen. Somit müssen alle Eigenkapitalpositionen bzw. Kapitalpositionen in die Anpassungsformel einfließen. **Wird eine Kapitalposition in der Anpassungsformel nicht berücksichtigt**, wirkt sich dies, wie in Formel 4-3 dargestellt, auf den als unverschuldet angenommenen Betafaktor ($ß_{EK}^{u_{angen.}}$) aus.[517] Hierbei gibt $ß_{NBK}$ die Unsicherheit des nicht berücksichtigten Kapitals und NBK dessen Marktwert an. Dieser Fall liegt z. B. vor, wenn ein Unternehmen börsennotierte Stammaktien und nicht börsennotierte Vorzugsaktien hat, und in der Anpassungsformel lediglich der Marktwert der Stammaktien berücksichtigt wird. Das NBK entspricht dann dem Marktwert der Vorzugsaktien.

Formel 4-3	$ß_{EK}^{u_{angen.}} = ß_{EK}^{u} + (ß_{EK}^{u} - ß_{NBK}) \cdot \frac{NBK}{EK + FK - TS}$

Es wird deutlich, dass der als unverschuldet angenommene Betafaktor ($ß_{EK}^{u_{angen.}}$) nicht mehr nur operative Risiken widerspiegelt, sondern ebenfalls die Unsicherheit des nicht berücksichtigten Kapitals, die durch den zweiten Term der Formel ausgedrückt wird. Da das Ziel des Unleverns und

516 Vgl. ausführlich zu den Aktienarten BAETGE, J./KIRSCH, H.-J./THIELE, S., Bilanzen, S. 469 f. Um den Betafaktor für nicht börsennotierte Unternehmen zu bestimmen, wird auf börsennotierte Vergleichsunternehmen zurückgegriffen. Vgl. zu der Auswahl der Vergleichsunternehmen Abschnitt 244.3. Da der verschuldete Betafaktor somit grundsätzlich anhand von börsennotierten Unternehmen bestimmt wird, sind in Deutschland fürs Unlevern lediglich Aktiengesellschaften und Kommanditgesellschaften auf Aktien relevant. Hierbei kann es sich auch um eine europäische Aktiengesellschaft (SE) handeln.

517 Hierbei wird von einem Einfluss des nicht berücksichtigten Kapitals auf den Steuervorteil abstrahiert. Vgl. zur Herleitung der Formel 4-3 Anhang 3.

anschließenden Releverns eine Anpassung an das künftige Risiko des Bewertungsobjektes ist, dürfte sich der künftige Einfluss dieses Kapitals nicht verändern, damit es zu keiner Fehleinschätzung des künftigen verschuldeten Betafaktors kommt. Der Einfluss wird hierbei einerseits durch die Unsicherheit des nicht berücksichtigten Kapitals und andererseits durch das Verhältnis des entsprechenden Kapitals zu dem Term $(EK + FK - TS)$ determiniert. Der Term gibt den in der Anpassungsformel berücksichtigten Wert des Eigenkapitals eines fiktiv unverschuldeten Unternehmens an. Da das Un- und Relvern gerade deswegen durchgeführt wird, um den historischen verschuldeten Betafaktor des Eigenkapitals an veränderte Finanzierungsrisiken anzupassen, kann von einer veränderten Unsicherheit des Eigenkapitals ausgegangen werden. Dies gilt dementsprechend auch für die Unsicherheit des nicht berücksichtigten Eigenkapitals, sodass die vorstehende Bedingung, die angibt, wann es sachgerecht ist, Kapital nicht zu berücksichtigen, nicht erfüllt ist. Die Analyse bestätigt somit hinsichtlich des Eigenkapitals die vorstehende Aussage, dass sämtliches Kapital in der Anpassungsformel zu berücksichtigen ist.

Neben den klassischen Formen wie Eigen- und Fremdkapital kann sich ein Unternehmen auch mit Kapitalformen finanzieren, die sowohl Eigenschaften von Eigenkapital als auch von Fremdkapital aufweisen.[518] Beispielhaft seien an dieser Stelle Wandelanleihen oder Aktienoptionen genannt. Hinsichtlich der Höhe des unverschuldeten Betafaktors ist es irrelevant, ob solche **hybriden Finanzierungsinstrumente** in der Anpassungsformel als Eigen- oder Fremdkapital berücksichtigt werden. So zeigt die vorstehende Formel 4-2, dass beide Kapitalformen methodisch identisch in die Anpassungsformel einfließen und sich der Betafaktor des unverschuldeten Unternehmens generell auf das gesamte Unternehmen bezieht. Im Hinblick auf eine transparente Darstellung der Unsicherheit und des Marktwertes der hybriden Finanzierungsinstrumente (HK) bietet es sich jedoch an, hybride Finanzinstrumente separat zu berücksichtigen. Da die Parameter unabhängig hiervon bestimmt werden müssen, entsteht durch eine separate Berücksichtigung kein wesentlicher zusätzlicher Aufwand. Die Formel 4-2 verändern sich hierdurch wie folgt:[519]

Formel 4-4	$ß_{EK}^{u} = \frac{ß_{EK}^{v} \cdot EK + ß_{FK} \cdot FK + ß_{HK} \cdot HK - ß_{TS} \cdot TS}{EK + FK + HK - TS}$

[518] Vgl. weiterführend zu hybriden Finanzierungsinstrumenten bspw. EBERHARTINGER, E., Hybride Finanzierungsinstrumente, S. 121-133; BAETGE, J./KIRSCH, H.-J./THIELE, S., Bilanzen, S. 506-508; DAMODARAN, A., Damodaran on Valuation, S. 69.

[519] Der Betafaktor eines Portfolios ergibt sich aus den mit dem Anteil gewichteten Betafaktoren der einzelnen Portfoliobestandteile. Vgl. SHARPE, W. F./COOPER, G. M., Risk-Return, S. 49. Somit stellt $ß_{EK}^{v} \cdot \frac{EK}{GK} + ß_{HK} \cdot \frac{HK}{GK} + ß_{FK} \cdot \frac{FK}{GK}$ den Betafaktor des gesamten Kapitals dar, soweit der Term $EK + FK + HK$ dem Gesamtkapital entspricht. Die Formel 4-4 ergibt sich, wenn in Formel 3-5 die linke Seite der Gleichung durch den Term $ß_{EK}^{v} \cdot \frac{EK}{GK} + ß_{HK} \cdot \frac{HK}{GK} + ß_{FK} \cdot \frac{FK}{GK}$ ersetzt und die Gleichung nach $ß_{EK}^{u}$ umgeformt wird.

Alternativ können hybride Finanzinstrumente in einen Eigen- und einen Fremdkapitalteil aufgeteilt werden.[520] In diesem Fall kann die bekannte Formel verwandt werden. Unabhängig davon, wie das Kapital in die Anpassungsformel einfließt, dürfen lediglich die steuerlich abzugsfähigen Zahlungen an die Kapitalgeber im Steuervorteil berücksichtigt werden.

421.212. Ermittlung des Marktwertes des Eigenkapitals

Um die Parameter der Anpassungsformel im Rahmen des Unleverns sachgerecht zu bestimmen, sind die Parameter äquivalent zu den Erwartungen der Marktteilnehmer zu bestimmen, die in dem historischen Betafaktor hinsichtlich der Finanzierung enthalten sind.[521] Der Wert des Eigenkapitals ist somit aus Sicht der Marktteilnehmer zu bestimmen. Beim Unlevern wird regelmäßig als Marktwert des Eigenkapitals die Marktkapitalisierung des betrachteten Unternehmens verwandt.[522] Die Marktkapitalisierung eines Unternehmens ergibt sich durch die Multiplikation der ausgegebenen Aktien mit dem zugehörigen Aktienkurs.[523] Indes wird die Marktkapitalisierung im Allgemeinen von dem anhand eines Zukunftserfolgsverfahrens ermittelten Marktwert des Eigenkapitals abweichen.[524] So werden Aktienkurse und somit auch die Marktkapitalisierung nicht nur durch die erwarteten finanziellen Überschüsse determiniert, sondern auch durch weitere Einflüsse, wie z. B. spekulative Übertreibungen.[525] Zudem ist zu beachten, dass sich der Aktienkurs aufgrund der Nachfrage und dem Angebot nach einer marginalen Zahl an Aktien ergibt und sich nicht auf das gesamte Unternehmen bezieht.

Die Verwendung der Marktkapitalisierung als Marktwert des Eigenkapitals wird im Schrifttum vor allem in Krisenzeiten kritisch betrachtet. So zeigen DÖRSCHELL/FRANKEN/SCHULTE, dass eine deutliche Reduktion der Marktkapitalisierung c. p. zu einer Erhöhung der Finanzierungsrisiken führt.[526] Allerdings sind nicht nur die spekulativen negativen Übertreibungen in Krisenzeiten kritisch zu sehen, sondern auch spekulative positive Übertreibungen an den Aktienmärkten, wie z. B. bei der sog. Dotcom-Blase. Eine durch Spekulationen beeinflusste Marktkapitalisierung wird einem anhand eines Zukunftserfolgsverfahrens ermittelten Marktwert des Eigenkapitals regelmäßig nicht entsprechen. Indes ist zu beachten, dass die Parameter als Durchschnittswerte zu ermitteln sind. Die Betrachtung der durchschnittlichen Marktkapitalisierung über den Beobachtungszeitraum des verschuldeten Betafaktors des betrachteten Unternehmens verringert den Einfluss von spekulativen Übertreibungen.[527] Langfristig kann erwartet werden, dass sich die Marktkapitalisierung am

520 Vgl. hier und im Folgenden DAMODARAN, A., Damodaran on Valuation, S. 69.
521 Vgl. Abschnitt 33.
522 Vgl. BAETGE, J./NIEMEYER, K./KÜMMEL, J./SCHULZ, R., Bewertungsverfahren, S. 393.
523 Vgl. DAMODARAN, A., Damodaran on Valuation, S. 72.
524 Vgl. hier und im Folgenden MANDL, G./RABEL, K., Unternehmensbewertung, S. 19; DAMODARAN, A., Damodaran on Valuation, S. 70.
525 Vgl. hier und im Folgenden IDW (Hrsg.), WP Handbuch, Abschnitt A, Rn. 42 f.
526 Vgl. DÖRSCHELL, A./FRANKEN, L./SCHULTE, J., Kapitalisierungszinssatz, S. 274-276; ähnlich auch JONAS, M., Unternehmensbewertung in der Krise, S. 545 f.
527 Vgl. Abschnitt 421.1.

Marktwert des Eigenkapitals orientiert.[528] Des Weiteren ist zu beachten, dass im Rahmen des Unleverns, wie einleitend dargestellt, gerade die Erwartungen der Marktteilnehmer relevant sind, da diese ebenfalls den verschulden Betafaktor beeinflussen.

Da die Marktkapitalisierung als Durchschnittswert zu bestimmen ist, stellt sich die Frage nach dem **Intervall**. Hierbei bieten sich zwei Varianten an. Einerseits kann das Renditeintervall verwandt werden, das dem verschuldeten Betafaktor zugrunde liegt. Andererseits ist zu beachten, dass der Marktwert des Eigenkapitals ins Verhältnis zu anderen Parametern gesetzt wird, wie z. B. dem Fremdkapital, sodass eine Orientierung an den möglichen Intervallen der anderen Parameter denkbar ist.[529] So besteht die Möglichkeit, dass der verschuldete Betafaktor z. B. anhand eines wöchentlichen Intervalls bestimmt wird, während sich andere Wertkomponenten, wie zum Beispiel teilweise der Wert des Fremdkapitals, lediglich jährlich bestimmen lassen. Aus theoretischer Sicht spricht für die Orientierung an dem bei der Betafaktorermittlung verwandten Renditeintervall der geforderte Bezug zum verschuldeten Betafaktor. Weicht das Intervall der durchschnittlichen Marktkapitalisierung von dem des Betafaktors ab, besteht vor allem aufgrund der Volatilität der Marktkapitalisierung die Gefahr, dass die ermittelte Marktkapitalisierung nicht die im Betafaktor berücksichtigten Erwartungen der Marktteilnehmer widerspiegelt.

Allerdings sollen sich Verhältniszahlen zeitlich entsprechen,[530] was für die zweite Variante und somit eine Orientierung an den Parametern sprechen könnte, zu denen der Marktwert ins Verhältnis gesetzt wird. Hierbei kommt es jedoch auf die Mittelwertbildung an. So kann die **durchschnittliche Verhältniszahl** ermittelt werden oder können die **Durchschnittswerte ins Verhältnis** gesetzt werden.[531] Wird die durchschnittliche Verhältniszahl gebildet, müssen sich Zähler und Nenner auf den gleichen Zeitpunkt und somit alle Wertkomponenten auf das identische Intervall beziehen. In dem obigen Beispiel wäre demnach nur ein jährliches Intervall möglich. Werden hingegen die Durchschnittswerte ins Verhältnis gesetzt, kann für jede Wertkomponente das Intervall individuell bestimmt werden, das im Idealfall dem verschuldeten Betafaktor entspricht. Dies ist hinsichtlich der Äquivalenz zum verschuldeten Betafaktor positiv. Die Verwendung eines kleineren Intervalls ist jedoch nicht nur hinsichtlich der Äquivalenz, sondern ebenfalls aufgrund eines geringeren Einflusses von Extremwerten positiv. Hinsichtlich der Sachgerechtigkeit sollten daher die **Durchschnittswerte ins Verhältnis gesetzt werden**.[532]

Wie im vorstehenden Abschnitt dargestellt, kann sich das Eigenkapital aus verschiedenen Arten, wie z. B. Stamm- und Vorzugsaktien, zusammensetzen. Es wurde ferner gezeigt, dass alle Eigenkapitalarten zu berücksichtigen sind, sodass auch der Wert der **nicht börsennotierten Anteile** zu be-

528 Vgl. MANDL, G./RABEL, K., Unternehmensbewertung, S. 19.
529 Vgl. Abschnitt 421.222.23.
530 Vgl. BAETGE, J./KIRSCH, H.-J./THIELE, S., Bilanzanalyse, S. 151.
531 Vgl. DÖRSCHELL, A./FRANKEN, L./SCHULTE, J., Kapitalisierungszinssatz, S. 214.
532 So sprechen sich auch DÖRSCHELL/FRANKEN/SCHULTE für diese Variante aus. Vgl. DÖRSCHELL, A./FRANKEN, L./SCHULTE, J., Kapitalisierungszinssatz, S. 214.

stimmen ist.[533] Beispielhaft kann an dieser Stelle die Porsche Automobil Holding SE genannt werden, bei der die Vorzugsaktien börsennotiert sind und die Stammaktien nicht.[534] Da beim Unlevern entweder der verschuldete Betafaktor eines börsennotierten Bewertungsobjektes oder eines börsennotierten Vergleichsunternehmens betrachtet wird, ist ein Teil des Eigenkapitals immer börsennotiert. Somit besteht die Möglichkeit vereinfachend anzunehmen, dass die nicht börsennotierten Anteile den gleichen Kurs aufweisen wie die börsennotierten Anteile des Unternehmens. Wenngleich hinsichtlich der Sachgerechtigkeit eine separate Bewertung des nicht börsennotierten Eigenkapitals zu bevorzugen ist, sollte im Hinblick auf die Anwendbarkeit hierauf verzichtet werden. So sind beim Unlevern die Erwartungen der Marktteilnehmer relevant, sodass eine Bewertung anhand von externen Daten erforderlich wäre. Aufgrund der hierbei entstehenden wesentlichen Ermessensspielräume und des zusätzlichen Aufwands erscheint die vereinfachte Wertermittlung anhand der börsennotierten Anteile vorteilhaft. Besitzt ein Unternehmen mehrere börsennotierte Aktienarten, sollte der Kurs der Aktienart als Vergleichswert gewählt werden, die von der Ausstattung tendenziell eher den nicht börsennotierten Anteilen entspricht. Hinsichtlich der praktischen Anwendung ist anzumerken, dass die von Kapitalmarktdatenanbietern abgeleitete Marktkapitalisierung regelmäßig alle börsennotierten Aktienarten abbildet. Indes muss das nicht börsennotierte Eigenkapital gegebenenfalls noch addiert werden.

421.213. Betafaktor des Eigenkapitals

Die Unsicherheit des Marktwertes des Eigenkapitals gibt grundsätzlich der anhand von historischen Kapitalmarktdaten abgeleitete Betafaktor an. Hinsichtlich der allgemeinen Ermittlung des verschuldeten Betafaktors des Eigenkapitals wird auf Abschnitt 244.3 verwiesen.[535] Indes wurde bereits erläutert, dass sich der Marktwert des Eigenkapitals aus verschiedenen Eigenkapitalarten zusammensetzen kann und diese nicht getrennt entschuldet werden können. Um eine Äquivalenz zwischen dem Marktwert des Eigenkapitals und dem verschuldeten Betafaktor herzustellen, muss sich der Betafaktor ebenfalls auf das gesamte Eigenkapital beziehen. In der Bewertungspraxis wird vereinfachend teilweise ausschließlich der Betafaktor einer Aktienart betrachtet.[536] Ein solches vereinfachtes Vorgehen ist nur sachgerecht, wenn hierdurch kein wesentlicher Einfluss auf den unverschuldeten Betafaktor entsteht. Weicht die Unsicherheit der verschiedenen Anteile wesentlich von-

[533] Vgl. DAMODARAN, A., Damodaran on Valuation, S. 73, der ebenfalls zu dem Ergebnis kommt, dass der Marktwert des Eigenkapitals auch die Werte der nicht börsennotierten Aktien enthalten muss.

[534] PORSCHE AUTOMOBIL HOLDING SE, Porsche GB Rumpfgeschäftsjahr 2010, S. 51.

[535] In der Bewertungspraxis wird anstatt des aus historischen Kapitalmarktdaten abgeleiteten Betafaktors teilweise ein sog. Adjusted-Beta verwandt. Im Rahmen dieser Arbeit wird hiervon indes abgeraten. Vgl. hinsichtlich der fehlenden Eignung des sog. Adjusted-Beta beim Unlevern Abschnitt 312.

[536] Vgl. DÖRSCHELL, A./FRANKEN, L./SCHULTE, J., Kapitalkosten 2010 für die Unternehmensbewertung, S. 68-336. Diese geben bei Unternehmen, die mehrere Aktienarten besitzen, lediglich den verschuldeten Betafaktor für eine Aktienart an.

einander ab,[537] ist daher ein gewichteter verschuldeter Betafaktor gemäß der folgenden Formel 4-5 zu bestimmen.[538]

Formel 4-5	$ß_{EK} = ß_{EK_1} \cdot \frac{EK_1}{EK} + ß_{EK_2} \cdot \frac{EK_2}{EK} + \cdots + ß_{EK_n} \cdot \frac{EK_n}{EK}$

Die Möglichkeit, einen gewichteten verschuldeten Betafaktor zu bestimmen, kann einerseits dadurch eingeschränkt sein, dass Anteile teilweise nicht börsennotiert sind. Andererseits kann eine fehlende Eignung des Betafaktors der börsennotierten Anteile, z. B. aufgrund eines illiquiden Handels, einen weiteren Grund darstellen.[539] Hinsichtlich des nicht börsennotierten Eigenkapitals kann vereinfachend erneut auf die Unsicherheit des börsennotierten Eigenkapitals zurückgegriffen werden. Dies gilt ebenfalls für den Fall, dass bei einer fehlenden Eignung des Betafaktors einer Aktienart der Betafaktor einer weiteren börsennotierten Aktienart verwandt werden kann. Ist die Unsicherheit jedoch nicht vergleichbar, wäre die Sachgerechtigkeit durch dieses Vorgehen eingeschränkt.

421.214. Zwischenfazit

Zur Erfüllung der **Sachgerechtigkeit** ist hinsichtlich des Unleverns eine Äquivalenz zu den Markterwartungen erforderlich. Wenngleich dargestellt wurde, dass die Marktkapitalisierung von dem anhand eines Zukunftserfolgswertverfahrens ermittelten **Marktwert des Eigenkapitals** abweichen kann, spiegelt die Marktkapitalisierung grundsätzlich die geforderten Erwartungen der Marktteilnehmer wider. Wenngleich die Markterwartungen relevant sind, kann die Marktkapitalisierung durch Spekulationseffekte verzerrt sein. Der Einfluss ist jedoch reduziert, da der Parameter als Durchschnittswert bestimmt wird. Um eine Äquivalenz zu den im verschuldeten Betafaktor berücksichtigten Erwartungen herzustellen, sollte die Marktkapitalisierung über den gleichen Beobachtungszeitraum und das gleiche Renditeintervall bestimmt werden, die auch dem Betafaktor des verschuldeten Eigenkapitals zugrunde liegen. Neben der Äquivalenz ist für die Sachgerechtigkeit indes ebenfalls erforderlich, dass alle Einflussfaktoren berücksichtigt werden. Hinsichtlich des Marktwertes des Eigenkapitals wurde gezeigt, dass es zwingend erforderlich ist, das gesamte Eigenkapital zu berücksichtigen. Die Möglichkeit, den Marktwert des Eigenkapitals anhand der Marktkapitalisierung abzuleiten, erfordert börsennotiertes Eigenkapital. Da jedoch ausschließlich Unternehmen beim Unlevern betrachtet werden, deren Eigenkapital zumindest teilweise an der Börse gehandelt wird, kann die grundsätzliche Möglichkeit den Marktwert des Eigenkapitals zu bestimmen als erfüllt angesehen werden. Allerdings kann die Sachgerechtigkeit eingeschränkt sein, wenn nicht bör-

[537] Unterschiedliche Unsicherheiten können z. B. aufgrund einer unterschiedlichen Rangfolge bei Insolvenz oder Dividendenzahlungen entstehen. Vgl. DAMODARAN, A., Damodaran on Valuation, S. 69.

[538] Vgl. SHARPE, W. F./COOPER, G. M., Risk-Return, S. 49; CORREIA, C./FLYNN, D./ULIANA, E./WORMALD, M., Financial Management, Abschnitt 4-20.

[539] Vgl. Abschnitt 244.3.

sennotierte Anteile vorliegen und diese nicht vergleichbar zu den börsennotierten Anteilen sind. Hinsichtlich der **Anwendbarkeit** ist jedoch nicht nur die grundsätzliche Möglichkeit, einen Parameter zu bestimmen, relevant, sondern auch die Verlässlichkeit und der zeitliche Aufwand der Ermittlung sind zu beurteilen. Die Marktkapitalisierung kann anhand von Finanzdienstleistern ohne wesentlichen zeitlichen Aufwand bestimmt werden. Hinsichtlich börsennotierten Eigenkapitals wird die Verlässlichkeit nicht durch Ermessensspielräume eingeschränkt, da der Beobachtungszeitraum und das Renditeintervall für die Durchschnittsbildung durch den verschuldeten Betafaktor vorgegeben sind. Jedoch existieren Ermessensspielräume, wenn das Eigenkapital teilweise nicht börsennotiert ist.

Die Unsicherheit des Marktwertes des Eigenkapitals in Form des **Betafaktors des verschuldeten Eigenkapitals** berücksichtigt die erwartete Unsicherheit der Marktteilnehmer hinsichtlich der Finanzierung des betrachteten Unternehmens und stellt die Ausgangsgröße des Unleverns dar. Es ist jedoch zu beachten, dass sich die Unsicherheit auf das gesamte Eigenkapital beziehen muss, damit die **Sachgerechtigkeit** gegeben ist. In der Bewertungspraxis wird indes teilweise der Betafaktor lediglich einer Aktienart verwandt. Wird dieses Vorgehen bei einem Unternehmen mit mehreren Aktienarten angewandt, hängt die Sachgerechtigkeit davon ab, ob die Aktienarten wesentliche Unterschiede hinsichtlich der Unsicherheit aufweisen. Unterschiedliche Risiken sind vor allem bei Unternehmen denkbar, die eine schlechte Bonität besitzen und bei denen eine unterschiedliche Rangfolge zwischen den Aktienarten besteht. Allerdings ist zu beachten, dass selbst bei unterschiedlichen Betafaktoren der verschiedenen Aktienarten Situationen denkbar sind, in denen es sich nicht anbietet, den individuellen Betafaktor zu berücksichtigen. So können z. B. die Verlässlichkeit des Betafaktors und somit die Anwendbarkeit durch eine geringe Liquidität einer Aktienart eingeschränkt sein.[540] Des Weiteren besteht die Möglichkeit, dass der Betafaktor einer Aktienart durch Spekulationen verzerrt ist, die die künftige Unsicherheit der finanziellen Überschüsse des Unternehmens nicht widerspiegeln. So war z. B. bei dem Übernahmeversuch der Volkswagen AG durch die Porsche Automobil Holding SE ein großer Unterschied zwischen der Entwicklung der Stamm- und der Vorzugsaktie festzustellen. Wenngleich eine pauschale Aussage nicht möglich ist, kann es bei spekulativen Verzerrungen sachgerechter sein auf den Betafaktor einer anderen Aktienart des betrachteten Unternehmens oder eines vergleichbaren Unternehmens abzustellen.

Da lediglich börsennotierte Unternehmen betrachtet werden, ist die grundsätzliche Möglichkeit einen Betafaktor zu bestimmen gegeben. Die verlässliche Bestimmung des Betafaktors und somit die **Anwendbarkeit** sind indes durch verschiedenste Ermessensspielräume bei der Ermittlung eingeschränkt.[541] Dieser Aspekt stellt jedoch einen generellen Kritikpunkt an dem aus Kapitalmarktdaten abgeleiteten historischen Betafaktor dar und keinen Problembereich, der ausschließlich für die Berücksichtigung der Finanzierungsrisiken gilt. Dies gilt ebenfalls für den Fall, dass z. B. aufgrund einer geringen Liquidität kein verlässlicher Betafaktor bestimmt werden kann. In dem letztgenannten Fall sollte darauf verzichtet werden, die Eigenkapitalkosten anhand des Unternehmens abzulei-

540 Vgl. FRANKEN, L./SCHULTE, J., Eignung von Betafaktoren, S. 1110-1116.
541 Vgl. hierzu Abschnitt 244.3.

ten und auf ein vergleichbares börsennotiertes Unternehmen abgestellt werden, für das sich ein verlässlicherer Betafaktor bestimmen lässt. Problematisch ist hierbei jedoch, dass es keine trennscharfen Grenzen gibt, ab wann der Betafaktor nicht mehr geeignet ist.[542] Im Rahmen dieser Arbeit wird empfohlen zur Beurteilung der Verlässlichkeit das Konfidenzintervall zu verwenden, da sich durch die Verwendung der Intervallgrenzen als Betafaktor die Auswirkungen der eingeschränkten Verlässlichkeit auf den Unternehmenswert quantifizieren lassen. Neben der Verlässlichkeit wird hinsichtlich der Anwendbarkeit ein angemessener zeitlicher Ermittlungsaufwand gefordert. Da sich der Betafaktor anhand von Kapitalmarktdaten ermitteln lässt, entsteht kein wesentlicher Ermittlungsaufwand, sodass diese Anforderung als erfüllt angesehen werden kann.

421.22 Marktwert des Fremdkapitals

421.221. Komponenten des Fremdkapitals

421.221.1 Allgemeine Kriterien der Berücksichtigung von Fremdkapitalpositionen

Wie das Eigenkapital wurde auch das Fremdkapital bisher vereinfachend nicht differenziert betrachtet. Indes kann ein Unternehmen viele verschiedene Fremdkapitalpositionen aufweisen, wie z. B. Anleihen, Bankkredite oder auch Lieferantenverbindlichkeiten. Die Fremdkapitalpositionen können sich aufgrund verschiedener Aspekte, wie z. B. der Laufzeit oder der Verzinsung, unterscheiden. In der Bewertungspraxis und im Schrifttum wird häufig zwischen dem verzinslichen und dem unverzinslichen Fremdkapital unterschieden und das Fremdkapital im Allgemeinen mit dem verzinslichen Fremdkapital gleichgesetzt.[543]

MANDL/RABEL zeigen jedoch, dass in einem Entity-Verfahren auf Basis des FCF, wie z. B. dem FCF-WACC-Verfahren, eine ausschließliche Berücksichtigung von verzinslichem Fremdkapital als Fremdkapital und entsprechend die Erfassung der Kapitalveränderungen und Kapitalkosten der unverzinslichen Fremdkapitalpositionen im FCF zu methodischen Problemen führen.[544] In dem Fall entspricht der anhand des FCF berechnete Gesamtunternehmenswert nicht mehr dem Barwert der Zahlungen an sämtliche Kapitalgeber, sondern lediglich der Eigenkapitalgeber und jener Fremdkapitalgeber, die Fremdkapital verzinslich zur Verfügung gestellt haben.[545] Die methodischen Probleme gelten auch für das APV-Verfahren, da der FCF und der Marktwert des Fremdkapitals dort ebenso einfließen. Konkret wird durch dieses Vorgehen im APV-Verfahren nicht der Marktwert des Eigenkapitals eines unverschuldeten Unternehmens bestimmt, sondern der Marktwert des Eigenka-

542 Vgl. hier und im Folgenden Abschnitt 244.3.

543 Vgl. MANDL, G./RABEL, K., Unternehmensbewertung, S. 313; DÖRSCHELL, A./FRANKEN, L./SCHULTE, J., Kapitalisierungszinssatz, S. 184; DÖRSCHELL, A./FRANKEN, L./SCHULTE, J., Kapitalkosten 2010 für die Unternehmensbewertung, S. 63.

544 Vgl. MANDL, G./RABEL, K., Unternehmensbewertung, S. 349-351.

545 Vgl. MANDL, G./RABEL, K., Unternehmensbewertung, S. 313.

pitals eines ausschließlich mit Eigenkapital und unverzinslichem Fremdkapital finanzierten Unternehmens.[546]

Werden diese Erkenntnisse auf die Anpassungsformeln übertragen, so führt die Berücksichtigung von ausschließlich verzinslichem Fremdkapital dazu, dass der „unverschuldete“ Betafaktor ebenfalls nicht die Unsicherheit eines unverschuldeten Unternehmens widerspiegelt, sondern eines Unternehmens, welches neben Eigenkapital noch unverzinsliches Fremdkapital besitzen kann. Konkret wird somit durch das Unlevern nur der Einfluss des verzinslichen Fremdkapitals aus dem verschuldeten Betafaktor herausgerechnet. Die Unsicherheiten aus den unverzinslichen Fremdkapitaltiteln werden dementsprechend nicht den Finanzierungsrisiken zugeordnet, sondern den operativen Risiken, die mit dem „unverschuldeten“ Betafaktor gleichgesetzt werden.[547]

Um diesen Aspekt zu beurteilen, bietet es sich an, das mit dem Un- und Relevern verfolgte Ziel zu betrachten. Durch das Unlevern soll der Einfluss der Finanzierung auf den Betafaktor des Eigenkapitals herausgerechnet werden, sodass ausschließlich die operativen Risiken verbleiben.[548] Ausgehend von den operativen Risiken werden durch das Relevern die künftigen Finanzierungsrisiken des Bewertungsobjektes berücksichtigt, um eine Äquivalenz zu den finanziellen Überschüssen herzustellen. Um das beschriebene Vorgehen, das verzinsliche Fremdkapital mit dem Fremdkapital gleichzusetzen, zu rechtfertigen, müsste angenommen werden können, dass die Unsicherheit des unverzinslichen Fremdkapitals nicht dem Finanzierungsbereich zuzuordnen ist, sondern dem operativen Bereich. Indes umfasst der Finanzierungsbereich grundsätzlich sämtliche Zahlungen, die zwischen dem zu bewertendem Unternehmen und den Fremdkapitalgebern entstehen, und somit alle Fremdkapitaltitel.[549] Der operative Bereich bzw. Leistungsbereich umfasst die übrigen Zahlungen. Zwar ist die gedankliche Zuordnung der Zahlungen zu den beiden Bereichen teilweise nicht trennscharf möglich, da sich Zahlungsbeziehungen mit den Kapitalgebern aus Vorgängen des operativen Bereiches ergeben können.[550] Jedoch ist es fraglich, ob die Kriterien unverzinslich bzw. verzinslich geeignete Kriterien sind, um die Fremdkapitalpositionen dem Finanzierungsbereich bzw. dem Leistungsbereich zuzuordnen. Vielmehr handelt es sich hierbei um ein vereinfachendes Vorgehen.[551]

Unabhängig von der konkreten Zuordnung der Fremdkapitaltitel zum Finanzierungsbereich oder zum Leistungsbereich ist somit festzustellen, dass der Verzicht auf die Berücksichtigung bestimmter Fremdkapitaltitel eine **Komplexitätsreduktion** darstellt.[552] Eine solche Komplexitätsreduktion darf nicht dazu führen, dass wesentliche Aspekte vernachlässigt werden.[553] Da die Unsicherheit der

546 Der Steuervorteil resultiert in dem Fall ebenfalls ausschließlich aus dem verzinslichen Fremdkapital.

547 Vgl. zum Einfluss des nicht berücksichtigten Kapitals auf den unverschuldeten Betafaktor Abschnitt 421.211.

548 Vgl. hier und im Folgenden Abschnitt 312.

549 Vgl. hier und im Folgenden BAETGE, J./NIEMEYER, K./KÜMMEL, J./SCHULZ, R., Bewertungsverfahren, S. 364-366.

550 Vgl. hier und im Folgenden MANDL, G./RABEL, K., Unternehmensbewertung, S. 327 und 349-351; BAETGE, J./NIEMEYER, K./KÜMMEL, J./SCHULZ, R., Bewertungsverfahren, S. 364-366 und FRANKE, G./HAX, H., Finanzwirtschaft des Unternehmens und Kapitalmarkt, S. 10-15.

551 Vgl. MANDL, G./RABEL, K., Unternehmensbewertung, S. 313.

552 Vgl. MANDL, G./RABEL, K., Unternehmensbewertung, S. 313.

553 Vgl. BALLWIESER, W., Unternehmensbewertung und Komplexitätsreduktion, S. 1-3.

nicht berücksichtigten Fremdkapitaltitel in den operativen Risiken in Form des „unverschuldeten" Betafaktors abgebildet wird, ist es grundsätzlich nicht der Fall, dass wesentliche Aspekte vernachlässigt werden.[554] Dies gilt allerdings nur, soweit davon ausgegangen werden kann, dass die im „unverschuldeten" Betafaktor enthaltene Unsicherheit des nicht berücksichtigten Fremdkapitals nicht von der künftigen Unsicherheit der Fremdkapitalpositionen des Bewertungsobjektes abweicht, die dem Leistungsbereich[555] zugeordnet und somit beim Relevern ebenfalls nicht berücksichtigt werden. Ansonsten wäre nach dem Relevern eine Äquivalenz zu den finanziellen Überschüssen nicht gegeben. Da die Äquivalenz indes das Ziel des Un- und Relevern ist, sollten alle Fremdkapitaltitel explizit einfließen, bei denen sich der Einfluss auf die Finanzierungsrisiken künftig beim Bewertungsobjekt verändert, unabhängig davon, ob sie verzinslich oder unverzinslich sind. Der Einfluss wird hierbei durch den Betafaktor des Fremdkapitals und das Verhältnis des entsprechenden Fremdkapitaltitels zum angenommenen Marktwert des Eigenkapitals des unverschuldeten Unternehmens determiniert.[556] Dies gilt sowohl für die Ableitung des unverschuldeten Betafaktors anhand eines Vergleichsunternehmens als auch anhand des Bewertungsobjektes. Da jedoch das Vergleichsunternehmen keine zu dem Bewertungsobjekt vergleichbaren Finanzierungsrisiken aufweisen muss, wird bei einer Ableitung des unverschuldeten Betafaktors anhand eines Vergleichsunternehmens seltener der Fall auftreten, dass sich der Einfluss der Fremdkapitalpositionen gegenüber dem künftigen Einfluss beim Bewertungsobjekt nicht verändert.

Das Erfordernis, alle Fremdkapitaltitel zu berücksichtigen, deren Einfluss auf die Finanzierungsrisiken sich künftig beim Bewertungsobjekt verändert, kann gut anhand von zwei Unternehmen A und B verdeutlicht werden, die sich lediglich durch deren Finanzierung des Fremdkapitals unterscheiden. Beide Unternehmen haben einen identischen Kapitalbedarf und finanzieren einen identischen Anteil durch Eigenkapital. Das Unternehmen A finanziert den zusätzlich zum Eigenkapital bestehenden Kapitalbedarf in Höhe von 1.000 GE jeweils zur Hälfte durch Anleihen und Verbindlichkeiten aus Lieferung und Leistung. Hingegen bezahlt das Unternehmen B die Lieferanten unmittelbar und finanziert den restlichen Kapitalbedarf ausschließlich durch Anleihen. Würde Unternehmen A als Vergleichsunternehmen für B herangezogen und lediglich die Anleihen beim Unlevern berücksichtigt, wäre die Unsicherheit der Verbindlichkeiten aus Lieferung und Leistung in dem „unverschuldeten" Betafaktor enthalten. Beim Relevern würden die überschätzten operativen Risiken zu einem ebenfalls überschätzten verschuldeten Betafaktor für Unternehmen B führen, da die Unsicherheit aufgrund der Verbindlichkeiten aus Lieferung und Leistung in dem Betafaktor enthalten wäre, obwohl Unternehmen B dieser Unsicherheit nicht unterliegt.[557] Der Betafaktor wird indes nicht nur in Höhe der Unsicherheit der Verbindlichkeiten aus Lieferung und Leistung überschätzt, sondern auch die Unsicherheit des Finanzierungsbereiches selbst wird überschätzt. Dies resultiert daraus, dass zwar das Verhältnis von den operativen Risiken zu den Finanzierungsrisiken korrekt

---

554 Vgl. zur Auswirkung einer fehlenden Berücksichtigung von Kapital auf den tatsächlichen unverschuldeten Betafaktor Anhang 3 und Abschnitt 421.211.

555 Im Folgenden sollen die Fremdkapitalpositionen des Leistungsbereiches als das nicht berücksichtigte Fremdkapital verstanden werden.

556 Vgl. Abschnitt 421.211.

557 Hierbei wird angenommen, dass sich Unternehmen B auch künftig wie zuvor beschrieben finanziert.

bestimmt wird, jedoch ausgehend von den zu hohen operativen Risiken auch die Finanzierungsrisiken falsch bestimmt werden. Abbildung 4-1 zeigt den vorstehend beschriebenen Fall schematisch.

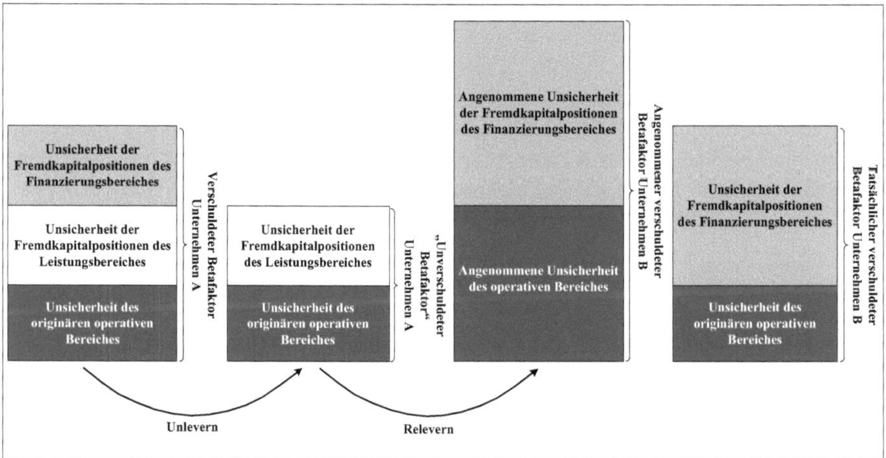

Abbildung 4-1: Fehler aufgrund einer Veränderung des Einflusses von nicht berücksichtigtem Fremdkapital

Des Weiteren ist zu beachten, dass die Zuordnung des Fremdkapitals zum Leistungsbereich und somit die Wahl des nicht explizit berücksichtigten Fremdkapitaltitels einen Faktor darstellt, der beim Un- und Relevern identisch sein muss. Dies resultiert daraus, dass hierdurch die Definition des „unverschuldeten" Betafaktors verändert wird. Fremdkapitalpositionen, die beim Unlevern nicht explizit berücksichtigt werden, verbleiben im „unverschuldeten" Betafaktor. Werden diese Fremdkapitalpositionen dann beim Relevern hingegen explizit berücksichtigt, fließt die Unsicherheit doppelt in den verschuldeten Betafaktor ein, wie das vorstehende Beispiel zeigt.[558]

Zusammenfassend kann festgestellt werden, dass Fremdkapitaltitel beim Unlevern zu berücksichtigen sind, wenn der Einfluss auf den aus historischen Kapitalmarktdaten abgeleiteten Betafaktor vom künftigen Einfluss beim Bewertungsobjekt abweicht. Dies ist entweder der Fall, wenn sich die Unsicherheit der Fremdkapitaltitel oder das Verhältnis des entsprechenden Fremdkapitaltitels zum angenommenen Marktwert des Eigenkapitals des unverschuldeten Unternehmens verändert.[559]

[558] Indes hat die Zuordnung nicht nur Auswirkungen auf das Un- und Relevern. Werden im Bewertungsmodell ebenfalls ausschließlich die Fremdkapitaltitel des Finanzierungsbereiches als Fremdkapital angesehen, ist dies bei der Ableitung des FCF und des WACC zu beachten. Kapitalkosten, Steuerauswirkungen und die Aufnahme und Tilgung von Fremdkapitalpositionen, die dem Leistungsbereich zugeordnet werden und somit nicht als Fremdkapital berücksichtigt werden, müssen direkt im FCF erfasst werden. Im WACC dürfen diese Positionen dann nicht im Marktwert des Fremdkapitals und den Fremdkapitalkosten berücksichtigt werden. Vgl. MANDL, G./RABEL, K., Unternehmensbewertung, S. 350.

[559] Vgl. Abschnitt 421.211.

421.221.2 Die Berücksichtigung ausgewählter Fremdkapitalpositionen

Auf Grundlage des Ergebnisses des vorherigen Abschnitts werden im Folgenden die in der Bewertungspraxis regelmäßig dem Finanzierungsbereich zugeordneten und weitere ausgewählte Fremdkapitalpositionen hinsichtlich der Notwendigkeit der Berücksichtigung beim Unlevern betrachtet.[560]

Die **kurz- und langfristigen Finanzverbindlichkeiten** können grundsätzlich dem Finanzierungsbereich zugeordnet werden. Allerdings gehört die Aufnahme von finanziellen Verbindlichkeiten in manchen Branchen zum operativen Geschäft, wie z. B. in der Banken-Branche. In diesem Fall erscheint es sachgerecht, die Fremdkapitalpositionen nicht beim Unlevern zu berücksichtigen, da diese Positionen die operativen Risiken des Unternehmens determinieren.

Neben den finanziellen Verbindlichkeiten werden regelmäßig **Pensionsrückstellungen** als Fremdkapital berücksichtigt. Zwar wird die Einordnung in den Finanzierungsbereich oder den Leistungsbereich in der Literatur diskutiert,[561] jedoch besteht die Meinung, dass Pensionsrückstellungen aufgrund der großen Bedeutung in Deutschland explizit berücksichtigt werden sollten.[562] Im Hinblick auf das vorstehend genannte Kriterium des veränderten Einflusses kann aufgrund der großen Bedeutung in Deutschland und der Unterschiede in der Bedeutung gegenüber anderen Ländern ebenfalls abgeleitet werden, dass Pensionsrückstellungen explizit als Fremdkapital berücksichtigt werden sollten. So kann vor allem bei Vergleichsunternehmen unterschiedlicher Länder selten angenommen werden, dass der historische Einfluss nicht von dem künftig bei dem Bewertungsobjekt vorliegenden Einfluss abweicht. Aufgrund der großen Bedeutung handelt es sich bei deutschen Unternehmen regelmäßig um einen wesentlichen Einfluss.

Liquide Mittel und **kurzfristig liquidierbare Vermögenswerte** stellen zwar keine Fremdkapitalpositionen dar, jedoch werden diese in der Bewertungspraxis häufig vom Fremdkapital in Abzug gebracht.[563] Hierzu ist indes anzumerken, dass der historische Betafaktor des Eigenkapitals beim Unlevern um die Finanzierungseinflüsse bereinigt werden soll. Die Finanzierung stellt die Mittelherkunft dar, hingegen sind liquide Mittel und kurzfristig liquidierbare Vermögenswerte Teil der Mittelverwendung. Aus theoretischer Sicht kann die Korrektur des Betafaktors um liquide Mittel bzw. andere Aktiva somit nicht dem Unlevern zugeordnet werden. Allerdings soll der unverschuldete Betafaktor die künftigen operativen Risiken des Bewertungsobjektes widerspiegeln. Besitzt ein Unternehmen liquide Mittel, die für den operativen Bereich nicht erforderlich sind,[564] ist es fraglich, ob der hieraus entstehende Einfluss auf den unverschuldeten Betafaktor korrigiert werden sollte. Da

---

560 Vgl. zu den Fremdkapitalpositionen in der Bewertungspraxis bspw. DÖRSCHELL, A./FRANKEN, L./SCHULTE, J., Kapitalkosten 2010 für die Unternehmensbewertung, S. 63.

561 Vgl. FRANKE, G./HAX, H., Finanzwirtschaft des Unternehmens und Kapitalmarkt, S. 12; BAETGE, J./NIEMEYER, K./KÜMMEL, J./SCHULZ, R., Bewertungsverfahren, S. 365.

562 Vgl. SCHACHT, U./FACKLER, M., Discounted-Cash-flow-Verfahren, S. 221; BAETGE, J./NIEMEYER, K./KÜMMEL, J./SCHULZ, R., Bewertungsverfahren, S. 365; DRUKARCZYK, J., Unternehmensbewertung, S. 272.

563 Vgl. beispielhaft SCHACHT, U./FACKLER, M., Discounted-Cash-flow-Verfahren, S. 220; DÖRSCHELL, A./FRANKEN, L./SCHULTE, J., Kapitalkosten 2010 für die Unternehmensbewertung, S. 63.

564 SCHACHT und FACKLER geben 2-3 % des Umsatzes als Richtwert für die operativen liquiden Mittel an. Vgl. SCHACHT, U./FACKLER, M., Discounted-Cash-flow-Verfahren, S. 220.

das nicht betriebsnotwendige Vermögen regelmäßig separat bewertet wird, sollte der unverschuldete Betafaktor um dieses sog. „excess cash" korrigiert werden.[565] Hierbei handelt es sich jedoch nicht um eine Korrektur der Finanzierungsrisiken, sondern der operativen Risiken und ist damit nicht Teil des Untersuchungsgegenstandes. Anzumerken ist dennoch, dass eine Anpassung theoretisch für sämtliches nicht betriebsnotwendiges Vermögen sinnvoll ist, soweit dieses separat bewertet wird und nicht Teil der finanziellen Überschüsse ist.

In der Bewertungspraxis ist festzustellen, dass bei einem Konzern vereinzelt auch der **Anteil der Minderheitsgesellschafter am Konzern** dem Fremdkapital zugerechnet wird.[566] Im Rahmen der Konzernabschlusstheorien werden hinsichtlich der Zuordnung der Anteile der Minderheiten zum Eigen- oder Fremdkapital unterschiedliche Meinungen vertreten.[567] Sollen statt der operativen Risiken eines Mutterunternehmens die eines Konzerns bestimmt werden, muss der Anteil der Minderheitsgesellschafter indes unabhängig von der Zuordnung berücksichtigt werden. In Abschnitt 421.211. wurde gezeigt, dass es hinsichtlich der Höhe des unverschuldeten Betafaktors nicht relevant ist, ob Kapital als Eigen- oder Fremdkapital in die Anpassungsformel einfließt, soweit die Unsicherheit, der Marktwert und die Steuerwirkung in der Anpassungsformel berücksichtigt werden. Somit ist im Rahmen des Unleverns nicht die Frage entscheidend, wo der Anteil der Minderheitsgesellschafter, sondern ob der Anteil der Minderheitsgesellschafter zu berücksichtigen ist. Die Anteile der Minderheitsgesellschafter sind zu berücksichtigen, wenn statt der operativen Risiken eines Mutterunternehmens, die eines Konzerns bestimmt werden sollen.

Sollen die operativen Risiken eines Konzerns bestimmt werden, ist ferner zu beachten, dass die Rendite der Eigenkapitalgeber eines Konzerns nicht nur durch die Finanzierung der konsolidierten Unternehmen beeinflusst wird, sondern auch durch die Finanzierung von **nicht konsolidierten Unternehmen**, an denen der Konzern beteiligt ist. Üblicherweise werden indes ausschließlich die Finanzierungsrisiken der konsolidierten Unternehmen explizit berücksichtigt. Wie in Abschnitt 421.211. dargestellt wurde, verbleibt die Unsicherheit von nicht explizit berücksichtigtem Kapital im „unverschuldeten" Betafaktor. Wie für jedes andere nicht berücksichtigte Finanzierungsrisiko stellt dies hinsichtlich der Sachgerechtigkeit solange kein Problem dar, wie der Einfluss in dem historischen Betafaktor dem künftigen Einfluss auf die Finanzierungsrisiken des Bewertungsobjektes entspricht. Kann hiervon nicht ausgegangen werden, ist die Unsicherheit bei einem wesentlichen Einfluss anzupassen.[568] Anzumerken ist, dass ein solcher Sachverhalt nicht nur relevant ist, wenn der Betafaktor anhand eines Vergleichsunternehmens abgeleitet wird, sondern auch bei dem historischen Betafaktor des Bewertungsobjektes selbst. So kann vor allem von einem veränderten Einfluss ausgegangen werden, wenn ein Unternehmen den Anteil an einer wesentlichen Beteiligung

565 Vgl. zur Korrektur PRATT, S. P./GRABOWSKI, R. J., Cost of Capital, S. 203 f.

566 Vgl. SCHACHT, U./FACKLER, M., Discounted-Cash-flow-Verfahren, S. 221.

567 Vgl. für einen Überblick zu den Konzernabschlusstheorien BAETGE, J./KIRSCH, H.-J./THIELE, S., Konzernbilanzen, S. 14-22.

568 Eine Möglichkeit die Finanzierungsrisiken der Beteiligung aus dem unverschuldeten Betafaktor herauszurechnen, stellt die Berücksichtigung des anteiligen Fremdkapitals der Beteiligung beim Unlevern dar. Dieser Aspekt soll im Rahmen der Arbeit jedoch nicht vertieft betrachtet werden.

deutlich erhöht bzw. senkt und sich hierdurch die Konsolidierung verändert. Beispielhaft sei an dieser Stelle auf den Übernahmeversuch der Volkswagen AG durch die Porsche Automobil Holding SE verwiesen. In der Bilanz der Porsche Automobil Holding SE wurden im Geschäftsjahr 2007/2008 die Anteile an der Volkswagen AG at Equity bilanziert, im Geschäftsjahr 2008/2009 wurden sie vollkonsolidiert und im Geschäftsjahr 2009/2010 erneut at Equity bilanziert.[569] Das Beispiel stellt zwar einen Extremfall dar, verdeutlicht das Problem jedoch gut.

421.222. Ermittlung des Marktwertes des Fremdkapitals

421.222.1 Vorbemerkungen

Nachdem nun betrachtet wurde, welche Fremdkapitaltitel beim Unlevern zu berücksichtigen sind, werden im Folgenden Möglichkeiten betrachtet, den Marktwert des Fremdkapitals zu bestimmen. Der Marktwert des Fremdkapitals ergibt sich rechnerisch, indem der erwartete Zahlungsstrom der Fremdkapitaltitel mit einem risikoadjustierten Zinssatz diskontiert wird.[570]

Formel 4-6	$FK = \sum_{t=1}^{\infty} \frac{CF_{t,FK}}{(1 + r_{FK})^t}$

Da die Unsicherheit des Fremdkapitals in Form des Betafaktors des Fremdkapitals als eigenständiger Parameter in die Anpassungsformel einfließt,[571] sind zur Ableitung eines **risikoadjustierten Diskontierungszinssatzes** mittels CAPM lediglich die Marktrisikoprämie und der risikolose Zinssatz zusätzlich zu ermitteln.[572] Allerdings werden in Abschnitt 421.232.1 auch Möglichkeiten vorgestellt, die erwartete Fremdkapitalrendite unmittelbar zu schätzen, sodass keine zusätzlichen Parameter ermittelt werden müssen. Hinsichtlich einer ausführlichen Analyse zum Betafaktor des Fremdkapitals, der erwarteten Fremdkapitalrendite sowie der Marktrisikoprämie und dem risikolosen Zinssatz wird auf Abschnitt 421.23 verwiesen.

Neben dem risikoadjustierten Diskontierungszinssatz werden die künftig erwarteten Zahlungen an die Fremdkapitalgeber benötigt, um den Marktwert des Fremdkapitals anhand eines Kapitalwertverfahrens zu bestimmen. Im Rahmen des Unleverns muss der Marktwert des Fremdkapitals die Erwartungen der Marktteilnehmer widerspiegeln, und somit gilt dies auch für den künftigen Zahlungsstrom. Es sollten somit ausschließlich veröffentlichte Daten verwandt werden, um den von den Marktteilnehmern erwarteten Zahlungsstrom zu schätzen. Allerdings liegen bei der Betrachtung eines Vergleichsunternehmens im Allgemeinen auch keine internen Daten vor. Unabhängig hiervon

569 Vgl. PORSCHE AUTOMOBIL HOLDING SE, Porsche GB 2007/2008, S. 17 und 202; PORSCHE AUTOMOBIL HOLDING SE, Porsche GB 2008/2009, S. 150 und 249; PORSCHE AUTOMOBIL HOLDING SE, Porsche GB 2009/2010, S. 3.

570 Vgl. BAETGE, J./NIEMEYER, K./KÜMMEL, J./SCHULZ, R., Bewertungsverfahren, S. 359; STELLBRINK, J., Restwert, S. 17.

571 Vgl. Abschnitt 421.23.

572 Vgl. Abschnitt 244.

müssten grundsätzlich sämtliche Zahlungen betrachtet werden. Indes erscheint es sachgerecht, anzunehmen, dass der **Barwert der künftigen Kreditaufnahme** null beträgt.[573] Hinter diesem vereinfachenden Vorgehen steht die Annahme, dass die Einzahlung aus dem Fremdkapital dem Barwert der Auszahlungsverpflichtungen entspricht. Wenngleich es somit als sachgerecht angesehen werden kann, lediglich den Marktwert der künftigen Zahlungen der zum Betrachtungszeitpunkt **bestehenden Verpflichtungen** zu ermitteln, wird selbst dies regelmäßig aufgrund von fehlenden Informationen nicht möglich sein. So werden zur Schätzung der künftig erwarteten Zahlungen unter anderem Informationen zur Zahlungsstruktur der Fremdkapitaltitel, der Währung oder der Ausfallwahrscheinlichkeit benötigt, die sich beim Unlevern, wie vorstehend dargestellt, aus externen Daten ergeben müssten. Beim Unlevern kann daher regelmäßig nicht davon ausgegangen werden, dass sich der Marktwert des Fremdkapitals sachgerecht durch die Kapitalisierung der künftig erwarteten Zahlungen ermitteln lässt. Daher wird diese Möglichkeit im Folgenden nicht weiter betrachtet.

Werden die Fremdkapitaltitel an der Börse gehandelt, kann der Marktwert anhand des Börsenkurses bestimmt werden.[574] Da indes Unternehmen regelmäßig nicht nur börsennotiertes Fremdkapital aufweisen, kann dieses Vorgehen nicht generell angewandt werden. In der Bewertungspraxis wird der Marktwert des Fremdkapitals regelmäßig approximativ aus dem Buchwert des Fremdkapitals abgeleitet.[575] Da dieses vereinfachende Vorgehen weit verbreitet ist, soll die Eignung des Buchwertes des Fremdkapitals als Approximation des Marktwertes im Folgenden ausführlich betrachtet werden.

421.222.2 Buchwert des Fremdkapitals als Approximation des Marktwertes

421.222.21 Allgemeine Eignung der Buchwerte als Approximation der Marktwerte

In der Bewertungspraxis wird im Rahmen des Unleverns im Allgemeinen der **Buchwert des Fremdkapitals approximativ als Marktwert des Fremdkapitals** verwandt.[576] Eine derartige Vereinfachung ist indes nur sachgerecht, wenn hierdurch keine wesentlichen Einflüsse auf den unverschuldeten Betafaktor entstehen. Hiervon kann ausgegangen werden, wenn der Buchwert annähernd dem Marktwert des Fremdkapitals entspricht. Eine pauschale Aussage hierzu ist jedoch nicht möglich, da dies einerseits vom Rechnungslegungssystem und andererseits von der individuellen Fremdkapitalposition sowie der Markt- und Unternehmensentwicklung abhängt.

573 Vgl. hier und im Folgenden BAETGE, J./NIEMEYER, K./KÜMMEL, J./SCHULZ, R., Bewertungsverfahren, S. 359; COPELAND, T. E./KOLLER, T./MURRIN, J., Unternehmenswert, S. 177.

574 Vgl. MANDL, G./RABEL, K., Unternehmensbewertung, S. 327; NOWAK, K., Marktorientierte Unternehmensbewertung, S. 87.

575 Vgl. DÖRSCHELL, A./FRANKEN, L./SCHULTE, J., Kapitalisierungszinssatz, S. 275; SCHULZ, R., Größenabhängige Risikoanpassungen, S. 184 m. w. N.

576 Vgl. IDW (Hrsg.), WP Handbuch, Abschnitt A, Rn. 346; DÖRSCHELL, A./FRANKEN, L./SCHULTE, J., Kapitalisierungszinssatz, S. 184; BAETGE, J./NIEMEYER, K./KÜMMEL, J./SCHULZ, R., Bewertungsverfahren, S. 359 f.; DAMODARAN, A., Damodaran on Valuation, S. 73.

BOWMAN hat 1980 für rund 100 an der NYSE gelistete Unternehmen empirisch untersucht, ob der Buchwert des Fremdkapitals ein gutes Surrogat für den Marktwert darstellt.[577] Hierbei kommt er zu dem Ergebnis, dass die Verwendung von Buchwerten statt Marktwerten lediglich zu einer unwesentlichen Abweichung führt. Indes ist es fraglich, ob die Ergebnisse auch hinsichtlich heutiger Rechnungslegungssysteme und vor allem der heutigen Marktbedingungen weiterhin gelten.

LANGENKÄMPER gibt allgemeine Bedingungen an, unter denen der Buchwert des Fremdkapitals stets dem Marktwert des Fremdkapitals entspricht. Damit dies der Fall ist, dürfen ausschließlich Zinsen als Fremdkapitalkosten auftreten, die Zins- und Tilgungsleistungen dürfen nicht ausfallbedroht sein und die Fremdkapitalkosten müssen dem risikolosen Zinssatz entsprechen. Es wird deutlich, dass diese Bedingungen in der Realität regelmäßig nicht anzutreffen sind. So führt auch LANGENKÄMPER aus, dass der Buchwert des Fremdkapitals im Regelfall nicht dem Marktwert entsprechen wird.[578]

MANDL/RABEL geben an, dass der Buchwert bei einer marktüblichen Verzinsung regelmäßig dem Marktwert entspricht. Diese Bedingung deckt sich mit der Aussage von NOWAK, der unter der Annahme, dass das Fremdkapital „nahe an den aktuellen Marktkonditionen finanziert ist“[579] die Verwendung des Buchwertes als Marktwert als sachgerecht ansieht. DAMODARAN sieht die Annahme, der Marktwert des Fremdkapitals entspricht dem Buchwert, regelmäßig in entwickelten Märkten als sachgerecht an. Indes weist er darauf hin, dass die Annahme zu Fehlern führt, wenn die Zinssätze und die Aufschläge für Ausfallrisiken volatil sind.[580] Volatile Ausfallrisiken und somit regelmäßig auch abweichende Bedingungen gegenüber dem Ausgabezeitpunkt bzw. Zugangszeitpunkt können auch in entwickelten Märkten vor allem in Krisenzeiten beobachtet werden. So stellen auch DÖRSCHELL/FRANKEN/SCHULTE die vereinfachte Bestimmung des Marktwertes des Fremdkapitals anhand des Buchwertes in Krisenzeiten aufgrund steigender Ausfallrisiken infrage.[581] Werden steigende Ausfallrisiken im Wert des Fremdkapitals nicht berücksichtigt, führt dies c. p. zu einem überschätzten Wert und umgekehrt. Ob ein überschätzter Wert des Fremdkapitals c. p. zu unter- oder überschätzten Finanzierungsrisiken führt, hängt vom Verhältnis des Betafaktors des Fremdkapitals zum unverschuldeten Betafaktor ab. Dies verdeutlicht der Term $(ß_{EK}^{u} - ß_{FK}) \cdot \frac{FK}{EK}$ in Formel 4-1, der den Einfluss der Fremdfinanzierung – ohne Berücksichtigung der steuerlichen Effekte – auf den verschuldeten Betafaktor angibt. Abbildung 4-2 gibt einen Überblick zu den Auswirkungen der Fehleinschätzung in Abhängigkeit von dem Verhältnis zwischen dem Betafaktor des Fremdkapitals und dem unverschuldeten Betafaktor.

577 Vgl. hier und im Folgenden BOWMAN, R. G., Market-Value Measurement of Debt, S. 242-254.

578 Vgl. LANGENKÄMPER, C., Unternehmensbewertung, S. 58; BAETGE, J./NIEMEYER, K./KÜMMEL, J./SCHULZ, R., Bewertungsverfahren, S. 359.

579 NOWAK, K., Marktorientierte Unternehmensbewertung, S. 148.

580 Vgl. DAMODARAN, A., Damodaran on Valuation, S. 73.

581 Vgl. DÖRSCHELL, A./FRANKEN, L./SCHULTE, J., Kapitalisierungszinssatz, S. 275.

		Verhältnis vom Betafaktor des Fremdkapitals zum unverschuldeten Betafaktor des Eigenkapitals		
		$ß_{FK} < ß_{EK}^{u}$	$ß_{FK} = ß_{EK}^{u}$	$ß_{FK} > ß_{EK}^{u}$
Wert des Fremdkapitals	unter-schätzt	Finanzierungsrisiken werden unterschätzt. ↑	Finanzierungsrisiken werden korrekt eingeschätzt. =	Finanzierungsrisiken werden überschätzt. ↓
	über-schätzt	Finanzierungsrisiken werden überschätzt. ↓	Finanzierungsrisiken werden korrekt eingeschätzt. =	Finanzierungsrisiken werden unterschätzt. ↑

Abbildung 4-2: Auswirkung der Fehleinschätzung des Wertes des Fremdkapitals auf die Einschätzung der Finanzierungsrisiken

Ein falsch geschätzter Wert des Fremdkapitals hat vor allem dann einen großen Einfluss, wenn sich der Betafaktor des Fremdkapitals deutlich vom Betafaktor des unverschuldeten Eigenkapitals unterscheidet.

Zu beachten ist jedoch, dass sich die vorstehend genannten Bedingungen, wann der Buchwert des Fremdkapitals den Marktwert gut approximiert, nicht auf konkrete Rechnungslegungssysteme beziehen. So kann der in der Bilanz angegebene Wert des Fremdkapitals je nach Gestaltung des Rechnungslegungssystems auch dem Marktwert entsprechen, wenn diese Bedingungen nicht erfüllt sind. Dies ist der Fall, soweit eine explizite Abbildung der Marktwerte gefordert ist. Im Folgenden soll daher die Rechnungslegung ausgewählter Fremdkapitalpositionen betrachtet werden.

421.222.22 Die Rechnungslegung ausgewählter Fremdkapitalpositionen nach IFRS

In der Europäischen Union (EU) sind die konsolidierten Abschlüsse kapitalmarktorientierter und somit auch börsennotierter Unternehmen seit 2005 nach den IFRS aufzustellen.[582] Da das Unlevern ausgehend von den verschuldeten Betafaktoren börsennotierter Unternehmen durchgeführt wird, kann davon ausgegangen werden, dass alle betrachteten Unternehmen börsennotiert sind. In der EU bietet es sich somit hinsichtlich der Vergleichbarkeit an, auf den Wert des Fremdkapitals abzustellen, der sich nach den IFRS ergibt. Hierfür spricht des Weiteren die hohe Bedeutung des beizulegenden Zeitwertes im Rahmen der IFRS.[583] Wenngleich für in der Vergangenheit liegende Bewertungsstichtage oder lange Beobachtungszeiträume auch das nationale Recht noch relevant ist, sollen

582 Für Unternehmen, deren Wertpapiere auch in einem Drittland zum Handel in einem geregelten Markt zugelassen waren und die bereits primär nach anderen international anerkannten Rechnungslegungsgrundsätzen bilanzierten, ist eine Anwendung der IFRS erst seit 2007 verpflichtend. Vgl. Verordnung (EG) Nr. 1606/2002 des Europäischen Parlaments und des Rates vom 19. Juli 2002.

583 Vgl. BAETGE, J./KIRSCH, H.-J./THIELE, S., Bilanzen, S. 216.

im Folgenden ausschließlich die Regelungen der IFRS zur Bilanzierung von finanziellen Verbindlichkeiten, Pensionsrückstellungen sowie sonstigen Rückstellungen hinsichtlich der Eignung Marktwerte zu approximieren untersucht werden.

Nach IAS 39 bzw. voraussichtlich ab dem Jahr 2015 nach IFRS 9 werden **finanzielle Verbindlichkeiten** nach der Erstbewertung mit Ausnahmen[584] grundsätzlich zu fortgeführten Anschaffungskosten unter Anwendung der Effektivzinsmethode bewertet.[585] Durch die Bewertung zu **fortgeführten Anschaffungskosten unter Anwendung der Effektivzinsmethode** werden die geschätzten Zahlungsströme durch einen über die Laufzeit konstanten Zinssatz periodisiert.[586] Der Effektivzinssatz gibt den einheitlichen Zinssatz an, mit dem die geschätzten künftigen Zahlungsströme über die erwartete Laufzeit der finanziellen Verbindlichkeit oder eine kürzere Periode auf den Nettobuchwert diskontiert werden.[587] Um den Buchwert zum Stichtag zu bestimmen, wird der Buchwert der Vorperiode mit dem Effektivzinssatz aufgezinst und um die erhaltenen Zinszahlungen der Periode vermindert.[588] Die Zahlungsströme werden nach IAS 39.9 explizit auf Grundlage der vertraglichen Bedingungen und ohne mögliche Kreditausfälle geschätzt. Somit geben die geschätzten Zahlungsströme nicht die tatsächlich erwarteten Zahlungsströme an, da die vertraglichen Bedingungen einen Aufschlag für einen möglichen Ausfall enthalten.[589] Für einen anhand der vorstehend beschriebenen Methode bestimmten Buchwert kann nur unter bestimmten Bedingungen angenommen werden, dass er dem Marktwert des Fremdkapitals entspricht. Aufgrund des einheitlichen Zinssatzes muss eine **flache Zinsstrukturkurve** vorliegen. Bei einer normalen Zinsstrukturkurve würde der Buchwert zuerst mit einem zu hohen Zinssatz und später mit einem zu geringen aufgezinst. Die **Marktbedingungen dürfen sich des Weiteren nicht verändern**, da der Effektivzinssatz lediglich bei variabel verzinslichen Verbindlichkeiten angepasst wird.[590] Zwar wird der Buchwert von festverzinslichen Verbindlichkeiten nach IAS 39.AG8 aufgrund von Schätzungsänderungen im Hinblick auf die künftig erwarteten Zahlungen angepasst, jedoch wird der ursprüngliche Effektivzinssatz weiterhin verwandt.[591] Dadurch, dass die Möglichkeit eines Ausfalls in dem künftig erwarteten Zahlungsstrom und somit in dem daraus abgeleiteten Effektivzinssatz nicht berücksichtigt wird, muss einerseits von den Marktteilnehmern eine periodisch **konstante Ausfallwahrscheinlichkeit** erwartet werden und andererseits dürfen sich die Erwartungen zur Ausfallwahrscheinlichkeit im Zeitablauf nicht verändern, damit sich der Buchwert und der Marktwert entsprechen können.

Dies soll anhand der folgenden Beispiele verdeutlicht werden. Hierfür sei angenommen, dass ein

---

584 Vgl. zu den Ausnahmebedingungen IAS 39.47; IFRS 9.4.2.1; VON OERTZEN, E., § 3. Finanzinstrumente, Rn. 155.

585 Vgl. IAS 39.47; IFRS 9.4.2.1; IASB (Hrsg.), ED – Mandatory Effective Date of IFRS 9; WIECHENS, G./KROPP, M., Bilanzierung finanzieller Verbindlichkeiten nach IFRS 9, S. 225.

586 Vgl. hier und im Folgenden IAS 39.9.

587 Vgl. BARCKOW, A., IAS 39, Tz. 101.

588 Vgl. bspw. BERENTZEN, C., Die Bilanzierung von finanziellen Vermögenswerten, S. 135; BARCKOW, A., IAS 39, Tz. 101.

589 Vgl. VOLKART, R., Kapitalkosten und Risiko, S. 149; KOLLER, T./GOEDHART, M. H./WESSELS, D./COPELAND, T. E., Valuation, S. 257.

590 Vgl. IAS 39.AG7. Variabel verzinsliches Fremdkapital wird hier jedoch nicht näher betrachtet.

591 Vgl. BARCKOW, A., IAS 39, Tz. 100.

Unternehmen ein festverzinsliches Wertpapier mit einem Nominalzinssatz von 5 %, einer Laufzeit von fünf Jahren und einem Nominalwert von 100 GE zu 90 GE ausgegeben hat. Ferner wird eine periodische Ausfallrate von 2 % angenommen. Somit ist in den ersten vier Jahren die vertragliche Zahlung 5 GE und in der letzten Periode 105 GE. Der Effektivzinssatz beträgt bei dem Zahlungsstrom 7,47 %, sodass sich folgende Buchwerte in den jeweiligen Perioden ergeben:

Periode	1	2	3	4	5
Vertragliche Zahlungen	5	5	5	5	105
Effektivzinssatz	7,47%	7,47%	7,47%	7,47%	7,47%
Buchwert zu Periodenbeginn	**90,00**	91,72	93,57	95,56	97,70
Buchwert zu Periodenende	**91,72**	93,57	95,56	97,70	0,00

Tabelle 4-1: Buchwertentwicklung nach der Effektivzinsmethode

Unter Beachtung der Möglichkeit eines Ausfalls reduzieren sich die erwarteten Zahlungen und es ergibt sich gemäß Tabelle 4-2 ein Effektivzinssatz in Höhe von 5,32 %. Es wird im Weiteren angenommen, dass eine flache Zinsstrukturkurve erwartet wird und dass eine Rendite in Höhe von 5,32 % marktüblich für eine solche finanzielle Verbindlichkeit ist.

Periode	1	2	3	4	5
Periodische Ausfallwahrscheinlichkeit	2,0%	2,0%	2,0%	2,0%	2,0%
Kumulierte Ausfallwahrscheinlichkeit	2,0%	4,0%	5,9%	7,8%	9,6%
Erwarteter Zahlungsstrom (inkl. erwartetem Ausfall)	4,9	4,8	4,7	4,6	94,9
Effektivzinssatz	5,32%	5,32%	5,32%	5,32%	5,32%
Barwert zu Periodenbeginn	**90,00**	89,89	89,87	89,94	90,12
Barwert zu Periodenende	89,89	89,87	89,94	90,12	0,00

Tabelle 4-2: Effektivzinssatz unter Berücksichtigung eines möglichen Ausfalls

Unter der Annahme, dass die Verbindlichkeit in Periode 1 nicht ausgefallen ist und weiterhin die Zins- und Ausfallerwartungen gelten, ergibt sich gemäß Tabelle 4-3 zum Ende der Periode 1 bzw. zum Beginn der Periode 2 ein Marktwert in Höhe von 91,72 GE. Dieser Wert stellt ebenfalls den anhand der Effektivzinsmethode berechneten Buchwert zum Ende der Periode 1 dar.

Periode	2	3	4	5
Periodische Ausfallwahrscheinlichkeit	2,0%	2,0%	2,0%	2,0%
Kumulierte Ausfallwahrscheinlichkeit	2,0%	4,0%	5,9%	7,8%
Erwarteter Zahlungsstrom (inkl. erwartetem Ausfall)	4,9	4,8	4,7	96,8
Erwartete Rendite (Spot Rate)	5,32%	5,32%	5,32%	5,32%
Barwert der periodischen Zahlungen	4,65	4,33	4,03	78,71
Barwert der Zahlungen	**91,72**			

Tabelle 4-3: Barwert der finanziellen Verbindlichkeit zu Beginn von Periode 2

Verändert sich die erwartete Ausfallwahrscheinlichkeit hingegen zum Ende der Periode 1 auf 3,0 %, ergibt sich gemäß Tabelle 4-4 zum Ende der Periode 1 bei einer erwarteten marktüblichen Rendite von weiterhin 5,32 % ein Marktwert der Verbindlichkeiten in Höhe von 88,30 GE, der vom Buchwert abweicht.

Periode	2	3	4	5
Periodische Ausfallwahrscheinlichkeit	3,0%	3,0%	3,0%	3,0%
Kumulierte Ausfallwahrscheinlichkeit	3,0%	5,9%	8,7%	11,5%
Erwarteter Zahlungsstrom (inkl. erwartetem Ausfall)	4,9	4,7	4,6	93,0
Erwartete Rendite (Spot Rate)	5,32%	5,32%	5,32%	5,32%
Barwert der periodischen Zahlungen	4,61	4,24	3,91	75,55
Barwert der Zahlungen	**88,30**			

Tabelle 4-4: Barwert der finanziellen Verbindlichkeit zu Beginn von Periode 2 bei veränderter Ausfallwahrscheinlichkeit

Bisher wurde eine flache Zinsstrukturkurve angenommen. Im Gegensatz zu dem vorstehenden Beispiel sei nun erneut die erwartete Ausfallwahrscheinlichkeit 2,0 %, die Zinsstrukturkurve wird jedoch als nicht flach angenommen.[592] Tabelle 4-5 zeigt, dass der Barwert der Zahlungen zu Beginn der Periode 2 und somit der Marktwert der Verbindlichkeiten in dieser Situation vom Buchwert abweicht.

Periode	2	3	4	5
Periodische Ausfallwahrscheinlichkeit	2,0%	2,0%	2,0%	2,0%
Kumulierte Ausfallwahrscheinlichkeit	2,0%	4,0%	5,9%	7,8%
Erwarteter Zahlungsstrom (inkl. erwartetem Ausfall)	4,9	4,8	4,7	96,8
Erwartete Rendite (Spot Rate)	5,10%	5,35%	5,60%	5,85%
Barwert der periodischen Zahlungen	4,66	4,33	4,00	77,16
Barwert der Zahlungen	**90,14**			

Tabelle 4-5: Barwert der finanziellen Verbindlichkeit zu Beginn von Periode 2 bei nicht flacher Zinsstrukturkurve

Die Buchwerte finanzieller Verbindlichkeiten, die nach der Effektivzinsmethode bilanziert werden, approximieren somit lediglich bei einer marktüblichen Verzinsung, einer flachen Zinsstrukturkurve und einer gleichbleibenden Ausfallwahrscheinlichkeit den Marktwert. Indes müssen die beizulegenden Zeitwerte für die unterschiedlichen Klassen von Verbindlichkeiten nach IFRS 7.25 grundsätzlich im Anhang dargestellt werden. Hierauf darf nach IFRS 7.29 lediglich verzichtet werden, wenn der Buchwert den beizulegenden Zeitwert angemessen approximiert. Des Weiteren werden finanzielle Verbindlichkeiten zwar überwiegend zu fortgeführten Anschaffungskosten bewertet,

592 Die erwartete Rendite wurde so angenommen, dass eine Diskontierung des Zahlungsstroms der fünf Perioden zu einem Barwert von 90 GE zu Beginn von Periode 1 führt.

unter bestimmten Bedingungen werden sie jedoch auch zum beizulegenden Zeitwert bewertet.[593] Nach IFRS 13.22 ist der beizulegende Zeitwert explizit aus der Marktperspektive zu bestimmen.[594] So sind Annahmen zu verwenden, die ein Marktteilnehmer unterstellen würde. Soweit möglich, ist der beizulegende Zeitwert anhand von Marktwerten bzw. Marktdaten zu ermitteln.[595] Der beizulegende Zeitwert stimmt somit mit der Sichtweise beim Unlevern überein und ist hinsichtlich der Sachgerechtigkeit positiv zu beurteilen. Es sollte daher bei finanziellen Verbindlichkeiten, die nicht zum beizulegenden Zeitwert bewertet werden, auf die im Anhang angegebenen beizulegenden Zeitwerte abgestellt werden.

Neben finanziellen Verbindlichkeiten haben **Pensionsrückstellungen** regelmäßig eine wesentliche Bedeutung. Hierbei sind beitragsorientierte und leistungsorientierte Pensionszusagen zu unterscheiden.[596] Bei **leistungsorientierten Pensionszusagen** sollte im Rahmen des Unleverns auf den Saldo des Marktwertes der Pensionsansprüche und des Planvermögens abgestellt werden, da lediglich der Saldo zur Finanzierung des Unternehmens dient. Zu beachten ist jedoch, dass der Saldo nicht zwangsläufig die in der Bilanz ausgewiesene Pensionsrückstellung darstellt. So besteht nach IAS 19 (2004) ein Wahlrecht, versicherungsmathematische Gewinne und Verluste erst zu berücksichtigen, wenn hierdurch ein Korridor von 10 % überschritten wird.[597] Der Saldo ist indes dem Anhang zu entnehmen. In dem überarbeiteten IAS 19 (2011), der ab 2013 anzuwenden ist,[598] besteht die Möglichkeit der Korridormethode nicht mehr.[599]

Die Verpflichtung stellt nach IAS 19.7 (2004) bzw. IAS 19.8 (2011) den Barwert der zum Bilanzstichtag erdienten Pensionsansprüche dar. Die in die Berechnung der Verpflichtung einfließenden finanziellen Parameter sollen sich an den am Stichtag bestehenden Markterwartungen orientieren.[600] Allgemein sollen die Parameter die Erwartungen hinsichtlich der künftigen Entwicklung bestmöglich widerspiegeln und somit nicht übertrieben vorsichtig oder unvorsichtig geschätzt werden.[601] Im Diskontierungszinssatz ist der Zeitpunkt der Fälligkeit der Verpflichtung zu berücksichtigen,[602] sodass eine Laufzeitäquivalenz hergestellt wird. Indes wird bei der Diskontierung der Verpflichtung nicht das konkrete Risiko der Verpflichtung berücksichtigt, sondern typisierend von erstrangigen

593 Vgl. zu den Ausnahmebedingungen IAS 39.47; IFRS 9.4.2.1; von Oertzen, E., § 3. Finanzinstrumente, Rn. 155.

594 Vgl. zum beizulegenden Zeitwert Kirsch, H.-J./Köhling, K./Dettenrieder, D., IFRS 13, Tz. 14.

595 Vgl. zu der Hierarchie nach dem Fair Value-Modell gemäß IFRS 13 Köhling, K., Barwertorientierte Fair Value-Ermittlung, S. 32 f.; IFRS 13.72-90. Zu den Bewertungsmethoden ausführlich Kirsch, H.-J./Köhling, K./Dettenrieder, D., IFRS 13, Tz. 44-99 und konkret zur Bewertung von Schulden Tz. 122-143.

596 Vgl. allgemein zu beitrags- und leistungsorientierten Pensionszusagen Rhiel, R., § 22. Leistungen an Arbeitnehmer, Altersversorgung, Tz. 8-12. Beitragsorientierte Pensionszusagen werden hier aufgrund der geringeren Bedeutung hinsichtlich der Höhe des Fremdkapitals nicht näher betrachtet.

597 Vgl. IAS 19.92-95 (2004).

598 Vgl. IAS 19.172 (2011).

599 Vgl. IAS 19.122 (2011); Oldewurtel, C./Kümpel, K./Wolz, M., Pensionsverpflichtungen nach IAS 19, S. 454; Faßhauer, J./Böckern, H., IAS 19, S. 1003-1012.

600 Vgl. IAS 19.77 (2004) bzw. IAS 19.80 (2011).

601 Vgl. IAS 19.73 f. (2004); IAS 19.76 f. (2011); Seemann, T., § 26. Altersversorgungspläne/Leistungen an Arbeitnehmer, Rn. 58 f.

602 Vgl. hier und im Folgenden IAS 19.78 (2004); IAS 19.83 (2011); Seemann, T., § 26. Altersversorgungspläne/Leistungen an Arbeitnehmer, Rn. 61-64.

festverzinslichen Industrieanleihen der entsprechenden Währung ausgegangen. Explizit abgelehnt wird in IAS 19.79 (2004) bzw. IAS 19.84 (2011), dass in dem Zinssatz die Unsicherheit der versicherungsmathematischen Annahmen und der Bonität berücksichtigt wird. Unterliegen die künftig erwarteten Verpflichtungen einer Unsicherheit, die höher ist als die Unsicherheit einer Industrieanleihe mit erstrangiger Bonität, wird hiermit der Barwert der Verpflichtung aus Sicht eines risikoaversen Investors überschätzt. Indes ist zu beachten, dass das Planvermögen dem Zugriff der Gläubiger auch im Konkursfall entzogen ist,[603] sodass es zumindest für den vom Planvermögen gedeckten Teil der Verpflichtung hinsichtlich der Bonität sachgerecht erscheint, eine erstrangige Bonität anzunehmen. Für den über das Planvermögen hinausgehenden Teil der Verpflichtung gilt dies indes nicht. Das Planvermögen ist nach IAS 19.102 (2004) bzw. IAS 19.113 (2011) mit dem beizulegenden Zeitwert anzusetzen, der möglichst anhand von Marktwerten bzw. Marktdaten zu ermitteln ist. Zusammenfassend kann zu den Pensionsrückstellungen festgestellt werden, dass sowohl hinsichtlich des Barwertes der Verpflichtung als auch des beizulegenden Zeitwertes des Planvermögens, soweit möglich, auf die Erwartungen der Marktteilnehmer abgestellt wird. Da beim Unlevern eine Äquivalenz zu den Erwartungen der Marktteilnehmer gefordert wird, ist dies hinsichtlich der Sachgerechtigkeit positiv zu beurteilen. Die fehlende Risikoäquivalenz des Diskontierungszinssatzes kann jedoch vor allem bei Unternehmen mit einer schlechten Bonität die Sachgerechtigkeit einschränken.

Andere Rückstellungen werden, soweit der Zinseffekt wesentlich ist, ebenfalls mit ihrem Barwert angesetzt.[604] Hierfür werden die erwarteten Zahlungen mit Zinssätzen diskontiert, die die aktuellen Markterwartungen im Hinblick auf den Zinseffekt und die spezifischen Risiken widerspiegeln.[605] In den Folgeperioden sind Rückstellungen bei Änderungen der Prämissen und Schätzungen sowie bei neueren Erkenntnissen anzupassen.[606] Zwar bestehen Ermessensspielräume bei der Ableitung der erforderlichen Parameter, jedoch entspricht der Wert der Rückstellung methodisch einem Marktwert.

Die vorstehenden betrachteten Regelungen der Bilanzierung ausgewählter Fremdkapitaltitel nach IFRS haben deutlich gemacht, dass eine pauschale Aussage zur Eignung von Buchwerten zur Approximation von Marktwerten nicht möglich ist. So kann hinsichtlich der Rückstellungen im Allgemeinen angenommen werden, dass die Buchwerte die Marktwerte gut approximieren. Die Pensionsrückstellungen werden zwar ebenfalls aus Marktsicht bestimmt, jedoch führt die fehlende Risikoäquivalenz des Diskontierungszinssatzes dazu, dass die Verpflichtung aus Sicht eines risikoaversen Investors ggf. falsch eingeschätzt wird. Da jedoch die Buchwerte der Pensionsrückstellungen regelmäßig auch für die Marktteilnehmer die einzigen Informationen darstellen, sollte auf diese abgestellt werden. Hinsichtlich der Buchwerte der finanziellen Verbindlichkeiten, die zu fortgeführten Anschaffungskosten nach der Effektivzinsmethode bilanziert werden, hat sich zwar

603 Vgl. IAS 19.7 (2004); IAS 19.8 (2011); SEEMANN, T., § 26. Altersversorgungspläne/Leistungen an Arbeitnehmer, Rn. 37.
604 Vgl. IAS 37.45; HOFFMANN, W.-D., § 21. Rückstellungen, Verbindlichkeiten, Tz. 127.
605 Vgl. IAS 37.47; HOFFMANN, W.-D., § 21. Rückstellungen, Verbindlichkeiten, Tz. 127-137.
606 Vgl. HEBESTREIT, C. E./SCHRIMPF-DÖRGES, G., § 13. Rückstellungen, Tz. 81.

bestätigt, dass die Buchwerte lediglich unter restriktiven Bedingungen geeignet sind, Marktwerte zu approximieren. Allerdings wurde dargestellt, dass die beizulegenden Zeitwerte grundsätzlich im Anhang anzugeben sind. Bei anderen Rechnungslegungssystemen kann indes eine Anpassung erforderlich sein. DAMODARAN zeigt, dass in dem Fall der Marktwert aus dem Buchwert, den erwarteten Fremdkapitalkosten, der Restlaufzeit des Fremdkapitals und den Zinsaufwendungen geschätzt werden kann.[607]

421.222.23 Durchschnittlicher Buchwert des Fremdkapitals im Beobachtungszeitraum

Im Abschnitt 421.1 wurde dargestellt, dass sich die Parameter und somit auch das Fremdkapital auf den Beobachtungszeitraum des Betafaktors beziehen müssen, und Zeitpunktgrößen daher als Durchschnittswert über den Beobachtungszeitraum zu bestimmen sind. Der **Buchwert des Fremdkapitals** wird jedoch regelmäßig nur zu den Bilanzstichtagen des Jahresberichtes bzw. teilweise auch quartalweise oder halbjährlich bekannt gegeben. Für den Fall, dass der Beginn bzw. das Ende des Beobachtungszeitraumes nicht einem Bilanzstichtag entspricht, stellen DÖRSCHELL/FRANKEN/SCHULTE fest, dass sich der Durchschnittswert nicht auf den entsprechenden Beobachtungszeitraum beziehen kann.[608] DÖRSCHELL/FRANKEN/SCHULTE schlagen vor, die jeweiligen Bilanzdaten so zu wählen, dass eine größtmögliche Übereinstimmung mit dem Beobachtungszeitraum vorliegt. Allerdings raten sie von einem Rückgriff auf Quartals- oder Halbjahresdaten ab, da ansonsten unterjährige Effekte in die Durchschnittsbildung mit einbezogen würden. Dieser Argumentation kann jedoch nicht gefolgt werden, da durch die Verwendung von Durchschnittswerten ein größerer Bezug der Stichtagsgrößen zum Beobachtungszeitraum des Betafaktors hergestellt werden soll. So fließen in den Betafaktor üblicherweise nicht die Jahresrenditen, sondern die täglichen, wöchentlichen oder auch monatlichen Renditen ein, sodass nicht nur Bilanzdaten zum Anfang und zum Ende des Geschäftsjahres relevant sind, sondern auch unterjährige Werte. Zwar wird durch die Quartals- und Halbjahresdaten ein größerer Bezug zum Beobachtungszeitraum hergestellt, indes hängt die Güte der Schätzung weiterhin von Schwankungen zwischen den Stichtagen ab. Vor allem Windowdressing und somit die kurzfristige Fremdkapitalaufnahme vor einem Bilanzstichtag zur Verbesserung der Liquiditätssituation führt zu einem verzerrten durchschnittlichen Fremdkapitalbestand.[609] Indes ist durch Windowdressing nicht nur der durchschnittliche Fremdkapitalbestand verzerrt, sondern auch die Höhe der liquiden Mittel. Zwar ist die Korrektur der operativen Risiken um nicht betriebsnotwendige liquide Mittel nicht Teil des Unleverns, jedoch wurde dargestellt, dass es im Anschluss an das Unlevern erforderlich ist, die operativen Risiken um den Einfluss der nicht betriebsnotwendigen liquiden Mittel anzupassen.[610] Wird der unverschuldete Betafaktor aufgrund des verzerrten durchschnittlichen Fremdkapitalbestands fehlerhaft bestimmt, wird dieser Fehler zumindest teilweise durch die Korrektur der operativen Risiken um die ebenfalls verzerrten liquiden Mittel ausgeglichen.

[607] Vgl. DAMODARAN, A., Damodaran on Valuation, S. 73 f.
[608] Vgl. hier und im Folgenden DÖRSCHELL, A./FRANKEN, L./SCHULTE, J., Kapitalisierungszinssatz, S. 213.
[609] Vgl. zum Windowdressing BAETGE, J./KIRSCH, H.-J./THIELE, S., Bilanzanalyse, S. 157.
[610] Vgl. Abschnitt 421.221.2.

Im Hinblick auf die Äquivalenz zum Beobachtungszeitraum kann dem grundsätzlichen Gedanken, die Bilanzdaten entsprechend so zu wählen, dass die größtmögliche Übereinstimmung mit dem Beobachtungszeitraum vorliegt, gefolgt werden. Allerdings ist der Zeitpunkt der Veröffentlichung der Daten hinsichtlich der geforderten Äquivalenz der Parameter zu den Markterwartungen zu beachten. DÖRSCHELL/FRANKEN/SCHULTE sehen es als kritisch an, dass der Zeitpunkt der Veröffentlichung regelmäßig von dem jeweiligen Bilanzstichtag abweicht und somit die Daten bei der Ermittlung des Betafaktors teilweise noch nicht vorliegen.[611] Statt den Aspekt im Hinblick auf Schwierigkeiten bei der Ermittlung zu betrachten, stellt sich indes vielmehr die Frage, ob die im Beobachtungszeitraum noch nicht veröffentlichten Bilanzdaten die Erwartungen der Marktteilnehmer in Bezug auf die Höhe des Fremdkapitals widerspiegeln. So ist nicht der tatsächliche Wert des Fremdkapitals relevant, sondern der von den Marktteilnehmern erwartete Wert. Solange den Marktteilnehmern keine neueren Informationen bekannt sind, erscheint es realistisch anzunehmen, dass die Marktteilnehmer ihre Erwartungen auf Grundlage der bisher bekannten Informationen bilden.

Um die bisherigen Informationen zu nutzen, müssten zwingend auch die Halbjahres- und Quartalszahlen, soweit sie veröffentlicht werden, in dem Durchschnittswert berücksichtigt werden. Hierbei ist jedoch zu beachten, dass nach IAS 34 die Möglichkeit eines verkürzten Zwischenberichtes besteht und somit die Bilanz in verkürzter Form dargestellt werden kann. Auch müssen nur ausgewählte Anhangangaben gemacht werden.[612] Aufgrund enger zeitlicher Restriktionen wird dieses Wahlrecht umfassend genutzt.[613] Eröffnen die komprimierten Informationen den Marktteilnehmern keine neuen Erkenntnisse, muss davon ausgegangen werden, dass die Marktteilnehmer ihre Erwartungen auf Grundlage der vorhergehenden Abschlüsse bilden.

Im Hinblick auf die Sachgerechtigkeit ist zu kritisieren, dass durch die Verwendung der bisher veröffentlichten Bilanzdaten Wachstumserwartungen der Marktteilnehmer missachtet werden. Konkret wird somit z. B. die von den Marktteilnehmern erwartete Höhe des Fremdkapitals unterschätzt, wenn diese erwarten, dass sich der Wert bis zum nächsten Stichtag erhöht. Dieser Aspekt ist vor allem bei einer längeren Zeitspanne zwischen den Veröffentlichungszeitpunkten jeweils neuer Informationen bedeutend. In Abschnitt 421.241.4 wird eine Möglichkeit beschrieben, um die vom Markt nachhaltig erwartete Wachstumserwartung zu schätzen. Wenngleich sich die nachhaltige und die kurzfristige Wachstumserwartung unterscheidet, kann das Wachstum hierdurch approximiert werden.

Durch das Vorgehen, die bisher bekannten Bilanzdaten anzusetzen, kann auch bei vom Bilanzstichtag abweichenden Beobachtungszeiträumen ein erwarteter Fremdkapitalbestand ermittelt werden. In der nachfolgenden Abbildung zeigt der Pfeil die jeweils relevanten Bilanzdaten für den entsprechenden Abschnitt des Beobachtungszeitraumes. Beispielsweise waren zu Beginn des Beobachtungszeitraumes im dritten Quartal 2010 die Bilanzdaten zum Ende des zweiten Quartals die letzten

611 Vgl. DÖRSCHELL, A./FRANKEN, L./SCHULTE, J., Kapitalisierungszinssatz, S. 213.
612 Vgl. BAETGE, J./ROLVERING, A./HAENELT, T./GRAUPE, F., IAS 34, Tz. 16-24.
613 Vgl. BAETGE, J./ROLVERING, A./HAENELT, T./GRAUPE, F., IAS 34, Tz. 13.

veröffentlichten Daten und daher relevant für die Höhe des anzusetzenden durchschnittlichen Fremdkapitalbestands. Im vierten Quartal 2010 wurden die Bilanzdaten für das dritte Quartal veröffentlicht (gestrichelte Linie) und waren ab dem Zeitpunkt für den Durchschnittswert relevant.

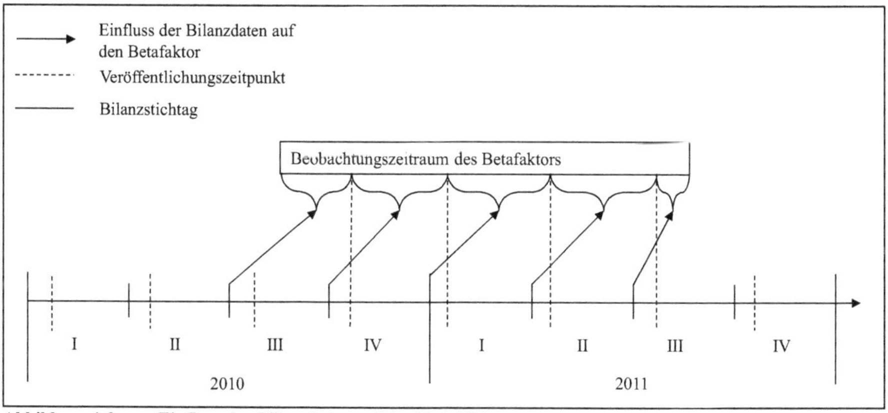

Abbildung 4-3: Einfluss der Bilanzdaten auf den Betafaktor

Die Abbildung zeigt, dass die Abschnitte des Beobachtungszeitraumes durch die Veröffentlichungszeitpunkte der Bilanzdaten determiniert werden. Diese klare Regel ist im Hinblick auf die Verlässlichkeit positiv zu beurteilen, da hierdurch keine Ermessensspielräume entstehen. Hinsichtlich der Anwendbarkeit bedeutet dies jedoch zusätzlichen Aufwand, da sowohl die einzelnen Bilanzdaten als auch das jeweilige Veröffentlichungsdatum benötigt werden. Um den Aufwand zu reduzieren, kann bei der Ermittlung der Bilanzdaten auf Finanzdatenanbieter wie Bloomberg zurückgegriffen werden.

421.223. Zwischenfazit

Hinsichtlich der **Sachgerechtigkeit** wird gefordert, dass **alle Einflussfaktoren der Finanzierung** berücksichtigt werden. Somit müsste theoretisch das gesamte Fremdkapital in die Anpassungsformel einfließen. In der Bewertungspraxis wird jedoch regelmäßig vereinfachend lediglich das verzinsliche Fremdkapital berücksichtigt, welches mit dem Finanzierungsbereich gleichgesetzt wird. Einerseits wurde hierzu festgestellt, dass die Fremdkapitaltitel nicht trennscharf dem Leistungs- oder dem Finanzierungsbereich zugeordnet werden können und andererseits, dass es unabhängig von der konkreten Zuordnung nur unter bestimmten Bedingungen sachgerecht ist, Fremdkapital nicht zu berücksichtigen. So verbleibt die Unsicherheit von Fremdkapitaltiteln, die in der Anpassungsformel nicht berücksichtigt werden, in dem Betafaktor des fiktiv unverschuldet angenommenen Unternehmens. Da der verschuldete Betafaktor aufgrund der Äquivalenzkriterien an die künftigen Einflüsse der Finanzierung anzupassen ist, dürfen hinsichtlich dieses Fremdkapitals die im historischen Betafaktor berücksichtigten Einflüsse nicht von den künftigen Einflüssen beim

Bewertungsobjekt abweichen. Hierzu wurde festgestellt, dass der Einfluss durch den Betafaktor der Fremdkapitaltitel und dem Verhältnis des Fremdkapitals zum angenommenen Marktwert des unverschuldeten Eigenkapitals determiniert wird. Es sollten somit hinsichtlich der Sachgerechtigkeit im Idealfall alle Fremdkapitaltitel berücksichtigt, jedoch zwingend diejenigen, bei denen sich der künftige Einfluss verändert.

Aus Sicht der **Anwendbarkeit** ist sowohl die verlässliche Bestimmung als auch der Aspekt des angemessenen Ermittlungsaufwands zu beachten. Werden nicht alle Fremdkapitalpositionen berücksichtigt, sinkt der zeitliche Aufwand. Da es indes lediglich sachgerecht ist Fremdkapital nicht zu berücksichtigen, wenn sich der künftige Einfluss nicht verändert, muss dies überprüft werden. Hierfür werden die identischen Parameter benötigt, sodass sich der Aufwand lediglich verringern würde, wenn auf eine detaillierte Analyse verzichtet wird. Damit ein Parameter verlässlich ermittelt werden kann, dürfen keine Ermessenspielräume vorliegen. Im Hinblick auf die Auswahl der Fremdkapitaltitel entstehen Ermessensspielräume, wenn nicht alle Fremdkapitaltitel berücksichtigt werden. Allerdings können auch Ermessenspielräume entstehen, wenn alle Fremdkapitaltitel berücksichtigt werden, da die Ermittlung des Marktwertes und der Unsicherheit Ermessensspielräumen unterliegt. Aufgrund der bisherigen Erkenntnisse zur Anwendbarkeit und zur Sachgerechtigkeit sollten alle Fremdkapitaltitel berücksichtigt werden, wenn sich deren Unsicherheit und Marktwert sachgerecht bestimmen lassen.

Im Hinblick auf die **Sachgerechtigkeit** ist es neben der Berücksichtigung der wesentlichen Einflussparameter auch erforderlich, dass diese die **Erwartungen der Marktteilnehmer** widerspiegeln. Das Fremdkapital muss somit als Marktwert bestimmt werden. Einerseits werden nicht alle Fremdkapitaltitel börsennotiert sein, und andererseits werden im Rahmen des Unleverns die zur Berechnung erforderlichen Daten regelmäßig nicht vorliegen. Die Bewertungspraxis greift daher im Allgemeinen auf Buchwerte zurück. Dies ist lediglich sachgerecht, wenn die Buchwerte nicht wesentlich von den Marktwerten abweichen. Eine pauschale Aussage ist hierzu nicht möglich, da die Güte der Approximation von den Regelungen der Rechnungslegung abhängig ist. Um dies zu beurteilen, wurden ausgewählte Regelungen der IFRS betrachtet. Hierbei wurde bspw. festgestellt, dass das methodische Vorgehen, den Wert der Pensionsrückstellungen zu bestimmen aus Sicht des hier angenommenen risikoaversen Investors kritisch zu sehen ist, da kein risikoäquivalenter Diskontierungszinssatz verwandt wird. Dennoch stellen die Buchwerte der Pensionsrückstellungen regelmäßig die einzigen Informationen dar, sodass auf diese abgestellt werden sollte. Anhand der Regelungen der sonstigen langfristigen Rückstellungen wird methodisch ein Marktwert bestimmt. Der Buchwert von finanziellen Verbindlichkeiten, die zu fortgeführten Anschaffungskosten unter Anwendung der Effektivzinsmethode bestimmt werden, approximiert lediglich unter bestimmten Bedingungen einen Marktwert. Indes muss für finanzielle Verbindlichkeiten der beizulegende Zeitwert im Anhang angegeben werden. Aus Sicht der Sachgerechtigkeit sollten diese Werte verwandt werden.

Hinsichtlich der Sachgerechtigkeit ist ferner zu beachten, dass der Buchwert des Fremdkapitals lediglich zu den Bilanzstichtagen verfügbar ist und somit eine Zeitpunktgröße darstellt. Es wurde in

Abschnitt 421.1 gezeigt, dass bei Zeitpunktgrößen ein **Durchschnittswert** zu bestimmen ist, um eine Äquivalenz zu dem Beobachtungszeitraum herzustellen. Der Durchschnittswert soll beim Unlevern den von den Marktteilnehmern im Beobachtungszeitraum durchschnittlich erwarteten Wert des Fremdkapitals widerspiegeln. Da nicht davon ausgegangen werden kann, dass die Marktteilnehmer ihre Erwartungen auf Grundlage noch nicht veröffentlichter Bilanzdaten bilden, muss der Veröffentlichungszeitpunkt beachtet werden. Im Rahmen dieser Arbeit wird daher angenommen, dass die Marktteilnehmer ihre Erwartungen auf Grundlage der bisher veröffentlichten Bilanzdaten bilden. Einschränkungen hinsichtlich der Sachgerechtigkeit entstehen hierbei jedoch aufgrund von Wachstumserwartungen bis zum nächsten Stichtag. Im Hinblick auf die **Anwendbarkeit** ist die Wahl der relevanten Daten in Abhängigkeit von dem Veröffentlichungszeitpunkt und dem Beobachtungszeitraum positiv zu beurteilen, da hierdurch keine Ermessensspielräume entstehen. Allerdings verursacht die Durchschnittsbildung im Vergleich zu einer Zeitpunktbetrachtung einen größeren Aufwand. Vor allem in Zeiten volatiler Einflussfaktoren ist der größere Aufwand indes durch die höhere Äquivalenz zu den im verschuldeten Betafaktor enthaltenen Erwartungen der Marktteilnehmer gerechtfertigt.

421.23 Betafaktor des Fremdkapitals (Debt Beta)

421.231. Überblick

Der Betafaktor des Fremdkapitals – auch als Debt Beta bezeichnet – gibt die systematische Unsicherheit des Fremdkapitals an.[614] Als Unsicherheitsfaktoren der mit dem Fremdkapital verbundenen Zahlungen sind insbesondere Ausfallrisiken, Zinsänderungsrisiken sowie Währungsrisiken zu nennen.[615] Die aufgeführten Risiken determinieren sowohl die systematischen als auch unsystematischen Risiken des Fremdkapitals.[616] Im CAPM wird indes von einem vollständig diversifizierten Investor ausgegangen, bei dem sich positive und negative unsystematische Risiken kompensieren und somit lediglich die systematischen Risiken relevant sind.[617]

Unabhängig von der Methode, den Betafaktor und somit die systematischen Risiken zu ermitteln, ist zu beachten, dass sich der Betafaktor auf sämtliche Fremdkapitalpositionen beziehen muss, die in den Marktwert des Fremdkapitals einfließen.[618] Zu beachten ist, dass die Unsicherheit der Fremdkapitalpositionen hierbei unterschiedlich sein kann. Beispielhaft kann an dieser Stelle fest und variabel verzinsliches Fremdkapital, nachrangiges Fremdkapital oder auf fremde Währung lau-

[614] Vgl. ADERS, C./WAGNER, M., Kapitalkosten in der Bewertungspraxis, S. 34; SCHULTE, J./FRANKEN, L./KOELEN, P./LEHMANN, D., Debt Beta in der Bewertungspraxis, S. 13-21; IDW (Hrsg.), WP Handbuch, Abschnitt A, Rn. 306.

[615] Vgl. KRUSCHWITZ, L./MILDE, H., Geschäftsrisiko, Finanzierungsrisiko und Kapitalkosten, S. 1121 f.; SCHIFFEL, S., Implizite Ausfallwahrscheinlichkeiten von Unternehmensanleihen, S. 27-29 sowie 32-35.

[616] Vgl. hierzu auch WEINSTEIN, M., Systematic Risk, S. 257-278.

[617] Vgl. PERRIDON, L./STEINER, M./RATHGEBER, A. W., Finanzwirtschaft der Unternehmung, S. 268; SCHIFFEL, S., Implizite Ausfallwahrscheinlichkeiten von Unternehmensanleihen, S. 25.

[618] Vgl. zum Marktwert des Fremdkapitals Abschnitt 421.22.

tendes Fremdkapital genannt werden.[619] Die Betafaktoren der einzelnen Fremdkapitalpositionen gewichtet mit den jeweiligen Anteilen der Positionen am gesamten Fremdkapital ergeben den Betafaktor des gesamten Fremdkapitals:[620]

Formel 4-7	$ß_{FK} = ß_{FK_1} \cdot \frac{FK_1}{FK} + ß_{FK_2} \cdot \frac{FK_2}{FK} + \cdots + ß_{FK_n} \cdot \frac{FK_n}{FK}$

In Abschnitt 421.222.1 wurde erläutert, dass sich der Marktwert des Fremdkapitals vereinfachend lediglich aus den zum Betrachtungszeitpunkt bestehenden Verpflichtungen ergibt. Dies ist der Fall, wenn hinsichtlich der künftigen Fremdkapitalaufnahme ein Barwert von null angenommen wird. Hinter diesem vereinfachenden Vorgehen steht die Annahme, dass die Einzahlung aus dem Fremdkapital dem Barwert der Auszahlungsverpflichtungen entspricht.[621] Soweit angenommen wird, dass der Marktwert des künftigen Fremdkapitals null beträgt, hat die Unsicherheit des künftigen Fremdkapitals gemäß Formel 4-7 keinen Einfluss auf den Betafaktor des Fremdkapitals zum Beobachtungszeitpunkt. Somit kann es unter der Annahme ebenfalls als sachgerecht angesehen werden, ausschließlich die Unsicherheit der aktuellen Fremdkapitalpositionen zu betrachten.

Des Weiteren wurde in Abschnitt 421.221.2 festgestellt, dass die Korrektur des verschuldeten Betafaktors um **nicht betriebsnotwendige liquide Mittel** und kurzfristig liquidierbare Vermögenswerte nicht Teil des Unleverns ist, sondern eine Anpassung der operativen Risiken darstellt. Grundsätzlich ist die Korrektur der operativen Risiken nicht Teil dieser Arbeit, allerdings wird der Einfluss von nicht betriebsnotwendigen liquiden Mitteln und kurzfristig liquidierbaren Vermögenswerten in der Bewertungspraxis oftmals im Rahmen des Unleverns korrigiert. So fließt das Fremdkapital dann verringert um liquide Mittel und kurzfristig liquidierbare Vermögenswerte und somit als Nettoposition in die Anpassungsformel ein.[622] Methodisch erscheint es in dem Fall nicht sachgerecht, wenn einerseits das Nettofremdkapital (NFK) in die Anpassungsformel einfließt und andererseits der Betafaktor des Fremdkapitals. Wird die Erkenntnis von SHARPE, dass sich der Betafaktor eines Portfolios aus den Betafaktoren der einzelnen Wertpapiere, gewichtet mit dem jeweiligen Anteil des Wertpapiers am Gesamtportfolio ergibt,[623] auf die Nettoposition übertragen, lässt sich der Betafaktor des Nettofremdkapitals wie folgt bestimmen.

---

619 Werden die Anteile der Minderheiten dem Fremdkapital zugerechnet, ist zu beachten, dass diese ebenfalls regelmäßig ein vom Fremdkapital abweichendes Risiko aufweisen. Vgl. DINSTUHL, V., Konzernbezogene Unternehmensbewertung, S. 212.

620 Vgl. SHARPE, W. F./COOPER, G. M., Risk-Return, S. 49; CORREIA, C./FLYNN, D./ULIANA, E./WORMALD, M., Financial Management, Abschnitt 4-20.

621 Vgl. BAETGE, J./NIEMEYER, K./KÜMMEL, J./SCHULZ, R., Bewertungsverfahren, S. 359; COPELAND, T. E./KOLLER, T./MURRIN, J., Unternehmenswert, S. 177.

622 Vgl. bspw. DÖRSCHELL, A./FRANKEN, L./SCHULTE, J., Kapitalkosten 2010 für die Unternehmensbewertung, S. 63.

623 Vgl. SHARPE, W. F./COOPER, G. M., Risk-Return, S. 49; CORREIA, C./FLYNN, D./ULIANA, E./WORMALD, M., Financial Management, Abschnitt 4-20. Das Nettofremdkapital wird hier durch die Subtraktion der liquiden Mittel und kurzfristig liquidierbaren Vermögenswerte (LM) von dem Fremdkapital bestimmt.

Formel 4-8	$ß_{NFK} = ß_{FK} \cdot \frac{FK}{NFK} - ß_{LM} \cdot \frac{LM}{NFK}$

Der Betafaktor des Nettofremdkapitals entspricht gemäß der Formel lediglich dann dem Betafaktor des Fremdkapitals, wenn der Betafaktor der liquiden Mittel und kurzfristig liquidierbaren Vermögenswerte ($ß_{LM}$) ebenfalls $ß_{FK}$ entspricht. Seien $ß_{LM}$=0 und $ß_{FK}$=0,5, ergibt sich bei einem Fremdkapital von 1.000 GE und liquiden Mitteln von 200 GE ein Betafaktor für die Nettoposition in Höhe von 0,625. Allgemein ist der Betafaktor des Nettofremdkapitals größer als der Betafaktor des Fremdkapitals, wenn $ß_{LM}$ kleiner als $ß_{FK}$ ist und umgekehrt.

Der Betafaktor des Fremdkapitals[624] oder einer Fremdkapitalposition wird in der Bewertungspraxis und im Schrifttum üblicherweise **indirekt aus der erwarteten Fremdkapitalrendite** abgeleitet.[625] Hierfür wird der im CAPM gezeigte Zusammenhang zwischen der erwarteten Rendite eines Wertpapiers und dem Betafaktor des Wertpapiers verwandt. So ergibt sich die erwarte Fremdkapitalrendite gemäß des CAPM wie folgt:[626]

Formel 4-9	$\bar{r}_{FK} = r_f + ß_{FK} \cdot (\bar{r}_M - r_f)$

Hieraus lässt sich die Formel für den Betafaktor des Fremdkapitals ableiten, indem der Zusammenhang zum Betafaktor umgestellt wird:[627]

Formel 4-10	$ß_{FK} = \frac{\bar{r}_{FK} - r_f}{\bar{r}_M - r_f}$

In der Formel wird der Zähler als Credit Spread bezeichnet und der Nenner gibt die Marktrisikoprämie an. Bei einer indirekten Betafaktorermittlung (im Folgenden auch **indirekte Methode** genannt) mittels der vorstehenden Formel fließt somit neben der erwarteten Marktrisikoprämie und dem risikolosen Zinssatz die erwartete Fremdkapitalrendite ein. Die Fremdkapitalrendite wird üblicherweise entweder anhand von börsennotierten Fremdkapitaltiteln oder der Durchschnittszinsme-

624 Die Betafaktoren der liquiden Mittel und der kurzfristig liquidierbaren Vermögenswerte werden im Rahmen dieser Arbeit nicht näher betrachtet.

625 Vgl. ADERS, C./WAGNER, M., Kapitalkosten in der Bewertungspraxis, S. 35; DÖRSCHELL, A./FRANKEN, L./SCHULTE, J., Kapitalisierungszinssatz, S. 44.

626 Vgl. Abschnitt 242.

627 Vgl. ADERS, C./WAGNER, M., Kapitalkosten in der Bewertungspraxis, S. 35; DÖRSCHELL, A./FRANKEN, L./SCHULTE, J., Kapitalisierungszinssatz, S. 44.

thode abgeleitet.[628] Bei der Durchschnittszinsmethode wird aus den tatsächlichen Zinsaufwendungen und dem durchschnittlichen Bestand an Fremdkapital der entsprechenden Periode ein durchschnittlicher Fremdkapitalzinssatz ermittelt.[629]

Der Betafaktor des Fremdkapitals kann indes nicht nur indirekt anhand der Formel 4-10 bestimmt werden, sondern auch **unmittelbar über eine lineare Regression** der Fremdkapitalrendite mit der Rendite des Marktes.[630] Im Folgenden wird diese Möglichkeit als **direkte Methode** bezeichnet.

Nachfolgend werden die indirekte und die direkte Methode ausführlich erläutert und analysiert. Auf Grundlage der theoretischen Analyse und einer anschließenden empirischen Untersuchung zum Betafaktor des Fremdkapitals werden beide Methoden hinsichtlich der Anwendung im Rahmen des Unleverns gewürdigt.

421.232. Indirekte Ermittlung des Betafaktors

421.232.1 Ermittlung der erwarteten Fremdkapitalrendite

421.232.11 Rendite bis zur Endfälligkeit

421.232.111. Sachgerechtigkeit

Bei der indirekten Methode werden die erwartete Fremdkapitalrendite, der risikolose Zinssatz und die erwartete Marktrisikoprämie benötigt. Die erwartete Fremdkapitalrendite wird häufig aus der **Rendite bis zur Endfälligkeit eines börsennotierten Fremdkapitaltitels**[631] oder aus der vertraglichen Rendite eines zeitnah ausgegebenen Fremdkapitaltitels abgeleitet.[632] Die erwartete Fremdkapitalrendite aus der **vertraglichen Rendite** eines zeitnah emittierten Fremdkapitaltitels abzuleiten, bietet sich im Rahmen des Unleverns nicht an. So wird eine Äquivalenz zu dem Beobachtungszeitraum des Betafaktors gefordert. Die vertragliche Rendite gibt jedoch die Erwartungen nur stichtagsbezogen zum Vertragsabschluss an. Im Folgenden wird diese Möglichkeit zur Schätzung der erwarteten Fremdkapitalrendite daher nicht weiter betrachtet.

Hinsichtlich der **Sachgerechtigkeit** ist festzustellen, dass die Rendite bis zur Endfälligkeit nicht die erwartete Fremdkapitalrendite angibt, sondern die erwartete Rendite unter der Annahme, dass die

[628] Vgl. KOLLER, T./GOEDHART, M. H./WESSELS, D./COPELAND, T. E., Valuation, S. 257-260; COOPER, I. A./DAVYDENKO, S. A., Estimating the Cost of Risky Debt, S. 90; DÖRSCHELL, A./FRANKEN, L./SCHULTE, J., Kapitalisierungszinssatz, S. 230.

[629] Vgl. DÖRSCHELL, A./FRANKEN, L./SCHULTE, J., Kapitalisierungszinssatz, S. 230.

[630] Vgl. WATRIN, C./STÖVER, R., Einfluss des Tax Shields, S. 69; PRATT, S. P./GRABOWSKI, R. J., Cost of Capital, S. 179.

[631] Vgl. bspw. MARTELLINI, L./PRIAULET, P./PRIAULET, S., Fixed-Income Securities, S. 49-51; FABOZZI, F. J., Fixed Income Mathematics, S. 94-100.

[632] Vgl. KOLLER, T./GOEDHART, M. H./WESSELS, D./COPELAND, T. E., Valuation, S. 257-260; COOPER, I. A./DAVYDENKO, S. A., Estimating the Cost of Risky Debt, S. 90; PRATT, S. P./GRABOWSKI, R. J., Cost of Capital, S. 75.

mit dem Fremdkapital verbundenen Zahlungen nicht ausfallen.[633] Soweit die erwartete Ausfallwahrscheinlichkeit nicht null beträgt, wird durch dieses Vorgehen die **erwartete Fremdkapitalrendite um den erwarteten Zahlungsausfall überschätzt.**[634] Bei einem Fremdkapitaltitel mit einer geringen Ausfallwahrscheinlichkeit führt dies zwar nur zu einem geringen Fehler. Indes haben ELTON ET AL. festgestellt, dass bei einer 10-jährigen Anleihe mit einem BBB-Rating durchschnittlich 34 % des gesamten Aufschlags gegenüber einer risikolosen Anlage durch die Risikoprämie aufgrund des erwarteten Zahlungsausfalls erklärt werden.[635] Der Betafaktor des Fremdkapitals wird durch eine überschätzte Fremdkapitalrendite c. p. ebenfalls überschätzt.

COOPER/DAVYDENKO schlagen zur **Korrektur** vor, den Credit Spread in den erwarteten Renditeaufschlag und den Aufschlag aufgrund eines möglichen Ausfalls aufzuteilen.[636] Hierbei liegt dem von ihnen genannten Vorgehen das Modell von MERTON zugrunde.[637] Als Parameter fließen neben dem Credit Spread die erwartete Marktrisikoprämie, die erwartete Aktienvolatilität sowie die Fremdkapitalquote ein. Lediglich die erwartete Aktienvolatilität stellt einen Parameter dar, der im Rahmen des Unleverns nicht bestimmt wird, sodass dessen Bestimmung zusätzlichen Aufwand verursacht. COOPER/DAVYDENKO weisen zwar auf eine hohe Sensitivität der Aufteilung hinsichtlich der Aktienvolatilität hin, sehen dies jedoch wenig kritisch, da sich die erwartete Aktienvolatilität anhand der impliziten Volatilität von Aktienoptionen oder historischen Daten genau bestimmen lässt. Die implizite Volatilität von Aktienoptionen hängt jedoch von der Laufzeit der Option ab und kann somit lediglich für eine konkrete Laufzeit bestimmt werden.[638] Die Laufzeit geben COOPER/DAVYDENKO indes als eine Unbekannte an, die sie implizit aus den übrigen Parametern und somit auch aus der Aktienvolatilität ableiten, sodass ein Zirkelschluss besteht.[639] Ferner führen COOPER/DAVYDENKO aus, dass der implizit abgeleitete Parameter nicht nur die Restlaufzeit des Fremdkapitals widerspiegelt, sondern ebenfalls „the presence of distress costs and other complications not included in the Merton model but reflected in the observed spreads."[640] Die historische Aktienvolatilität ist ebenfalls nicht exakt zu bestimmen, da sie z. B. vom Beobachtungszeitraum und dem Intervall abhängt. Des Weiteren ist es fraglich, inwiefern die historische Aktienvolatilität die erwartete Volatilität widerspiegelt. Der Aussage, dass eine hohe Sensitivität der Aufteilung hin-

633 Vgl. VOLKART, R., Kapitalkosten und Risiko, S. 149; KOLLER, T./GOEDHART, M. H./WESSELS, D./COPELAND, T. E., Valuation, S. 257; PRATT, S. P./GRABOWSKI, R. J., Cost of Capital, S. 75; KNABE, M., Insolvenzrisiken in der Unternehmensbewertung, S. 104-110. Für die im Folgenden nicht weiter betrachtete vertragliche Rendite gilt ebenfalls, dass sie die erwartete Rendite nur unter der Annahme angibt, dass die mit dem Fremdkapital verbundenen Zahlungen nicht ausfallen.

634 Vgl. COOPER, I. A./DAVYDENKO, S. A., Estimating the Cost of Risky Debt, S. 90; KAPLAN, S. N./STEIN, J. C., Debt, S. 221.

635 Vgl. ELTON, E. J./GRUBER, M. J./AGRAWAL, D./MANN, C., Explaining the Rate Spread on Corporate Bonds, S. 247-277. Vgl. zur Erläuterung der 34 % auch COOPER, I. A./DAVYDENKO, S. A., Estimating the Cost of Risky Debt, S. 91. Moody's hat im Jahr 2010 über 24 % der von ihnen betrachteten Unternehmen ein BBB-Rating gegeben. Vgl. MOODY'S INVESTORS SERVICE (Hrsg.), Corporate Default and Recovery Rates, S. 59.

636 Vgl. hier und im Folgenden COOPER, I. A./DAVYDENKO, S. A., Estimating the Cost of Risky Debt, S. 90-95.

637 Vgl. WAGNER, E., Credit Default Swaps und Informationsgehalt, S.89-104; MERTON, R. C., On the Pricing of Corporate Debt, S. 449-470.

638 Vgl. WAGNER, E., Credit Default Swaps und Informationsgehalt, S.95.

639 Vgl. COOPER, I. A./DAVYDENKO, S. A., Estimating the Cost of Risky Debt, S. 93.

640 COOPER, I. A./DAVYDENKO, S. A., Estimating the Cost of Risky Debt, S. 93.

sichtlich der Volatilität unkritisch ist, kann somit nicht gefolgt werden. Neben der Volatilität können auch die erwartete Marktrisikoprämie sowie die Fremdkapitalquote nicht exakt bestimmt werden.[641] Die Sensitivität der beiden Parameter ist nach den Ergebnissen von COOPER/DAVYDENKO jedoch geringer.[642] Wenngleich dieses Vorgehen keine exakte Aufteilung ermöglicht, kann hierdurch der identifizierte Fehler verringert werden. Der Fehler kann sich durch das Vorgehen c. p. lediglich dann erhöhen, wenn der Anteil des erwarteten Zahlungsausfalls am Spread überschätzt wird. Die Wahrscheinlichkeit hierfür kann jedoch dadurch reduziert werden, dass die erwartete Volatilität am unteren Ende einer möglichen Spanne gewählt wird. Festzustellen ist jedoch, dass sich die Aufteilung auf das gesamte Fremdkapital eines Unternehmens bezieht und somit nicht separat für einzelne Fremdkapitaltitel möglich ist. Neben der zuvor beschriebenen eingeschränkten Korrekturmöglichkeit ist somit auch die Anwendbarkeit begrenzt.

Zusätzlich zu dem vorstehend beschriebenen Renditeaufschlag ist zu beachten, dass der Betafaktor lediglich die systematischen Risiken berücksichtigen soll, da von einem diversifizierten Investor ausgegangen wird. In der erwarteten Rendite dürfen somit lediglich Aufschläge berücksichtigt sein, die aus systematischen Risiken resultieren. In den aus Anleihekursen abgeleiteten Renditen sind jedoch regelmäßig Aufschläge aufgrund von **unsystematischen Risiken** enthalten.[643] Die Aufschläge werden mit der fehlenden Diversifizierung der Anleihebesitzer begründet, die aus einer asymmetrischen Verteilung der Anleiherenditen resultiert.[644] Ein weiteres Risiko, welches unter anderem aufgrund von unsystematischen Risiken zu einem wesentlichen Aufschlag auf die Rendite bis zur Endfälligkeit und somit zu einem erhöhten Credit Spread führt, stellt das **Liquiditätsrisiko** dar.[645] Unter dem Liquiditätsrisiko wird im Allgemeinen die fehlende Möglichkeit verstanden, den Fremdkapitaltitel jederzeit zu einem fairen Preis zu verkaufen.[646] Zu beachten ist, dass Renditeaufschläge aufgrund unsystematischer Risiken c. p. zu einem überschätzten Betafaktor des Fremdkapitals führen.

In einigen Untersuchungen wird zudem ein wesentlicher Anteil des Credit Spreads auf **Steuerunterschiede** zwischen Staatsanleihen und Unternehmensanleihen zurückgeführt, die in Deutschland

641 Vgl. hierzu auch Abschnitt 421.232.2 und Abschnitt 421.22.

642 Vgl. COOPER, I. A./DAVYDENKO, S. A., Estimating the Cost of Risky Debt, S. 93 f.

643 Vgl. HULL, J., Optionen, Futures und andere Derivate, S. 619 f.; KNOLL, L./VORNDRAN, P./ZIMMERMANN, S., Risikoprämien bei Eigen- und Fremdkapital, S. 380-384; AMATO, J. D./REMOLONA, E. M., Credit Spread, S. 51-63; KNABE, M., Insolvenzrisiken in der Unternehmensbewertung, S. 193.

644 Vgl. HULL, J., Optionen, Futures und andere Derivate, S. 619 f.; AMATO, J. D./REMOLONA, E. M., Credit Spread, S. 55-57; KNABE, M., Insolvenzrisiken in der Unternehmensbewertung, S. 211 f. So wird im Gegensatz zu Aktien bei Anleihen eine deutlich größere Zahl benötigt, damit ein Anleiheportfolio diversifiziert ist. Indes kann auch ein Anleihebesitzer zusätzlich Aktien und andere Anlageformen besitzen, um sich zu diversifizieren.

645 Vgl. SCHIFFEL, S., Implizite Ausfallwahrscheinlichkeiten von Unternehmensanleihen, S. 30-32; LONGSTAFF, F. A./MITHAL, S./NEIS, E., Yield Spreads, S. 2213-2253; AMATO, J. D./REMOLONA, E. M., Credit Spread, S. 51-63.

646 Einen Investor betrifft das Liquiditätsrisiko lediglich dann, wenn er den Fremdkapitaltitel vor Fälligkeit verkaufen will. Vgl. ausführlich zum Liquiditätsrisiko BUBERL, T., Kreditrisikobezogene Determinanten von Bond Spreads, S. 190-206; SCHIFFEL, S., Implizite Ausfallwahrscheinlichkeiten von Unternehmensanleihen, S. 30-32.

indes nicht existieren.[647] Ein Aufschlag aufgrund eines Steuerunterschieds ist zwar systematisch, jedoch stellt er keine Risikovergütung dar und sollte den Betafaktor daher nicht beeinflussen.

Zusammenfassend kann festgestellt werden, dass die gezeigten Aufschläge aufgrund unsystematischer Risiken, der Möglichkeit eines Ausfalls oder sonstiger nicht risikobedingter Faktoren die Sachgerechtigkeit einschränken, wenn die erwartete Fremdkapitalrendite anhand der Rendite bis zur Endfälligkeit bestimmt wird.

421.232.112. Anwendbarkeit

Neben der Sachgerechtigkeit muss auch die Anwendbarkeit der Ableitung des Betafaktors des Fremdkapitals anhand der Rendite bis zur Endfälligkeit betrachtet werden. Werden die Fremdkapitaltitel des betrachteten Unternehmens am Kapitalmarkt gehandelt, ist die **Anwendbarkeit** gegeben. Ein Unternehmen wird indes regelmäßig Fremdkapitaltitel aufweisen, die nicht an der Börse notiert sind, wie z. B. Pensionsverpflichtungen oder auch Bankkredite. In dem Fall kann zur Ableitung der Rendite auf vergleichbare Fremdkapitaltitel abgestellt werden.[648] Dies kann aufgrund des gezeigten Liquiditätsspreads auch bei einer geringen Liquidität eines börsennotierten Fremdkapitaltitels sinnvoll sein.[649]

Die börsennotierten Fremdkapitaltitel müssen hierbei eine zu den Fremdkapitaltiteln des betrachteten Unternehmens vergleichbare Unsicherheit haben. Die wesentlichen Unsicherheitsfaktoren des Fremdkapitals sind die Ausfallrisiken, Zinsänderungsrisiken sowie Währungsrisiken.[650] Im Folgenden werden für diese drei Risikofaktoren Möglichkeiten betrachtet, die Vergleichbarkeit zu überprüfen und anschließend ein konkretes Vorgehen empfohlen. Um zu beurteilen, ob Fremdkapitaltitel ein vergleichbares **Ausfallrisiko** haben, wird regelmäßig auf **Ratings** zurückgegriffen.[651] Grundsätzlich kann zwischen dem Rating einer Emission und somit eines genau definierten Finanzierungstitels und dem Rating des Emittenten unterschieden werden.[652] Das Rating einer Emission gibt die Fähigkeit und die rechtliche Bindung des Emittenten an, den mit dem bewerteten Finanztitel verbundenen Zahlungsverpflichtungen nachzukommen. Hingegen gibt das Rating des Emittenten die Fähigkeit des Emittenten an, den Zahlungsverpflichtungen sämtlicher ausgegebener

---

647 In den USA werden Zinszahlungen von Unternehmensanleihen im Gegensatz zu denen von Staatsanleihen zusätzlich mit einer *State Tax* versteuert. Die Investoren lassen sich den Unterschied durch einen Renditeaufschlag ausgleichen. Vgl. SCHLECKER, M., Credit Spreads, S. 94 f.; ELTON, E. J./GRUBER, M. J./AGRAWAL, D./MANN, C., Explaining the Rate Spread on Corporate Bonds, S. 263-267.

648 Vgl. hierzu WATRIN, C./STÖVER, R., Einfluss des Tax Shields, S. 69; ADERS, C./WAGNER, M., Kapitalkosten in der Bewertungspraxis, S. 34 f.

649 Vgl. SCHIFFEL, S., Implizite Ausfallwahrscheinlichkeiten von Unternehmensanleihen, S. 30-32; LONGSTAFF, F. A./MITHAL, S./NEIS, E., Yield Spreads, S. 2213-2253; AMATO, J. D./REMOLONA, E. M., Credit Spread, S. 51-63.

650 Vgl. KRUSCHWITZ, L./MILDE, H., Geschäftsrisiko, Finanzierungsrisiko und Kapitalkosten, S. 1121 f.; SCHIFFEL, S., Implizite Ausfallwahrscheinlichkeiten von Unternehmensanleihen, S. 27-29 sowie 32-35.

651 Vgl. DÖRSCHELL, A./FRANKEN, L./SCHULTE, J., Kapitalisierungszinssatz, S. 234; ADERS, C./WAGNER, M., Kapitalkosten in der Bewertungspraxis, S. 34 oder WATRIN, C./STÖVER, R., Einfluss des Tax Shields, S. 69; KOLLER, T./GOEDHART, M. H./WESSELS, D./COPELAND, T. E., Valuation, S. 257-260.

652 Vgl. hier und im Folgenden EVERLING, O., Credit Rating, S. 29-31.

Finanztitel nachzukommen. Das Rating gibt somit das **Ausfallrisiko** eines Finanztitels oder Emittenten an.[653] Liegt kein Rating einer Agentur und somit kein externes Rating vor, wird in der Literatur eine Ableitung eines sog. **synthetischen Ratings** vorgeschlagen.[654] Die einfachste Variante einer solchen Rating-Ableitung basiert ausschließlich auf einer Kennzahl, wie z. B. dem häufig verwandten Zinsdeckungsgrad (*Interest Coverage Ratio*).[655] Es ist jedoch fraglich, ob ein anhand einer Kennzahl abgeleitetes Rating sicherstellen kann, dass das Ausfallrisiko zweier Fremdkapitalpositionen identisch ist. So wird regelmäßig eine Kennzahl nicht alle Determinanten des Ausfallrisikos berücksichtigen. Mehrere Kennzahlen fließen z. B. in das Bilanzbonität-Rating-System Moody's KMV RiskCalc ein.[656] Ein solches Rating-System wird die Möglichkeit der Einschätzung der Vergleichbarkeit der Unsicherheit regelmäßig erhöhen, indes bedeuten weitere Kennzahlen einen größeren Ermittlungsaufwand. Neben dem zeitlichen Aufwand ist jedoch auch die Verlässlichkeit zu beachten. Grundsätzlich besteht ein hoher Ermessensspielraum hinsichtlich der Auswahl der Kennzahlen, die die Vergleichbarkeit des Ausfallrisikos sicherstellen sollen. Die Ermessensspielräume können indes reduziert werden, wenn auf ein Rating-System zurückgegriffen wird, bei dem die geeigneten Kennzahlen analytisch abgeleitet wurden, wie z. B. bei dem zuvor genannten Moody's KMV RiskCalc.[657] Aufgrund der besseren Einschätzung der Vergleichbarkeit sowie der geringeren Ermessensspielräume sollten synthetische Ratings anhand von einem Rating-System bestimmt werden und nicht anhand einer einzelnen Kennzahl. Zu beachten ist, dass **synthetische Ratings grundsätzlich Emittenten-Ratings sind**, da nicht die Unsicherheit eines einzelnen Fremdkapitaltitels, sondern die des gesamten Unternehmens bestimmt wird.[658]

Hinsichtlich des externen Ratings einer Agentur ist festzustellen, dass diese ebenfalls nicht frei von Ermessensspielräumen sind, da es sich um subjektive Einschätzungen des Ratingerstellers handelt und somit unterschiedliche Ratingagenturen für Finanztitel bzw. Unternehmen zu unterschiedlichen Ratingeinstufungen kommen können.[659] Soweit lediglich auf die Ratings der beiden großen Ratingagenturen, Moody's und Standard & Poor's, abgestellt wird, liegen solche sog. Split-Ratings selten vor, jedoch existiert eine Vielzahl von anderen Rating-Agenturen, deren Urteile teilweise erheblich abweichen.[660] Um eine Vergleichbarkeit der Ratingkriterien sicherzustellen, sollte daher die Vergleichbarkeit der Ausfallrisiken auf Grundlage von Ratings gleicher Agenturen bestimmt werden.

---

653 Vgl. WAGNER, E., Credit Default Swaps und Informationsgehalt, S. 32.

654 Vgl. WATRIN, C./STÖVER, R., Einfluss des Tax Shields, S. 69; DAMODARAN, A., Damodaran on Valuation, S. 65; DAMODARAN, A., The Dark Side of Valuation, S. 89

655 Vgl. hier und im Folgenden DAMODARAN, A., Damodaran on Valuation, S. 65-67; ARBEITSKREIS BEWERTUNG NICHT BÖRSENNOTIERTER UNTERNEHMEN DES IACVA E. V., Bewertung nicht börsennotierter Unternehmen, S. 16.

656 Vgl. BAETGE, J./VON KEITZ, I./WÜNSCHE, B., Bilanzbonitäts-Rating von Unternehmen, S. 488-493; KOCAGIL, A. E./GLORMANN, F./ESCOTT, P., RiskCalc™ For Private Companies, S. 1-26. Auch das Z-Score Modell von Altmann berücksichtigt verschiedene Kennzahlen. Vgl. ALTMAN, E. I., Financial Ratios, S. 589-609.

657 Vgl. BAETGE, J./VON KEITZ, I./WÜNSCHE, B., Bilanzbonitäts-Rating von Unternehmen, S. 488-493; KOCAGIL, A. E./GLORMANN, F./ESCOTT, P., RiskCalc™ For Private Companies, S. 1-26.

658 Vgl. BAETGE, J./VON KEITZ, I./WÜNSCHE, B., Bilanzbonitäts-Rating von Unternehmen, S. 478.

659 Vgl. hier und im Folgenden WAGNER, E., Credit Default Swaps und Informationsgehalt, S. 37 f.

660 Vgl. beispielhaft SHIN, Y. S./MOORE, W. T., Explaining Credit Rating Differences, S. 2213-2253.

Das Rating stellt eine weitverbreitete Möglichkeit dar, um eine Vergleichbarkeit hinsichtlich des Ausfallrisikos zu prüfen. Eine weitere Möglichkeit sind standardisierte **Credit Default Swaps** (CDS).[661] Da die CDS-Prämie (CDS-Spread) das Ausfallrisiko eines Kreditgeschäftes widergespiegelt,[662] kann bei einer identischen CDS-Prämie ein vergleichbares Ausfallrisiko angenommen werden. Hierfür müssen die CDS jedoch vergleichbaren vertraglichen Bedingungen unterliegen. Eine Standardisierung der vertraglichen Regelungen von CDS besteht durch einen Rahmenvertrag der International Swaps and Derivatives Association (ISDA).[663] Eine Anwendungsvoraussetzung ist jedoch, dass die CDS-Prämie für die betrachteten Fremdkapitaltitel am Markt gehandelt wird. Dies ist regelmäßig lediglich der Fall, wenn das Unternehmen auch ein Rating aufweist,[664] sodass die Anwendbarkeit der CDS-Prämie i. d. R. nicht häufiger gegeben ist. Die CDS-Prämie weist für den hier betrachten Zweck jedoch durchaus Vorteile gegenüber einem Rating auf. So quantifiziert ein Rating das Ausfallrisiko nicht exakt, sondern ordnet Schuldtitel einer Kategorie zu, die vom Ratingersteller als vergleichbar angesehen wird.[665] Die CDS-Prämie gibt hingegen einen konkreten Wert an und ermöglicht somit eine feinere Abstufung sowie eine exaktere Vergleichbarkeit. Des Weiteren stellen die CDS-Prämien Marktpreise dar und spiegeln somit die beim Unlevern gesuchte Erwartung der Marktteilnehmer wider. Das Rating gibt hingegen die subjektive Einschätzung des Ratingerstellers an, sodass zusätzlich angenommen werden muss, dass die Marktteilnehmer ihre Erwartungen auf Grundlage des Ratings bilden. Wenngleich Investitionsentscheidungen maßgeblich durch das Rating beeinflusst werden,[666] zeigen CDS-Prämien, ob die Marktteilnehmer aus einem vergleichbaren Rating auch ein vergleichbares Ausfallrisiko ableiten. Empirische Studien zeigen, dass CDS-Prämien vor allem durch negative Rating-Veränderungen beeinflusst werden, diese jedoch zu einem großen Teil vorwegnehmen.[667] Kritisiert werden CDS-Prämien teilweise aufgrund einer höheren Volatilität und aufgrund von Marktübertreibungen.[668] Für den hier betrachteten Zweck ermöglicht dies jedoch, dass untersucht werden kann, ob die Vergleichbarkeit der Erwartungen über den gesamten Beobachtungszeitraum gegeben war. So können kurzfristige Schwankungen des vom Markt angenommenen Ausfallrisikos in dem Beobachtungszeitraum des Betafaktors, die ohne eine Rating-Änderung nicht ersichtlich sind, anhand des Verlaufs des CDS-Spreads festgestellt werden. Da lediglich die Vergleichbarkeit anhand der CDS-Prämie betrachtet wird und nicht die absolute Höhe für Berechnungen verwandt wird, sind Marktübertreibungen in dem hier betrachteten Fall als relativ unkritisch anzusehen. Als Nachteile der CDS-Prämien können indes Aufschlä-

661 Vgl. ausführlich zu CDS WAGNER, E., Credit Default Swaps und Informationsgehalt, S. 21-31; OLBRICH, A., Wertminderung von finanziellen Vermögenswerten, S. 90-125.

662 Vgl. WAGNER, E., Credit Default Swaps und Informationsgehalt, S. 22.

663 Vgl. WAGNER, E., Credit Default Swaps und Informationsgehalt, S. 23-30; OLBRICH, A., Wertminderung von finanziellen Vermögenswerten, S. 90-96; WEISTROFFER, C., Credit Default Swaps, S. 17.

664 Vgl. WAGNER, E., Credit Default Swaps und Informationsgehalt, S. 31 und 51.

665 Vgl. WAGNER, E., Credit Default Swaps und Informationsgehalt, S. 33-35.

666 Vgl. HEINKE, V. G., Informationswert von Credit Ratings, S. 163.

667 Vgl. für einen Überblick WAGNER, E., Credit Default Swaps und Informationsgehalt, S. 48-51; HULL, J./PREDESCU, M./WHITE, A., Credit Default Swap Spreads, S. 2789-2811; DEUTSCHE BUNDESBANK (Hrsg.), Credit Default Swaps, S. 51-55.

668 Vgl. GROSSMAN, R. J./HANSEN, M., CDS Spreads and Default Risk, S. 2-11; WAGNER, E., Credit Default Swaps und Informationsgehalt, S. 46 f.

ge aufgrund der Informationsasymmetrien oder des Gegenparteirisikos[669] genannt werden.[670] Allerdings kann das Gegenparteirisiko durch eine Abwicklung eines CDS-Kontraktes über eine Clearing-Stelle – wie aktuell vermehrt üblich – reduziert werden.[671] Zudem ist erneut darauf hinzuweisen, dass hier lediglich die Vergleichbarkeit betrachtet wird und bei gleichem Sicherungsgeber ein identischer Aufschlag anzunehmen ist. Zusammenfassend kann festgehalten werden, dass CDS-Prämien – soweit sie für den betrachteten Fremdkapitaltitel verfügbar sind – eine genauere Vergleichbarkeit ermöglichen als Ratings.

Indes reicht der Vergleich des Ratings bzw. der CDS-Prämie nicht aus, um eine Äquivalenz hinsichtlich der Unsicherheit herzustellen. So berücksichtigen beide Vergleichskriterien ausschließlich die Unsicherheit hinsichtlich des Ausfallrisikos und nicht etwaige Zinsänderungsrisiken und Währungsrisiken.[672] Sowohl die Zinsänderungsrisiken als auch Währungsrisiken beeinflussen die systematischen Risiken und sollten somit berücksichtigt werden.[673]

Die **Zinsänderungsrisiken** werden unter anderem durch die zeitliche Zahlungsstruktur der Verpflichtungen determiniert, sodass die Vergleichbarkeit der Unsicherheit nicht nur von der Restlaufzeit abhängt.[674] So unterliegen eine Nullkuponanleihe und eine Kuponanleihe mit einer identischen Restlaufzeit und einem identischen Ausfall- sowie Währungsrisiko einem unterschiedlichen Zinsänderungsrisiko, da bei der Kuponanleihe bereits vor der Fälligkeit Zahlungen stattfinden. Damit die Fremdkapitaltitel ein vergleichbares Zinsänderungsrisiko haben, sollten die Fremdkapitaltitel eine gleiche durchschnittliche Duration im Beobachtungszeitraum besitzen.[675] Die Duration ergibt sich aus der Summe der mit dem Barwert der Zahlungsverpflichtungen gewichteten Zeit bis zu den jeweiligen Zahlungszeitpunkten.[676] Somit weicht die Duration bei Zinszahlungen vor Ende der Fälligkeit von der Restlaufzeit ab. Die gleiche Duration kann einerseits rechnerisch sichergestellt werden und andererseits durch die Verwendung von Fremdkapitaltiteln mit identischem Kupon, Rückzahlungsbetrag sowie identischer Restlaufzeit und identischen Zahlungszeitpunkten.[677] Die zweite

[669] Das Gegenparteirisiko bezeichnet das Risiko, das durch die Möglichkeit entsteht, dass eine Vertragspartei seinen vertraglichen Verpflichtungen nicht nachkommen kann. Vgl. WEISTROFFER, C., Credit Default Swaps, S. 11-14; OLBRICH, A., Wertminderung von finanziellen Vermögenswerten, S. 109.

[670] Vgl. WAGNER, E., Credit Default Swaps und Informationsgehalt, S. 52-81 und 138; WEISTROFFER, C., Credit Default Swaps, S. 2-25.

[671] Vgl. OLBRICH, A., Wertminderung von finanziellen Vermögenswerten, S. 108-110; GREGORY, J., Counterparty Credit Risk, S. 16.

[672] Vgl. EVERLING, O., Credit Rating, S. 29 und 31.

[673] Vgl. SCHIFFEL, S., Implizite Ausfallwahrscheinlichkeiten von Unternehmensanleihen, S. 27-29. Hinsichtlich Währungs- und Zinsänderungsrisiken ist zu beachten, dass die Risiken von dem betrachteten Unternehmen durch Hedging abgesichert werden können. Im Folgenden wird indes davon ausgegangen, dass kein Hedging vorliegt.

[674] Vgl. SCHLECKER, M., Credit Spreads, S. 163-166; PAPE, U./SCHLECKER, M., Berechnung des Credit Spreads, S. 659.

[675] Vgl. PAPE, U./SCHLECKER, M., Berechnung des Credit Spreads, S. 660; BACHMANN, U., Die Komponenten des Kreditspreads, S. 76.

[676] Vgl. hier und im Folgenden GNAD, K., Die Duration im Zinsrisikomanagement, S. 12-16.

[677] Vgl. PAPE, U./SCHLECKER, M., Berechnung des Credit Spreads, S. 659. SCHLECKER missachtet jedoch bei der zweiten Möglichkeit, dass eine unterschiedliche Unsicherheit der Zahlungen einen Einfluss auf den Barwert der Zahlungen und somit auch auf die Duration hat. Vgl. GNAD, K., Die Duration im Zinsrisikomanagement, S. 208.

Möglichkeit ist jedoch nur für konkrete Fremdkapitaltitel durchführbar. Wird ein hinsichtlich des gesamten Fremdkapitals des Unternehmens vergleichbarer Fremdkapitaltitel gesucht, muss die Duration zwangsläufig berechnet werden. Für die Berechnung der Duration wird indes der Barwert des Fremdkapitals und somit ein risikoadjustierter Diskontierungszinssatz benötigt.[678] Hierbei handelt es sich jedoch um die gesuchte erwartete Fremdkapitalrendite, sodass die exakte Berechnung der Duration nicht möglich ist. Neben diesem Aspekt wird regelmäßig die Unkenntnis der Zahlungsstruktur und oftmals gar die Restlaufzeit der einzelnen Fremdkapitaltitel des betrachteten Unternehmens eine Berechnung der Duration verhindern. Bei Kenntnis der Zahlungsstruktur lässt sich die Duration indes näherungsweise bestimmen, indem auf eine Berücksichtigung der Unsicherheit verzichtet wird. Wenngleich vorstehend dargestellt wurde, dass im Idealfall die Duration hinsichtlich der Vergleichbarkeit heranzuziehen ist, kann bei fehlender Möglichkeit, die Duration zu bestimmen, vereinfachend die Vergleichbarkeit anhand der Restlaufzeit hergestellt werden. Liegen zur Restlaufzeit ebenfalls keine Informationen vor, ist eine Typisierung erforderlich. Die folgende Untersuchung von 453 Unternehmensanleihen zeigt, dass die betrachteten Anleihen eine durchschnittliche Restlaufzeit von 5,13 Jahren aufweisen.[679] Eine typisierte Laufzeit von fünf Jahren erscheint daher angemessen.

Neben dem Zinsänderungsrisiko ist ebenfalls das **Währungsrisiko**[680] zu berücksichtigen. Aufgrund der Unsicherheit hinsichtlich der künftigen Wechselkurse treten Währungsrisiken bei Fremdkapitaltiteln auf, deren Zahlungsverpflichtungen in einer fremden Währung bestehen.[681] Neben dem Wechselkursrisiko haben Anleihen eines anderen Währungsraumes auch ein anderes Zinsänderungsrisiko.[682] Das Währungsrisiko wird wie das Zinsänderungsrisiko durch den Zeitpunkt der Zahlung determiniert. Somit sollten die Fremdkapitaltitel sowohl auf die gleiche Währung lauten als auch die gleiche Duration bzw. vereinfachend die gleiche Restlaufzeit besitzen. Eine Anwendungsvoraussetzung für die Berücksichtigung der Währungsrisiken sind somit Angaben zur Währung sowie zur Duration bzw. Restlaufzeit der Fremdkapitaltitel des Unternehmens. Diese Informationen werden jedoch bei der beim Unlevern eingenommenen externen Sicht nicht immer verfügbar sein.

Aufgrund der beschriebenen Schwierigkeiten erscheint es nicht verwunderlich, dass in der Bewertungspraxis und auch im Schrifttum empfohlen wird, die erwarteten Fremdkapitalkosten des Unternehmens vereinfachend anhand von langlaufenden Anleihen des Unternehmens bzw. von langlaufenden Anleihen mit einem identischen Rating abzuleiten.[683] Wenngleich ein solches vereinfachtes Vorgehen aufgrund der beschriebenen Schwierigkeiten teilweise erforderlich erscheint, sollten ver-

---

Da hier hinsichtlich der Unsicherheit vergleichbare Fremdkapitaltitel betrachtet werden, wird dieser Aspekt nicht weiter analysiert.

678 Vgl. GNAD, K., Die Duration im Zinsrisikomanagement, S. 208.

679 Vgl. Abschnitt 421.234.

680 Vgl. zur Forderung nach Währungsäquivalenz Abschnitt 232.

681 Vgl. SPREMANN, K./GANTENBEIN, P., Zinsen, Anleihen, Kredite, S. 221 f.; SCHIFFEL, S., Implizite Ausfallwahrscheinlichkeiten von Unternehmensanleihen, S. 28; WOLKE, T., Risikomanagement, S. 133.

682 Vgl. SPREMANN, K./GANTENBEIN, P., Zinsen, Anleihen, Kredite, S. 228-230.

683 Vgl. bspw. KOLLER, T./GOEDHART, M. H./WESSELS, D./COPELAND, T. E., Valuation, S. 257.

fügbare Informationen genutzt werden. Die folgende Übersicht zeigt daher in Abhängigkeit von den verfügbaren Informationen, wie die Vergleichbarkeit der Unsicherheit hergestellt werden sollte.[684]

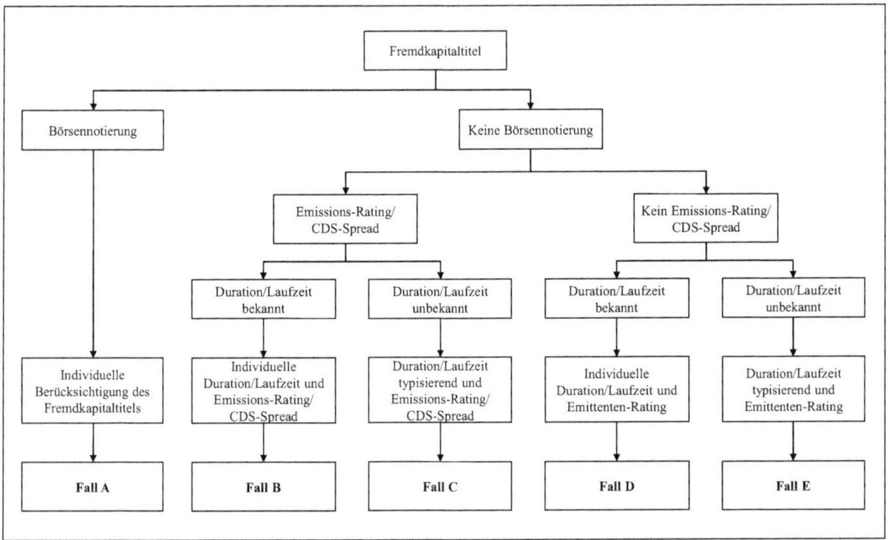

Abbildung 4-4: Berücksichtigung der Fremdkapitaltitel eines Unternehmens in Abhängigkeit der verfügbaren Informationen[685]

Fall A bildet die börsennotierten Fremdkapitaltitel ab, die entsprechend ihrer am Markt angenommenen Unsicherheit berücksichtigt werden sollten.[686] Die **Fälle B und C** enthalten die nicht börsennotierten Fremdkapitaltitel, die ein Emissions-Rating bzw. einen CDS-Spread aufweisen. Somit kann das individuelle Ausfallrisiko verwandt werden, um einen vergleichbaren börsennotierten Fremdkapitaltitel zu bestimmen. Aufgrund der gezeigten Vorteile sollte ein CDS-Spread einem Rating vorgezogen werden. Ist die Duration bzw. die Restlaufzeit für den Fremdkapitaltitel oder das gesamte Fremdkapital bekannt, sollten diese Informationen ebenfalls berücksichtigt werden. Hierbei ist die Duration der Restlaufzeit als Vergleichskriterium vorzuziehen. Liegen indes keine Informationen vor, ist eine Typisierung erforderlich. Da, wie einleitend dargestellt, lediglich die aktuellen Fremdkapitaltitel betrachtet werden, bietet es sich nicht an, auf langlaufende Fremdkapitaltitel des Unternehmens abzustellen. Wie vorstehend dargestellt, erscheint eine typisierte Laufzeit von fünf Jahren angemessen. Die Währung der Fremdkapitaltitel ist in der Abbildung zwar nicht aufgeführt, sollte indes ebenfalls berücksichtigt werden, wenn Informationen hierzu vorliegen. Die **Fälle**

[684] Um die Komplexität zu reduzieren, wurde die Währung der Fremdkapitaltitel in der Abbildung nicht berücksichtigt. Liegen Informationen hierzu vor, sollten diese genutzt werden.

[685] In der Abbildung bedeutet Börsennotierung, dass der Fremdkapitaltitel über den gesamten Beobachtungszeitraum börsennotiert war.

[686] Ausgenommen ist hiervon der Fall, dass ein illiquider Handel festgestellt werden kann. Vgl hierzu Abschnitt 421.233.

D und E enthalten die Fremdkapitaltitel, für die kein Emissions-Rating bzw. keine CDS-Prämie verfügbar ist. Eine Vergleichbarkeit zu börsennotierten Fremdkapitaltiteln sollte in den Fällen über das Emittenten-Rating hergestellt werden. Hinsichtlich der Duration bzw. der Restlaufzeit und der Währung gelten die vorstehenden Ausführungen. Der Fall, dass kein Emittenten-Rating verfügbar ist, wurde nicht betrachtet, da dieses theoretisch anhand eines synthetischen Ratings bestimmt werden kann.

Es kann somit festgestellt werden, dass hinsichtlich der **Beurteilung der Anwendbarkeit** börsennotierte und nicht börsennotierte Fremdkapitaltitel zu unterscheiden sind. Den Betafaktor anhand von historischen Kapitalmarktdaten abzuleiten, kann als nicht zeitaufwendig angesehen werden. Aufgrund der geforderten Äquivalenz zum Betafaktor des Eigenkapitals ergeben sich keine Ermessensspielräume hinsichtlich des Beobachtungszeitraumes und des Renditeintervalls. Somit kann bei börsennotierten Fremdkapitaltiteln die Anwendbarkeit als gegeben angesehen werden. In dem regelmäßig vorliegenden Fall, dass die erwartete Fremdkapitalrendite anhand eines börsennotierten vergleichbaren Fremdkapitaltitels abgeleitet wird, ist hingegen vor allem die Verlässlichkeit aufgrund der Ermessensspielräume bei der Bestimmung eines vergleichbaren Fremdkapitaltitels eingeschränkt. Um Ermessensspielräume einzuschränken, sollte, wie in Abbildung 4-4 dargestellt, die Art die Vergleichbarkeit herzustellen, durch die verfügbaren Informationen determiniert werden. Neben den Ermessensspielräumen erhöht sich jedoch auch der Aufwand, wenn auf vergleichbare Fremdkapitaltitel abgestellt wird. Da wie vorstehend dargestellt verfügbare Informationen verwandt werden sollten, entsteht ein hoher Aufwand vor allem dann, wenn sehr detaillierte Informationen vorliegen und somit eine Vielzahl an Fremdkapitaltiteln individuell berücksichtigt werden könnte. Der Aufwand kann in diesem hinsichtlich der Vergleichbarkeit positiv zu beurteilenden Fall verringert werden, wenn Fremdkapitaltitel gruppiert und lediglich wesentliche Fremdkapitaltitel individuell betrachtet werden.

Im Folgenden soll die Möglichkeit analysiert werden, die erwartete Fremdkapitalrendite anhand der Durchschnittszinsmethode zu bestimmen.

421.232.12 Durchschnittszinsmethode

Bei der Durchschnittszinsmethode wird der durchschnittliche Fremdkapitalzinssatz des Unternehmens in der Vergangenheit als erwartete Fremdkapitalrendite angesetzt.[687] Der durchschnittliche Fremdkapitalzinssatz wird hierbei aus den tatsächlichen Zinsaufwendungen und dem durchschnittlichen Bestand an Fremdkapital der entsprechenden Periode bestimmt. Um den durchschnittlichen Bestand an Fremdkapital zu bestimmen, wird üblicherweise auf Buchwerte zurückgegriffen. Damit die **Sachgerechtigkeit** gegeben ist, muss die realisierte Fremdkapitalrendite auch künftig von den Marktteilnehmern aufgrund der systematischen Risiken erwartet werden. Gegen eine solche Annahme spricht einerseits, dass die tatsächlichen Zinszahlungen, soweit keine Zahlungen ausgefallen

[687] Vgl. hier und im Folgenden DÖRSCHELL, A./FRANKEN, L./SCHULTE, J., Kapitalisierungszinssatz, S. 228-234.

sind, den vertraglichen Zinszahlungen entsprechen. Wie zuvor erläutert, setzen sich die vertraglichen Fremdkapitalkosten indes aus der erwarteten Rendite sowie einem Aufschlag für den erwarteten Ausfall zusammen.[688] Durch die Berechnung der erwarteten Fremdkapitalrendite aus den tatsächlichen Zinszahlungen wird die Rendite somit um den Aufschlag für den erwarteten Ausfall überschätzt.[689] Andererseits können die tatsächlichen Zinszahlungen und somit auch die hieraus abgeleiteten Renditen, wie auch bei der Rendite bis zur Endfälligkeit, Aufschläge aufgrund von unsystematischen Risiken enthalten,[690] die im Rahmen des CAPM nicht relevant sind.

Im Vergleich zu den betrachteten Renditen bis zur Endfälligkeit lassen sich die anhand der Durchschnittszinsmethode bestimmten Renditen des Weiteren lediglich verzögert und zu den Bilanzstichtagen bestimmen. Hierdurch wird der Bezug zu den Erwartungen der Marktteilnehmer im Beobachtungszeitraum weiter eingeschränkt.

Unabhängig hiervon können die anhand der Durchschnittszinsmethode bestimmten Fremdkapitalrenditen lediglich die Unternehmens- und Marktbedingungen widerspiegeln, wenn der durchschnittliche Fremdkapitalbestand den Marktwert darstellt.[691] Darüber hinaus müssen sich die Zinszahlungen auf den in Abschnitt 421.22 ermittelten durchschnittlichen Fremdkapitalbestand beziehen. Wird der durchschnittliche Fremdkapitalbestand anhand von Bilanzdaten bestimmt, hängt dies vor allem davon ab, ob der anhand von Stichtagswerten abgeleitete durchschnittliche Fremdkapitalbestand einen guten Schätzwert darstellt. Dies hängt von Schwankungen zwischen den Stichtagen ab, die nicht in dem Durchschnittswert berücksichtigt werden. Durch Windowdressing und somit die kurzfristige Fremdkapitalaufnahme vor einem Bilanzstichtag zur Verbesserung der Liquiditätssituation würde bspw. der durchschnittliche Fremdkapitalbestand verzerrt und somit der Bezug der Zinszahlungen zu dem Fremdkapitalbestand eingeschränkt.[692] Ein unterschätzter Fremdkapitalbestand führt c. p. zu einem höheren Betafaktor des Fremdkapitals. Hierbei ist zu beachten, dass sowohl ein unterschätzter Fremdkapitalbestand als auch ein überschätzter Betafaktor des Fremdkapitals zu einem überschätzten unverschuldeten Betafaktor führen können.[693] Die beiden Effekte gleichen sich somit nicht aus.

Neben der Sachgerechtigkeit muss auch die **Anwendbarkeit** der Durchschnittszinsmethode betrachtet werden. Die Methode ist grundsätzlich unabhängig davon anwendbar, ob das betrachtete Unternehmen nicht börsennotierte Fremdkapitaltitel besitzt, da lediglich die Veröffentlichung des

---

688 Vgl. COOPER, I. A./DAVYDENKO, S. A., Estimating the Cost of Risky Debt, S. 90 f.; WATRIN, C./STÖVER, R., Einfluss des Tax Shields, S. 70.

689 Dieser Fehler entsteht, wenn die Ausfallwahrscheinlichkeit der Periode größer null ist und kein Fremdkapital ausgefallen ist. Von einer Ausfallwahrscheinlichkeit größer null ist bei risikobehaftetem Fremdkapital auszugehen.

690 Vgl. HULL, J., Optionen, Futures und andere Derivate, S. 619 f.

691 Vgl. zur Eignung des Buchwertes als Approximation des Marktwertes Abschnitt 421.222.

692 Vgl. zum Windowdressing BAETGE, J./KIRSCH, H.-J./THIELE, S., Bilanzanalyse, S. 157.

693 Ob ein unterschätzter Fremdkapitalbestand zu einem überschätzten unverschuldeten Betafaktor führt, hängt von dem Verhältnis von $ß_{FK}$ zu $ß_{EK}^{v}$ ab. Vgl. zur Auswirkung eines überschätzten Betafaktor des Fremdkapitals Abschnitt 342. und eines unterschätzten Fremdkapitalbestands Abschnitt 421.222.21.

Fremdkapitalbestands und des Zinsaufwandes erforderlich ist. Allerdings wird oftmals eine Ermittlung der Fremdkapitalrendite für verschiedene Fremdkapitaltitel nicht möglich sein, da hierfür der nach den einzelnen Fremdkapitaltiteln differenzierte Zinsaufwand bekannt sein müsste. Da in Abschnitt 421.221.1 indes gezeigt wurde, dass im Idealfall alle Fremdkapitaltitel zu betrachten sind, erscheint die Einschränkung weniger bedeutend. Um die Anwendbarkeit genauer zu beurteilen, sind auch die verlässliche Bestimmung und der angemessene Aufwand zu betrachten. Da bei der Durchschnittszinsmethode der gesamte Zinsaufwand ins Verhältnis zu dem ohnehin schon ermittelten durchschnittlichen Fremdkapital gesetzt wird,[694] entsteht kaum zusätzlicher Aufwand. Des Weiteren kann die Methode aufgrund der Vergangenheitsdaten als intersubjektiv nachprüfbar und somit als verlässlich angesehen werden. Insgesamt ist bei dieser Methode somit die Anwendbarkeit lediglich geringfügig eingeschränkt.

421.232.2 Ermittlung des risikolosen Zinssatzes und der erwarteten Marktrisikoprämie

In die Formel der indirekten Methode fließen neben der erwarteten Fremdkapitalrendite auch der risikolose Zinssatz[695] und die erwartete Marktrisikoprämie[696] ein. Hierbei ist zu beachten, dass beim Unlevern die Parameter die Erwartungen der Marktteilnehmer widerspiegeln sollen. Es wird somit die im Beobachtungszeitraum des verschuldeten Betafaktors erwartete Marktrisikoprämie und Rendite der risikolosen Anlage gesucht. In der Bewertungspraxis wird die **Marktrisikoprämie** regelmäßig aus vergangenheitsorientierten Daten abgeleitet. In Abschnitt 244.2 wurde gezeigt, dass die Bestimmung der historischen Marktrisikoprämie trotz der Vergangenheitsdaten ermessensbehaftet und somit die **Anwendbarkeit** eingeschränkt ist.[697] Hinsichtlich der **Sachgerechtigkeit** ist beim Unlevern zudem der lange Beobachtungszeitraum der Marktrisikoprämie, der in Deutschland oftmals bis in die 50er Jahre zurückreicht, kritisch zu sehen.[698] Zwar wird auch der Betafaktor aus vergangenheitsorientierten Daten bestimmt, jedoch umfasst der Beobachtungszeitraum des Betafaktors regelmäßig lediglich ein bis fünf Jahre. Des Weiteren wird durch das Vorgehen nicht die historisch erwartete Marktrisikoprämie bestimmt, sondern die historisch realisierte Marktrisikoprämie. Das vergangenheitsorientierte Verfahren kann somit nur unter der Annahme, dass die Marktteilnehmer ihre Erwartungen zur Marktrisikoprämie aus den historischen Daten bilden, zu einer Äquivalenz mit den Erwartungen im Betafaktor führen.[699] Hinsichtlich einer langfristig über mehrere Konjunkturphasen erwarteten Marktrisikoprämie erscheint es nicht abwegig, dass die Erwartungen aus historisch erzielten Überrenditen gebildet werden, in denen die jüngere Vergangenheit eine untergeordnete Bedeutung hat.[700] Das aktuelle Fremdkapital eines Unternehmens wird jedoch oftmals keine

694 Vgl. zur Ermittlung des durchschnittlichen Fremdkapitals Abschnitt 421.22.

695 Vgl. grundsätzlich zur Ermittlung Abschnitt 244.1.

696 Vgl. grundsätzlich zur Ermittlung Abschnitt 244.2.

697 Vgl. hierzu bspw. KOELEN, P., Bewertungskalküle in der IFRS-Rechnungslegung, S. 149 f.

698 Vgl. für einen Überblick zu empirischen Studien DÖRSCHELL, A./FRANKEN, L./SCHULTE, J., Kapitalisierungszinssatz, S. 108-117; WIDMANN, B./SCHIESZL, S./JEROMIN, A., Kapitalisierungszinssatz, 804 f.; REBIEN, A., Kapitalkosten in der Unternehmensbewertung, S. 92-96.

699 Vgl. KRUSCHWITZ, L./LÖFFLER, A., Kapitalkosten aus theoretischer und praktischer Perspektive, S. 807; KOELEN, P., Bewertungskalküle in der IFRS-Rechnungslegung, S. 149.

700 Vgl. hierzu auch IDW (Hrsg.), Unternehmensbewertung, S. 697.

langfristige Restlaufzeit aufweisen, sodass hier die kurzfristig erwartete Marktrisikoprämie relevant ist. Wird eine erwartete Marktrisikoprämie für eine Laufzeit von wenigen Jahren bestimmt, erscheint es fraglich, anzunehmen, dass die Marktteilnehmer ihre Erwartungen im Wesentlichen aus langfristig, historisch realisierten Renditen bilden.

Um einen Eindruck zu der im Markt erwarteten Unsicherheit im Zeitablauf zu erhalten, kann auf Volatilitätsindizes zurückgegriffen werden, die die implizit in aktuellen Optionspreisen enthaltene Volatilität angeben.[701] Der aktuelle Stand eines solchen Volatilitätsindex spiegelt somit die erwartete Schwankung des zugrunde liegenden Index wider. Die Deutsche Börse veröffentlicht mit dem VDAX-NEW® einen solchen Volatilitätsindex, der die erwartete Volatilität für eine Laufzeit von 30 Tagen für den DAX angibt.[702] Zusätzlich veröffentlicht die Deutsche Börse seit dem 23.10.2006 einen Sub-Index, der die erwartete Volatilität für eine Laufzeit von zwei Jahren angibt.[703] Die nachfolgende Abbildung zeigt die Veränderung der beiden Indizes im Zeitablauf.

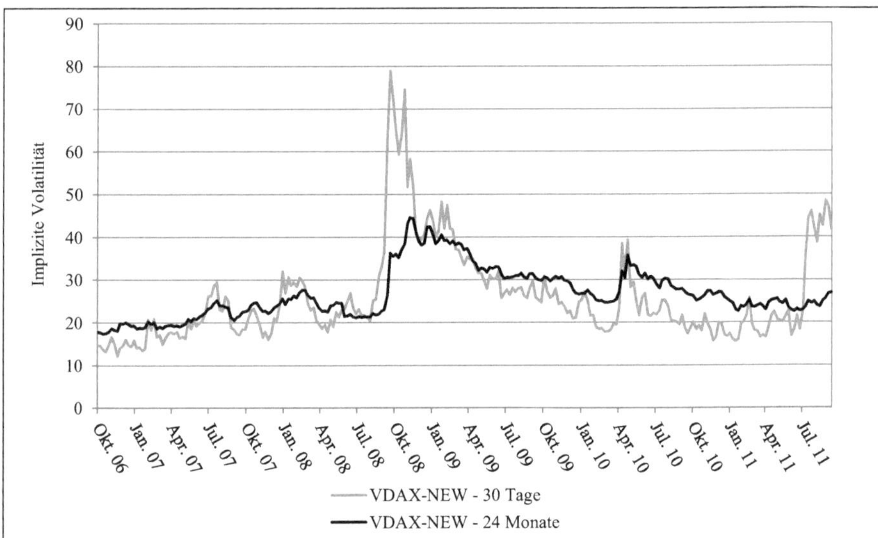

Abbildung 4-5: Entwicklung des VDAX-NEW[704]

Bei einer Laufzeit von 30 Tagen sind stärkere Ausschläge festzustellen als bei einer Laufzeit von zwei Jahren. Dennoch wird auch bei einer Laufzeit von zwei Jahren die erwartete Volatilität des DAX wesentlich durch aktuelle Gegebenheiten beeinflusst. In die historisch realisierte Marktrisi-

701 Vgl. hier und im Folgenden SCHÖNE, A., Zum Informationsgehalt der Volatilitätsindizes, S. 638-640.

702 Vgl. ausführlich zur Berechnung des VDAX-NEW® DEUTSCHE BÖRSE AG, Leitfaden zu den Volatilitätsindizes der Deutschen Börse, S. 2-26.

703 Vgl. DEUTSCHE BÖRSE AG, Leitfaden zu den Volatilitätsindizes der Deutschen Börse, S. 9.

704 Es wird die Entwicklung der Wochenschlusskurse dargestellt.

koprämie fließen die Gegebenheiten in der jüngeren Vergangenheit zwar auch ein, allerdings führt eine in der jüngeren Vergangenheit steigende Marktrisikoprämie c. p. zu einer verringerten historisch realisierten Marktrisikoprämie, da sich der Marktwert des Index verringert.[705] Die kurzfristig erwartete Marktrisikoprämie lässt sich somit nicht sachgerecht anhand der historisch realisierten Marktrisikoprämie ableiten.

Zusammenfassend ist daher festzustellen, dass neben der Anwendbarkeit auch die Sachgerechtigkeit der aus vergangenheitsorientierten Daten abgeleiteten Marktrisikoprämie für den hier betrachten Zweck eingeschränkt ist. Zwar existieren zukunftsorientierte Verfahren für die Bestimmung der Marktrisikoprämie,[706] jedoch besitzen diese aufgrund der Abhängigkeit von Analysteneinschätzungen und der daraus resultierenden Subjektivität sowie der teilweise fehlenden Anwendbarkeit in der Bewertungspraxis eine geringe Relevanz.[707] Des Weiteren wird anhand der zukunftsorientierten Verfahren üblicherweise ebenfalls eine einheitliche Marktrisikoprämie und nicht, wie hier gefordert, eine kurzfristig erwartete Marktrisikoprämie bestimmt.[708] Daher werden diese Methoden nicht weiter betrachtet.

Den durchschnittlichen **risikolosen Zinssatz** für den Beobachtungszeitraum und das Renditeintervall des verschuldeten Betafaktors zu bestimmen, wird hingegen regelmäßig möglich sein. So stellt die Deutsche Bundesbank z. B. börsentäglich aus börsennotierten Bundeswertpapieren abgeleitete Parameter zur Schätzung der Zinsstrukturkurve nach der SVENSSON-Methode zur Verfügung.[709] Indes wurde in Abschnitt 244.1 dargestellt, dass es nicht den einen risikolosen Zinssatz gibt, sondern dass der Zinssatz vom Zeitpunkt der Zahlungen abhängt. Soweit nicht für jede Zahlung ein eigener Betafaktor und somit auch risikoloser Zinssatz bestimmt wird, muss ein einheitlicher Basiszinssatz ermittelt werden, der die unterschiedlichen Zahlungszeitpunkte berücksichtigt.[710] Ein solcher einheitlicher Basiszinssatz wird aufgrund der Orientierung an dem aktuellen Fremdkapital im Allgemeinen von dem üblicherweise im Rahmen der Unternehmensbewertung verwandten unendlichen, einheitlichen Basiszinssatz abweichen. So muss die risikolose Anlage die identische Duration bzw. vereinfachend Restlaufzeit aufweisen, wie die Fremdkapitaltitel, aus denen die erwartete Rendite abgeleitet wurde, da bei einer nicht flachen Zinsstrukturkurve ansonsten kein identisches Zinsniveau unterstellt wird.

Vorstehend wurde die Eignung der Marktrisikoprämie und des risikolosen Zinssatzes allgemein betrachtet. Soll die indirekte Methode trotz der gezeigten Kritikpunkte angewandt werden, stellt sich die Frage nach dem Marktindex und der risikolosen Anlage zur Ableitung der beiden Parame-

705 Vgl. zum Einfluss der Finanzmarktkrise auf die Marktrisikoprämie JONAS, M., Unternehmensbewertung in der Krise, S. 541-546.

706 Vgl. zu zukunftsorientierten Methoden METZ, V., Kapitalisierungszinssatz, S. 222-238; DÖRSCHELL, A./FRANKEN, L./SCHULTE, J., Kapitalisierungszinssatz, S. 89 f.; REESE, R., Schätzung von Eigenkapitalkosten, S. 62-96.

707 Vgl. hier und im Folgenden Abschnitt 244.2 oder auch DÖRSCHELL, A./FRANKEN, L./SCHULTE, J., Kapitalisierungszinssatz, S. 89 f.

708 Vgl. METZ, V., Kapitalisierungszinssatz, S. 222-238.

709 Vgl. DEUTSCHE BUNDESBANK (Hrsg.), Parameter.

710 Vgl. Abschnitt 244.1.

ter. Da beim Unlevern eine Äquivalenz zu den Erwartungen im Betafaktor des Eigenkapitals gefordert wird, sollte der identische Marktindex betrachtet werden, der auch dem Betafaktor des Eigenkapitals zugrunde liegt, um die **Sachgerechtigkeit** sicherzustellen. Die risikolose Anlage fließt jedoch nicht explizit in die Ermittlung des Betafaktors des Eigenkapitals ein, sodass diese hieraus nicht eindeutig vorgegeben ist. Allerdings ist der risikolose Zinssatz wie auch der Betafaktor des Eigenkapitals Teil der Eigenkapitalkosten des Bewertungsobjektes. In Abschnitt 244.1 wurde dargestellt, dass es sich theoretisch um eine Anlage ohne Währungs-, Termin- oder Ausfallrisiko handeln soll, jedoch im Allgemeinen auf „quasisichere" Staatsanleihen zurückgegriffen wird. Da somit regelmäßig keine vollständige Risikolosigkeit gegeben ist, bietet es sich im Hinblick auf die Modellkonsistenz an, auf die identische risikolose Anlage abzustellen.[711] Hierbei ist jedoch zu beachten, ob das Vergleichsunternehmen aus dem gleichen Währungsraum kommt, wie das Bewertungsobjekt. Ist dies der Fall, sollte die risikolose Anlage des Währungsraumes des Bewertungsobjektes verwandt werden. Dies gilt auch für **Fremdwährungsanleihen**, da der Betafaktor des Fremdkapitals ansonsten die für das Unternehmen auftretenden Währungsrisiken nicht abbildet. So kann nach dem Theorem der Zinsparität bei einem Gleichgewicht auf dem Devisenmarkt vereinfachend angenommen werden, dass das Währungsrisiko durch das unterschiedliche Zinsniveau des Währungsraumes der risikolosen Anlage und der Fremdwährungsanleihe berücksichtigt wird.[712]

Hingegen würde bei einer Anleihe eines **Vergleichsunternehmens aus einem anderen Währungsraum** aufgrund des im Vergleich zu der risikolosen Anlage aus dem Währungsraum des Bewertungsobjektes unterschiedlichen Zinsniveaus, ein Währungsrisiko berücksichtigt, obwohl ein solches Risiko beim Vergleichsunternehmen durch die Anleihe nicht gegeben ist.[713] Wird die risikolose Anlage des Währungsraumes des Vergleichsunternehmens verwandt, ist jedoch die Modellkonsistenz hinsichtlich der Eigenkapitalkostenermittlung im Bewertungskalkül als fraglich anzusehen. Würde weiterhin der gleiche Marktindex unterstellt, ergäbe sich üblicherweise eine abweichende erwartete Marktrisikoprämie. In der Bewertungspraxis wird jedoch der Marktindex oftmals an den lokalen Aktienmarkt angepasst, um den Betafaktor des Eigenkapitals zu bestimmen.[714] Damit die Verwendung des Marktindex und der risikolosen Anlage aus dem Währungsraum des Vergleichsunternehmens als sachgerecht angesehen werden kann, sollte die erwartete Überrendite vergleichbar zu der im Bewertungskalkül berücksichtigten Marktrisikoprämie sein. Die Notwendigkeit der Vergleichbarkeit der Marktrisikoprämie gilt sowohl für den Betafaktor des Fremdkapitals als auch für den Betafaktor des Eigenkapitals. Ist die Vergleichbarkeit nicht gegeben, sollte das Vergleichsunternehmen entweder nicht verwandt oder der Betafaktor entsprechend dem Verhältnis der unterschiedlichen Marktrisikoprämien angepasst werden.

711 Vgl. allgemein zur Eigenkapitalkostenermittlung Abschnitt 24.

712 Vgl. SCHIFFEL, S., Implizite Ausfallwahrscheinlichkeiten von Unternehmensanleihen, S. 28 f. Zum Theorem der Zinsparität OBERMAIER, R., Bewertung, Zins und Risiko, S. 177-182 m. w. N.

713 Bei dem Vergleichsunternehmen entsteht aufgrund der Anleihe kein Währungsrisiko, soweit es sich nicht aus Sicht des Vergleichsunternehmens um eine Fremdwährungsanleihe handelt.

714 Vgl. BAETGE, J./NIEMEYER, K./KÜMMEL, J./SCHULZ, R., Bewertungsverfahren, S. 387 f.; DÖRSCHELL, A./FRANKEN, L./SCHULTE, J., Kapitalkosten 2010 für die Unternehmensbewertung, S. 37.

421.232.3 Zwischenfazit

Vorstehend wurden mit der Rendite bis zur Endfälligkeit einer börsennotierten Anleihe und der Durchschnittszinsmethode zwei Möglichkeiten betrachtet, die erwartete Rendite im Rahmen der indirekten Methode zu bestimmen. Bei beiden Möglichkeiten ist die Sachgerechtigkeit eingeschränkt, da nicht die aufgrund der systematischen Risiken erwartete Rendite bestimmt wird. Zusätzlich zu diesem Aspekt wurde dargestellt, dass die Verwendung von Bilanzdaten bei der Durchschnittszinsmethode aufgrund der Beschränkung auf die Bilanzstichtage die Sachgerechtigkeit weiter einschränken kann. Hingegen lässt sich die Rendite bis zur Endfälligkeit einer börsennotierten Anleihe für den identischen Beobachtungszeitraum und das identische Renditeintervall bestimmen wie der verschuldete Betafaktor, sodass ein größerer Bezug zu den Erwartungen der Marktteilnehmer im Beobachtungszeitraum besteht.

Indes ist die Durchschnittszinsmethode der Rendite bis zur Endfälligkeit einer börsennotierten Anleihe zumindest teilweise hinsichtlich der Anwendbarkeit überlegen. Wenngleich bei der Durchschnittszinsmethode die Möglichkeit eingeschränkt sein kann, Fremdkapitaltitel individuell zu betrachten, ist die Methode hinsichtlich des zeitlichen Aufwands und geringer Ermessensspielräume positiv zu beurteilen. Die Verwendung der Rendite bis zur Endfälligkeit börsennotierter Anleihen ermöglicht zwar eine individuelle Berücksichtigung von Fremdkapitaltiteln, jedoch ist die bei dieser Methode regelmäßig erforderliche Wahl vergleichbarer Anleihen sowohl im Hinblick auf Ermessensspielräume als auch des zeitlichen Aufwands negativ zu beurteilen.

Unabhängig von der Ermittlung der erwarteten Rendite sind die Sachgerechtigkeit und die Anwendbarkeit wie vorstehend dargestellt dadurch eingeschränkt, dass zusätzlich die Marktrisikoprämie und der risikolose Zinssatz in die indirekte Methode einfließen.

Im folgenden Abschnitt wird mit der direkten Methode eine weitere Möglichkeit betrachtet, um den Betafaktor des Fremdkapitals zu bestimmen.

421.233. Direkte Ermittlung des Betafaktors

Neben der indirekten Methode zur Ermittlung des Betafaktors besteht die Möglichkeit, den Betafaktor **unmittelbar über eine lineare Regression** der Rendite börsennotierter Fremdkapitaltitel mit der Rendite des Marktes zu bestimmen.[715] Bei einer solchen **direkten Betafaktorermittlung** wird im Gegensatz zu der indirekten Methode die Kenntnis über die Marktrisikoprämie und den risikolosen Zinssatz nicht benötigt. Zwar fließt bei beiden Ermittlungsmethoden die Fremdkapitalrendite ein, jedoch unterscheidet sich diese. Während bei der indirekten Methode die erwartete Fremdkapitalrendite einen Parameter der Formel 4-10 zur Berechnung des Betafaktors ist, fließt bei der direk-

[715] Diese Möglichkeit ziehen auch WATRIN/STÖVER in Betracht. Vgl. WATRIN, C./STÖVER, R., Einfluss des Tax Shields, S. 69.

ten Methode die historisch realisierte Rendite in die Berechnung ein.[716] Die gesamte realisierte Rendite setzt sich aus der Veränderung des Kurses und weiteren Zahlungen an die Eigentümer zusammen. Hierbei ist zu beachten, dass der Börsenkurs einer Anleihe einen sog. *cleanprice* darstellt, der die aufgelaufenen Stückzinsen nicht berücksichtigt.[717] Ein Käufer zahlt jedoch den sog. *dirtyprice*, der sich aus dem Börsenkurs zuzüglich der angelaufenen Stückzinsen ergibt. Der Kaufkurs wird somit unterjährig durch den Stückzins beeinflusst. Um die gesamte Rendite einer Anleihe in einem Intervall zu bestimmen, muss demnach der aufgelaufene Stückzins[718] berücksichtigt werden. Die hinsichtlich der indirekten Methode gezeigte Problematik, dass die Rendite bis zur Endfälligkeit lediglich die erwartete Rendite unter der Annahme nicht ausfallender Zahlungen darstellt, ergibt sich bei den im Rahmen der direkten Methode verwandten realisierten Renditen nicht. So kann bei einem liquiden Handel angenommen werden, dass der Börsenkurs einer Anleihe den von den Marktteilnehmern erwarteten Ausfall berücksichtigt. Verändern sich die Markterwartungen, wird dies somit in der Kursrendite abgebildet. Wenngleich der vollständige Stückzins dem Börsenkurs hinzugerechnet wird, obwohl auch der Stückzins einem Ausfallrisiko unterliegt, bedeutet dies nicht, dass die historische Gesamtrendite einen Ausfall des Stückzinses missachtet. So kann ebenfalls bei einem liquiden Handel angenommen werden, dass die Marktteilnehmer einen möglichen Ausfall der Zinszahlung in dem Börsenkurs berücksichtigen.

Auf den ersten Blick könnte dennoch der Eindruck entstehen, dass die **Sachgerechtigkeit** durch die Verwendung von Erwartungswerten bei der indirekten Methode höher ist. Indes wird im Hinblick auf die Sachgerechtigkeit beim Unlevern eine Äquivalenz der in die Anpassungsformel einfließenden Parameter zu den im verschuldeten Betafaktor des Eigenkapitals berücksichtigten Erwartungen der Marktteilnehmer hinsichtlich dieser Parameter gefordert.[719] Sowohl der anhand der direkten Methode bestimmte Betafaktor des Fremdkapitals als auch der Betafaktor des Eigenkapitals bilden durch die Verwendung der historisch beobachtbaren Renditen zwar die Vergangenheit ab, jedoch spiegeln die den Betafaktoren zugrunde liegenden Kurse die im Beobachtungszeitraum angenommene Unsicherheit der künftigen Renditen wider. Bei einem vollkommenen Kapitalmarkt kann davon ausgegangen werden, dass die Unsicherheit des Marktwertes des Fremdkapitals in dem Marktwert des Eigenkapitals identisch berücksichtigt wird.[720] Zwar sind die Annahmen eines vollkommenen Kapitalmarktes in der Realität nicht erfüllt.[721] Soweit bei der Ermittlung des Betafaktors des Fremdkapitals der Beobachtungszeitraum, das Renditeintervall und der Vergleichsindex identisch zu der Ermittlung des Betafaktors des Eigenkapitals gewählt wird, kann dennoch die geforderte

716 Vgl. zu den Möglichkeiten, die Rendite zu berechnen ZIMMERMANN, P., Schätzung und Prognose von Betawerten, S. 54-56. Die Rendite kann grundsätzlich sowohl als diskrete als auch als stetige Rendite berechnet werden. Vgl. Fn. 235.

717 Vgl. hier und im Folgenden SCHIFFEL, S., Implizite Ausfallwahrscheinlichkeiten von Unternehmensanleihen, S. 13 f.

718 Vgl. zur Berechnung des aufgelaufenen Stückzinses SCHIFFEL, S., Implizite Ausfallwahrscheinlichkeiten von Unternehmensanleihen, S. 13-16.

719 Vgl. Abschnitt 33.

720 Vgl. TIMMRECK, C., Betafaktoren, S. 301 f.; PERRIDON, L./STEINER, M./RATHGEBER, A. W., Finanzwirtschaft der Unternehmung, S. 262; WIESE, J., Komponenten des Zinsfußes, S. 35; SCHMIDT, R. H./TERBERGER, E., Grundzüge der Investitions- und Finanzierungstheorie, S. 57.

721 Vgl. SCHÄFER, H., Unternehmensinvestitionen, S. 79-82.

Äquivalenz als erfüllt angesehen werden. So wird vor allem sichergestellt, dass die gleichen Marktrenditen und somit die gleiche Marktentwicklung in den Betafaktor einfließen.

Die **Anwendbarkeit** der direkten Methode, zur Ermittlung des Betafaktors eines Fremdkapitaltitels, ist grundsätzlich gegeben, wenn der entsprechende Fremdkapitaltitel am Kapitalmarkt gehandelt wird. Sind die Fremdkapitaltitel des Vergleichsunternehmens nicht börsennotiert, wie z. B. Bankkredite, ist die Anwendbarkeit dennoch möglich, wenn ein vergleichbarer Fremdkapitaltitel börsennotiert ist. Wird der Betafaktor anhand von vergleichbaren börsennotierten Fremdkapitaltiteln bestimmt, muss, wie in Abschnitt 421.232.112. für die indirekte Methode ausgeführt, die identische Unsicherheit sichergestellt werden. Die identifizierten Einschränkungen und Schwierigkeiten bei der Wahl vergleichbarer Fremdkapitaltitel gelten bei der direkten Methode ebenfalls. Wie in Abbildung 4-4 dargestellt, kann bei fehlenden individuellen Informationen auf das Emittenten-Rating und eine typisierte Laufzeit abgestellt werden. Ist für einen konkreten Fremdkapitaltitel des Unternehmens kein vergleichbarer Fremdkapitaltitel börsennotiert, bedeutet dies nicht, dass die Methode nicht anwendbar ist. Soweit der Betafaktor für das gesamte Fremdkapital des Unternehmens oder für Gruppen von Fremdkapitaltiteln, in denen alle Fremdkapitaltitel des Unternehmens enthalten sind, bestimmt werden kann, ist es grundsätzlich möglich die direkte Methode anzuwenden.

Die Anwendbarkeit der direkten Methode kann jedoch eingeschränkt sein, wenn sich der Betafaktor des Fremdkapitals durch die Methode nicht **verlässlich** bestimmen lässt. Damit die lineare Regression aussagekräftige Ergebnisse liefern kann, ist es erforderlich, dass sich die Renditepaare und somit die Rendite des Marktes und des betrachteten Wertpapiers auf den gleichen Zeitraum beziehen. Wie bereits in Abschnitt 244.3 dargestellt ist dies bei einer verzögerten Anpassung des Kurses des Wertpapiers an aktuelle Informationen und somit auch an die Veränderungen des Marktes nicht gewährleistet. FRANKEN/SCHULTE sehen für einen unverzerrten Anpassungsprozess eines Wertpapiers einen liquiden Handel und ein hinreichendes tatsächliches Handelsvolumen als Voraussetzung an.[722] Indes **fehlt es an trennscharfen Grenzen**, ab wann die Liquidität eines Wertpapiers für die Ermittlung eines aussagekräftigen Betafaktors nicht mehr ausreicht. Wenngleich es eine Vielzahl von Kriterien gibt, die ein Indiz für einen liquiden bzw. illiquiden Handel darstellen,[723] existiert kein Messkonzept, welches zu einem eindeutigen Ergebnis gelangt.[724] FRANKEN/SCHULTE geben das Handelsvolumen, den Anteil der Aktien im Streubesitz und die Geld-Brief-Spanne als Kriterien zur Beurteilung der Liquidität an. Eine gewisse Geld-Brief-Spanne ist durchaus üblich und stellt eine Entlohnung des Market-Makers für unmittelbare Ausführbarkeit dar.[725] Dennoch bedeutet eine geringere Geld-Brief-Spanne tendenziell einen liquideren Handel, daher sinkt die Geld-Brief-Spanne tendenziell auch mit der Zahl der Market-Maker.[726] Hinsichtlich des Handelsvolumens von Anleihen ist anzumerken, dass ein großer Teil des Volumens Over-the-Counter (OTC) gehandelt

722 Vgl. FRANKEN, L./SCHULTE, J., Eignung von Betafaktoren, S. 1115.
723 Vgl. für einen Überblick SCHIFFEL, S., Implizite Ausfallwahrscheinlichkeiten von Unternehmensanleihen, S. 35-44; SCHLECKER, M., Credit Spreads, S. 45-60.
724 Vgl. hier und im Folgenden FRANKEN, L./SCHULTE, J., Eignung von Betafaktoren, S. 1115.
725 Vgl. SCHIFFEL, S., Implizite Ausfallwahrscheinlichkeiten von Unternehmensanleihen, S. 38.
726 Vgl. SCHIFFEL, S., Implizite Ausfallwahrscheinlichkeiten von Unternehmensanleihen, S. 31.

wird und somit das Handelsvolumen an den Börsen teilweise gering und die Markttransparenz eingeschränkt ist.[727] Neben den vorstehenden Kriterien, die auch zur Beurteilung der Liquidität von Aktien geeignet sind, können bei Anleihen als weitere Kennzahlen zur Beurteilung der Liquidität z. B. das Emissionsvolumen, die Restlaufzeit der Anleihe oder das Alter der Anleihe gesehen werden.[728] So wird angenommen, dass die Handelbarkeit aufgrund einer größeren Zahl an Investoren mit dem Emissionsvolumen steigt. Eine kurze Restlaufzeit kann dazu führen, dass der Handel abnimmt, da die Anleihen bis zur Fälligkeit gehalten werden, um Transaktionskosten zu sparen. Durch Buy-and-Hold-Investoren kann allgemein, jedoch vor allem bei älteren Anleihen der Anteil der Anleihen im Handel reduziert sein. Die vorstehenden Kriterien können zwar zur Beurteilung der Liquidität herangezogen werden, jedoch lässt sich, wie dargestellt, kein eindeutiges Urteil zur Verlässlichkeit ableiten. Ferner lässt sich durch die Kriterien zwar feststellen, dass die Liquidität eingeschränkt ist, indes lässt sich hierdurch der Einfluss, den eine eingeschränkte Liquidität auf die Höhe des Betafaktors hat, nicht quantifizieren.

In Abschnitt 244.3 wurden als **statistische Maße zur Einschätzung der Verlässlichkeit** des Betafaktors der Standardfehler oder auch das aus diesem abgeleitete Konfidenzintervall genannt.[729] Das Konfidenzintervall gibt den Bereich an, indem sich der „wahre“ Betafaktor mit einer bestimmten Wahrscheinlichkeit befindet.[730] Je geringer das Konfidenzintervall bei einer bestimmten Wahrscheinlichkeit ist, desto verlässlicher ist der jeweilige Betafaktor. Regelmäßig wird im Rahmen der Unternehmensbewertung ein Signifikanzniveau von 5 % unterstellt.[731] Bei Verwendung eines solchen Signifikanzniveaus wird ein 95 %-Konfidenzintervall bestimmt. Allerdings existieren auch bei dem Standardfehler und dem Konfidenzintervall keine trennscharfen Grenzen, ab wann die Verlässlichkeit nicht mehr gegeben ist. Dennoch sollte das Konfidenzintervall zur Beurteilung der Verlässlichkeit verwandt werden, da sich durch die Verwendung der Intervallgrenzen als Betafaktor die Auswirkung der eingeschränkten Verlässlichkeit auf den Unternehmenswert quantifizieren und somit transparent machen lässt.

Wenngleich keine trennscharfen Grenzen zur Beurteilung der Verlässlichkeit existieren, kann dennoch festgehalten werden, dass die fehlende Liquidität eines Fremdkapitaltitels oder auch ein weites Konfidenzintervall die Verlässlichkeit und somit auch die Anwendbarkeit einschränken. Allerdings besteht wie bei einer fehlenden Börsennotierung die Möglichkeit, auf einen liquiden, vergleichbaren Fremdkapitaltitel auszuweichen, für den sich ein geeigneter Betafaktor ermitteln lässt.

Neben der Güte des Betafaktors können auch **Ermessensspielräume** die Verlässlichkeit einschränken. Wie in Abschnitt 244.3 beschrieben, existiert bei der Ermittlung eines Betafaktors eine Viel-

[727] Vgl. WINGENROTH, T., Risikomanagement für Corporate Bonds, S. 40; SCHLECKER, M., Credit Spreads, S. 56.

[728] Vgl. hier und im Folgenden SCHIFFEL, S., Implizite Ausfallwahrscheinlichkeiten von Unternehmensanleihen, S. 35-44; SCHLECKER, M., Credit Spreads, S. 45-54.

[729] Vgl. ZIMMERMANN, P., Schätzung und Prognose von Betawerten, S. 69.

[730] Vgl. ZIMMERMANN, P., Schätzung und Prognose von Betawerten, S. 70.

[731] Vgl. STELLBRINK, J./BRÜCKNER, C., Beta-Schätzung, S. 3; DÖRSCHELL, A./FRANKEN, L./SCHULTE, J./BRÜTTING, C., Risikozuschläge, S. 1160.

zahl von Ermessensspielräumen. In diesem konkreten Fall ist jedoch eine Orientierung an dem methodischen Vorgehen bei der Ermittlung des Betafaktors des Eigenkapitals gefordert und somit sind die Ermessensspielräume durch die Vorgabe des Beobachtungszeitraumes, des Renditeintervalls und des Vergleichsindizes eingeschränkt. Neben dem Ermessen bei dem methodischen Vorgehen ist jedoch auch die Auswahl vergleichbarer Fremdkapitaltitel ermessenbehaftet.[732] Die Anwendbarkeit kann jedoch nicht nur durch eine fehlende Verlässlichkeit eingeschränkt sein, sondern auch durch einen hohen **Ermittlungsaufwand**. Die Ermittlung eines Betafaktors stellt grundsätzlich keinen großen zeitlichen Aufwand dar. Muss indes ein vergleichbarer Fremdkapitaltitel bestimmt werden, kann sich dies deutlich ändern.

421.234. Untersuchung zum Betafaktor des Fremdkapitals

421.234.1 Vorbemerkungen

Vorstehend wurden mit der direkten und der indirekten Methode zwei Methoden dargestellt, um den Betafaktor des Fremdkapitals anhand von börsennotierten Anleihen abzuleiten. Im Folgenden wird der anhand dieser Methoden bestimmte Betafaktor des Fremdkapitals beispielhaft für börsennotierte Anleihen verschiedener Rating-Kategorien und Restlaufzeiten untersucht. Hierdurch soll einerseits ein Eindruck zur Höhe des Betafaktors des Fremdkapitals gewonnen werden und andererseits sollen die Ergebnisse der Untersuchung den Ergebnissen der vorstehenden theoretischen Analyse gegenübergestellt werden. Die beiden Methoden werden anschließend auf Grundlage der Ergebnisse gewürdigt.

421.234.2 Aufbau der Untersuchung

Die **Datenbasis** der folgenden Untersuchung umfasst auf Euro lautende europäische festverzinsliche Anleihen verschiedener Rating-Kategorien. Um Anleihen verschiedener Rating-Kategorien und Laufzeiten zu betrachten, wurde grundsätzlich auf sämtliche Anleihen abgestellt, die am 30.6.2011 in den Bloomberg Indizes BFV EUR Eurozone Industrial für die Rating-Kategorien AA, AA-, A, BBB+, BBB, BBB- und BB enthalten waren.[733] Zu dem angegebenen Datum enthielten die Indizes 453 verschiedene Anleihen. Die folgende Tabelle zeigt die Zahl sowie die durchschnittliche Restlaufzeit[734] der Anleihen getrennt nach den Rating-Kategorien. Zwar bewegt sich die Restlaufzeit der Anleihen in einer Spanne von rd. einem Vierteljahr und 30 Jahren, jedoch haben lediglich 35 Anleihen eine Restlaufzeit von über 10 Jahren und drei von über 15 Jahren. Der überwiegende Teil (92,3 %) der Anleihen hat somit eine Restlaufzeit von null bis 10 Jahren.

[732] Vgl. hier und im Folgenden Abschnitt 421.232.112.
[733] Bloomberg gibt keine BFV EUR Eurozone Industrial Indizes für weitere Rating-Kategorien an.
[734] Die Restlaufzeit bezieht sich auf den 30.6.2011.

Rating	AA	AA-	A	BBB+	BBB	BBB-	BB	Alle
Zahl	26	8	141	74	71	41	92	453
Durchschnittliche Restlaufzeit (in Jahren)	6,39	5,17	5,00	5,88	4,78	4,36	5,00	5,13
Median (in Jahren)	5,84	5,04	4,01	5,36	3,98	3,59	5,03	4,77
Min (in Jahren)	0,58	1,98	0,26	0,60	0,40	0,58	0,47	0,26
Max (in Jahren)	14,23	10,12	14,42	22,73	30,25	15,66	13,66	30,25

Tabelle 4-6: Zahl und Restlaufzeit der Anleihen je Rating-Kategorie

Die von Bloomberg vorgenommene Zuordnung der Anleihen zu den Rating-Kategorien wurde beibehalten.[735] Aufgrund einer geringen Zahl an Anleihen wurden die Anleihen mit einem Rating von AA- gemeinsam mit den Anleihen der Rating-Kategorie AA betrachtet. Die Rating-Kategorie wird im Folgenden mit AA-/AA bezeichnet.

In Abschnitt 421.1 wurde gezeigt, dass der **Beobachtungszeitraum** und das **Renditeintervall** des Betafaktors des Fremdkapitals durch das Vorgehen bei der Ermittlung des historischen Betafaktors des Eigenkapitals vorgegeben werden. Der Betafaktor des Eigenkapitals wird in der Bewertungspraxis oftmals über einen Beobachtungszeitraum von zwei Jahren und einem wöchentlichen Renditeintervall ermittelt.[736] Daher wurden für die Untersuchung die Betafaktoren der Anleihen ebenfalls für einen Zweijahreszeitraum und ein wöchentliches Renditeintervall bestimmt. Hierbei stellt der 30.6.2011 den Stichtag für die Ermittlung dar. In den Durchschnittswerten sind ausschließlich Anleihen berücksichtigt, die bereits zu Beginn des Beobachtungszeitraumes im Juli 2009 emittiert waren und in dem Zeitraum durchgängig Wochenschlusskurse aufwiesen, sodass sich die Zahl der betrachteten Unternehmen und die durchschnittliche Restlaufzeit in den unterschiedlichen Rating-Kategorien wie folgt verändern:

735 Hinsichtlich der Einteilung in Rating-Kategorien ist zu beachten, dass es sich hierbei um die Einteilung zum 30.6.2011 handelt. Es ist somit nicht sichergestellt, dass die Anleihen über den gesamten Beobachtungszeitraum das entsprechende Rating aufgewiesen haben. Vgl. zur Bedeutung Abschnitt 421.234.5.

736 Vgl. DÖRSCHELL, A./FRANKEN, L./SCHULTE, J., Kapitalisierungszinssatz, S. 155-157; STELLBRINK, J./BRÜCKNER, C., Beta-Schätzung, S. 2-9.

Rating	AA-/AA	A	BBB+	BBB	BBB-	BB	Alle
Zahl	24	94	48	41	19	36	262
Durchschnittliche Restlaufzeit (in Jahren)	4,91	3,81	5,02	3,33	3,32	3,78	4,02
Median (in Jahren)	5,00	2,95	3,90	2,82	2,80	3,39	3,06
Min (in Jahren)	0,58	0,26	0,60	0,40	0,58	0,47	0,26
Max (in Jahren)	12,93	13,53	22,73	7,71	15,66	13,66	22,73

Tabelle 4-7: Zahl und Restlaufzeit der Anleihen je Rating-Kategorie im Beobachtungszeitraum

Neben dem vorstehend genannten Beobachtungszeitraum und dem Renditeintervall werden in der Bewertungspraxis auch häufig einjährige Zeiträume und ein wöchentliches Renditeintervall sowie ein Beobachtungszeitraum von fünf Jahren und ein monatliches Intervall verwandt.[737] Der erstgenannte Beobachtungszeitraum wird zur Prüfung der Robustheit ebenfalls betrachtet, hingegen wird der längere Beobachtungszeitraum nicht zugrunde gelegt, da nur ein geringer Teil der hier betrachteten Anleihen bereits vor fünf Jahren emittiert war.

Für die Ermittlung der Betafaktoren mit der direkten Methode ist ein liquider Handel eine Anwendungsvoraussetzung, um einen verlässlichen Betafaktor zu bestimmen.[738] Da es indes an trennscharfen Grenzen fehlt, um zu beurteilen, wann die **Liquidität** eines Wertpapiers zu gering ist, um einen aussagekräftigen Betafaktor zu bestimmen, fließen alle Betafaktoren in die Durchschnittswerte ein.[739] Zur Beurteilung der Verlässlichkeit wird indes die **statistische Güte des Betafaktors** in Form des Standardfehlers der Betafaktoren und des 95 %- Konfidenzintervalls betrachtet.[740]

Wie in Abschnitt 421.233. beschrieben, fließen in den nach der direkten Methode bestimmten Betafaktor sowohl die historische Rendite des Vergleichsindexes, der den Marktindex widerspiegeln soll, als auch die historische Rendite der Anleihe ein. Um den Betafaktor anhand der indirekten Methode zu ermitteln, wurde auf die Rendite bis zur Endfälligkeit der Anleihen zurückgegriffen. Zur Abfrage der hierfür benötigten Kapitalmarktdaten wurde als **Datenquelle** der Finanzdienstleister Bloomberg verwandt.[741] Um den risikolosen Zinssatz, einen weiteren Einflussfaktor der indirek-

737 Vgl. DÖRSCHELL, A./FRANKEN, L./SCHULTE, J., Kapitalisierungszinssatz, S. 155-157; STELLBRINK, J./BRÜCKNER, C., Beta-Schätzung, S. 2-9.

738 Vgl. Abschnitt 421.233.

739 Die vorhergehenden Einschränkungen aufgrund fehlender Wochenschlusskurse im Beobachtungszeitraum bleiben hiervon unberührt.

740 Vgl. zur Eignung dieser Parameter ZIMMERMANN, P., Schätzung und Prognose von Betawerten, S. 68-70 oder Abschnitt 244.3.

741 Als Anleihekurse wurde grundsätzlich der Bloomberg Generic Price (BGN) verwandt, der sich laut Bloomberg als Durchschnittskurs verschiedener Preisanbieter unter Beachtung der Liquidität ergibt. Bloomberg ermittelt den BGN-Schlusskurs für die betrachteten Anleihen annähernd um 18 Uhr. Als Marktindex wurde grundsätzlich der CDAX verwandt, jedoch wurden zur Überprüfung der Robustheit auch der DAX, der STOXX® Europe 600 und der MSCI All Country World betrachtet. Mit Ausnahme des MSCI All Country World werden die Schlusskurse der Indizes um kurz vor 18 Uhr bestimmt. Der MSCI All Country World Index umfasst Indizes aus 45 verschie-

ten Methode, zu bestimmen, wurde auf die Zeitreihen WT3201 bis WT3206 der Deutschen Bundesbank zurückgegriffen.[742] Diese geben die Parameter an, die benötigt werden, um anhand der SVENSSON-Methode Spot Rates für deutsche Staatsanleihen zu bestimmen.

421.234.3 Methodisches Vorgehen bei der Untersuchung

In Abschnitt 421.23 wurde das grundsätzliche Vorgehen bei der Ermittlung des Betafaktors des Fremdkapitals anhand der direkten und der indirekten Methode erläutert. Im Folgenden werden die Annahmen und die methodische Vorgehensweise beschrieben, die verwandt wurden, um die einfließenden Parameter im Rahmen dieser Untersuchung zu ermitteln.

Bei der **direkten Methode** wird der Betafaktor **unmittelbar über eine lineare Regression** der Renditen der Anleihe mit den Renditen des Marktes bestimmt. Die Renditen ergeben sich hierbei einerseits aus der Veränderung des Kurses und andererseits aus weiteren Zahlungen an die Eigentümer. Die Kursrendite stellt die historisch beobachtbare Rendite dar, die sich aus der Veränderung des Kurses der Anleihe bzw. des Marktes ergibt. Um die gesamte **Marktrendite** zu berücksichtigen, wurde auf Performanceindizes zurückgegriffen.[743] Als Vergleichsindex wurde für die Anleihen grundsätzlich der CDAX verwandt, zur Prüfung der Robustheit der Ergebnisse wurden jedoch zusätzlich weitere Indizes betrachtet. Die **Anleiherendite** wird zusätzlich zu der Veränderung des Kurses durch die Zinszahlungen beeinflusst.[744] Um die hieraus entstehende Rendite unterjährig zu berücksichtigen, wurde der angelaufene Stückzins zu dem Anleihekurs addiert. Eine Wiederanlage des im Beobachtungszeitraum ausgezahlten Stückzinses führt zu einem weiteren Renditeeffekt, der hier jedoch vereinfachend nicht berücksichtigt wurde. Stichprobenhaft wurde der Betafaktor indes unter Beachtung einer solchen Wiederanlagerendite bestimmt. Bei einer angenommenen Wiederanlagerendite in Höhe der Anleiherendite zum Stichtag der Auszahlung konnte lediglich ein marginaler, zu vernachlässigender Effekt auf den Betafaktor festgestellt werden. Die Rendite am Tag der Zinszahlung wurde um den mit der Zahlung einhergehenden Wegfall des Stückzinses und den hieraus entstehenden negativen Renditeeffekt bereinigt.

Bei der **indirekten Methode** fließen in die Berechnung der risikolose Zinssatz, die Marktrisikoprämie und die erwartete Rendite der Anleihe ein. Wie in der Bewertungspraxis üblich und vorstehend erläutert, wurde als **erwartete Rendite** die Rendite bis zur Endfälligkeit der Anleihen angesetzt. Um die Vergleichbarkeit der Methoden zu gewährleisten, wurde der Mittelwert der Rendite für die identischen Beobachtungszeiträume und Intervalle wie bei der direkten Methode gebildet.

denen Ländern. Die Indizes fließen jeweils mit ihren Schlusskursen ein, sodass sich keine einheitliche Uhrzeit für den Schlusskurs angegeben lässt. Vgl. MSCI (Hrsg.), Index Methodology. Wenngleich durch unterschiedliche Betrachtungszeitpunkte von Anleihen und Index die Betafaktoren verzerrt sein können, wurde der MSCI All Country World Index zur Überprüfung der Robustheit der Ergebnisse verwandt. Vgl. Abschnitt 421.234.5.

742 Vgl. DEUTSCHE BUNDESBANK (Hrsg.), Parameter.

743 Vgl. hierzu Abschnitt 244.2.

744 Vgl. Abschnitt 421.233.

Hinsichtlich der erwarteten **Marktrisikoprämie** wurde vorstehend dargestellt, dass sich diese nicht für den konkreten Beobachtungszeitraum bestimmen lässt.[745] Daher wurde vereinfachend der Mittelwert der aktuellen IDW-Empfehlung für eine Marktrisikoprämie vor persönlichen Steuern in Höhe von 5 % verwandt.[746] Die Empfehlung des IDW beruht auf historischen Daten des deutschen Kapitalmarktes. Explizit wird auf eine Studie von STEHLE Bezug genommen, in der die Marktrisikoprämie anhand des DAX und des CDAX bestimmt wird.[747] Da bei der direkten Methode der CDAX als Vergleichsindex verwandt wurde, wurden bei beiden Methoden deutsche Indizes verwandt, um den Marktindex zu approximieren. Die Schätzung der Marktrisikoprämie anhand von historischen Kapitalmarktdaten weist eine Vielzahl von Ermessensspielräumen und einen fehlenden Bezug zu den Erwartungen der Marktteilnehmer im Beobachtungszeitraum auf, sodass eine solche Marktrisikoprämie eine stark vereinfachende Annahme darstellt.[748] Daher wird zusätzlich die Sensitivität der Ergebnisse hinsichtlich der Höhe der Marktrisikoprämie betrachtet.

Der **risikolose Zinssatz** wurde, wie in der Bewertungspraxis üblich und vom IDW empfohlen,[749] anhand der SVENSSON-Methode und den von der Deutschen Bundesbank veröffentlichten Daten ermittelt.[750] Hierbei wurde, wie auch bei der erwarteten Rendite der Anleihe, der Mittelwert für die entsprechenden Beobachtungszeiträume und Renditeintervalle bestimmt. Die Laufzeit der risikolosen Anlage wurde vereinfachend nicht auf die Duration,[751] sondern auf die Restlaufzeit abgestimmt, die die Anleihen durchschnittlich in dem Beobachtungszeitraum aufgewiesen haben. Da die Duration bei einer Kuponanleihe unterhalb der Restlaufzeit liegt, wird hierdurch der anhand der indirekten Methode bestimmte Betafaktor tendenziell geringfügig unterschätzt.

421.234.4 Ergebnisse der Untersuchung

Wie zuvor dargestellt, wurde der Betafaktor des Fremdkapitals beispielhaft zum Stichtag 30.6.2011 bestimmt. Die Tabelle 4-8 zeigt den durchschnittlichen Betafaktor, der sich mittels der **direkten Methode** für den konkreten Zweijahreszeitraum vom 3.7.2009 bis 24.6.2011 und einem wöchentlichen Renditeintervall getrennt für die untersuchten Rating-Kategorien ergibt.[752] Der 24.6.2011 stellt den letzten Wochenschlusskurs vor dem Stichtag dar. Der Zeitraum umfasst 104 Datenpunkte und somit ebenfalls 104 Wochenrenditen[753]. In der Tabelle ist die Zahl der Anleihen angegeben, die in

[745] Vgl. Abschnitt 421.232.2.

[746] Durch die Unternehmenssteuerreform hält das FAUB eine Marktrisikoprämie vor persönlichen Steuern in Höhe von 4,5 bis 5,5 % für sachgerecht. Vgl. IDW (Hrsg.), Unternehmensbewertung, S. 697. Es wird hier von Einflüssen der persönlichen Besteuerung abstrahiert. Vgl. hierzu Abschnitt 421.241.3.

[747] Vgl. STEHLE, R., Risikoprämie von Aktien, S. 906-927.

[748] Vgl. Abschnitt 244.2 und 421.232.2.

[749] Vgl. IDW (Hrsg.), Unternehmensbewertung, S. 697.

[750] Vgl. zu Ermittlung des risikolosen Zinssatzes ausführlich Abschnitt 244.1 und zu den Daten der Deutschen Bundesbank Fn. 742.

[751] Vgl. hierzu Abschnitt 421.232.112.

[752] Die Betafaktoren wurden gegenüber dem CDAX ermittelt.

[753] Die Wochenrenditen wurden anhand der Wochenschlusskurse bestimmt. WATRIN/STAHLBERG/KAPPENBERG haben festgesellt, dass ein abweichendes Wochenintervall, wie z. B. Dienstag bis Dienstag, einen Einfluss auf die Höhe des Aktienbetafaktors hat. Vgl. WATRIN, C./STAHLBERG, G./KAPPENBERG, C., Einfluss des Wochentags,

den Durchschnittswert eingeflossen sind. Diese Zahl weicht von der gesamten Zahl der Anleihen in der Rating-Kategorie ab, da wie vorstehend dargestellt, lediglich Anleihen berücksichtigt wurden, die bereits zum Beginn des Beobachtungszeitraumes emittiert waren.

Rating	Zahl	Betafaktor			
		Arith. Mittel	Median	Min	Max
AA-/AA	24	-0,083	-0,087	-0,180	-0,016
A	94	-0,061	-0,052	-0,142	0,002
BBB+	48	-0,065	-0,057	-0,176	-0,007
BBB	41	-0,0003	-0,024	-0,097	0,201
BBB-	19	-0,005	-0,022	-0,072	0,220
BB	36	0,045	0,009	-0,024	0,233

Tabelle 4-8: **Anhand der direkten Methode bestimmte Betafaktoren getrennt nach den Rating-Kategorien**

Die in Tabelle 4-8 dargestellten Betafaktoren machen deutlich, dass die Anleiherenditen unabhängig von der Rating-Kategorie deutlich geringer schwanken als die Marktrenditen. Mit Ausnahme der Rating-Kategorie BB ist sogar eine negative Korrelation zwischen der Rendite der Anleihe und der des Marktes festzustellen.

Wie vorstehend geschrieben, wurden die anhand der direkten Methode bestimmten Betafaktoren hinsichtlich der statistischen Güte überprüft. Die folgende Tabelle zeigt daher den durchschnittlichen Standardfehler des Betafaktors der Anleihen getrennt nach den Rating-Kategorien. Des Weiteren wird das aus dem Standardfehler abgeleitete durchschnittliche Konfidenzintervall angegeben, in dem der „wahre" Betafaktor mit einer Wahrscheinlichkeit von 95 % liegt.[754] Zu beachten ist jedoch, dass der Standardfehler und das Konfidenzintervall lediglich dann unverzerrt sind, wenn sowohl keine Autokorrelation als auch keine Heteroskedastizität vorliegt. Der DURBIN-WATSON-Test gibt bei einem Signifikanzniveau von 5 % für 87 % der Anleihen keine Anhaltspunkte, die eine Autokorrelation vermuten lassen.[755] Für 82 % der Anleihen ergeben sich anhand des BREUSCH-PAGAN-Tests ebenfalls bei einem Signifikanzniveau von 5 % keine Hinweise darauf, dass Heteroskedastizität vorliegt.[756] Wenngleich für den überwiegenden Teil der Anleihen kein Anhaltspunkt dafür besteht, dass die Kriterien nicht erfüllt sind, wurde dennoch zusätzlich der WHITE-Standardfehler, der

S. 176-194. Da jedoch ebenfalls festgestellt wurde, dass ein bestimmter Wochentag nicht zu systematisch höheren bzw. niedrigeren Betafaktoren führt, kann dieser Aspekt hier aufgrund der Durchschnittsbildung vernachlässigt werden. Dennoch wird in Abschnitt 421.234.5 im Rahmen der Prüfung der Ergebnisse auf Robustheit die Stabilität der Betafaktoren betrachtet.

754 Vgl. und im Folgenden ZIMMERMANN, P., Schätzung und Prognose von Betawerten, S. 68-70.

755 Vgl. zum DURBIN-WATSON-Test DURBIN, J./WATSON, G. S., Serial Correlation, S. 409-428.

756 Vgl. zum BREUSCH-PAGAN-Test BREUSCH, T. S./PAGAN, A. R., Heteroscedasticity, S. 1287-1294.

auch als robuster Standardfehler bezeichnet wird und als *heteroskedasticity consistent* gilt,[757] sowie das aus diesem abgeleitete Konfidenzintervall bestimmt. Die Ergebnisse weichen jedoch nicht wesentlich von denen in Tabelle 4-9 ab.[758] So ergibt sich anhand des robusten Standardfehlers über alle Anleihen eine durchschnittliche Breite des Konfidenzintervalls von 0,087 und anhand des normalen Standardfehlers von 0,082. Neben den Kennzahlen zur Beurteilung der Güte des Betafaktors wird in der Tabelle auch das durchschnittliche Bestimmtheitsmaß angegeben, das den Anteil der Varianz der Anleiherendite angibt, der sich durch die Marktrendite erklären lässt.[759] Die Ergebnisse machen deutlich, dass lediglich ein geringer Teil der Schwankungen durch den Markt erklärt wird. Der Anteil der unsystematischen Risiken nimmt mit abnehmender Bonität zu.

Rating	Betafaktor	R^2	Standardfehler des Betafaktors	Konfidenzintervall (α=0,05)
	Arith. Mittel	Arith. Mittel	Arith. Mittel	Arith. Mittel
AA-/AA	-0,083	0,155	0,019	[-0,120; -0,045]
A	-0,061	0,123	0,017	[-0,094; -0,028]
BBB+	-0,065	0,100	0,022	[-0,109; -0,021]
BBB	-0,0003	0,071	0,020	[-0,039; 0,039]
BBB-	-0,005	0,034	0,027	[-0,059; 0,048]
BB	0,045	0,046	0,028	[-0,011; 0,101]

Tabelle 4-9: **Kennzahlen zur Beurteilung des anhand der direkten Methode bestimmten Betafaktors getrennt nach den Rating-Kategorien**

Neben der direkten Methode wurde, wie vorstehend dargestellt, der Betafaktor auch anhand der **indirekten Methode** bestimmt. Die nachfolgende Tabelle zeigt die mittels indirekter Methode bestimmten Betafaktoren ebenfalls für den Zweijahreszeitraum vom 3.7.2009 bis 24.6.2011 und einem wöchentlichen Intervall für die identischen Anleihen.

757 Vgl. HACKL, P., Ökonometrie, S. 183 f.
758 Vgl. Anhang 4.
759 Vgl. ZIMMERMANN, P., Schätzung und Prognose von Betawerten, S. 67 f. sowie Abschnitt 244.3.

Rating	Zahl	Betafaktor			
		Arith. Mittel	Median	Min	Max
AA-/AA	24	0,129	0,127	0,083	0,191
A	94	0,178	0,175	0,090	0,290
BBB+	48	0,244	0,225	0,163	0,460
BBB	41	0,356	0,318	0,208	0,825
BBB-	19	0,398	0,408	0,226	0,574
BB	36	0,620	0,542	0,281	1,041

Tabelle 4-10: Anhand der indirekten Methode bestimmte Betafaktoren getrennt nach den Rating-Kategorien

Der Vergleich der anhand der beiden Methoden bestimmten Betafaktoren in Tabelle 4-11 zeigt, dass die Wahl der Methode eine wesentliche Auswirkung auf die Höhe des Betafaktors hat. So ergeben sich unabhängig von der Rating-Kategorie bei den anhand der direkten Methode bestimmten Betafaktoren geringere Werte als bei den anhand der indirekten Methode bestimmten Betafaktoren. Wenngleich auch bei der direkten Methode der Betafaktor bei abnehmender Bonität tendenziell steigt, ist der absolute Unterschied zwischen den Rating-Kategorien bei der indirekten Methode größer. Dies führt dazu, dass der absolute Unterschied zwischen den Methoden bei abnehmender Bonität der Anleihen zunimmt.

Rating	Arithmetischer Mittelwert			Median		
	Direkte Methode	Indirekte Methode	Δ	Direkte Methode	Indirekte Methode	Δ
AA-/AA	-0,083	0,129	0,212	-0,087	0,127	0,214
A	-0,061	0,178	0,239	-0,052	0,175	0,227
BBB+	-0,065	0,244	0,309	-0,057	0,225	0,282
BBB	-0,0003	0,356	0,356	-0,024	0,318	0,342
BBB-	-0,005	0,398	0,403	-0,022	0,408	0,430
BB	0,045	0,620	0,575	0,009	0,542	0,533

Tabelle 4-11: Vergleich der anhand der direkten und indirekten Methode bestimmten Betafaktoren getrennt nach den Rating-Kategorien

Neben Auswirkungen des Ratings auf den Betafaktor wurden auch die Auswirkungen der Laufzeit betrachtet. Hierfür wurden die 262 Anleihen anhand ihrer Restlaufzeit zum Stichtag in zwei Gruppen eingeteilt. So wurden einerseits Anleihen mit einer Restlaufzeit bis einschließlich vier Jahren und andererseits Anleihen mit einer Restlaufzeit von über vier Jahren betrachtet. Die Grenze von vier Jahren wurde gewählt, da vier Jahre annähernd die durchschnittliche Restlaufzeit der betrachteten Anleihen darstellt.[760] Die folgende Übersicht zeigt für die direkte Methode die durchschnittlichen Betafaktoren[761] getrennt nach Rating-Kategorien und Restlaufzeiten.

Rating	0 bis 4 Jahre		über 4 Jahre	
	Betafaktor	Zahl	Betafaktor	Zahl
AA-/AA	-0,045	10	-0,110	14
A	-0,042	61	-0,095	33
BBB+	-0,039	24	-0,091	24
BBB	0,005	30	0,011	11
BBB-	-0,021	16	0,079	3
BB	0,023	23	0,084	13

Tabelle 4-12: Anhand der direkten Methode bestimmte Betafaktoren getrennt nach den Rating-Kategorien und Restlaufzeiten[762]

Der Durchschnittswert der anhand der indirekten Methode bestimmten Betafaktoren wurde ebenfalls sowohl für Anleihen mit einer Restlaufzeit bis einschließlich vier Jahren als auch für Anleihen mit einer Restlaufeit von über vier Jahren gebildet. Die nachfolgende Übersicht zeigt die Ergebnisse getrennt nach den Rating-Kategorien.

Rating	0 bis 4 Jahre		über 4 Jahre	
	Betafaktor	Zahl	Betafaktor	Zahl
AA-/AA	0,133	10	0,126	14
A	0,182	61	0,173	33
BBB+	0,228	24	0,259	24
BBB	0,318	30	0,461	11
BBB-	0,373	16	0,531	3
BB	0,526	23	0,786	13

Tabelle 4-13: Anhand der indirekten Methode bestimmte Betafaktoren getrennt nach den Rating-Kategorien und Restlaufzeiten

760 Vgl. Tabelle 4-7.

761 Die Durchschnittswerte stellen den arithmetischen Mittelwert dar.

762 In manchen Rating-Kategorien sind nur wenige Anleihen mit einer Restlaufzeit von über vier Jahren bzw. null bis vier Jahren vorhanden, für die ein Betafaktor ermittelt werden konnte. Die Repräsentativität der Durchschnittswerte ist vor allem in der Rating Klasse BBB- als fraglich anzusehen. Dennoch können durch die Werte Tendenzen gezeigt werden.

Sowohl bei der direkten als auch bei der indirekten Methode kann für Anleihen mit einer guten Bonität (AA-/AA und A) ein geringerer Betafaktor bei einer längeren Restlaufzeit festgestellt werden. Hingegen sind die durchschnittlichen Betafaktoren der Rating-Kategorien BBB, BBB- und BB bei einer längeren Restlaufzeit höher. Bei der indirekten Methode sind bei den Anleihen mit einer schlechteren Bonität (BBB, BBB- und BB) deutlich größere absolute Unterschiede festzustellen als bei den übrigen Rating-Kategorien.

421.234.5 Prüfung der Ergebnisse auf Robustheit

Die vorstehenden Ergebnisse beziehen sich sowohl auf einen bestimmten Beobachtungszeitraum und ein bestimmtes Renditeintervall als auch auf einen konkreten Stichtag. Im Folgenden soll betrachtet werden, ob die Ergebnisse auch repräsentativ für andere Beobachtungszeiträume sind. Um die Stabilität eines Betafaktors zu beurteilen, bietet es sich grundsätzlich an, den **Betafaktor im Zeitablauf** zu betrachten. Da jedoch viele der betrachteten Anleihen erst seit dem Beginn des Beobachtungszeitraumes emittiert waren, können die Betafaktoren nur eingeschränkt im Zeitablauf betrachtet werden. So fließen bei einem verschobenen zweijährigen Beobachtungszeitraum nicht zwangsläufig alle zuvor betrachteten Anleihen in den Durchschnittswert ein. Des Weiteren ist nicht sichergestellt, dass die Anleihen bereits damals das entsprechende Rating aufwiesen. Trotz dieser Einschränkungen wird beispielhaft der anhand der direkten Methode bestimmte Betafaktor der Rating-Kategorie A im Zeitablauf untersucht. Die Rating-Kategorie A bietet sich hierfür an, da die Kategorie die größte Zahl der Anleihen enthält. Es werden jeweils 104 Datenpunkte und ein wöchentliches Renditeintervall um eine Woche verschoben betrachtet.

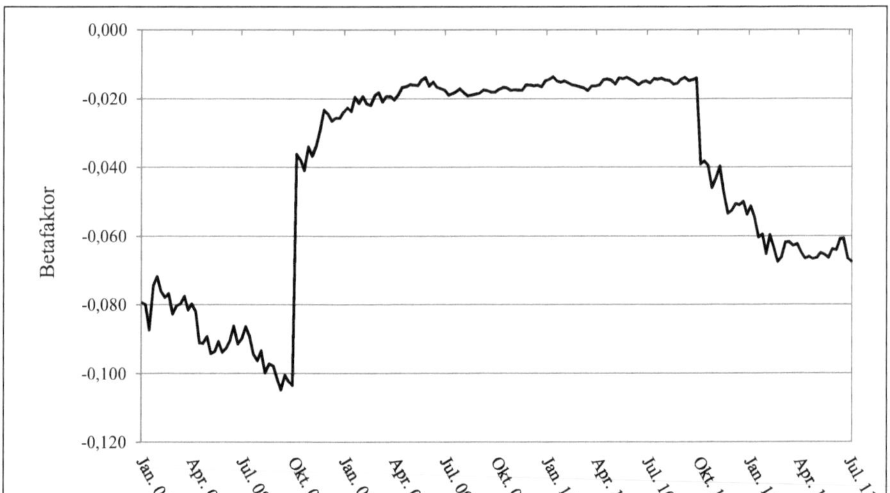

Abbildung 4-6: Betafaktor der Rating-Kategorie A im Zeitablauf bei Anwendung der direkten Methode

Die Abbildung zeigt, dass sich der durchschnittliche Betafaktor in dem Betrachtungszeitraum systematisch verändert hat. So steigt der Betafaktor am 10.10.2008 deutlich, sinkt zwei Jahre später wieder ab und verbleibt auf einem erhöhten Niveau. Dieser Effekt resultiert aus den Kursturbulenzen im Oktober 2008 aufgrund der Finanzmarktkrise. So weist der CDAX in der Woche vom 3.10.2008 bis zum 10.10.2008 eine negative Wochenrendite von über 21 % auf und auch die Wochenrendite der Anleihen der Rating-Kategorie A lag im Durchschnitt bei rd. -1,5 % sowie bei einzelnen Anleihen sogar bei rd. -7,2 %. Das in Tabelle 4-9 dargestellte geringe Bestimmtheitsmaß macht deutlich, dass die Anleiherendite grundsätzlich eine geringe Abhängigkeit von der Marktrendite aufweist, sodass eine solche gleichgerichtete Wochenrendite einen signifikanten Einfluss auf die Höhe des Betafaktors hat. Dieser Effekt betrifft sämtliche Beobachtungszeiträume, die die entsprechende Woche enthalten, sodass bei einem zweijährigen Beobachtungszeitraum die in den folgenden zwei Jahren bestimmten Betafaktoren hiervon beeinflusst sind.

Die nachfolgende Abbildung 4-7 zeigt den anhand der indirekten Methode bestimmten Betafaktor für die Rating-Kategorie A im Zeitablauf. Wenngleich der Betafaktor ebenfalls ab Oktober 2008 steigt, ab Oktober 2010 sinkt und anschließend auf einem erhöhten Niveau verbleibt, sind die Übergänge der Phasen fließender als bei der direkten Methode.

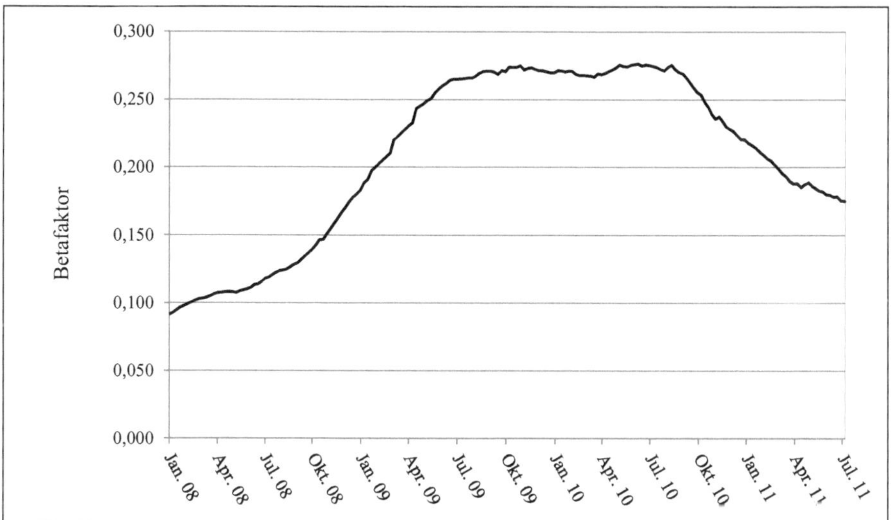

Abbildung 4-7: Betafaktor der Rating-Kategorie A im Zeitablauf bei Anwendung der indirekten Methode

Der Vergleich der beiden Abbildungen zeigt, dass der anhand der direkten Methode bestimmte Betafaktor im Zeitablauf grundsätzlich deutlich geringer ist als der anhand der indirekten Methode bestimmte Wert.

Die beiden Abbildungen stellen den durchschnittlichen Betafaktor erneut für einen zweijährigen Beobachtungszeitraum dar. Zur Überprüfung der Robustheit wurde der Betafaktor des Weiteren sowohl für die direkte als auch für die indirekte Methode für einen **einjährigen Beobachtungszeitraum** und ebenfalls ein wöchentliches Renditeintervall[763] zu dem Stichtag 30.6.2011 bestimmt. Die folgende Tabelle zeigt die durchschnittlichen Betafaktoren bei einem ein- und zweijährigen Beobachtungszeitraum im Vergleich. Hierbei wurden die identischen Anleihen in den Durchschnittswert einbezogen. Bei Anwendung der indirekten Methode sind alle durchschnittlichen Betafaktoren bei einem einjährigen Beobachtungszeitraum geringer als bei einem zweijährigen Beobachtungszeitraum. Bei Anwendung der direkten Methode gilt dies mit Ausnahme der beiden Kategorien mit der höchsten Bonität ebenfalls. Da die durchschnittlichen Betafaktoren bei einem zweijährigen Beobachtungszeitraum in Abbildung 4-7 zum Stichtag sinken, kann die zum Stichtag abnehmende Unsicherheit auch der Grund für die überwiegend geringeren einjährigen Betafaktoren darstellen. Die festgestellten Unterschiede sind eher gering, sodass die Ergebnisse aus dem vorherigen Abschnitt aufrecht erhalten werden können.

Rating	Direkte Methode			Indirekte Methode		
	2 Jahre	1 Jahr	Δ	2 Jahre	1 Jahr	Δ
AA-/AA	-0,083	-0,070	0,013	0,129	0,117	-0,012
A	-0,061	-0,051	0,010	0,178	0,159	-0,019
BBB+	-0,065	-0,071	-0,006	0,244	0,228	-0,016
BBB	-0,0003	-0,028	-0,028	0,356	0,302	-0,054
BBB-	-0,005	-0,027	-0,022	0,398	0,347	-0,051
BB	0,045	0,034	-0,011	0,620	0,527	-0,093

Tabelle 4-14: Auswirkung des Beobachtungszeitraumes auf den durchschnittlichen Betafaktor getrennt nach den Rating-Kategorien[764]

Bisher wurden die identischen Anleihen betrachtet, die auch in die Durchschnittswerte bei dem zweijährigen Beobachtungszeitraum eingeflossen sind. Aufgrund des einjährigen Beobachtungszeitraumes besteht die Möglichkeit, 364 Anleihen zu betrachten. Die Ergebnisse machen deutlich, dass die **veränderte Datenbasis** bei beiden Methoden weitestgehend geringe Auswirkungen auf die Höhe des Betafaktors hat. Es können somit keine Indizien festgestellt werden, die darauf hinweisen, dass die vorstehenden Ergebnisse von der konkreten Datenbasis abhängen, bei einer abweichenden Datenbasis also anders ausfallen könnten.

[763] Ein tägliches Renditeintervall wird im Rahmen dieser Arbeit aufgrund der geringen praktischen Relevanz nicht betrachtet.

[764] Die Durchschnittswerte geben den arithmetischen Mittelwert an.

Rating	Zahl		Direkte Methode			Indirekte Methode		
	alt	neu	1 Jahr (alt)	1 Jahr (neu)	Δ	1 Jahr (alt)	1 Jahr (neu)	Δ
AA-/AA	24	29	-0,070	-0,080	-0,010	0,117	0,114	-0,003
A	94	114	-0,051	-0,060	-0,009	0,159	0,158	-0,001
BBB+	48	66	-0,071	-0,075	-0,004	0,228	0,230	0,002
BBB	41	59	-0,028	-0,040	-0,012	0,302	0,293	-0,009
BBB-	19	28	0,027	-0,030	-0,003	0,347	0,369	0,022
BB	36	68	0,034	0,044	0,010	0,527	0,618	0,091

Tabelle 4-15: **Auswirkung einer veränderten Datenbasis auf den durchschnittlichen Betafaktor getrennt nach den Rating-Kategorien**[765]

Neben den beschriebenen Aspekten können auch **Extremwerte** einen Einfluss auf die Höhe des Betafaktors haben. Um auszuschließen, dass die Untersuchung durch Extremwerte verzerrt wird, wurde bereits der Median betrachtet, der nicht durch Ausreißer beeinflusst wird.[766] Zusätzlich wurde sowohl für die direkte als auch für die indirekte Methode das α-gestutzte Mittel bestimmt.[767] Die folgende Tabelle zeigt die resultierenden Mittelwerte, wenn das obere und das untere Dezil der Werte unberücksichtigt bleiben. Die Differenz zu dem arithmetischen Mittelwert macht deutlich, dass Extremwerte bei beiden Methoden keinen wesentlichen Einfluss auf die vorstehenden Ergebnisse haben. Dies bestätigt in Tabelle 4-11 auch der Median.

Rating	Direkte Methode			Indirekte Methode		
	Arith. Mittel	Gest. Mittel	Δ	Arith. Mittel	Gest. Mittel	Δ
AA-/AA	-0,083	-0,081	0,002	0,129	0,127	-0,002
A	-0,061	-0,059	0,002	0,178	0,176	-0,002
BBB+	-0,065	-0,060	0,005	0,244	0,235	-0,009
BBB	-0,0003	-0,013	-0,013	0,356	0,338	-0,018
BBB-	-0,005	-0,015	-0,010	0,398	0,398	0,000
BB	0,045	0,034	-0,011	0,620	0,610	-0,010

Tabelle 4-16: **Arithmetischer Mittelwert der Betafaktoren im Vergleich zu dem gestutzten Mittelwert der Betafaktoren**

765 Die Durchschnittswerte geben den arithmetischen Mittelwert an.

766 Vgl. SCHMID, F./TREDE, M., Finanzmarktstatistik, S. 26.

767 Vgl. zum α-gestutzten Mittel SACHS, L./HEDDERICH, J., Angewandte Statistik, S. 75. Es wurde ein α von 10 % verwandt.

Die in die indirekte Methode einfließende **Marktrisikoprämie** wurde in der Untersuchung vereinfachend in Höhe von 5 % angenommen. Um die Bedeutung dieser Annahme zu untersuchen, werden in der folgenden Tabelle die durchschnittlichen Betafaktoren für weitere Marktrisikoprämien dargestellt.

Rating	Marktrisikoprämie								
	1 %	2 %	3 %	4 %	5 %	6 %	7 %	8 %	9 %
AA-/AA	0,643	0,322	0,214	0,161	0,129	0,107	0,092	0,080	0,071
A	0,892	0,446	0,297	0,223	0,178	0,149	0,127	0,112	0,099
BBB+	1,219	0,610	0,406	0,305	0,244	0,203	0,174	0,152	0,135
BBB	1,780	0,890	0,593	0,445	0,356	0,297	0,254	0,222	0,198
BBB-	1,989	0,995	0,663	0,497	0,398	0,332	0,284	0,249	0,221
BB	3,098	1,549	1,033	0,775	0,620	0,516	0,443	0,387	0,344

Tabelle 4-17: Sensitivität des anhand der indirekten Methode bestimmten Betafaktors hinsichtlich einer veränderten Marktrisikoprämie

Die Höhe der Marktrisikoprämie hat einen maßgeblichen Einfluss auf den anhand der indirekten Methode bestimmten Betafaktor. Bereits eine 1 % höhere bzw. niedrigere Marktrisikoprämie verändert den Betafaktor um rd. -17 % bzw. +25 %. Dennoch zeigt die Sensitivitätsanalyse, dass auch bei einer Marktrisikoprämie von 9 % der anhand der indirekten Methode bestimmte Betafaktor den anhand der direkten Methode ermittelten übersteigt. Eine veränderte Marktrisikoprämie kann zudem nicht das Vorzeichen des Betafaktors verändern, da dies vom Credit Spread und somit dem Verhältnis zwischen der erwarteten Rendite und dem risikolosen Zinssatz abhängt. Des Weiteren ist der Einfluss der Marktrisikoprämie auf alle Anleihen identisch, sodass sich das Verhältnis zwischen diesen nicht verändert.

Die Unsicherheit des Marktes hat auch einen Einfluss auf die nach der direkten Methode ermittelten Ergebnisse. Im Gegensatz zur indirekten Methode hat hier der Markt nicht durch die Marktrisikoprämie einen Einfluss auf den Betafaktor, sondern durch die Regression der realisierten Anleiherenditen und den realisierten Marktrenditen. Bisher wurde vereinfachend der Marktindex durch den CDAX approximiert. Die folgende Tabelle zeigt die durchschnittlichen Betafaktoren, die sich ergeben, wenn statt des CDAX der DAX oder ein internationaler Index, wie der STOXX® Europe 600 (SXXP) oder der MSCI All County World Index (ACWI)[768],[769] verwandt wird. Die durchschnittlichen Betafaktoren machen deutlich, dass die Indexwahl keinen wesentlichen Einfluss hat. Zwar enthalten die internationalen Indizes mehr Anlagemöglichkeiten und kommen somit dem the-

[768] Die Schlusskurse der betrachteten Anleihen und der in den ACWI einfließenden Indizes wurden nicht zur identischen Zeit bestimmt, sodass die Ergebnisse verzerrt sein können. Vgl. Fn. 741.

[769] Es wurde jeweils auf den Performanceindex abgestellt.

oretischen Ideal näher,[770] jedoch berücksichtigen auch diese Indizes weiterhin lediglich Aktien. Ein größerer Einfluss wäre indes zu erwarten, wenn ein Index betrachtet würde, der neben Aktien weitere Anlagemöglichkeiten, wie Rohstoffe, Anleihen oder Immobilien, enthält. Ein solcher Index hätte jedoch ebenfalls einen Einfluss auf die Marktrisikoprämie und den Betafaktor des Eigenkapitals. Da der Betafaktor des Fremdkapitals und der Betafaktor des Eigenkapitals anhand des identischen Vergleichsindexes zu bestimmen sind, wurde hier, wie allgemein üblich bei der Ermittlung des Betafaktors des Eigenkapitals, auf einen Aktienindex abgestellt.

Rating	Index			
	DAX	CDAX	SXXP	ACWI
AA-/AA	-0,081	-0,083	-0,079	-0,073
A	-0,060	-0,061	-0,056	-0,053
BBB+	-0,064	-0,065	-0,058	-0,053
BBB	-0,001	-0,0003	0,011	0,012
BBB-	-0,006	-0,005	0,000	0,005
BB	0,042	0,045	0,062	0,068

Tabelle 4-18: Der anhand der direkten Methode bestimmte durchschnittliche Betafaktor bei unterschiedlichen Vergleichsindizes

Das zentrale Ergebnis, dass der durchschnittlich anhand der direkten Methode bestimmte Betafaktor geringer ist als der anhand der indirekten Methode ermittelte Betafaktor, kann also als robust angesehen werden. Gleiches gilt auch für das Ergebnis, dass der durchschnittliche Betafaktor mit sinkender Bonität bei beiden Methoden tendenziell steigt, jedoch der Betafaktor der indirekten Methode stärker, sodass der absolute Unterschied ebenfalls zunimmt.

Zu den Ergebnissen ist jedoch einschränkend anzumerken, dass lediglich das Rating am Stichtag betrachtet wurde und somit nicht sichergestellt ist, dass die Anleihen über den gesamten Beobachtungszeitraum das entsprechende Rating hatten. Um dies zu beurteilen, bietet es sich an, auf Migrationsmatrizen zurückzugreifen, die den Anteil der Rating-Änderungen in einer Kategorie angeben.[771] Für europäische Unternehmen zeigen Daten von Standard & Poor's, dass sich das Rating im Jahr 2010 lediglich bei 10-15 % der Unternehmen geändert hat.[772] Mit Ausnahme der Rating-Kategorien AA-/AA und A können außerdem in annähernd vergleichbarer Höhe Verbesserungen und Verschlechterungen festgestellt werden. Da hier die durchschnittlichen Betafaktoren der Kategorien betrachtet werden, ist diese Einschränkung somit weniger bedeutsam.

[770] Vgl. DÖRSCHELL, A./FRANKEN, L./SCHULTE, J., Kapitalisierungszinssatz, S. 144-151 und Abschnitt 244.2.

[771] Vgl. BACHMANN, U., Die Komponenten des Kreditspreads, S. 17.

[772] Vgl. STANDARD & POOR'S (Hrsg.), 2010 Annual Global Corporate Default Study.

Des Weiteren ist einschränkend darauf hinzuweisen, dass der Betafaktor lediglich für festverzinsliche auf Euro lautende Anleihen betrachtet wurde. Der anhand der direkten Methode bestimmte Betafaktor für Wandelanleihen, in Fremdwährung notierte Anleihen oder auch variabel verzinsliche Anleihen kann von den Ergebnissen abweichen. So hat z. B. der anhand der direkten Methode bestimmte Betafaktor des Exane Euro Convertible Bond Index für den vorstehend betrachteten Zweijahreszeitraum bei einem wöchentlichen Renditeintervall einen Wert von 0,21.[773] Der Index enthält ausschließlich in Euro notierte europäische Wandelanleihen.[774] Der Exane Europe Convertible Bond Index, der europäische Wandelanleihen unabhängig von der Währung enthält,[775] weist für den gleichen Zeitraum einen Betafaktor von 0,37 auf. Diese beiden Werte weichen erheblich von den zuvor ermittelten durchschnittlichen Betafaktoren für festverzinsliche Anleihen ab und verdeutlichen daher das Erfordernis bei Vorliegen solcher Kapitalpositionen individuelle Werte zu bestimmen.

Im folgenden Abschnitt sollen die Untersuchungsergebnisse kritisch gewürdigt werden. Hierbei werden die Ergebnisse auch im Hinblick auf die im Rahmen der theoretischen Analyse der Methoden gewonnenen Erkenntnisse betrachtet. Wenngleich dargestellt wurde, dass sich die Untersuchung lediglich auf festverzinsliche auf Euro lautende Anleihen bezieht und die Ergebnisse somit nicht für sämtliche Fremdkapitaltitel gelten, lassen sich hieraus durchaus auch allgemeine Erkenntnisse ableiten.

421.234.6 Kritische Würdigung der Untersuchungsergebnisse

Die **indirekte Methode** wurde in der theoretischen Analyse im Hinblick auf die Sachgerechtigkeit und die Anwendbarkeit vor allem wegen der dort einfließenden Marktrisikoprämie und der erwarteten Fremdkapitalrendite kritisiert. Als erwartete Marktrisikoprämie wird üblicherweise die langfristige historische Marktrisikoprämie verwandt. Die Anwendbarkeit wird bei dieser Marktrisikoprämie durch die gezeigten Ermessensspielräume eingeschränkt. Des Weiteren wird die Sachgerechtigkeit dadurch eingeschränkt, dass die historische Marktrisikoprämie die kurzfristigen Erwartungen der Marktteilnehmer nicht widerspiegelt. So hat das Fremdkapital oftmals lediglich eine Restlaufzeit von wenigen Jahren. Hinsichtlich der erwarteten Fremdkapitalrendite wurde die Sachgerechtigkeit aufgrund von Aufschlägen wegen unsystematischer Risiken, der Möglichkeit eines Ausfalls oder sonstigen nicht risikobedingten Faktoren kritisch gesehen. Wenngleich eine falsch eingeschätzte Marktrisikoprämie sowohl zu einem überschätzten als auch zu einem unterschätzten Betafaktor führen kann, ist aufgrund der fehlenden Berücksichtigung eines möglichen Ausfalls oder auch der unsystematischen Risiken ein zu hoher Betafaktor zu erwarten.

---

773 Es wurde hier und bei der folgenden Regression der CDAX als Vergleichsindex verwandt.

774 Vgl. ausführlich zu dem Index EXANE DERIVATIVES (Hrsg.), ECI-Euro.

775 Vgl. ausführlich zu dem Index EXANE DERIVATIVES (Hrsg.), ECI-Europe.

Die Ergebnisse der Untersuchung unterstützen die Ergebnisse der theoretischen Analyse. So ist der anhand der indirekten Methode bestimmte Betafaktor unabhängig von der Rating-Kategorie wesentlich größer als der anhand der direkten Methode bestimmte Betafaktor. Wird zusätzlich der Unterschied in den einzelnen Rating-Kategorien betrachtet, so kann festgestellt werden, dass der absolute Unterschied zwischen den Methoden mit sinkender Bonität steigt. Dies kann in der Form interpretiert werden, dass mit einer sinkenden Bonität die erwartete Ausfallwahrscheinlichkeit steigt und somit die erwartete Rendite stärker überschätzt wird. Das im Rahmen der direkten Methode ermittelte Bestimmtheitsmaß zeigt ferner, dass durchschnittlich lediglich ein geringer Anteil der historischen Kursentwicklung durch den Markt erklärt werden kann. Die Anleihekurse und somit die hieraus abgeleiteten Renditen werden demnach wesentlich durch unsystematische Risiken beeinflusst. Aufgrund der Annahme von risikoaversen Investoren kann davon ausgegangen werden, dass hierdurch die erwartete Rendite und somit c. p. der Betafaktor überschätzt wird.

Tabelle 4-17 zeigt, dass der Unterschied zwischen den beiden Methoden teilweise auch aus einer unterschätzten **Marktrisikoprämie** resultieren kann. So wird in der Tabelle deutlich, dass die Höhe der Marktrisikoprämie einen wesentlichen Einfluss auf den indirekt ermittelten Betafaktor hat und, dass eine unterschätzte Marktrisikoprämie c. p. zu einem überschätzten Betafaktor führt. Die Marktrisikoprämie wird falsch eingeschätzt, wenn die historische Marktrisikoprämie nicht die Erwartungen der Marktteilnehmer im Beobachtungszeitraum widerspiegelt. Wenngleich es aufgrund der Finanzmarktkrise nicht abwegig erscheint, dass die historische Marktrisikoprämie die hier relevante kurzfristig erwartete Marktrisikoprämie unterschätzt, kann aufgrund der Untersuchung hierzu keine Aussage getroffen werden. Es wurde jedoch deutlich, dass die Unterschiede nicht ausschließlich aus der Marktrisikoprämie resultieren können.

Die anhand der **direkten Methode** bestimmten durchschnittlichen Betafaktoren sind größtenteils negativ. COOPER meint indes, dass der Betafaktor des Fremdkapitals größer als null sein muss, da es unwahrscheinlich sei, dass die Risiken des Fremdkapitals vollständig diversifizierbar sind.[776] Allerdings unterliegt das Fremdkapital bei einem Betafaktor von kleiner null ebenfalls systematischen Risiken, die jedoch im Vergleich zum Markt zu gegenläufigen Effekten führen.[777] Hierbei ist zu beachten, dass als Marktindex ein Aktienindex betrachtet wurde, der nicht alle Diversifikationsmöglichkeiten enthält.[778] Es ist somit durchaus möglich, dass der Betafaktor des Fremdkapitals bei einem Marktindex, der alle Anlageformen enthält, positiv ist. Wenngleich es aus theoretischer Sicht korrekt wäre, einen solchen Index sowohl bei der Ermittlung des Betafaktors des Eigenkapitals als auch des Fremdkapitals zu verwenden, wird kein Index veröffentlicht, der den Gesamtmarkt abbildet.[779] Um eine Äquivalenz hinsichtlich der Erwartungen im Betafaktor des Eigenkapitals zu erhal-

[776] Vgl. COOPER, I. A./DAVYDENKO, S. A., Estimating the Cost of Risky Debt, S. 90.
[777] Vgl. Abschnitt 244.3.
[778] Vgl. hier und im Folgenden Abschnitt 244.2.
[779] Vgl. HACHMEISTER, D., Discounted Cash Flow, S. 180; ZIMMERMANN, P., Schätzung und Prognose von Betawerten, S. 91.

ten, wird im Idealfall der identische Marktindex verwandt, sodass, wie in der Bewertungspraxis üblich, die Marktrendite anhand eines Aktienindexes abgeleitet wurde.[780]

Im Rahmen der theoretischen Analyse wurde die direkte Methode hinsichtlich der Sachgerechtigkeit als geeignet angesehen. Allerdings wurde dargestellt, dass die Anwendbarkeit der direkten Methode durch die **Güte des Betafaktors** eingeschränkt sein kann. Im Rahmen der Untersuchung wurde die statistische Güte in Form des Standardfehlers und des hieraus abgeleiteten Konfidenzintervalls betrachtet. Das Konfidenzintervall gibt den Bereich an, indem sich der „wahre" Betafaktor mit einer bestimmten Wahrscheinlichkeit befindet, und kann somit als Maß für die Verlässlichkeit angesehen werden.[781] Das durchschnittliche 95 %-Konfidenzintervall aller Anleihen hat eine Breite von 0,082. Um die Bedeutung hinsichtlich der Höhe des unverschuldeten Betafaktors einzuschätzen, wird im Folgenden beispielhaft der unverschuldete Betafaktor des Eigenkapitals betrachtet, der sich getrennt nach den Rating-Kategorien ergibt, wenn beim Unlevern statt des durchschnittlichen Betafaktors das durchschnittliche untere oder obere Konfidenzintervall verwandt wird.[782]

Rating	β^{v}_{EK}	β_{FK}			β^{u}_{EK}		
		Arith. Mittel	Konfidenz-intervall (unten)	Konfidenz-intervall (oben)	Arith. Mittel	Konfidenz-intervall (unten)	Konfidenz-intervall (oben)
AA-/AA	1	-0,083	-0,120	-0,045	0,459	0,440	0,477
A	1	-0,061	-0,094	-0,028	0,470	0,453	0,486
BBB+	1	-0,065	-0,109	-0,021	0,468	0,446	0,490
BBB	1	-0,0003	-0,039	0,039	0,500	0,480	0,519
BBB-	1	-0,005	-0,059	0,048	0,498	0,470	0,524
BB	1	0,045	-0,011	0,101	0,523	0,494	0,551

Tabelle 4-19: Auswirkung der eingeschränkten Verlässlichkeit des Betafaktors des Fremdkapitals auf den unverschuldeten Betafaktor des Eigenkapitals

Das Beispiel verdeutlicht, dass die eingeschränkte Verlässlichkeit der direkten Methode unabhängig von der Rating-Kategorie einen Einfluss auf die Höhe des unverschuldeten Betafaktors hat. Hierbei handelt es sich jedoch um einen Durchschnittswert aller Betafaktoren. Der Einfluss der eingeschränkten Verlässlichkeit ist somit geringer, wenn der Durchschnittswert lediglich anhand der ver-

780 Vgl. BAETGE, J./NIEMEYER, K./KÜMMEL, J./SCHULZ, R., Bewertungsverfahren, S. 387; DÖRSCHELL, A./FRANKEN, L./SCHULTE, J., Kapitalisierungszinssatz, S. 92-94; DÖRSCHELL, A./FRANKEN, L./SCHULTE, J., Kapitalkosten 2010 für die Unternehmensbewertung, S. 37.

781 Vgl. ZIMMERMANN, P., Schätzung und Prognose von Betawerten, S. 70.

782 Vgl. zu den Daten des Betafaktors des Fremdkapitals Tabelle 4-8 und Tabelle 4-9. Der Verschuldungsgrad und der verschuldete Betafaktor wurden in Höhe von eins angenommen. Vereinfachend wurde hinsichtlich der Höhe des Betafaktors des Steuervorteils angenommen, dass dieser dem unverschuldeten Betafaktor entspricht, sodass die Anpassung unabhängig vom Steuervorteil ist.

lässlicheren Anleihen bestimmt wird. So ist der Median der Breite der Konfidenzintervalle aller Anleihen mit 0,067 merklich geringer als der arithmetische Mittelwert. Vor allem auch im Hinblick auf die eingeschränkte Sachgerechtigkeit der indirekten Methode erscheint der Einfluss daher akzeptabel. Des Weiteren ist die Verlässlichkeit bei Anwendung der indirekten Methode durch Ermessensspielräume bei der Ermittlung der Marktrisikoprämie zusätzlich zu der Sachgerechtigkeit ebenfalls eingeschränkt. Bereits eine Marktrisikoprämie von 4 % statt den in der Untersuchung angenommenen 5 % führt im Durchschnitt über alle Anleihen zu einer Erhöhung des Betafaktors um 0,07.

Um die Robustheit der Ergebnisse zu beurteilen, wurden die **Betafaktoren** ferner **im Zeitablauf** betrachtet. Hierbei konnte festgestellt werden, dass die Methoden unterschiedlich auf wesentliche Marktveränderungen reagieren. Die Unsicherheit im Oktober 2008 aufgrund der Finanzmarktkrise ist in dem anhand der direkten Methode bestimmten Betafaktor unmittelbar ersichtlich. Der anhand der indirekten Methode bestimmte Betafaktor bildet dies hingegen erst verzögert ab. Einerseits kann es als positiv betrachtet werden, dass die direkte Methode die Unsicherheit unmittelbar abbildet. Andererseits ist es kritisch zu sehen, dass bei 104 Datenpunkten eine einzelne Wochenrendite einen derart signifikanten Einfluss auf die Höhe des Betafaktors hat. Da der Betafaktor des Eigenkapitals, auf den die Parameter abzustimmen sind, jedoch ebenfalls anhand der Regressionsanalyse bestimmt wird, verändert sich dieser auch unmittelbar, sodass die direkte Methode der indirekten Methode hinsichtlich dieses Aspektes überlegen erscheint.

Unabhängig davon, ob die direkte oder die indirekte Methode angewandt wird, kann es notwendig sein, auf **vergleichbare börsennotierte Fremdkapitaltitel** abzustellen. Ein Kriterium zur Beurteilung der Vergleichbarkeit stellt die Duration bzw. vereinfacht die Restlaufzeit dar. Wenngleich keine umfangreiche Untersuchung zur Restlaufzeit durchgeführt wurde, zeigen die Ergebnisse, dass die Restlaufzeit einen Einfluss auf die Höhe des Betafaktors hat. Zwar kann bei der **indirekten Methode** festgestellt werden, dass sich die Restlaufzeit bei einer guten Bonität (AA-/AA, A und BBB+) lediglich geringfügig auf die Höhe des Betafaktors auswirkt.[783] Jedoch sind die durchschnittlichen Betafaktoren in den Rating-Kategorien BBB, BBB- und BB bei längeren Restlaufzeiten deutlich höher. Bei der **direkten Methode** sind die relativen Unterschiede zwar in allen Rating-Kategorien hoch, die für den Einfluss auf den unverschuldeten Betafaktor relevanten absoluten Unterschiede sind jedoch überwiegend eher gering.[784] Dennoch können die Unterschiede nicht als irrelevant angesehen werden. Wenngleich eine längere Restlaufzeit in den Rating-Kategorien AA-/AA, A und BBB+ zu niedrigeren Betafaktoren und in den übrigen Kategorien zu höheren Betafaktoren führt, sind der durchschnittliche absolute Betrag und somit das systematische Risiko bei einer längeren Restlaufzeit in allen Rating-Kategorien höher.[785] Die Untersuchung im Rahmen dieser Arbeit lässt hierzu keine fundierte Interpretation zu. Indes bestätigen die Ergebnisse, dass hinsichtlich der

783 Vgl. hier und im Folgenden Tabelle 4-13.
784 Vgl. Tabelle 4-12.
785 KING und KHANG stellen bei Unternehmensanleihen ebenfalls ein höheres systematisches Risiko bei einer längeren Restlaufzeit fest. Vgl. KING, T.-H. D./KHANG, K., Corporate Bond Yield Spreads, S. 3149 f.

Sachgerechtigkeit, soweit möglich, die Duration bzw. vereinfacht die Restlaufzeit zur Beurteilung der Vergleichbarkeit eines Fremdkapitaltitels beachtet werden sollte.

Zusammenfassend kann somit festgehalten werden, dass nicht beide Methoden gleichermaßen geeignet sein können, den Betafaktor des Fremdkapitals zu bestimmen. Des Weiteren bestätigen die Untersuchungsergebnisse die im Rahmen der theoretischen Analyse dargestellte eingeschränkte Sachgerechtigkeit der indirekten Methode. Im Folgenden wird betrachtet, welche Auswirkung es für den unverschuldeten Betafaktor und somit die Zielgröße des Unleverns hat, ob die indirekte oder direkte Methode verwandt wird, um den Betafaktor des Fremdkapitals zu bestimmen.

Tabelle 4-20 zeigt beispielhaft den unverschuldeten Betafaktor des Eigenkapitals, der sich getrennt nach den Rating-Kategorien ergibt, wenn beim Unlevern die im Rahmen der Untersuchung anhand der beiden Methoden durchschnittlich bestimmten Betafaktoren einfließen.[786] Zum Vergleich wurde noch ein Betafaktor des Fremdkapitals in Höhe von null betrachtet.

Rating	$ß_{EK}^{v}$	$ß_{FK}$		$ß_{EK}^{u}$		
		Direkte Methode	Indirekte Methode	Direkte Methode	Indirekte Methode	$ß_{FK} = 0$
AA-/AA	1	-0,083	0,129	0,459	0,564	0,500
A	1	-0,061	0,178	0,470	0,589	0,500
BBB+	1	-0,065	0,244	0,468	0,622	0,500
BBB	1	-0,0003	0,356	0,500	0,678	0,500
BBB-	1	-0,005	0,398	0,497	0,699	0,500
BB	1	0,045	0,620	0,522	0,810	0,500

Tabelle 4-20: Auswirkung des Betafaktors des Fremdkapitals auf den unverschuldeten Betafaktor des Eigenkapitals

Unter der Annahme, dass der anhand der direkten Methode bestimmte Betafaktor den korrekten Wert darstellt, würde der anhand der indirekten Methode bestimmte Betafaktor des Fremdkapitals zu einem wesentlichen Fehler führen. Der Fehler wäre unter den im Rahmen der Untersuchung getroffenen Annahmen größer als bei der Annahme eines Betafaktors des Fremdkapitals in Höhe von null. Zwar kann festgestellt werden, dass der im Rahmen der Untersuchung anhand der direkten Methode durchschnittlich bestimmte Betafaktor des Fremdkapitals lediglich geringfügig von null verschieden ist. Dennoch sollte der Betafaktor des Fremdkapitals nicht vereinfachend in Höhe von null angenommen werden. So ist zu beachten, dass die vorstehenden Betafaktoren zu einem konkre-

[786] Als Betafaktor des Fremdkapitals wurden die im Rahmen der Untersuchung bestimmten arithmetischen Mittelwerte bei einem zweijährigen Beobachtungszeitraum verwandt. Für den Verschuldungsgrad und den verschuldeten Betafaktor wurde jeweils ein Wert in Höhe von eins angenommen. Vereinfachend wurde hinsichtlich der Höhe des Betafaktors des Steuervorteils angenommen, dass dieser dem unverschuldeten Betafaktor entspricht, sodass die Anpassung unabhängig vom Steuervorteil ist.

ten Stichtag betrachtet wurden. Abbildung 4-6 zeigt jedoch, dass der Betafaktor im Zeitablauf nicht konstant ist und größere Abweichungen von null möglich sind. Des Weiteren ist anzumerken, dass es schlechtere Rating-Kategorien als BB gibt und aufgrund der Untersuchungsergebnisse anzunehmen ist, dass die Betafaktoren dieser Kategorien eine größere Differenz zu null aufweisen. Die beispielhafte Betrachtung des Betafaktors von Wandelanleihen zeigt ebenfalls eine wesentliche Abweichung von null. Hinzuzufügen ist, dass in der vorstehenden Tabelle der Betafaktor lediglich hinsichtlich des Ratings und nicht zusätzlich nach den CDS-Spreads, die eine individuellere Abstimmung des Ausfallrisikos ermöglichen,[787] oder der Laufzeit differenziert wurde. Unabhängig hiervon ist zu beachten, dass auch ein geringfügig von null verschiedener Betafaktor in bestimmten Situationen einen wesentlichen Einfluss auf den Unternehmenswert haben kann. Indes ist hierzu keine eindeutige Aussage möglich, da der Einfluss von einer Vielzahl an Faktoren abhängt, wie dem Verschuldungsgrad und dem verschuldeten Betafaktor im Beobachtungszeitraum, dem künftigen Verschuldungsgrad, der Marktrisikoprämie, dem risikolosen Zinssatz oder auch dem Wachstum der finanziellen Überschüsse.

Auf Grundlage der Ergebnisse der Untersuchung vor allem auch im Hinblick auf die Bedeutung der Schwächen für den unverschuldeten Betafaktor ist die Anwendung der direkten Methode zu bevorzugen. Zwar verdeutlicht die Untersuchung mit der Verlässlichkeit auch den Schwachpunkt der direkten Methode, jedoch gilt dies ebenfalls für die indirekte Methode. Ferner ist das 95 %-Konfidenzintervall, das zur Beurteilung der Verlässlichkeit herangezogen wurde, nicht bei allen Anleihen identisch, sodass sich die Verlässlichkeit erhöhen lässt, wenn die Betafaktoren mit einem überdurchschnittlich breiten Konfidenzintervall nicht in den Durchschnittswert einfließen.

421.235. Zwischenfazit

Die kritische Betrachtung der verschiedenen Möglichkeiten, den Betafaktor des Fremdkapitals zu bestimmen, hat gezeigt, dass die direkte Methode der von der Bewertungspraxis regelmäßig angewandten indirekten Methode hinsichtlich der **Sachgerechtigkeit** überlegen ist. Dies resultiert einerseits daraus, dass bei der direkten Methode nicht auf die erwartete Marktrisikoprämie zurückgegriffen werden muss. Andererseits wird bei der indirekten Methode sowohl bei Anwendung der Durchschnittszinsmethode als auch der Rendite bis zur Endfälligkeit nicht die aufgrund der systematischen Risiken des Fremdkapitals erwartete Rendite bestimmt. Die Ergebnisse der vorstehenden Untersuchung bestätigen die hinsichtlich der Rendite bis zur Endfälligkeit identifizierten Kritikpunkte. Wie aufgrund der theoretischen Analyse vermutet, sind die anhand der indirekten Methode bestimmten Betafaktoren durchschnittlich deutlich höher als die Betafaktoren, die sich bei Anwendung der direkten Methode ergeben.

Wenngleich die direkte Methode hinsichtlich der Sachgerechtigkeit der indirekten Methode überlegen ist, bedeutet dies nicht zwangsläufig, dass die direkte Methode angewandt werden sollte. So

[787] Vgl. Abschnitt 421.232.112.

muss neben der Sachgerechtigkeit auch die **Anwendbarkeit** betrachtet werden. Es wurde gezeigt, dass keine pauschale Aussage über die grundsätzliche Möglichkeit, die direkte Methode anzuwenden, getätigt werden kann, da der entsprechende Fremdkapitaltitel bzw. ein vergleichbarer Fremdkapitaltitel börsennotiert sein muss. Da die Fremdkapitaltitel jedoch sowohl als Summe als auch getrennt betrachtet werden können, steht eine Vielzahl an Möglichkeiten zur Verfügung, um eine Vergleichbarkeit herzustellen, sodass von einer Anwendbarkeit regelmäßig ausgegangen werden kann. Es ist jedoch zu beachten, dass eine Äquivalenz zu dem Beobachtungszeitraum des Betafaktors des Eigenkapitals gefordert ist. So hat die Untersuchung verdeutlicht, dass bei längeren Beobachtungszeiträumen die Zahl der möglichen Anleihen deutlich abnimmt. Dies gilt jedoch ebenfalls für die indirekte Methode, soweit nicht die Durchschnittszinsmethode angewandt wird. Die anhand der Durchschnittszinsmethode abgeleitete Rendite weist jedoch im Vergleich zur Rendite bis zur Endfälligkeit zusätzliche theoretische Schwächen auf.

Allerdings müssen nicht nur die Daten verfügbar sein, um den Betafaktor des Fremdkapitals anhand der direkten Methode zu bestimmen, sondern muss es auch möglich sein, den Betafaktor verlässlich und mit angemessenem Aufwand zu ermitteln. Die **Verlässlichkeit** setzt einen hinreichend liquiden Handel voraus. Indes fehlt es an trennscharfen Kriterien, um zu beurteilen, ob der Handel ausreicht, um einen verlässlichen Betafaktor zu bestimmen. Die Güte des Betafaktors lässt sich jedoch auch anhand von statistischen Kennzahlen beurteilen. Im Gegensatz zu der in der Bewertungspraxis verbreiteten Meinung sind der t-Test und das Bestimmtheitsmaß nicht geeignet, um die Güte des Betafaktors zu beurteilen.[788] Wenngleich der Standardfehler des Betafaktors und das daraus abgeleitete Konfidenzintervall ebenfalls keine trennscharfe Grenze bieten, die angibt, wann die Verlässlichkeit zu gering ist, kann das Konfidenzintervall dennoch als Maß für die Verlässlichkeit angesehen werden. So gibt das Konfidenzintervall den Bereich an, in dem sich der „wahre" Betafaktor mit einer bestimmten Wahrscheinlichkeit befindet. Für die im Rahmen der Untersuchung betrachteten Anleihen konnte anhand des Konfidenzintervalls beispielhaft der Einfluss der eingeschränkten Verlässlichkeit auf den unverschuldeten Betafaktor des Eigenkapitals betrachtet werden. Der Einfluss erscheint jedoch vor allem auch im Hinblick auf die theoretischen Schwächen und die ebenfalls eingeschränkte Verlässlichkeit der indirekten Methode akzeptabel. Unabhängig von der Anwendung der Durchschnittszinsmethode oder der Rendite bis zur Endfälligkeit ist die Verlässlichkeit der indirekten Methode aufgrund der ermessensbehafteten Marktrisikoprämie eingeschränkt.

Die Verlässlichkeit der direkten Methode kann jedoch zusätzlich ebenfalls aufgrund von **Ermessensspielräumen** eingeschränkt sein. Die Ermessensspielräume bei der Ermittlung des Betafaktors selbst sind aufgrund der geforderten Äquivalenz zum Vorgehen bei der Ermittlung des Betafaktors des Eigenkapitals begrenzt. Ist es jedoch erforderlich, auf vergleichbare Fremdkapitaltitel abzustellen, entstehen bei der Auswahl vergleichbarer Fremdkapitaltitel Ermessensspielräume. So konnte auch im Rahmen der Untersuchung ein Einfluss des Ausfallrisikos und der Laufzeit auf die Höhe des Betafaktors festgestellt werden. Die anhand der direkten Methode bestimmten Betafaktoren[789]

---

[788] Vgl. Abschnitt 244.3.

[789] Vgl. Tabelle 4-8.

aller Anleihen befinden sich in einer Spanne von -0,18 und 0,23. Der Betafaktor von -0,18 konnte für eine Anleihe mit einem AA-/AA-Rating und der Betafaktor von 0,23 für eine Anleihe mit einem BB-Rating ermittelt werden. Die Spanne quantifiziert den maximalen Ermessensspielraum. Die Untersuchung verdeutlicht indes ebenfalls, dass der Einfluss der Ermessensspielräume wesentlich sinkt, wenn nicht einzelne Anleihen betrachtet, sondern Durchschnittswerte anhand einer Gruppe von vergleichbaren Anleihen bestimmt werden. Anzumerken ist des Weiteren, dass die Ermessensspielräume hinsichtlich der Auswahl vergleichbarer Anleihen mit Ausnahme der Durchschnittszinsmethode ebenfalls bei der indirekten Methode auftreten. Bei der indirekten Methode konnte im Rahmen der Untersuchung festgestellt werden, dass sich die Betafaktoren[790] in einer Spanne von 0,08 und 1,04 befinden und somit die Ermessensspielräume einen größeren Einfluss haben. Auch hinsichtlich der Verwendung von Durchschnittswerten verbleibt hier ein wesentlicher Einfluss der Ermessensspielräume.

Ein Parameter sollte sich jedoch nicht nur verlässlich, sondern auch mit einem **angemessen Aufwand** bestimmen lassen. Grundsätzlich verursacht die Ermittlung eines Betafaktors für einen börsennotierten Fremdkapitaltitel anhand von historischen Kapitalmarktdaten keinen wesentlichen Aufwand. Zusätzlicher Aufwand entsteht indes, wenn der entsprechende Fremdkapitaltitel nicht börsennotiert ist und der Betafaktor anhand eines vergleichbaren börsennotierten Fremdkapitaltitels bestimmt werden muss. In dem Fall ist die Vergleichbarkeit hinsichtlich des Ausfallrisikos, der Duration bzw. vereinfachend der Restlaufzeit und der Währung zu überprüfen.[791] Hierbei entsteht lediglich ein geringer zusätzlicher Aufwand, wenn die Duration bzw. die Restlaufzeit sowie die Währung typisierend angenommen werden und hinsichtlich des Ausfallrisikos auf das Emittenten-Rating abgestellt wird (der beschriebene Fall E). Dies gilt vor allem, wenn ein Emittenten-Rating vorliegt, jedoch ebenfalls, wenn ein synthetisches Rating anhand einer Kennzahl abgeleitet wird. Allerdings ist einem anhand einer Kennzahl abgeleiteten Emittenten-Rating hinsichtlich der Verlässlichkeit und der Sachgerechtigkeit ein Rating-System, wie Moody's KMV RiskCalc, vorzuziehen. Ist jedoch für einen wesentlichen Teil des Fremdkapitals ein abweichendes Ausfallrisiko aufgrund eines CDS-Spreads oder eines Emissions-Ratings festzustellen, sollten die Fremdkapitaltitel mit ihrer individuellen Unsicherheit berücksichtigt werden (die beschriebenen Fälle B und C).[792] Dies gilt ebenfalls für Informationen zur Duration bzw. vereinfacht der Restlaufzeit und der Währung. Dies wird auch durch die Untersuchung bestätigt, anhand der sich ein Einfluss der Restlaufzeit auf die Höhe des Betafaktors feststellen lässt. Da auf verfügbare Informationen abgestellt wird, ist der Aufwand dann hoch, wenn sehr detaillierte Informationen vorliegen und somit eine Vielzahl an Fremdkapitaltiteln individuell berücksichtigt werden könnte. Um in einem solchen eher unrealistischen Fall den Aufwand angemessen zu halten, sollten nicht alle Fremdkapitaltitel individuell betrachtet werden, sondern der Aufwand sollte durch eine Gruppierung der Fremdkapitaltitel verringert werden. So könnten z. B. Fremdkapitaltitel mit einem identischen Rating zusammengefasst werden. Der Aufwand erscheint somit nicht unangemessen hoch.

790 Vgl. Tabelle 4-10.
791 Vgl. hier und im Folgenden Abschnitt 421.232.112.
792 Die individuelle Unsicherheit kann anhand von Formel 4-7 berücksichtigt werden.

Anzumerken ist, dass die vorstehenden **Aspekte auch für die indirekte Methode gelten**, wenn die erwartete Rendite anhand von börsennotierten Fremdkapitaltiteln abgeleitet wird. Im Gegensatz zu der indirekten Methode müssen bei der direkten Methode jedoch nicht noch zusätzlich die Marktrisikoprämie und der risikolose Zinssatz ermittelt werden.

Abschließend ist festzustellen, dass **die direkte Methode der indirekten Methode** unter Berücksichtigung der Sachgerechtigkeit und der Anwendbarkeit **überlegen erscheint** und, daher soweit möglich, angewandt werden sollte. Es kann regelmäßig davon ausgegangen werden, dass dies möglich ist. Sofern die direkte Methode indes nicht angewandt werden kann, weil z. B. keine vergleichbaren börsennotierten Fremdkapitaltitel existieren, bedeutet dies nicht, dass dann die indirekte Methode zu wählen ist. Existieren keine vergleichbaren börsennotierten Fremdkapitaltitel lässt sich der Betafaktor auch indirekt nicht aus der Rendite bis zur Endfälligkeit ableiten. Wenngleich die indirekte Methode in Form der Durchschnittszinsmethode angewandt werden könnte, scheint es aktuell aufgrund der theoretischen Schwächen und der Ermessensspielräume der indirekten Methode sachgerechter in einer solchen Situation typisierend einen Betafaktor des Fremdkapitals in Höhe von null anzunehmen. So führt in der vorstehenden Analyse diese Annahme zu einem geringeren Fehler.

421.24 Wert und Betafaktor des Steuervorteils

421.241. Wert des Steuervorteils

421.241.1 Vorbemerkungen

Im Gegensatz zu den üblicherweise im Schrifttum diskutierten und in der Bewertungspraxis angewandten Anpassungsformeln[793] sind der Wert des Steuervorteils sowie dessen Unsicherheit weitere Parameter der hier zugrunde gelegten allgemeinen Anpassungsformel. Der Wert des Steuervorteils ergibt sich allgemein aus der Diskontierung der erwarteten periodischen Steuervorteile mit einem risikoadjustierten Diskontierungszinssatz.[794] Für die Phase der ewigen Rente lässt sich der Wert des Steuervorteils bei einem erwarteten nachhaltigen, konstanten Wachstum der Steuervorteile und dem Beginn der Phase in Periode T+1 somit wie folgt berechnen:

Formel 4-11	$$TS_T = \frac{SV_{T+1}}{r_{TS} - w} = \frac{SV_T \cdot (1 + w)}{r_{TS} - w}$$

Hierbei kann entweder unmittelbar der erwartete Steuervorteil der ersten Periode diskontiert werden oder der Wert des Steuervorteils wird anhand des Steuervorteils der vorhergehenden Periode und

793 Vgl. Abschnitt 32.

794 Vgl. BAETGE, J./NIEMEYER, K./KÜMMEL, J./SCHULZ, R., Bewertungsverfahren, S. 407 f.; EHRHARDT, M. C./DAVES, P. R., Corporate Valuation, S. 33; HACHMEISTER, D., Discounted Cash Flow, S. 98.

dem erwarteten Wachstum abgeleitet. Vereinfachend lässt sich der erwartete Steuervorteil durch den **erwarteten Steuersatz** und die **erwarteten abzugsfähigen Fremdkapitalkosten** bestimmen.[795] Die Fremdkapitalkosten ergeben sich hierbei durch die erwartete Höhe des Fremdkapitalbestands sowie den erwarteten Fremdkapitalkostensatz. Hinsichtlich der Fremdkapitalkosten ist zu beachten, dass lediglich die abzugsfähigen Kapitalkosten relevant sind. Das künftige nachhaltige Wachstum der Steuervorteile lässt sich durch einen **Wachstumsabschlag** vom Diskontierungszinssatz berücksichtigen.[796]

Grundsätzlich kann der Wert des Steuervorteils auch anhand eines **Mehr-Phasenmodells** bestimmt werden.[797] Ein derartiges Modell ermöglicht einen höheren Detaillierungsgrad und somit eine höhere Sachgerechtigkeit. Allerdings ist auch die Anwendbarkeit zu beachten. So muss es möglich sein, die Parameter periodenindividuell verlässlich und mit einem angemessenen Zeitaufwand zu schätzen. Im Rahmen des Unleverns wird jedoch die Sichtweise der Marktteilnehmer eingenommen, sodass keine internen Daten verwandt werden sollten, zumal diese dem Bewerter für Vergleichsunternehmen regelmäßig auch nicht vorliegen. Da es im Allgemeinen nicht möglich sein wird, die periodenindividuellen Steuervorteile anhand von externen Daten sachgerecht zu schätzen, werden die Parameter im Rahmen des Unleverns im Folgenden vereinfachend lediglich für ein Ein-Phasenmodell konkretisiert.

Da regelmäßig auch internationale Vergleichsunternehmen betrachtet werden, sollen die nachstehenden Konkretisierungen allgemein und nicht konkret für das deutsche Steuersystem diskutiert werden.

421.241.2 Abzugsfähige Fremdkapitalkosten

Die abzugsfähigen Fremdkapitalkosten, als Teil des Steuervorteils, werden bei den Anpassungsformeln der autonomen Finanzierungspolitik vereinfacht anhand des **Marktwertes des Fremdkapitals** und der **erwarteten Fremdkapitalrendite** bestimmt. Die Möglichkeiten, die beiden Parameter zu bestimmen, wurden in den vorherigen Abschnitten bereits betrachtet.[798] Die erwartete Fremdkapitalrendite wurde im Rahmen der indirekten Methode, den Betafaktor des Fremdkapitals abzuleiten, vor allem wegen der Aufschläge aufgrund unsystematischer Risiken sowie der Missachtung eines Ausfalls im Hinblick auf die **Sachgerechtigkeit** kritisch gesehen. Wenngleich für die Unsicherheit lediglich die systematischen Risiken relevant sind,[799] stellt sich dies im Hinblick auf die zu diskontierende Größe anders dar. Die zu diskontierende Größe muss den Erwartungswert wider-

---

795 Vgl. hier und im Folgenden KRUSCHWITZ, LUTZ/LÖFFLER, ANDREAS/ESSLER, WOLFGANG, Unternehmensbewertung für die Praxis, S. 46.

796 Vgl. hinsichtlich der Berücksichtigung von Wachstum als Abschlag vom Diskontierungszinssatz GORDON, M. J./SHAPIRO, E., Capital Equipment Analysis, S. 102-110; BALLWIESER, W., Unternehmensbewertung, S. 225.

797 Vgl. Abschnitt 222.

798 Vgl. hier und im Folgenden Abschnitt 421.22 und Abschnitt 421.232.11.

799 Vgl. PERRIDON, L./STEINER, M./RATHGEBER, A. W., Finanzwirtschaft der Unternehmung, S. 268; SCHIFFEL, S., Implizite Ausfallwahrscheinlichkeiten von Unternehmensanleihen, S. 25.

spiegeln, der sich auf Grundlage aller Unsicherheiten ergibt.[800] Somit ist hier der Aufschlag aufgrund von unsystematischen Risiken sogar positiv zu beurteilen. Neben dem Aufschlag für unsystematische Risiken wurde sowohl hinsichtlich der Rendite bis zur Endfälligkeit als auch der anhand der Durchschnittszinsmethode bestimmten Rendite kritisiert, dass die Möglichkeit des Zahlungsausfalls nicht beachtet wird. Dieser Aspekt schränkt grundsätzlich auch hier die Sachgerechtigkeit ein, da der Ausfall von Zinszahlungen ebenfalls die Höhe des Steuervorteils beeinflusst.[801]

Unabhängig von diesen Aspekten ist zu beachten, dass die durch die beiden Parameter bestimmten Fremdkapitalkosten nicht mit den steuerlich abzugsfähigen Fremdkapitalkosten der ersten Periode gleichzusetzen sind.[802] So ergeben sich einerseits aus der erwarteten Rendite und dem Marktwert des Fremdkapitals nicht die erwarteten Zinszahlungen der ersten Periode, und andererseits muss die steuerliche Abzugsfähigkeit beachtet werden. Die steuerliche Abzugsfähigkeit kann sowohl systematisch eingeschränkt sein, wie z. B. in Deutschland durch die Zinsschranke,[803] als auch bei speziellen Kapitalpositionen nicht gegeben sein, wie z. B. bei den Zahlungen an Minderheiten.[804] Des Weiteren ist festzustellen, dass sich die Fremdkapitalkosten durch die Ermittlung anhand der beiden Parameter auf das im Rahmen des Unleverns berücksichtigte Fremdkapital beziehen. In Abschnitt 421.211. wird dargestellt, dass hybride Finanzierungsformen separat berücksichtigt werden können. Sind die Fremdkapitalkosten dieses Kapitals ebenfalls abzugsfähig, müssen die hieraus erwarteten Kosten zusätzlich berücksichtigt werden.

Hinsichtlich der **Anwendbarkeit** kann festgestellt werden, dass durch den Rückgriff auf die beiden Parameter kein wesentlicher zusätzlicher Aufwand entsteht. Wenngleich die Anwendung der direkten Methode zur Ableitung des Betafaktors des Fremdkapitals empfohlen wurde, bei der die Fremdkapitalrendite nicht bestimmt werden muss, ist der Aufwand dadurch begrenzt, dass auf dieselben Anleihen zurückgegriffen würde. Da die Anleihen auch für die direkte Methode zu bestimmen sind, führt die Berechnung der Fremdkapitalrendite kaum zu Mehraufwand. Die hinsichtlich der Auswahl der Anleihen gezeigten Ermessensspielräume gelten hier indes ebenfalls und schränken somit die Verlässlichkeit ein.

Formel 4-11 verdeutlicht, dass der Wert des Steuervorteils auch aus dem Steuervorteil der letzten Periode zuzüglich des erwarteten Wachstums bestimmt werden kann. Um die **Fremdkapitalkosten der letzten Periode** zu bestimmen, kann auf Jahresabschlussdaten zurückgegriffen werden. Hierbei ist jedoch zu beachten, dass die Erwartungen der Marktteilnehmer in dem Beobachtungszeitraum im Rahmen des Unleverns relevant sind und somit die im Beobachtungszeitraum durchschnittlichen Fremdkapitalkosten der letzten Periode bestimmt werden müssten. Vergleichbar zu dem Vorgehen bei der Ermittlung des Buchwertes des Fremdkapitals können bei der Durchschnittsbildung jeweils

[800] Vgl. MUNKERT, M. J., Kapitalisierungszinssatz, S. 273 f.
[801] Vgl. GLEIßNER, W., Insolvenzwahrscheinlichkeit, S. 248 f.
[802] Das Wachstum wird durch den Abschlag vom Diskontierungszinssatz berücksichtigt. Vgl. Formel 4-11.
[803] Vgl. SIEGEL, D., Die Bilanzierung latenter Steuern, S. 124-127; WATRIN, C./WITTKOWSKI, A./STROHM, C., Unternehmensteuerreform 2008, S. 786-788.
[804] Vgl. DINSTUHL, V., Konzernbezogene Unternehmensbewertung, S. 212.

die bisher bekannten Fremdkapitalkosten als relevant angesehen werden.[805] Im Hinblick auf die Berücksichtigung von Quartals- und Halbjahresdaten ist zu beachten, dass die durchschnittliche jährliche Fremdkapitalrendite ermittelt werden soll. Hinsichtlich der **Sachgerechtigkeit** ist anzumerken, dass grundsätzlich lediglich die abzugsfähigen Fremdkapitalkosten relevant sind. Da im Jahresabschluss nicht differenziert wird, ob Fremdkapitalkosten abzugsfähig sind oder nicht, ist es jedoch fraglich, ob sich diese aus den Jahresabschlussdaten mit einem angemessenen Zeitaufwand ableiten lassen. Aufgrund der Vergangenheitsdaten können die intersubjektive Nachprüfbarkeit und somit auch die Verlässlichkeit positiv beurteilt werden.[806] Die **Anwendbarkeit** kann jedoch dadurch eingeschränkt sein, dass sich die Fremdkapitalkosten nicht für einzelne Fremdkapitaltitel bestimmen lassen. Hierdurch besteht die Möglichkeit, dass sich die Fremdkapitalkosten nicht auf das im Rahmen des Unleverns berücksichtigte Kapital beziehen. Grundsätzlich ist es indes einerseits nicht erforderlich, dass das Vorgehen beim Steuervorteil und beim Fremdkapital identisch ist und andererseits wurde in Abschnitt 421.22 dargestellt, dass im Idealfall sämtliche Fremdkapitaltitel berücksichtigt werden sollten. Hinsichtlich des Releverns ist jedoch zu beachten, dass die Unsicherheit des nicht berücksichtigten Steuervorteils, wie auch beim Eigen- und Fremdkapital, im „unverschuldeten Betafaktor“ verbleibt.[807]

421.241.3 Steuersatz

Neben den erwarteten abzugsfähigen Fremdkapitalkosten determiniert auch der erwartete Steuersatz den Steuervorteil.[808] Dieser kann sowohl durch die Unternehmensbesteuerung als auch die persönliche Besteuerung beeinflusst sein. Zuerst soll hier ausschließlich der **Unternehmenssteuersatz** betrachtet werden.

Im Rahmen des Unleverns ist der von den Marktteilnehmern im Beobachtungszeitraum erwartete Unternehmenssteuersatz relevant. Vereinfachend wird teilweise auf die **aktuellen Steuersätze** des Sitzlandes des betrachteten Unternehmens abgestellt. Dieses Vorgehen erscheint grundsätzlich nur dann sachgerecht, wenn im Beobachtungszeitraum keine gesetzlichen Änderungen des Steuersatzes oder des Steuersystems erwartet wurden. Zwingend sollten bereits beschlossene gesetzliche Änderungen berücksichtigt werden. Liegt bspw. der Unternehmenssteuersatz im Sitzland bis zum Jahr 2012 bei 25 % und ist bekannt, dass der Steuersatz ab dem Jahr 2014 auf 30 % steigen wird, besitzt der ab dem Jahr 2014 geltende Steuersatz zu Beginn des Jahres 2012 hinsichtlich der ewigen Rente eine größere Relevanz.[809]

805 Vgl. Abschnitt 421.222.23.

806 Vgl. BAETGE, J., Objektivierung, S. 168 f.

807 Vgl. Abschnitt 421.211.

808 Vgl. KRUSCHWITZ, LUTZ/LÖFFLER, ANDREAS/ESSLER, WOLFGANG, Unternehmensbewertung für die Praxis, S. 46.

809 So haben die ersten beiden Perioden der Phase der ewigen Rente bei einem Diskontierungszinssatz von 10 % und keinem Wachstum lediglich einen Anteil von unter 10 % am Unternehmenswert. Vgl. IDW (Hrsg.), WP Handbuch, Abschnitt A, Rn. 161.

Unabhängig davon, ob die aktuellen Steuersätze die Zukunft adäquat widerspiegeln, werden individuelle Gegebenheiten des betrachteten Unternehmens nicht berücksichtigt. So besteht z. B. die Möglichkeit, dass abzugsfähige Fremdkapitalkosten in einem anderen als dem Sitzland geltend gemacht werden.[810] Durch die fehlende Berücksichtigung individueller Gegebenheiten kann die Sachgerechtigkeit eingeschränkt sein. Individuelle Gegebenheiten haben jedoch nicht nur einen Einfluss auf die Sachgerechtigkeit. So ist z. B. eine Abhängigkeit der Höhe des Steuersatzes von der Bemessungsgrundlage denkbar, wodurch Ermessensspielräume entstehen. Mit Ausnahme dieser Ermessensspielräume ist die Anwendbarkeit sowohl hinsichtlich der Verlässlichkeit als auch im Hinblick auf den zeitlichen Aufwand positiv zu beurteilen.

Eine Alternative stellt der **durchschnittliche Steuersatz des betrachteten Unternehmens** in der Vergangenheit dar.[811] Wenngleich ein solcher Steuersatz individuelle Gegebenheiten des betrachteten Unternehmens zumindest teilweise berücksichtigt,[812] ist zu beachten, dass nicht die tatsächlichen Steuersätze, sondern die Erwartungen der Marktteilnehmer im Beobachtungszeitraum relevant sind. Damit die Sachgerechtigkeit gegeben ist, muss somit angenommen werden können, dass die Marktteilnehmer ihre Erwartung auf Grundlage der Steuersätze der Vergangenheit bilden. Dies erscheint zumindest bei einem in der Vergangenheit konstanten Steuersatz nicht abwegig. Hinsichtlich eines in der Vergangenheit schwankenden Steuersatzes besteht Ermessensspielraum hinsichtlich eines repräsentativen Zeitraumes selbst dann, wenn angenommen werden könnte, dass die Marktteilnehmer ihre Erwartungen auf Grundlage der Vergangenheitsdaten bilden. In diesem Fall wäre die Anwendbarkeit folglich eingeschränkt. Allgemein ist festzustellen, dass die Vergangenheitsdaten erwartete Änderungen des Steuersystems nicht berücksichtigen.

Die Höhe des Steuervorteils kann jedoch nicht nur durch die Unternehmenssteuern beeinflusst werden, sondern ebenfalls durch die **persönliche Besteuerung**.[813] In Abschnitt 346. wurde dargestellt, dass der Steuervorteil nach persönlichen Steuern relevant ist, wenn der Betafaktor des Eigenkapitals verwandt werden soll, um die Eigenkapitalkosten nach persönlichen Steuern zu bestimmen. Beim Unlevern soll aus dem verschuldeten Betafaktor der Einfluss der Finanzierung herausgerechnet werden.[814] Wenngleich die verschuldeten Betafaktoren aus Renditen vor persönlichen Steuern abgeleitet werden, können die Kurse, aus denen die Renditen bestimmt werden, durch die persönliche Besteuerung beeinflusst sein.[815] Hierbei ist indes zu beachten, dass die Marktteilnehmer sehr heterogen sind und sowohl aus institutionellen Anlegern als auch aus Privatanlegern bestehen. Zudem können sie aus dem In- und Ausland stammen und somit unterschiedlichen Steuereinflüssen unter-

810 Vgl. zur Besteuerung von Zinsaufwendungen bei Betriebsstätten und Tochtergesellschaften im Ausland JACOBS, O. H., Internationale Unternehmensbesteuerung, S. 971-1014, insbesondere S. 999 f. und 1006-1008.

811 Vgl. DÖRSCHELL, A./FRANKEN, L./SCHULTE, J., Kapitalisierungszinssatz, S. 209.

812 Es besteht weiterhin die Möglichkeit, dass die abzugsfähigen Fremdkapitalkosten in Ländern geltend gemacht werden, in denen ein abweichender Steuersatz existiert.

813 Vgl. WATRIN, C./STÖVER, R., Einfluss des Tax Shields, S. 61.

814 Vgl. Abschnitt 312.

815 Vgl. IDW (Hrsg.), WP Handbuch, Abschnitt A, Rn. 78.

liegen.[816] Aufgrund dieser Heterogenität kann der Einfluss der persönlichen Besteuerung auf den verschuldeten Betafaktor nicht bestimmt werden und somit kann der verschuldete Betafaktor ohne weitere Annahmen auch nicht um den Einfluss von persönlichen Steuern korrigiert werden. Ein etwaiger Einfluss von persönlichen Steuern würde ohne Korrektur im unverschuldeten Betafaktor verbleiben. Hinsichtlich dieses Aspektes macht es keinen Unterschied, ob der persönliche Steuersatz des Bewertungssubjektes bekannt ist bzw. typisierend ein Steuersatz angenommen wird, wie dies im Rahmen der subjektiven bzw. objektivierten Unternehmensbewertung nach IDW S 1 der Fall ist.[817] So müssen die Parameter beim Unlevern nicht die Erwartungen des Bewertungssubjektes, sondern die Erwartungen der Marktteilnehmer widerspiegeln.

421.241.4 Wachstum des Steuervorteils

Der Wert des Steuervorteils wird wesentlich durch das nachhaltige Wachstum der erwarteten Steuerersparnis beeinflusst.[818] Wenngleich in Kapitel 3 die konkret für eine Finanzierungpolitik abgeleiteten Anpassungsformeln kritisiert wurden, kann die Finanzierungspolitik eines Unternehmens nicht als irrelevant für die Veränderung des Steuervorteils angesehen werden. So determiniert die Finanzierungspolitik mit der Höhe des Fremdkapitalbestands einen wesentlichen Einflussfaktor. Die Finanzierungspolitik beeinflusst hierbei jedoch vor allem die Schwankung um den Erwartungswert und somit die Unsicherheit. Unabhängig von der konkreten Finanzierungspolitik wird jedoch im Rahmen der Unternehmensbewertung regelmäßig nachhaltig von einem Gleichgewichts- oder Beharrungszustand ausgegangen.[819] In einem solchen Zustand wird nicht zwingend ein Nullwachstum angenommen, sondern es wird unterstellt, dass sich die Größen in einem eingeschwungenen Zustand und somit in einem konstanten Verhältnis zueinander befinden.[820] In einem Gleichgewichts- oder Beharrungszustand kann somit davon ausgegangen werden, dass die Fremdkapitalkosten entsprechend der finanziellen Überschüsse des Unternehmens wachsen, da nur so ein konstantes Verhältnis sichergestellt ist. Zwar wird es regelmäßig der Fall sein, dass das betrachtete Unternehmen sich noch nicht in einem Gleichgewichts- oder Beharrungszustand befindet, sodass die Annahme auf kurzfristige Sicht nicht sachgerecht erscheint. Jedoch wird hier das nachhaltige Wachstum betrachtet und nachhaltig kann davon ausgegangen werden, dass Unternehmen einen Gleichgewichts- oder Beharrungszustand erreichen. Wenngleich es auch möglich ist, dass die erwartete Steuerersparnis aufgrund eines veränderten Steuersatzes steigt, kann hieraus regelmäßig kein nachhaltiges Wachstum erwartet werden. Es kann folglich vermutet werden, dass der Anteil dieses Faktors am erwarteten Wachstum zu vernachlässigen ist.

---

816 Vgl. WAGNER, W./SAUR, G./WILLERSHAUSEN, T., Neuerungen der Unternehmensbewertungsgrundsätze, S. 738 f; ZEIDLER, G. W./SCHÖNIGER, S./TSCHÖPEL A., Auswirkungen der Unternehmenssteuerreform 2008, S. 285.

817 Im Rahmen der objektivierten Unternehmensbewertung nach dem IDW S 1 wird das Bewertungssubjekt typisierend als eine inländische unbeschränkt steuerpflichtige natürliche Person angenommen. Bei der subjektiven Unternehmensbewertung ist hingegen das Bewertungssubjekt bekannt. Vgl. IDW (Hrsg.), IDW S 1 (2008), Tz. 31.

818 Vgl. hinsichtlich des Einflusses des Wachstumsabschlages auf den Unternehmenswert TINZ, O., Abbildung von Wachstum, S. 73-75.

819 Vgl. IDW (Hrsg.), WP Handbuch, Abschnitt A, Rn. 179; TINZ, O., Abbildung von Wachstum, S. 32; KOLLER, T./GOEDHART, M. H./WESSELS, D./COPELAND, T. E., Valuation, S. 211-229.

820 Vgl. TINZ, O., Abbildung von Wachstum, S. 32.

Unter der Annahme, dass der Steuervorteil entsprechend dem FCF wächst, verbleibt die Frage, wie das erwartete Wachstum der FCF abgeleitet werden kann. Eine Möglichkeit, die Erwartungen hinsichtlich der Entwicklung des Wachstums zu bestimmen, stellen **Analysteneinschätzungen** dar. Analysteneinschätzungen sind jedoch subjektive sowie teilweise interessengeleitete Schätzungen.[821] Ferner wäre die Anwendbarkeit bei Unternehmen, die nicht von Analysten beobachtet werden, nicht gegeben. Dies wird regelmäßig bei kleinen börsennotierten Unternehmen der Fall sein. Unternehmen, die sich im Fokus der Anleger befinden, werden hingegen oftmals von einer größeren Zahl von Analysten beobachtet. Durch einen Mittelwert der Wachstumserwartungen mehrerer Analysten kann die Subjektivität reduziert werden.

Zu beachten ist jedoch, dass im Rahmen des Unleverns die von den Marktteilnehmern erwartete Wachstumsrate gesucht wird. Daher wird im Folgenden eine Möglichkeit beschrieben, um die **erwartete Wachstumsrate implizit aus Kapitalmarktdaten abzuleiten**, da bei diesen davon ausgegangen werden kann, dass sie die Erwartungen der Marktteilnehmer widerspiegeln.

TINZ stellt dar, dass eine implizite Wachstumsrate für die ewige Rente aus den finanziellen Überschüssen, dem Diskontierungszinssatz und dem Unternehmenswert abgeleitet werden kann.[822] Übertragen auf das FCF-WACC-Verfahren kann die implizite Wachstumsrate bei dem Beginn der Phase der ewigen Rente in Periode T+1 wie folgt bestimmt werden:[823]

Formel 4-12	$w_{implizit} = \frac{GK_T \cdot WACC - FCF_T}{GK_T + FCF_T}$

Hierbei kann größtenteils auf im Rahmen des Unleverns benötigte Parameter zurückgegriffen werden. So ergibt sich der Marktwert des Gesamtkapitals aus dem Marktwert des Eigen- und des Fremdkapitals. Der WACC wird in der ewigen Rente konstant angenommen und lässt sich wie folgt bestimmen:[824]

Formel 4-13	$WACC = r_{EK}^{v} \cdot \frac{EK}{GK} + r_{FK} \cdot (1 - s) \cdot \frac{FK}{GK}$

821 Kritisch zu Analysteneinschätzungen im Rahmen der Unternehmensbewertung DÖRSCHELL, A./FRANKEN, L./SCHULTE, J., Kapitalisierungszinssatz, S. 90.

822 Vgl. TINZ, O., Abbildung von Wachstum, S. 216.

823 GK_T gibt den Wert des Gesamtkapitals zum Beginn der Phase der ewigen Rente bzw. zum Ende der Vorperiode T an.

824 Vgl. PRATT, S. P./GRABOWSKI, R. J., Cost of Capital, S. 373-375; BAETGE, J./NIEMEYER, K./KÜMMEL, J./SCHULZ, R., Bewertungsverfahren, S. 358-360.

Um den WACC zu bestimmen, kann auf den verschuldeten Betafaktor des Eigenkapitals und den Betafaktor des Fremdkapitals sowie den in Abschnitt 421.241.3 betrachteten, erwarteten Steuersatz zurückgegriffen werden. Zusätzlich müssen demnach noch der FCF sowie hinsichtlich der Eigen- und Fremdkapitalkosten noch die Marktrisikoprämie und der risikolose Zinssatz bestimmt werden.

Die **Marktrisikoprämie** muss die Erwartungen der Marktteilnehmer im Beobachtungszeitraum widerspiegeln. Dies ist, wie in Abschnitt 421.232.2 bereits dargestellt, bei einer vergangenheitsorientiert bestimmten Marktrisikoprämie indes fraglich. Allerdings gilt dies im Wesentlichen für eine kurzfristig erwartete Marktrisikoprämie. Hier fließt jedoch eine Marktrisikoprämie ein, die die gesamte Phase der ewigen Rente und somit mehrere Konjunkturphasen widerspiegeln soll. Die aktuellen Gegebenheiten sind hinsichtlich einer solchen einheitlichen Marktrisikoprämie weniger bedeutsam. Es erscheint daher nicht abwegig, dass die Marktteilnehmer ihre Erwartungen hinsichtlich der Marktrisikoprämie anhand einer historisch erzielten Überrendite bilden, die über einen mehrere Konjunkturphasen umfassenden Beobachtungszeitraum bestimmt wurde. Dennoch ist die Verlässlichkeit und somit die Anwendbarkeit aufgrund der in Abschnitt 244.2 gezeigten Ermessensspielräume eingeschränkt.

Hinsichtlich der indirekten Methode zur Bestimmung des Betafaktors des Fremdkapitals wurde bereits dargestellt, dass sich der durchschnittliche **risikolose Zinssatz** des Beobachtungszeitraumes bestimmen lässt.[825] Im Gegensatz zu dem Vorgehen bei der indirekten Methode muss hier jedoch beachtet werden, dass der risikolose Zinssatz nicht für eine konkrete Laufzeit bestimmt wird, sondern in die Formel der ewigen Rente in Form eines einheitlichen Basiszinssatzes einfließt. Aus den durchschnittlichen laufzeitspezifischen Zinssätzen ist somit ein einheitlicher Basiszinssatz zu bestimmen.[826] Grundsätzlich ist hierbei das erwartete Wachstum der finanziellen Überschüsse zu berücksichtigen. Da dies indes der gesuchte Parameter ist, kann die vom IDW vorgeschlagene typisierte Wachstumsrate von 1 % verwandt werden. Das IDW zeigt, dass eine Veränderung der nachhaltigen Wachstumsrate lediglich eine marginale Auswirkung auf den Basiszinssatz hat.[827] Um auch diese marginale Auswirkung zu vermeiden, müsste ein iteratives Verfahren angewandt werden, bei dem die mit dem beschriebenen Vorgehen bestimmte Wachstumsrate jeweils verwandt wird, um einen einheitlichen Basiszinssatz zu bestimmen und dann wiederum eine korrigierte Wachstumsrate.

Der **FCF** fließt in die obenstehende Formel 4-12 als Wert der Vorperiode ein. Im Rahmen des Unleverns werden die durchschnittlichen Parameter des Beobachtungszeitraumes betrachtet. Somit muss auch der FCF als Durchschnittswert bestimmt werden. Grundsätzlich lässt sich der FCF indirekt aus Abschlussdaten ableiten.[828] Vergleichbar zum Vorgehen bei der Ermittlung des Buchwertes des Fremdkapitals kann bei der Durchschnittsbildung jeweils der bisher bekannte FCF als relevant

[825] Vgl. hierzu grundsätzlich Abschnitt 421.232.2.

[826] Vgl. zur Bestimmung eines einheitlichen Basiszinssatzes Abschnitt 244.1.

[827] Vgl. IDW (Hrsg.), WP Handbuch, Abschnitt A, Rn. 291.

[828] Vgl. BAETGE, J./NIEMEYER, K./KÜMMEL, J./SCHULZ, R., Bewertungsverfahren, S. 357 und 363 f.

angesehen werden. Bei der Berücksichtigung von Quartals- und Halbjahresdaten ist zu beachten, dass sich der FCF auf den Zeitraum von einem Jahr beziehen muss. Aufgrund der Vergangenheitsdaten können die intersubjektive Nachprüfbarkeit und somit die Verlässlichkeit als gegeben angesehen werden.[829]

Damit die **Sachgerechtigkeit** gegeben ist, muss sich das Unternehmen grundsätzlich im Gleichgewichts- oder Beharrungszustand befinden. Ist dies nicht der Fall, wird das kurzfristige Wachstum bei einem im Zeitablauf abnehmenden Wachstum des Unternehmens unterschätzt und das langfristige Wachstum wird überschätzt. Dennoch wird durch das Vorgehen das Wachstum bestimmt, welches ausgehend von den vergangenen FCF bei einem konstanten Diskontierungszinssatz zu dem vorgegebenen Unternehmenswert führt. Soweit angenommen werden kann, dass die Steuervorteile entsprechend der FCF wachsen, erscheint das Wachstum geeignet, um ausgehend von dem Steuervorteil der Vergangenheit[830] den Marktwert des Steuervorteils zu bestimmen. Der FCF und der Steuervorteil sollten sich bei dem betrachteten Unternehmen somit in der Vergangenheit vergleichbar entwickelt haben. Die **Anwendbarkeit** ist grundsätzlich nicht gegeben, wenn der FCF negativ ist. Hinsichtlich des zeitlichen Aufwands ist die implizit abgeleitete Wachstumsrate positiv zu beurteilen, da ein wesentlicher Teil der Parameter generell in die Anpassungsformel einfließt. Neben den vorstehenden Aspekten werden die Sachgerechtigkeit und die Anwendbarkeit jedoch auch durch die bei den einzelnen Parametern aufgeführten Kritikpunkte eingeschränkt. Hier sind z. B. die Ermessensspielräume der Marktrisikoprämie zu nennen.

421.241.5 Diskontierungszinssatz

Der periodenindividuelle, risikoadjustierte Diskontierungszinssatz (r_{TS}) kann anhand des CAPM-Verfahrens bestimmt werden. In die Formel des CAPM fließen der Betafaktor des Steuervorteils, die Marktrisikoprämie und der risikolose Zinssatz ein. Im vorherigen Abschnitt wurden die Marktrisikoprämie und der risikolose Zinssatz bereits hinsichtlich der Eignung für Zwecke des Unleverns betrachtet. Die gezeigten Kritikpunkte gelten hier entsprechend. Hinsichtlich der vergangenheitsorientierten Marktrisikoprämie sind vor allem die Ermessensspielräume kritisch zu sehen.[831] Die grundsätzliche Anwendbarkeit ist indes hinsichtlich der beiden Parameter gegeben.

Der Betafaktor des Steuervorteils als weiterer Parameter ist expliziter Bestandteil der Anpassungsformel, sodass auch hierdurch kein zusätzlicher Aufwand entsteht. Die Anwendbarkeit und die Sachgerechtigkeit hängen indes von der Möglichkeit ab, den Betafaktor des Steuervorteils zu ermitteln, was im folgenden Abschnitt betrachtet wird.

[829] Vgl. BAETGE, J., Objektivierung, S. 168 f.

[830] Vgl. zum vergangenen Steuervorteil Abschnitt 421.241.2 und 421.241.3.

[831] Vgl. allgemein zu den Ermessensspielräumen bei der Ermittlung der Marktrisikoprämie Abschnitt 244.2.

421.242. Betafaktor des Steuervorteils

Der Betafaktor des Steuervorteils hängt von der Unsicherheit der Determinanten des Steuervorteils ab. Dies sind die erwarteten Steuersätze, die erwarteten abzugsfähigen Fremdkapitalkosten, die durch die Höhe des Fremdkapitalbestands und den Fremdkapitalkostensatz beeinflusst werden, und das nachhaltig erwartete Wachstum. Hierbei ist indes zu beachten, dass das Gesamtrisiko aufgrund der multiplikativen Verknüpfung der Einflussfaktoren von der Korrelation der Faktoren untereinander abhängt. Bei einer negativen Korrelation zwischen zwei Faktoren reduziert sich die Gesamtunsicherheit der Faktoren, indes verstärkt sich diese bei einer positiven Korrelation. Je nach Korrelation der Faktoren kann der Betafaktor des Steuervorteils sogar null oder negativ werden.

Beim Unlevern sind generell die Erwartungen der Marktteilnehmer im Beobachtungszeitraum des verschuldeten Betafaktors relevant. Können die Parameter anhand von Kapitalmarktdaten abgeleitet werden, ist anzunehmen, dass diese die Erwartungen der Marktteilnehmer widerspiegeln. Da jedoch die Steuervorteile von Unternehmen nicht am Kapitalmarkt gehandelt werden, ist dies nicht unmittelbar möglich. Im Folgenden soll daher die Unsicherheit der einzelnen Determinanten betrachtet werden.

Wie bereits dargestellt, kann die Finanzierungspolitik nicht als irrelevant für die Veränderung des Steuervorteils angesehen werden. So determiniert sie die **Höhe des Fremdkapitalbestands** und folglich einen wesentlichen Einflussfaktor. Zwar wurde vorstehend erläutert, dass ein nachhaltiges Wachstum des Steuervorteils entsprechend der FCF unabhängig von der konkreten Finanzierungspolitik als realistisch angesehen werden kann, allerdings hat die Finanzierungspolitik einen Einfluss auf die Schwankung der tatsächlichen Werte um den Erwartungswert. Wird die atmende Finanzierungspolitik zu Marktwerten konsequent angewandt, schwankt der Marktwert des Fremdkapitals entsprechend der operativen Risiken. Hingegen weicht der tatsächliche Fremdkapitalbestand bei der autonomen Finanzierungspolitik in dem Extremfall, dass die Planung exakt umgesetzt wird, nicht vom Erwartungswert ab. Dennoch kann bei beiden Finanzierungsannahmen ein identisches Wachstum erwartet werden. In Abschnitt 345. wurde indes gezeigt, dass die beiden Extremfälle nicht realitätsnah sind. Realitätsnäher erscheint die Annahme, dass die tatsächliche Schwankung des Fremdkapitals um den Erwartungswert zwischen diesen beiden Extremwerten liegt.[832] Eine gewisse Abhängigkeit des nominalen Fremdkapitalbestands[833] vom operativen Geschäft erscheint somit durchaus realistisch, jedoch wird die Schwankungsbreite und somit die Unsicherheit geringer sein als bei den FCF. Zu diesem Ergebnis kommt auch STELLBRINK für die als realitätsnah angesehene atmende Finanzierungspolitik zu Buchwerten.[834]

Neben der Höhe des nominalen Fremdkapitalbestands unterliegen die erwarteten **abzugsfähigen Fremdkapitalkosten weiteren Unsicherheiten**. Bei einer autonomen Finanzierungspolitik wird im

[832] Vgl. DRUKARCZYK, J./HONOLD, D., Unternehmensbewertung, S. 343.
[833] Bei der atmenden Finanzierungspolitik bezieht sich die Schwankung nicht auf den nominalen Fremdkapitalbestand, sondern auf den Marktwert des Fremdkapitals.
[834] Vgl. STELLBRINK, J., Restwert, S. 164.

Allgemeinen angenommen, dass der Betafaktor des Fremdkapitals diese Unsicherheit widerspiegelt. Dies ist jedoch nicht der Fall.[835] So berücksichtigt der Betafaktor des Fremdkapitals einerseits nicht die Unsicherheit hinsichtlich der Abzugsfähigkeit der Fremdkapitalkosten und andererseits lediglich die Unsicherheit der mit dem aktuellen Fremdkapital verbundenen Zahlungen. So wurde hinsichtlich des Fremdkapitals vereinfacht angenommen, dass die Einzahlungen dem Barwert der Zahlungsverpflichtungen entsprechen und somit der Nettowert null beträgt. Eine solche Annahme ist hinsichtlich des Steuervorteils indes nicht möglich, sodass das künftige Fremdkapital sowohl einen Einfluss auf den Wert des Steuervorteils als auch auf die Unsicherheit hat. Hierbei ist zu beachten, dass der Zinssatz für das künftige Fremdkapital unbekannt und somit unsicher ist. Die im Rahmen der Untersuchung in Abschnitt 421.234. betrachteten festverzinslichen Anleihen weisen somit eine hiervon abweichende Unsicherheit auf. Wenngleich auch variabel verzinsliche Anleihen hinsichtlich der Unsicherheit nicht uneingeschränkt vergleichbar sind, kann die Unsicherheit durch diese approximiert werden. Um die systematische Unsicherheit eines variablen Zinssatzes zu beurteilen, wurde die Beziehung zwischen der Veränderung des EURIBOR-Zinssatzes (abhängige Variable) und der Veränderung des CDAX[836] untersucht.[837] Der Betafaktor bei einem zweijährigen Beobachtungszeitraum und einem wöchentlichen Intervall betrug durchschnittlich im Zeitraum von Anfang 2000 bis Ende 2011 0,15.[838] Bei einem Signifikanzniveau von 5 % konnten überwiegend signifikante Betafaktoren ermittelt werden. Werden ausschließlich die signifikanten Betafaktoren im Durchschnittswert berücksichtigt, beträgt dieser 0,21. Die Veränderung des Marktes und des Zinssatzes war in der Vergangenheit somit durchschnittlich positiv korreliert.

Neben dem vorstehend betrachteten Aspekt berücksichtigt der Betafaktor des Fremdkapitals auch die Unsicherheit nicht, die dadurch entsteht, dass nicht nur die Höhe der Fremdkapitalkosten relevant ist, sondern auch deren **Abzugsfähigkeit**. Die Abzugsfähigkeit ist z. B. unsicher, wenn sie lediglich bei einer positiven Bemessungsgrundlage gegeben ist.[839] Wie bereits zuvor beschrieben, entsteht in Deutschland eine Unsicherheit aufgrund der Zinsschranke. Allerdings ist die Abzugsfähigkeit auch in den Ländern unsicher, in denen bisher keine Einschränkungen existieren, da die Möglichkeit einer gesetzlichen Änderung besteht. Eine allgemeine Aussage zu der Unsicherheit der Abzugsfähigkeit ist nicht möglich. In Deutschland kann durch die Zinsschranke und der daraus resultierenden Relevanz des EBITDA eine Abhängigkeit von den operativen Risiken angenommen werden.[840]

Die Unsicherheit des künftigen **Steuersatzes** stellt einen weiteren Einflussfaktor dar. Auch bei einem Steuersatz, der unabhängig von der Bemessungsgrundlage ist, können aufgrund von Änderun-

835 Vgl. Abschnitt 343.21.
836 Es wurde der Performanceindex verwandt.
837 Es wurde der EURIBOR-Zinssatz für eine Laufzeit von 12 Monaten verwandt. Die Daten für den EURIBOR-Zinssatz wurden der Zeitreihe ST0343 der Deutschen Bundesbank entnommen. Vgl. DEUTSCHE BUNDESBANK (Hrsg.), EURIBOR. Die Daten zum CDAX stammen von dem Finanzdienstleister Bloomberg.
838 Die Zweijahreszeiträume wurden jeweils um eine Woche verschoben und überlappen somit.
839 Vgl. CASTEDELLO, M./DAVIDSON, R./SCHLUMBERGER, E., Unsichere Steuervorteile, S. 371 f.
840 Vgl. WATRIN, C./STÖVER, R., Einfluss des Tax Shields, S. 64.

gen des Steuersystems Unsicherheiten entstehen.[841] Es ist anzunehmen, dass die hieraus entstehende Unsicherheit gegenläufig zu den operativen Risiken ist. So führt ein höherer Unternehmenssteuersatz c. p. zu einem höheren Steuervorteil, aber zu einer geringeren Rendite der Eigenkapitalgeber eines fiktiv unverschuldeten Unternehmens. Ist der Steuersatz hingegen abhängig von der Bemessungsgrundlage, kann zusätzlich angenommen werden, dass die Unsicherheit durch die operativen Risiken beeinflusst wird. Die Unsicherheit lässt sich jedoch für beide Sachverhalte nicht exakt quantifizieren.

Wenngleich eine Unsicherheit für einzelne Determinanten teilweise anhand von Kapitalmarktdaten bestimmt werden kann, ist festzustellen, dass sich die Unsicherheit des Steuervorteils weder sachgerecht noch verlässlich bestimmen lässt. So kommen auch CASTEDELLO/DAVIDSON/SCHLUMBERGER zu der Erkenntnis, dass „eine theoretisch fundierte Bestimmung des Risikos […] kaum durchführbar“[842] ist. Im Rahmen des Unleverns ist somit eine **Typisierung der Unsicherheit des Steuervorteils** erforderlich. Im Schrifttum werden im Wesentlichen der unverschuldete Betafaktor des Eigenkapitals und der Betafaktor des Fremdkapitals zur Approximation der Unsicherheit des Steuervorteils empfohlen.[843] ADERS stellt fest, dass hiervon abweichende Werte zu viele Freiheitsgrade aufweisen.[844] CASTEDELLO/DAVIDSON/SCHLUMBERGER sprechen sich für den unverschuldeten Betafaktor des Eigenkapitals aus.[845] Sie begründen diese Entscheidung mit der teilweisen Abhängigkeit der Entwicklung des Fremdkapitals und der steuerlichen Bemessungsgrundlage von der operativen Entwicklung des Unternehmens. Zudem halten sie den Betafaktor des Fremdkapitals nicht für geeignet, da er die Schwankungen des Fremdkapitalbestands und der steuerlichen Bemessungsgrundlage nicht berücksichtigt. Auch im Rahmen der Analyse in Abschnitt 343. sowie in diesem Abschnitt wurde ausgeführt, dass der Betafaktor des Fremdkapitals nicht geeignet ist, da er lediglich einen Teil des Risikos widerspiegelt. Zwar konnte in Abschnitt 343. auch gezeigt werden, dass ebenfalls der unverschuldete Betafaktor unter der Annahme einer atmenden Finanzierungspolitik zu Marktwerten nicht alle Risiken widerspiegeln kann. Der unverschuldete Betafaktor kann jedoch lediglich dann nicht alle Risiken widerspiegeln, wenn diese Finanzierungspolitik konsequent angewandt wird und somit tatsächlich eine periodische Anpassung stattfindet. Diese Annahme, wie auch die Annahme eines sicheren Fremdkapitalbestandes im Rahmen der autonomen Finanzierungspolitik, erscheint, wie vorstehend dargestellt, unwahrscheinlich. Realistischer erscheint hingegen eine gewisse Abhängigkeit des nominalen Fremdkapitalbestands von den operativen Risiken. Indes kann angenommen werden, dass die Schwankungsbreite und somit auch die Unsicherheit geringer sind. Da jedoch weitere Unsicherheitsfaktoren existieren, für die, mit Ausnahme einer Änderung des

---

841 Vgl. CASTEDELLO, M./DAVIDSON, R./SCHLUMBERGER, E., Unsichere Steuervorteile, S. 371.

842 CASTEDELLO, M./DAVIDSON, R./SCHLUMBERGER, E., Unsichere Steuervorteile, S. 372.

843 Vgl. CASTEDELLO, M./DAVIDSON, R./SCHLUMBERGER, E., Unsichere Steuervorteile, S. 372; EHRHARDT, M. C./DAVES, P. R., Corporate Valuation, S. 36; ADERS, C./WAGNER, M., Kapitalkosten in der Bewertungspraxis, S. 35 f; ENZINGER, ALEXANDER/KOFLER, PETER, Anpassung der Betafaktoren, S. 54-56; ENZINGER, ALEXANDER/KOFLER, PETER, APV-Verfahren, S. 195-197.

844 Vgl. ADERS, C./WAGNER, M., Kapitalkosten in der Bewertungspraxis, S. 35 f.

845 Neben diesen sprechen sich z. B. auch ADERS, C./WAGNER, M., Kapitalkosten in der Bewertungspraxis, S. 35-38; ENZINGER, ALEXANDER/KOFLER, PETER, APV-Verfahren, S. 197 und EHRHARDT, M. C./DAVES, P. R., Corporate Valuation, S. 36 für den unverschuldeten Betafaktor als Maß für die Unsicherheit des Steuervorteils aus.

Steuersatzes, angenommen werden kann, dass sie positiv mit den operativen Risiken korreliert sind, erscheint es sachgerecht, **typisierend eine Unsicherheit in Höhe des unverschuldeten Betafaktors** anzunehmen.

421.243. Zwischenfazit

Zuvor wurden Möglichkeiten dargestellt, den **Wert des Steuervorteils** zu bestimmen. Hierbei wurde jedoch lediglich die Ermittlung anhand einer ewigen Rente betrachtet. Dies ist hinsichtlich der Sachgerechtigkeit kritisch zu beurteilen. So lässt sich in einem Rentenmodell z. B. lediglich ein nachhaltiges konstantes Wachstum der Steuervorteile berücksichtigen. Indes wird die Anwendbarkeit bei einem Mehr-Phasenmodell regelmäßig nicht gegeben sein.

Es wurde jedoch gezeigt, dass im Rahmen der **ewigen Rente** ebenfalls sowohl die **Sachgerechtigkeit** als auch die **Anwendbarkeit eingeschränkt** sind. So kann das nachhaltige Wachstum anhand der dargestellten Vorgehensweise bspw. nicht bestimmt werden, wenn der FCF negativ ist. Des Weiteren lässt sich das nachhaltige Wachstum nicht sachgerecht bestimmen, soweit nicht angenommen werden kann, dass der Steuervorteil entsprechend der FCF wächst. Ferner sind die Möglichkeiten eingeschränkt, die abzugsfähigen Fremdkapitalkosten abzuleiten.

Die Unsicherheit des Steuervorteils stellt sowohl einen Einflussfaktor des Wertes des Steuervorteils als auch einen eigenständigen Parameter der Anpassungsformel dar. Es wurde festgestellt, dass eine **Typisierung der Unsicherheit des Steuervorteils unabdingbar** ist. Dies betrifft nicht nur die objektivierte, sondern auch die subjektive Unternehmensbewertung, da es beim Unlevern nicht um die subjektiven Vorstellungen des Bewertungssubjektes, sondern um die Erwartungen der Marktteilnehmer geht. Es wurde vorgeschlagen, grundsätzlich eine Unsicherheit entsprechend dem unverschuldeten Betafaktor anzunehmen.

Den Betafaktor des Steuervorteils in Höhe des unverschuldeten Betafaktors anzunehmen, hat den Vorteil, dass der **Wert des Steuervorteils keinen Einfluss** auf das Verhältnis zwischen dem unverschuldeten und dem verschuldeten Betafaktors besitzt. Dies ist einerseits aufgrund der dargestellten eingeschränkten Möglichkeiten, den Wert des Steuervorteils sachgerecht sowie verlässlich und mit angemessenem zeitlichem Aufwand zu bestimmen, positiv zu sehen. So wurde z. B. dargestellt, dass sich der Einfluss, den die persönliche Besteuerung auf den verschuldeten Betafaktor hat, nicht sachgerecht bestimmen lässt. Durch die Typisierung ist es nicht erforderlich, den Einfluss beim Unlevern explizit zu berücksichtigen. Andererseits hat unter dieser Annahme eine Fehleinschätzung einen geringeren Einfluss. So wurde in Abschnitt 343.3 dargestellt, dass der Fehler eines falsch eingeschätzten Betafaktors des Steuervorteils, durch den zusätzlichen Effekt auf den Wert des Steuervorteils verstärkt wird, wenn der Betafaktor abweichend von dem unverschuldeten Betafaktor angenommen wird. Allgemein führt eine unterschätzte Unsicherheit des Steuervorteils zu einem überschätzten unverschuldeten Betafaktor und umgekehrt.

Formal entspricht die Anpassungsformel durch die vorstehende Annahme zur Unsicherheit des Steuervorteils der Formel bei einer atmenden Finanzierungspolitik zu Marktwerten. Indes wurde hier die Unsicherheit des Steuervorteils nicht ausschließlich aus der Annahme zur Finanzierungspolitik abgeleitet. Stattdessen soll der Parameter die Unsicherheit aller Einflussfaktoren widerspiegeln.

421.3 Abschließende Würdigung der allgemeinen Anpassungsformel im Rahmen des Unleverns

Zu Beginn dieses Kapitals wurde hinsichtlich der Sachgerechtigkeit empfohlen, die allgemeine Anpassungsformel zu verwenden. Der Vorteil der Formel liegt darin, dass die Sachgerechtigkeit durch die explizite Berücksichtigung der wesentlichen Einflussparameter nicht generell auf bestimmte Rahmenbedingungen eingeschränkt ist. Eine abschließende Würdigung war bisher jedoch nicht möglich, da sowohl die Sachgerechtigkeit als auch die Anwendbarkeit von den Möglichkeiten abhängen, die Parameter der allgemeinen Anpassungsformel zu ermitteln. Daher wurden zuvor Möglichkeiten betrachtet, die Parameter der allgemeinen Anpassungsformel sachgerecht sowie verlässlich und mit einem angemessenen zeitlichen Aufwand im Rahmen des Unleverns zu bestimmen. Auf Grundlage der vorstehenden Konkretisierung der Parameter wird die allgemeine Anpassungsformel im Folgenden abschließend hinsichtlich der Eignung im Rahmen des Unleverns gewürdigt. Hierfür werden zuvor für die einzelnen Parameter die wesentlichen Ergebnisse zur Sachgerechtigkeit und Anwendbarkeit des konkret vorgeschlagenen Vorgehens, die Parameter zu bestimmen, zusammengefasst.

Damit die **Sachgerechtigkeit** im Rahmen des Unleverns gegeben ist, ist es einerseits erforderlich, dass alle Einflussfaktoren in der Formel berücksichtigt werden und andererseits, dass diese die Erwartungen der Marktteilnehmer im Beobachtungszeitraum des verschuldeten Betafaktors des Eigenkapitals widerspiegeln. Wenngleich grundsätzlich **alle Einflussfaktoren** zu berücksichtigen sind, wurde gezeigt, dass unter bestimmten Bedingungen nicht das gesamte Kapital in der Anpassungsformel berücksichtigt werden muss. Wird künftig ein identischer Einfluss des Kapitals erwartet, kann auf eine Berücksichtigung verzichtet werden.[846] Im Rahmen dieser Arbeit wird jedoch sowohl unter Beachtung der Sachgerechtigkeit als auch der Anwendbarkeit empfohlen, das gesamte Eigen- und Fremdkapital zu berücksichtigen. Des Weiteren müssen sich sämtliche Parameter auf den Beobachtungszeitraum des verschuldeten Betafaktors beziehen, damit sie die **Erwartungen der Marktteilnehmer im Beobachtungszeitraum** widerspiegeln können. Daher sind Zeitpunktgrößen als Durchschnittswerte über den Beobachtungszeitraum zu bestimmen.

Den Ausgangspunkt der Anpassung bildet der **Betafaktor des Eigenkapitals**, der sich auf das gesamte Eigenkapital beziehen muss, da einzelne Eigenkapitalarten nicht getrennt entschuldet werden können. Es wurde dargestellt, dass die **Sachgerechtigkeit** vor allem dann eingeschränkt ist, wenn ein Unternehmen wesentliches nicht börsennotiertes Eigenkapital besitzt, das eine vom börsenno-

[846] Vgl. Abschnitt 421.211.

tierten Eigenkapital abweichende Unsicherheit aufweist. Die **Anwendbarkeit** in Form der Verlässlichkeit kann auch bei ausschließlich börsennotiertem Eigenkapital eingeschränkt sein. Dies kann einerseits aufgrund von Ermessensspielräumen bei der Ermittlung des verschuldeten Betafaktors, wie z. B. hinsichtlich der Länge des Beobachtungszeitraumes und des Renditeintervalls,[847] der Fall sein und andererseits kann die Verlässlichkeit auch durch die Güte des Betafaktors eingeschränkt sein. Der zeitliche Aufwand kann hingegen aufgrund der Bestimmung anhand von Kapitalmarktdaten als angemessen angesehen werden. Im Gegensatz zu den hinsichtlich der Sachgerechtigkeit aufgeführten Schwierigkeiten entsteht die eingeschränkte Anwendbarkeit unabhängig von der Anpassung der Finanzierungsrisiken, sodass hieraus keine fehlende Eignung der Anpassungsformel abgeleitet werden kann.

Da im Rahmen des Unleverns lediglich börsennotierte Unternehmen betrachtet werden, kann hinsichtlich des **Marktwertes des Eigenkapitals** festgestellt werden, dass sich dieser grundsätzlich sowohl sachgerecht als auch mit einem angemessenen Zeitaufwand verlässlich anhand der Marktkapitalisierung ermitteln lässt. Dies gilt jedoch lediglich eingeschränkt, wenn wesentliches nicht börsennotiertes Eigenkapital vorliegt. Es wurde dargestellt, dass in diesem Fall vereinfachend der Wert des nicht börsennotierten Eigenkapitals anhand des börsennotierten Eigenkapitals abgeleitet werden kann. Dieses Vorgehen ist hinsichtlich der Anwendbarkeit positiv zu beurteilen, jedoch ist die Sachgerechtigkeit eingeschränkt, wenn die Werte nicht oder nur eingeschränkt vergleichbar sind.

Der **Marktwert des Fremdkapitals** kann regelmäßig nicht vollständig anhand von Kapitalmarktdaten abgeleitet werden. Im Rahmen des Unleverns lässt sich des Weiteren der Marktwert des Fremdkapitals auch nicht verlässlich mit angemessenem Zeitaufwand berechnen. Es wird daher bei nicht börsennotiertem Fremdkapital empfohlen, auf die Buchwerte des Fremdkapitals abzustellen. Im Schrifttum wird die Verwendung von Buchwerten vor allem in Krisenzeiten hinsichtlich der **Sachgerechtigkeit** kritisch gesehen. Es wurde jedoch dargestellt, dass hierbei eine differenzierte Beurteilung erforderlich ist. Durch die hohe Bedeutung des beizulegenden Zeitwertes im Rahmen der IFRS werden veränderte Bedingungen zumindest teilweise im Fremdkapital abgebildet. Ferner wurde gezeigt, dass sich die Sachgerechtigkeit bei Rückgriff auf die IFRS erhöhen lässt, wenn nicht nur die Bilanzwerte, sondern auch die Angaben im Anhang beachtet werden. So sind z. B. nach IFRS 7.25 grundsätzlich die beizulegenden Zeitwerte für die unterschiedlichen Klassen von Verbindlichkeiten im Anhang darzulegen. Aufgrund der geforderten Äquivalenz zu den Erwartungen im Beobachtungszeitraum des verschuldeten Betafaktors ist ein Durchschnittswert zu bestimmen. Hierbei wird empfohlen, die jeweils bisher veröffentlichten Bilanzdaten bis zum Veröffentlichungszeitpunkt neuerer Informationen als relevant anzusehen. Hinsichtlich der **Anwendbarkeit** ist negativ festzustellen, dass die Anhangangaben und die Durchschnittswerte zu einem höheren zeitlichen Aufwand führen. Die Verlässlichkeit ist hingegen aufgrund der Verwendung von Vergangenheitsdaten positiv zu beurteilen.

[847] Vgl. Abschnitt 244.3.

Neben dem Marktwert des Fremdkapitals ist auch der **Betafaktor des Fremdkapitals** ein Parameter der Anpassungsformel. Mit der direkten und der indirekten Methode wurden zwei Möglichkeiten dargestellt, den Betafaktor zu bestimmen. Die regelmäßig in der Bewertungspraxis angewandte indirekte Methode weist wesentliche Schwächen hinsichtlich der **Sachgerechtigkeit** auf, sodass im Rahmen dieser Arbeit zwingend von einer Anwendung abgeraten wird. Wenngleich die direkte Methode hinsichtlich der Sachgerechtigkeit positiv zu beurteilen ist, kann die **Anwendbarkeit** in Form der Verlässlichkeit des Betafaktors und des zeitlichen Aufwands eingeschränkt sein. Dies ist vor allem dann der Fall, wenn der Betafaktor nicht unmittelbar für das betrachtete Fremdkapital bestimmt werden kann, sondern auf vergleichbare börsennotierte Anleihen abgestellt werden muss. Der **zeitliche Aufwand** ist hierbei umso höher, je individueller das Fremdkapital betrachtet wird. Somit besteht ein Spannungsfeld zwischen der Sachgerechtigkeit und dem zeitlichen Aufwand. Es bietet sich an, den zeitlichen Aufwand an den aufgrund des Bewertungsanlasses geforderten Detaillierungsgrad anzupassen. Im Rahmen dieser Arbeit wird empfohlen, zumindest bei wesentlichen Fremdkapitalpositionen verfügbare Informationen zu verwenden, um die individuelle Unsicherheit zu berücksichtigen. Neben dem zeitlichen Aufwand ist auch die **Verlässlichkeit** zu beachten, die aufgrund von Ermessensspielräumen bei der Wahl der vergleichbaren Fremdkapitaltitel ebenfalls eingeschränkt ist. Unabhängig von der Wahl der Fremdkapitaltitel deuten die Ergebnisse der Untersuchung in Abschnitt 421.234. allgemein eine eingeschränkte Verlässlichkeit an. Auf Grundlage der Untersuchungsergebnisse wurde die Bedeutung für den unverschuldeten Betafaktor indes vor allem auch im Hinblick auf die Alternativen als akzeptabel angesehen. Unter Berücksichtigung der Sachgerechtigkeit und der Anwendbarkeit wird im Rahmen des Unleverns empfohlen, die **direkte Methode** anzuwenden.

Einer der wesentlichen Gründe für die Anwendung der allgemeinen Anpassungsformel stellt die Möglichkeit dar, den **Wert des Steuervorteils und dessen Unsicherheit** explizit zu berücksichtigen. Im Rahmen der vorstehenden Analyse ist jedoch deutlich geworden, dass sowohl die Möglichkeiten zur Bestimmung des Wertes des Steuervorteils als auch der Unsicherheit des Steuervorteils eingeschränkt sind. Hinsichtlich der Unsicherheit des Steuervorteils wurde gar festgestellt, dass sich dieser nicht sachgerecht und verlässlich bestimmen lässt. Unter Beachtung der Determinanten der Unsicherheit des Steuervorteils wird daher im Rahmen dieser Arbeit empfohlen, typisierend eine Unsicherheit in Höhe des unverschuldeten Betafaktors anzunehmen. Wenngleich unter dieser Annahme die allgemeine Anpassungsformel formal der Formel 3-15[848] für eine atmende Finanzierungspolitik zu Marktwerten von HARRIS/PRINGLE entspricht, besteht ein wesentlicher Unterschied. So liegt der allgemeinen Anpassungsformel nicht die Annahme einer atmenden Finanzierungspolitik zugrunde, sondern es wird angenommen, dass die Unsicherheit des Steuervorteils unter Beachtung aller Determinanten dem unverschuldeten Betafaktor entspricht. Hinsichtlich der **Anwendbarkeit** ist die Typisierung positiv zu beurteilen, da hierdurch keine Ermessensspielräume entstehen und sich der zeitliche Aufwand aufgrund der Irrelevanz des Wertes des Steuervorteils für das Verhältnis zwischen dem unverschuldeten und dem verschuldeten Betafaktor reduziert.

848 Die Formel 3-15 muss indes noch nach $ß_{EK}^{u}$ umgestellt werden.

Es ist somit festzustellen, dass sich mit Ausnahme des Betafaktors des Steuervorteils alle Einflussparameter grundsätzlich **sachgerecht** ableiten lassen. Hinsichtlich des verschuldeten Betafaktors und des Marktwertes des Eigenkapitals gilt dies jedoch lediglich, wenn ausschließlich börsennotiertes Eigenkapital vorliegt oder das nicht börsennotierte Eigenkapital vergleichbar ist. Ist dies nicht der Fall, sollte bei wesentlichem börsennotiertem Eigenkapital der unverschuldete Betafaktor anhand eines Vergleichsunternehmens bzw. eines anderen Vergleichsunternehmens bestimmt werden.

Im Hinblick auf die Beurteilung der **Anwendbarkeit** ist festzustellen, dass es lediglich aufgrund der Typisierung der Unsicherheit des Steuervorteils möglich ist, die allgemeine Anpassungsformel anzuwenden. Des Weiteren muss angenommen werden können, dass sich die Unsicherheit und der Marktwert des nicht börsennotierten Eigenkapitals anhand des börsennotierten Eigenkapitals sachgerecht bestimmen lassen. Wird, wie empfohlen, die direkte Methode angewandt, den Betafaktor des Fremdkapitals zu bestimmen, müssen zusätzlich vergleichbare börsennotierte Fremdkapitaltitel vorliegen, wovon regelmäßig aufgrund der Vielzahl an Möglichkeiten auszugehen ist. Um die Anwendbarkeit detaillierter zu beurteilen, ist zu betrachten, ob sich die Parameter verlässlich und mit einem angemessenen Aufwand bestimmen lassen. Eine Einschränkung der **Verlässlichkeit** der Bestimmung ist vor allem bei dem Betafaktor des verschuldeten Eigenkapitals und des Fremdkapitals gegeben. Hinsichtlich des erstgenannten Parameters wurde bereits festgestellt, dass es sich bei der Einschränkung der Verlässlichkeit um keinen Aspekt handelt, der aufgrund der Anpassung der Finanzierungsrisiken entsteht. Hinsichtlich des Betafaktors des Fremdkapitals kann wie dargestellt die eingeschränkte Verlässlichkeit als akzeptabel angesehen werden. Der wesentliche **zeitliche Aufwand** bei der Anpassung entsteht aufgrund des Betafaktors des Fremdkapitals und des Marktwertes des Fremdkapitals. Hinsichtlich des Betafaktors wurde bereits dargestellt, dass sich der zeitliche Aufwand an den aufgrund des Bewertungsanlasses geforderten Detaillierungsgrad anpassen lässt. Wenngleich sich der zeitliche Aufwand auch beim Marktwert des Fremdkapitals durch einen Verzicht auf die Durchschnittsbildung oder die Berücksichtigung von Anhangangaben reduzieren lässt, ist hiervon abzuraten. So wäre anders als beim Betafaktor des Fremdkapitals die Sachgerechtigkeit nicht mehr gegeben, da kein Bezug mehr zum Beobachtungszeitraum bestehen würde. Beim Betafaktor des Fremdkapitals wird hingegen lediglich der Detaillierungsgrad reduziert. Aufgrund der großen Bedeutung des Betafaktors für die Eigenkapitalkosten erscheint der Aufwand dennoch nicht unangemessen.

Allerdings ist hierbei auch die **Zahl der betrachteten Unternehmen** zu beachten. Wird der unverschuldete Betafaktor anhand des Bewertungsobjektes selbst bestimmt, müssen die Daten lediglich für ein Unternehmen ermittelt werden, sodass kein unangemessener Aufwand festzustellen ist. Muss auf ein Vergleichsunternehmen abgestellt werden, hängt die Beurteilung von der Methode ab, das Vergleichsunternehmen auszuwählen.[849] So wird beim Pure Play-Ansatz lediglich ein Referenzunternehmen für jeden Geschäftsbereich betrachtet, beim Peer Group-Ansatz und den Industrie- oder Branchenbetas jedoch mehrere Unternehmen. Vor allem bei der Betrachtung einer ganzen Branche kann die Zahl der Unternehmen, die der Branche angehören, groß sein, sodass bei einer

[849] Vgl. Abschnitt 244.3.

sachgerechten Anpassung der Finanzierungsrisiken ein erheblicher Aufwand entstehen würde. Bei dem Peer Group-Ansatz sollten grundsätzlich lediglich so viele Unternehmen gewählt werden, dass das Unlevern mit einem angemessenen Aufwand möglich ist.

Aufgrund der Typisierung der Unsicherheit des Steuervorteils entsteht bei der allgemeinen Anpassungsformel gegenüber den in Kapitel 3 dargestellten, konkret für eine Finanzierungspolitik abgeleiteten Anpassungsformeln beim Unlevern kein zusätzlicher Aufwand. Allerdings ist durch die Typisierung der Vorteil der allgemeinen Anpassungsformel, die explizite Berücksichtigung des Wertes des Steuervorteils, ebenfalls nicht mehr ersichtlich, da die Anpassung hierdurch im Rahmen des Unleverns unabhängig von dem Wert des Steuervorteils ist. So führt die Typisierung dazu, dass die allgemeine Anpassungsformel formal der Anpassungsformel für eine atmende Finanzierungspolitik zu Marktwerten entspricht und somit auch diese im Rahmen des Unleverns verwandt werden kann. Dennoch ist zu beachten, dass den Formeln abweichende Annahmen zugrunde liegen.

422. Konkretisierung der beim Relevern einfließenden Parameter

422.1 Vorbemerkungen

In Abschnitt 421. wurde dargestellt, wie sich der unverschuldete Betafaktor und somit die operativen Risiken des Bewertungsobjektes bestimmen lassen. Ausgehend vom unverschuldeten Betafaktor soll anhand des **Releverns** der Einfluss der Finanzierung auf den Betafaktor und somit auch auf den risikoadjustierten Diskontierungszinssatz berücksichtigt werden.[850] Der risikoadjustierte Diskontierungszinssatz, der die erwarteten finanziellen Überschüsse der Alternativanlage verdichtet als Rendite widerspiegelt, muss hinsichtlich mehrerer Dimensionen zu den erwarteten finanziellen Überschüssen des Bewertungsobjektes äquivalent sein.[851] Für das Relevern bedeutet dies, dass die identischen Annahmen hinsichtlich der Finanzierung unterstellt werden müssen, die den erwarteten finanziellen Überschüssen des Bewertungsobjektes zugrunde liegen.

Im Rahmen dieser Arbeit soll betrachtet werden, wie die Finanzierungsrisiken bei der Ermittlung von Eigenkapitalkosten zu berücksichtigen sind. Die Ermittlung der erwarteten finanziellen Überschüsse des Bewertungsobjektes ist indes nicht Teil des Untersuchungsgegenstandes der Arbeit. Im Folgenden wird daher davon ausgegangen, dass die erwarteten finanziellen Überschüsse bereits ermittelt und die zugrunde liegenden Annahmen bekannt sind. Diese Annahme ist erforderlich, da sich der Diskontierungszinssatz aufgrund der Äquivalenzkriterien lediglich bestimmen lässt, wenn die erwarteten finanziellen Überschüsse ermittelt sind.[852] Ferner wird von einem Zwei-

[850] Vgl. hierzu Abschnitt 312.

[851] Vgl. MOXTER, A., Grundsätze ordnungsmäßiger Unternehmensbewertung, S. 155-167; MANDL, G./RABEL, K., Unternehmensbewertung, S. 77 f.; BALLWIESER, W., Unternehmensbewertung, S. 93; POOTEN, H., Grundsätze ordnungsmäßiger Unternehmensbewertung, S. 240 f.

[852] Vgl. zu den Äquivalenzkriterien Abschnitt 232.

Phasenmodell bestehend aus einer Detailplanungsphase und der Phase der ewigen Rente ausgegangen.[853]

Im Folgenden werden die Parameter der allgemeinen Anpassungsformel[854] hinsichtlich des Releverns konkretisiert. Für mehrere Parameter der Formel ist der risikolose Zinssatz relevant, sodass zunächst parameterübergreifend die Eignung des in der Bewertungspraxis üblicherweise angewandten einheitlichen Basiszinssatzes im Rahmen des Releverns betrachtet wird.

422.2 Eignung des einheitlichen Basiszinssatzes im Rahmen des Releverns

In der Bewertungspraxis wird zur Bestimmung der Eigenkapitalkosten üblicherweise als risikoloser Zinssatz ein periodeneinheitlicher Basiszinssatz verwandt.[855] Dieses Vorgehen wird auch in Teilen des Schrifttums vorgeschlagen.[856] Die Verwendung eines einheitlichen Basiszinssatzes resultiert unter anderem daraus, dass die einzelnen Perioden in der Phase der ewigen Rente nicht mehr individuell dargestellt werden, sodass es hier grundsätzlich erforderlich ist, einen einheitlichen Basiszinssatz anzusetzen. Allerdings wird in der Bewertungspraxis regelmäßig ein einheitlicher Basiszinssatz über alle Perioden bestimmt.[857] Für die Detailplanungsphase ist ein einheitlicher Basiszinssatz indes nicht erforderlich.

Im Folgenden wird die Bedeutung des einheitlichen Basiszinssatzes hinsichtlich des Releverns betrachtet. Der einheitliche Basiszinssatz soll den Zinssatz angeben, der zu einem identischen Marktwert des Eigenkapitals führt wie die Verwendung der laufzeitspezifischen risikolosen Zinssätze.[858] Somit muss zur Ermittlung des einheitlichen Basiszinssatzes der Marktwert des Eigenkapitals bereits feststehen, sodass der einheitliche Basiszinssatz per Definition keine Auswirkung auf den Wert haben sollte. Des Weiteren ist es erforderlich, diese Barwertäquivalenz nicht anhand der laufzeitspezifischen risikolosen Zinssätze, sondern anhand der risikoadjustierten Diskontierungszinssätze zu bestimmen.[859] Demnach muss die Unsicherheit der finanziellen Überschüsse bereits im Diskontierungszinssatz berücksichtigt und somit der verschuldete Betafaktor bestimmt und das Relevern durchgeführt sein.

Indes wird der einheitliche Basiszinssatz üblicherweise vereinfachend zwar laufzeitäquivalent, aber nicht risikoäquivalent bestimmt.[860] So werden nicht die risikoadjustierten Zinssätze der Perioden verwandt, um die Barwertäquivalenz sicherzustellen, sondern die laufzeitspezifischen risikolosen

853 Vgl. zu den Phasenmodellen Abschnitt 222.
854 Vgl. Abschnitt 41.
855 Vgl. Abschnitt 244.1.
856 Vgl. bspw. IDW (Hrsg.), WP Handbuch, Abschnitt A, Rn. 291; JONAS, M./WIELAND-BLÖSE, H./SCHIFFARTH, S., Basiszinssatz in der Unternehmensbewertung, S. 653.
857 Vgl. IDW (Hrsg.), WP Handbuch, Abschnitt A, Rn. 291.
858 Vgl. REESE, R., Schätzung von Eigenkapitalkosten, S. 21.
859 Vgl. Abschnitt 244.1.
860 Vgl. hierzu Abschnitt 244.1 oder auch REESE, R., Schätzung von Eigenkapitalkosten, S. 24-28.

Zinssätze. Hierdurch kann der Basiszinssatz zwar ohne die Kenntnis des Marktwertes des Eigenkapitals ermittelt werden, jedoch ist auch die geforderte Äquivalenz gegenüber dem Marktwert des Eigenkapitals nicht sichergestellt. Konkret berücksichtigt der einheitliche Basiszinssatz den Einfluss der Unsicherheit auf den Marktwert des Eigenkapitals nicht und somit wird auch der Einfluss der Finanzierungsrisiken nicht abgebildet. Aufgrund der fehlenden Äquivalenz kann sich lediglich zufällig der korrekte Marktwert des Eigenkapitals ergeben, wenn ein solcher einheitlicher Basiszinssatz in die Eigenkapitalkosten einfließt. Da der risikolose Zinssatz, wie nachfolgend gezeigt wird, auch in die Ermittlung der Parameter der Anpassungsformel einfließt, würde auch der verschuldete Betafaktor fehlerhaft ermittelt werden. Der einheitliche Basiszinssatz sollte somit für die Detailplanungsphase nicht verwandt werden.

Einleitend wurde indes dargestellt, dass für die Phase der ewigen Rente ein einheitlicher Basiszinssatz zu bestimmen ist.[861] Um eine Barwertäquivalenz sicherzustellen, ist es jedoch erforderlich, die Perioden, für die ein individueller risikoloser Zinssatz vorliegt, zuerst detailliert zu betrachten und erst anschließend den einheitlichen Basiszinssatz zu ermitteln. Wenngleich in Deutschland der risikolose Zinssatz regelmäßig für 30 Jahre individuell bestimmt wird, entsteht hierdurch aufgrund des in der Phase der ewigen Rente regelmäßig angenommenen Gleichgewichts- oder Beharrungszustands bzw. eines konstanten nachhaltigen Wachstums lediglich ein geringer Aufwand.[862]

422.3 Parameterspezifische Konkretisierungen

422.31 Marktwert des Eigenkapitals

Der Marktwert des Eigenkapitals stellt regelmäßig die gesuchte Größe im Rahmen einer Unternehmensbewertung dar. Da die gesuchte Größe in die Anpassungsformel einfließt und somit benötigt wird, um den riskoadjustierten Diskontierungszinssatz zu bestimmen, entsteht ein sog. Zirkularitätsproblem.[863] Für den Fall der ewigen Rente lässt sich das Zirkularitätsproblem analytisch lösen.[864]

Wird hingegen nicht nur die ewige Rente bestimmt, sondern werden die finanziellen Überschüsse mehrerer Perioden, wie in einem Zwei-Phasenmodell, detailliert betrachtet, sind auch die Diskontierungszinssätze periodenindividuell zu bestimmen. Um in den Diskontierungszinssätzen die periodenindividuelle Finanzierung zu berücksichtigen, werden auch die periodenindividuellen Marktwer-

---

861 Vgl. zur Ermittlung des einheitlichen Basiszinssatzes für die ewige Rente Abschnitt 244.1.

862 Vgl. zum Gleichgewichts- oder Beharrungszustand TINZ, O., Abbildung von Wachstum, S. 135-137.

863 Vgl. zum Zirkularitätsproblem HACHMEISTER, D., Abbildung der Finanzierung, S. 256; SCHWETZLER, B./DARIJTSCHUK, N., Unternehmensbewertung mit Hilfe der DCF-Methode, S. 297; BAETGE, J./NIEMEYER, K./KÜMMEL, J./SCHULZ, R., Bewertungsverfahren, S. 399 f.; NIPPEL, P., Zirkularitätsprobleme in der Unternehmensbewertung, S. 333-347. Das Zirkularitätsproblem tritt im APV-Verfahren nicht auf, da bei diesem die unverschuldeten Eigenkapitalkosten einfließen. Vgl. SCHWETZLER, B./DARIJTSCHUK, N., Unternehmensbewertung mit Hilfe der DCF-Methode, S. 296 und 300.

864 Vgl. BAETGE, J./NIEMEYER, K./KÜMMEL, J./SCHULZ, R., Bewertungsverfahren, S. 399; SCHWETZLER, B./DARIJTSCHUK, N., Unternehmensbewertung mit Hilfe der DCF-Methode, S. 300-302.

te des Eigenkapitals benötigt. Ausgehend vom zirkularitätsfreien Wert der ewigen Rente lassen sich die Marktwerte des Eigenkapitals für die Detailplanungsphase Periode für Periode bis zum Bewertungsstichtag rekursiv berechnen.[865] Bei dem sog. **Roll-Back-Verfahren** werden der Barwert der künftigen finanziellen Überschüsse der nachfolgenden Perioden zum Ende der betrachteten Periode (EK_T) und die zu diskontierende Größe der betrachteten Periode um eine Periode diskontiert. Beispielhaft zeigt die folgende Formel dieses Vorgehen für das Ertragswertverfahren:[866]

Formel 4-14	$EK_{T-1} = \frac{FÜ_T + EK_T}{1 + r_{EK\,T-1,T}}$

In einem Zwei-Phasenmodell, in dem die ewige Rente in T+1 beginnt, werden somit zuerst die ewige Rente bestimmt sowie anschließend in T der Wert der ewigen Rente und die zu diskontierende Größe der Periode T um eine Periode diskontiert. Diesem Vorgehen liegt die in der Unternehmensbewertung vorherrschende Annahme zugrunde, dass die finanziellen Überschüsse den Kapitalgebern unmittelbar am Ende der jeweiligen Periode zugehen.[867] Bei der Anwendung des Roll-Back-Verfahrens ist jedoch in der Detailplanungsphase zu beachten, dass sich durch die Diskontierung um jeweils eine Periode der Zinssatz zur Erfüllung der Äquivalenzkriterien ebenfalls auf diese Periode beziehen muss. So ist lediglich die Unsicherheit der Periode relevant, da die Unsicherheit der folgenden Perioden bereits in dem Barwert der künftigen finanziellen Überschüsse berücksichtigt ist. Hingegen wird in der Phase der ewigen Rente ein einheitlicher Zinssatz für die gesamte Phase verwandt, sodass auch im Hinblick auf die Äquivalenz die gesamte Phase zu beachten ist. In der vorstehenden Formel wird die Periode T betrachtet, sodass sich die erwartete Eigenkapitalrendite auf den Zeitraum vom Ende der Periode T-1 bis zum Ende der Periode T beziehen muss.

Dieser Aspekt ist relevant, da auf den Bewertungsstichtag abgestimmte laufzeitspezifische Eigenkapitalrenditen diese Bedingung nicht erfüllen. Wenngleich sich die laufzeitspezifischen Eigenkapitalrenditen auf den Zeitpunkt der Zahlung der finanziellen Überschüsse beziehen, geben sie die jährlich im geometrischen Mittel erwartete Rendite vom Bewertungsstichtag bis zum Ende der Periode der finanziellen Überschüsse an. So werden z. B. die zum Zahlungszeitpunkt der finanziellen Überschüsse laufzeitäquivalenten risikolosen Zinssätze regelmäßig anhand von Spot Rates bzw. Nullkuponanleihen abgeleitet. Spot Rates geben die jährliche Rendite vom Stichtag bis zum Ende der Laufzeit einer Anlage ohne zwischenzeitliche Zahlungen an.[868] Die unterschiedlichen Zinssätze in den einzelnen Perioden bis zum Ende der Laufzeit der Anlage werden hierdurch jedoch nicht abgebildet.

865 Vgl. hier und im Folgenden BAETGE, J./NIEMEYER, K./KÜMMEL, J./SCHULZ, R., Bewertungsverfahren, S. 400; SCHWETZLER, B./DARIJTSCHUK, N., Unternehmensbewertung mit Hilfe der DCF-Methode, S. 305-314; DRUKARCZYK, J./SCHÜLER, A., Unternehmensbewertung, S. 200.

866 In Anlehnung an DRUKARCZYK, J./SCHÜLER, A., Unternehmensbewertung, S. 200.

867 Vgl. bspw. BALLWIESER, W., Unternehmensbewertung, S. 62.

868 Vgl. zu Spot Rates PERRIDON, L./STEINER, M./RATHGEBER, A. W., Finanzwirtschaft der Unternehmung, S. 180-182.

Die zum Bewertungsstichtag erwartete Rendite in einer künftigen Periode wird hingegen durch **Forward Rates** bzw. Terminzinssätze angegeben.[869] Forward Rates lassen sich unter der Annahme von Arbitragefreiheit[870] mit folgender Formel implizit aus Spot Rates bestimmen, wobei L den Zeitpunkt der längeren und K den der kürzeren Periode angibt.[871]

Formel 4-15	$r_{K,L} = \sqrt[L-K]{\frac{(1 + r_{0,L})^{L}}{(1 + r_{0,K})^{K}}} - 1$

Spot Rates lassen sich wiederum wie folgt aus Forward Rates bestimmen:[872]

Formel 4-16	$r_{0,t} = \sqrt[t]{(1 + r_{0,1}) \cdot (1 + r_{1,2}) \cdot \ldots \cdot (1 + r_{t-1,t})} - 1$

Im Folgenden soll der Fehler deutlich gemacht werden, der entsteht, wenn bei Anwendung des Roll-Back-Verfahrens keine Forward Rates verwandt werden. Hierfür wird vereinfacht angenommen, dass die finanziellen Überschüsse risikolos sind und somit die risikolose Anlage die geeignete Alternativanlage darstellt. Die Barwerte werden sowohl anhand der Spot und Forward Rates als auch aufgrund der großen Bedeutung in der Bewertungspraxis anhand des einheitlichen Basiszinssatzes bestimmt. Die Forward Rates wurden anhand der vorstehenden Formel 4-15 aus den gegebenen Spot Rates abgeleitet.[873] Der einheitliche Basiszinssatz bezieht sich, wie ebenfalls in der Bewertungspraxis üblich, sowohl auf die Detailplanungsphase als auch die Phase der ewigen Rente. Eine Barwertäquivalenz des einheitlichen Basiszinssatzes[874] wurde gegenüber den Forward Rates hergestellt. Darüber hinaus wird angenommen, dass die finanziellen Überschüsse nachhaltig mit 1,00 % wachsen sowie ab der sechsten Periode die Spot Rates und somit auch die Forward Rates konstant sind. Tabelle 4-21 zeigt beispielhaft die periodenindividuellen Barwerte, die sich ergeben, wenn das Roll-Back-Verfahren mit den unterschiedlichen Zinssätzen angewandt wird. Die Differenz gegenüber der Diskontierung mit den Forward Rates gibt den Fehler an, der durch die Verwendung von Spot Rates bzw. dem einheitlichen Zinssatz entsteht.

---

869 Vgl. PERRIDON, L./STEINER, M./RATHGEBER, A. W., Finanzwirtschaft der Unternehmung, S. 182; SCHULTZE, W., Methoden der Unternehmensbewertung, S. 253 f.; WOLLNY, C., Der objektivierte Unternehmenswert, S. 328-331.

870 Im Rahmen des CAPM wird ein vollkommener Kapitalmarkt unterstellt, der sich im Gleichgewicht befindet, sodass ebenfalls von Arbitragefreiheit ausgegangen wird. Vgl. hierzu MICHELS, J., Alternativen zum CAPM, S. 27 f.; DÖRSCHELL, A./FRANKEN, L./SCHULTE, J., Kapitalisierungszinssatz, S. 23. Die heutigen Kapitalmärkte werden als annähernd arbitragefrei angesehen. Vgl. MUNKERT, M. J., Kapitalisierungszinssatz, S. 251.

871 Vgl. DÖRSCHELL, A./FRANKEN, L./SCHULTE, J., Kapitalisierungszinssatz, S. 65; SCHULTZE, W., Methoden der Unternehmensbewertung, S. 254.

872 Vgl. PERRIDON, L./STEINER, M./RATHGEBER, A. W., Finanzwirtschaft der Unternehmung, S. 182-184.

873 Anhand der SVENSSON-Methode werden die risikolosen Zinssätze als Spot Rates bestimmt.

874 Vgl. zur Ermittlung des einheitlichen Basiszinssatzes REESE, R., Schätzung von Eigenkapitalkosten, S. 21-29 oder auch Abschnitt 244.1.

Periode	1	2	3	4	5	6	ER
Finanzielle Überschüsse	100	101	102	103	104	105	106
Diskontierung mit Forward Rates							
Forward Rates gegenüber der Vorperiode	1,15 %	1,91 %	2,57 %	3,12 %	3,56 %	9,50 %	3,60 %
Barwert zu Beginn der Periode	**3.867**	**3.812**	**3.783**	**3.779**	**3.793**	**3.825**	**4.083**
Diskontierung mit dem einheitlichen Basiszinssatz							
Einheitlicher Basiszinssatz	3,59 %	3,59 %	3,59 %	3,59 %	3,59 %	3,59 %	3,59 %
Barwert zu Beginn der Periode	**3.867**	**3.906**	**3.945**	**3.984**	**4.024**	**4.064**	**4.105**
Differenz zur Diskontierung mit Forward Rates	0	94	161	206	231	240	22
Diskontierung mit den laufzeitspzifischen Zinssätzen (Spot Rates)							
Spot Rates	1,15 %	1,53 %	1,87 %	2,18 %	2,46 %	3,60 %	3,60 %
Barwert zu Beginn der Periode	**4.176**	**4.125**	**4.087**	**4.061**	**4.047**	**4.042**	**4.083**
Differenz zur Diskontierung mit Forward Rates	309	313	303	283	254	218	0

Tabelle 4-21: Periodenindividuelle Barwerte in Abhängigkeit des Zinssatzes

Die in Tabelle 4-21 abgebildeten Barwerte verdeutlichen, dass die Barwertäquivalenz beim **einheitlichen Basiszinssatz** lediglich zum Stichtag gegeben ist, jedoch nicht für die einzelnen Perioden. Um einen korrekten verschuldeten Betafaktor zu bestimmen, müsste indes ebenfalls periodenindividuell der Barwert identisch sein. Das Beispiel verdeutlicht daher, dass selbst ein zum Stichtag barwertäquivalenter und somit korrekter einheitlicher Basiszinssatz im Rahmen des Releverns nicht geeignet ist, den periodenindividuellen Marktwert des Eigenkapitals zu bestimmen. Zwar wurde in Abschnitt 422.2 gezeigt, dass sich der einheitliche Basiszinssatz theoretisch erst bestimmen lässt, wenn der risikoadjustierte Diskontierungszinssatz bereits feststeht. Allerdings wurde ebenfalls ausgeführt, dass ein einheitlicher Basiszinssatz häufig vereinfacht ohne die Kenntnis des Marktwertes des Eigenkapitals ermittelt wird. Da sich die periodenindividuellen Marktwerte des Eigenkapitals selbst bei Kenntnis des korrekten einheitlichen Basiszinssatzes nicht bestimmen lassen, sollte der einheitliche Basiszinssatz nicht in Verbindung mit der periodenindividuellen Berücksichtigung der Finanzierung angewandt werden. Die periodenindividuellen Marktwerte des Eigenkapitals lassen sich, wie einleitend dargestellt, indes anhand von Forward Rates sachgerecht bestimmen.

Die anhand der **Spot Rates** bestimmten Barwerte weichen sowohl zum Bewertungsstichtag als auch periodenindividuell von den anhand der Forward Rates bestimmten Barwerten ab. Somit wird nicht nur der verschuldete Betafaktor, sondern unabhängig hiervon auch der Marktwert des Eigenkapitals zum Bewertungsstichtag fehlerhaft bestimmt. Anzumerken ist, dass die beiden Effekte gleichgerichtet sind. So führt ein überschätzter (unterschätzter) Marktwert des Eigenkapitals c. p. zu einem unterschätzten (überschätzten) verschuldeten Betafaktor und dieser zu einer weiteren Überschätzung (Unterschätzung) des Marktwertes des Eigenkapitals. Werden die einheitlichen Basiszinssätze im Gegensatz zum obigen Vorgehen anhand der Spot Rates abgeleitet, wird sowohl der Marktwert des Eigenkapitals zum Stichtag als auch periodenindividuell fehlerhaft bestimmt. Daher ist es, wie vorstehend dargestellt, erforderlich Forward Rates zu verwenden.

Zuvor wurde vereinfacht lediglich der risikolose Zinssatz betrachtet. Unterliegen die finanziellen Überschüsse einer Unsicherheit, müssen sich der risikoadjustierte Diskontierungszinssatz und somit neben dem risikolosen Zinssatz, die Marktrisikoprämie und der verschuldete Betafaktor ebenfalls auf die entsprechende Periode beziehen. Indes wird die **Marktrisikoprämie** in der Bewertungspraxis üblicherweise laufzeitunabhängig angenommen. Ist die Marktrisikoprämie laufzeitunabhängig, unterscheiden sich die Spot und Forward Rates hinsichtlich der Marktrisikoprämie nicht. Wenngleich die historische Marktrisikoprämie bereits in Abschnitt 244.2 allgemein kritisch analysiert wurde, wird hier kurz auf die Eignung für die Detailplanungsphase eingegangen. In der Detailplanungsphase sind die zum Stichtag für die einzelnen Perioden erwarteten Marktrisikoprämien relevant und somit kurzfristig erwartete Marktrisikoprämien auf Grundlage der Gegebenheiten zum Bewertungsstichtag. Wie in Abschnitt 421.232.2 beschrieben, ist es kritisch zu beurteilen, eine kurzfristig erwartete Marktrisikoprämie aus historisch erzielten Renditen über lange Beobachtungszeiträume, die mehrere Konjunkturphasen berücksichtigen, abzuleiten. So haben die Gegebenheiten zum Stichtag in solchen historischen Marktrisikoprämien lediglich einen geringen Einfluss. In der Detailplanungsphase ist die Sachgerechtigkeit der Verwendung der laufzeitunabhängigen historischen Marktrisikoprämie somit besonders kritisch zu sehen.

Damit der **verschuldete Betafaktor** die Unsicherheit der individuellen Periode widerspiegelt, müssen sich die in die Anpassungsformel einfließenden Parameter ebenfalls auf die entsprechende Periode beziehen. Konkret müssen somit die Marktwerte jeweils zu Beginn der Periode bestimmt werden, und die Betafaktoren müssen die systematische Unsicherheit der Periode abbilden. Abweichend hiervon müssen für die Phase der ewigen Rente einheitliche Betafaktoren bestimmt werden, die die Unsicherheit der künftigen Überschüsse der gesamten Phase berücksichtigen.

Ausgehend von den jeweiligen jährlichen erwarteten Eigenkapitalrenditen der individuellen Perioden (Forward Rate) können die erwarteten Eigenkapitalrenditen für den gesamten Zeitraum zwischen Bewertungsstichtag und Zahlungszeitpunkt abgeleitet werden (Spot Rate). Diese Eigenkapitalrenditen berücksichtigen die unterschiedlichen Finanzierungsrisiken der Perioden und ergeben sich anhand folgender Formel, wobei t den Zeitpunkt der finanziellen Überschüsse angibt.[875]

Formel 4-17	$r_{EK_{0,t}} = \sqrt[t]{\left(1 + r_{EK_{0,1}}\right) \cdot \left(1 + r_{EK_{1,2}}\right) \cdot \ldots \cdot (1 + r_{EK_{t-1,t}})} - 1$

Für die Ermittlung des Marktwertes des Eigenkapitals ist dieser Schritt indes nicht erforderlich. Er ermöglicht jedoch, die Barwerte der finanziellen Überschüsse der einzelnen Periode zu bestimmen.

[875] In Anlehnung an die klassische Formel zur Überführung der Forward Rates in Spot Rates. Vgl. PERRIDON, L./STEINER, M./RATHGEBER, A. W., Finanzwirtschaft der Unternehmung, S. 184. In dem Beispiel sei t > 2.

Bisher wurden die Besonderheiten betrachtet, die hinsichtlich der Ermittlung des Marktwertes des Eigenkapitals durch die Berücksichtigung der individuellen Finanzierung entstehen. Hierbei wurde das Eigenkapital als eine Position betrachtet. In Abschnitt 421.211. wurde indes dargestellt, dass sich ein Unternehmen durch **unterschiedliche Eigenkapitalarten** finanzieren kann. Beispielhaft können Stamm- und Vorzugsaktien genannt werden. Soweit wie das Bewertungsobjekt das Eigenkapital des gesamten Unternehmens darstellt, ist eine Differenzierung nicht erforderlich. Soll der Marktwert jedoch für eine Eigenkapitalart bestimmt werden, ist das Eigenkapital grundsätzlich differenziert zu betrachten. Weisen die Eigenkapitalarten eine identische Unsicherheit auf, kann der verschuldete Betafaktor indes weiterhin für das gesamte Eigenkapital bestimmt werden. Unterscheidet sich die Unsicherheit hingegen, müsste sich der Betafaktor auf die entsprechende Eigenkapitalart beziehen. Dies ist jedoch anhand der in Abschnitt 41 gezeigten allgemeinen Anpassungsformel nicht möglich, da sich der anhand der Formel bestimmte verschuldete Betafaktor auf das gesamte Eigenkapital bezieht. Sind jedoch der Marktwert (EK_j) und der Betafaktor ($ß_{EK_j}$) der Eigenkapitalart (j), die nicht Teil des Bewertungsobjektes ist, bekannt, lässt sich der verschuldete Betafaktor des übrigen Eigenkapitals (EK) anhand der folgenden modifizierten Anpassungsformel bestimmen:

Formel 4-18	$ß_{EK}^{v} = ß_{EK}^{u} + \left(ß_{EK}^{u} - ß_{EK_j}\right) \cdot \frac{EK_j}{EK} + (ß_{EK}^{u} - ß_{FK}) \cdot \frac{FK}{EK} - (ß_{EK}^{u} - ß_{TS}) \cdot \frac{TS}{EK}$

Wird das Eigenkapital eines Konzerns bewertet, stellt sich die Frage, ob der Anteil der Minderheiten im Eigen- oder Fremdkapital berücksichtigt werden sollte. Im Rahmen des Unleverns wurde dargestellt, dass dies hinsichtlich der Höhe des unverschuldeten Betafaktors irrelevant ist. Beim Relevern ist die Frage abhängig von der Abgrenzung des Bewertungsobjektes. Stellt das Eigenkapital des Konzerns ohne den Anteil der Minderheiten das Bewertungsobjekt dar, sollte der Anteil der Minderheiten als Fremdkapital berücksichtigt werden und umgekehrt. Allerdings gilt auch hinsichtlich des Anteils der Minderheiten, dass eine Berücksichtigung getrennt vom Eigenkapital lediglich möglich ist, wenn sich die Höhe des Marktwertes und ein individueller Betafaktor bestimmen lassen.

Vorstehend wurde gezeigt, dass sich die Betafaktoren und Diskontierungszinssätze in der Detailplanungsphase auf die individuelle Periode beziehen müssen und in der Phase der ewigen Rente periodeneinheitliche Parameter zu bestimmen sind, die die Gegebenheiten der gesamten Phase berücksichtigen. Die weiteren Parameter der Anpassungsformel werden daher getrennt nach der Phase der ewigen Rente und der Detailplanungsphase betrachtet.

422.32 Unverschuldeter Betafaktor des Eigenkapitals

Hinsichtlich der Bestimmung des unverschuldeten Betafaktors wird auf die ausführliche Betrachtung des Unleverns in Abschnitt 421. verwiesen. Allerdings können künftig erwartete Veränderungen des Unternehmens, der Branche oder des Marktes Anpassungen der operativen Risiken und somit des unverschuldeten Betafaktors erfordern.[876] Veränderungen des Unternehmens sind vor allem im Rahmen einer subjektiven Unternehmensbewertung nicht unwahrscheinlich, da hier im Gegensatz zu der objektivierten Unternehmensbewertung nach IDW S 1 nicht das zum Bewertungsstichtag bestehende Unternehmenskonzept maßgeblich ist.[877] Indes werden im Rahmen dieser Arbeit lediglich die Auswirkungen der Finanzierung auf den Kapitalisierungszinssatz betrachtet und somit keine künftigen Veränderungen der operativen Risiken.

Im vorstehenden Abschnitt wurde gefordert, dass sich die Betafaktoren auf die individuelle Periode beziehen müssen. Allerdings wird durch die beschriebene Ermittlungsmethode des unverschuldeten Betafaktors grundsätzlich ein **periodeneinheitlicher unverschuldeter Betafaktor** bestimmt, sodass die Sachgerechtigkeit eingeschränkt sein kann. Wenngleich bereits im Rahmen des Unleverns empfohlen wurde, das gesamte Fremdkapital zu berücksichtigen,[878] stellt dieser Aspekt ein weiteres Argument für die vollständige Berücksichtigung des Kapitals dar. So wurde im Hinblick auf den unverschuldeten Betafaktor in Abschnitt 421.221. bereits dargestellt, dass sich die Definition des unverschuldeten Betafaktors durch nicht berücksichtigtes Fremdkapital und auch durch einen nicht berücksichtigten Steuervorteil[879] verändert. Konkret würde hierdurch die Unsicherheit des nicht berücksichtigten Kapitals in dem als unverschuldet angenommenen Betafaktor verbleiben und somit auch periodeneinheitlich angenommen.

422.33 Marktwert des Fremdkapitals

Neben dem Marktwert des Eigenkapitals ist auch der Marktwert des Fremdkapitals ein Parameter der Anpassungsformel. Der Marktwert des Fremdkapitals wird bei den Entity-Verfahren allerdings nicht nur benötigt, um den verschuldeten Betafaktor zu bestimmen, sondern auch grundsätzlich, um den Marktwert des Eigenkapitals aus dem Gesamtunternehmenswert abzuleiten.[880]

Um die finanziellen Überschüsse der Eigenkapitalgeber abzuleiten, müssen auch die erwarteten Zahlungen an die Fremdkapitalgeber geschätzt werden.[881] Ausgehend von den erwarteten Zahlungen an die Fremdkapitalgeber kann der Marktwert des Fremdkapitals mittels eines risikoadjustierten Diskontierungszinssatzes bestimmt werden.[882] Die Ableitung eines risikoadjustierten Diskontierungszinssatzes mittels CAPM bedeutet indes keinen wesentlichen zusätzlichen Aufwand, da der

[876] Vgl. IDW (Hrsg.), WP Handbuch, Abschnitt A, Rn. 304.
[877] Vgl. Abschnitt 213.
[878] Vgl. Abschnitt 421.223.
[879] Wird, wie im Rahmen dieser Arbeit, empfohlen, die Unsicherheit des Steuervorteils beim Unlevern typisiert in Höhe des unverschuldeten Betafaktors anzunehmen, werden sämtliche Steuervorteile beim Unlevern berücksichtigt.
[880] Vgl. BAETGE, J./NIEMEYER, K./KÜMMEL, J./SCHULZ, R., Bewertungsverfahren, S. 356 oder auch Abschnitt 22.
[881] In Abschnitt 421.211. wurde erläutert, dass hybride Finanzierungsformen separat berücksichtigt werden können. Dies gilt auch beim Relevern. In diesem Fall muss der Marktwert der hybriden Finanzierungsformen zusätzlich bestimmt werden, was im Rahmen dieser Arbeit jedoch nicht betrachtet wird.
[882] Vgl. BAETGE, J./NIEMEYER, K./KÜMMEL, J./SCHULZ, R., Bewertungsverfahren, S. 359.

Betafaktor des Fremdkapitals ein Parameter der Anpassungsformel ist und somit grundsätzlich zu bestimmen ist.[883] Das Gleiche gilt auch für die Marktrisikoprämie und den risikolosen Zinssatz, die neben dem Betafaktor des Eigenkapitals in die Ermittlung der Eigenkapitalrendite einfließen.[884] Hierbei ist jedoch zu beachten, dass der für die Phase der ewigen Rente zu bestimmende einheitliche Basiszinssatz auf die zu diskontierende Größe abzustimmen ist.[885]

Wird der Marktwert des Fremdkapitals für die **Phase der ewigen Rente** abgeleitet, kann wie beim Unlevern vereinfacht angenommen werden, dass der Marktwert des Fremdkapitals, das nach dem Beginn der Phase der ewigen Rente aufgenommen wird, null beträgt. In dem Fall muss lediglich das Fremdkapital betrachtet werden, welches zu Beginn der Phase der ewigen Rente besteht. Hinter diesem bereits im Rahmen des Unleverns dargestellten vereinfachten Vorgehen steht die Annahme, dass die Einzahlung aus dem künftigen Fremdkapital dem Barwert der Auszahlungsverpflichtungen entspricht.[886] Dieser Aspekt ist jedoch auch bei der Ableitung des einheitlichen Basiszinssatzes für die Phase der ewigen Rente zu beachten, da der Zinssatz in dem Fall auf die Zahlungen der zu Beginn der Phase bestehenden Fremdkapitaltitel abzustimmen ist. Wie auch bei dem Marktwert des Eigenkapitals kann in der **Detailplanungsphase** das Roll-Back-Verfahren angewandt werden, um die periodenindividuellen Marktwerte des Fremdkapitals zu bestimmen. Der Zinssatz ist, wie hinsichtlich des Eigenkapitals erläutert, auf die periodische Diskontierung abzustimmen.

Ferner ist zu beachten, dass in den erwarteten Zahlungen an die Fremdkapitalgeber nicht die Zahlungen berücksichtigt werden dürfen, die sich auf das Fremdkapital beziehen, welches im Rahmen des Unleverns nicht berücksichtigt wurde. Die Unsicherheit dieses Fremdkapitals ist bereits im unverschuldeten Betafaktor enthalten und würde ansonsten doppelt berücksichtigt.

Vorstehend wurde beschrieben, dass der Betafaktor des Fremdkapitals sowohl einen Parameter der allgemeinen Anpassungsformel darstellt als auch in den Diskontierungszinssatz einfließt. Im Folgenden sollen Möglichkeiten betrachtet werden, den Betafaktor des Fremdkapitals zu bestimmen.

422.34 Betafaktor des Fremdkapitals

422.341. Vorbemerkungen

Wie beim Unlevern besteht grundsätzlich die Möglichkeit, den Betafaktor des Fremdkapitals mittels der direkten oder der indirekten Methode zu bestimmen.[887] Aufgrund der unterschiedlichen Anforderungskriterien an die Parameter beim Un- und Relevern[888] gilt die Würdigung der Methoden im

883 Vgl. Abschnitt 422.34.

884 Vgl. ausführlich zu dem risikolosen Zinssatz und der Marktrisikoprämie Abschnitt 244.1 und 244.2. Die in Abschnitten 24 und 422.31 ausgeführten Kritikpunkte hinsichtlich der beiden Parameter gelten hier ebenfalls.

885 Vgl. Abschnitt 244.1.

886 Vgl. BAETGE, J./NIEMEYER, K./KÜMMEL, J./SCHULZ, R., Bewertungsverfahren, S. 359.

887 Vgl. zum grundsätzlichen Vorgehen Abschnitt 421.23.

888 Vgl. hierzu Abschnitt 33.

Rahmen des Unleverns indes nicht unmittelbar auch für das Relevern. So müssen die Parameter beim Unlevern die Erwartungen der Marktteilnehmer im Beobachtungszeitraum des historischen verschuldeten Betafaktors des betrachteten Unternehmens widerspiegeln. Hingegen soll durch das Relevern eine **Äquivalenz zu den Finanzierungsannahmen in den künftigen finanziellen Überschüssen** des Bewertungsobjektes hergestellt werden. Die finanziellen Überschüsse werden hierbei je nach verwandtem Modell und Phase periodenindividuell betrachtet. In Abschnitt 422.31 und 422.33 wurde erläutert, dass in der **Detailplanungsphase** der periodenindividuelle Marktwert des Eigen- und Fremdkapitals anhand des Roll-Back-Verfahrens bestimmt werden kann. Durch die Diskontierung von Periode zu Periode muss eine Äquivalenz zu der jeweiligen Periode hergestellt werden, sodass der Betafaktor des Fremdkapitals die systematische Unsicherheit der entsprechenden Periode abbilden muss. Diese periodenindividuelle Betrachtung stellt einen wesentlichen Unterschied zum Unlevern dar, da dort für das Fremdkapital ein periodeneinheitlicher Betafaktor bestimmt wird. In der Phase der **ewigen Rente** muss auch beim Relevern die Unsicherheit der künftigen Zahlungen des Fremdkapitals in einem periodeneinheitlichen Parameter abgebildet werden. Dennoch besteht ein Unterschied zum Unlevern, da es sich um die zum Stichtag erwartete Unsicherheit für eine Phase handelt, die in einem Zwei-Phasenmodell nach der Detailplanungsphase und somit in der Zukunft beginnt. Im Rahmen des Unleverns wird hingegen die Unsicherheit in der Vergangenheit betrachtet.

Unabhängig davon, ob die Detailplanungsphase oder die Phase der ewigen Rente betrachtet wird, kann ein Unternehmen Fremdkapitaltitel mit **unterschiedlichen systematischen Risiken** besitzen. Anhand der bereits bekannten Formel 4-7 lässt sich der Betafaktor des gesamten Fremdkapitals aus den individuellen Betafaktoren der unterschiedlichen Fremdkapitaltitel ermitteln. In der Detailplanungsphase sind die Betafaktoren anhand der Marktwerte zu Periodenbeginn zu gewichten.

Formel 4-7	$ß_{FK} = ß_{FK_1} \cdot \frac{FK_1}{FK} + ß_{FK_2} \cdot \frac{FK_2}{FK} + \cdots + ß_{FK_n} \cdot \frac{FK_n}{FK}$

Im Folgenden sollen wie beim Unlevern, wo die direkte Methode empfohlen wird, die indirekte und die direkte Methode hinsichtlich der dargestellten Anforderungskriterien[889] analysiert werden.

422.342. Indirekte Ermittlung des Betafaktors

Bei der **indirekten Methode** wird der Betafaktor des Fremdkapitals anhand der bekannten Formel 4-10 bestimmt, in die die erwartete Fremdkapitalrendite, die Marktrisikoprämie und der risikolose Zinssatz einfließen.

---

[889] Vgl. Abschnitt 33.

Formel 4-10	$ß_{FK} = \frac{\overline{r}_{FK} - r_f}{\overline{r}_M - r_f}$

In der **Detailplanungsphase** müssen sich die Parameter auf die einzelnen Perioden beziehen. Die Renditen sind somit als Forward Rates zu bestimmen. Der **risikolose Zinssatz** und die **Marktrisikoprämie** fließen in die anhand des CAPM bestimmten Eigenkapitalkosten ein, die in der Detailplanungsphase ebenfalls periodenindividuell bestimmt werden,[890] sodass hinsichtlich der beiden Parameter kein zusätzlicher Ermittlungsaufwand entsteht. Die in dem Abschnitt gezeigten Kritikpunkte hinsichtlich der Anwendung der Marktrisikoprämie in der Detailplanungsphase gelten hier ebenso.

Neben dem risikolosen Zinssatz und der Marktrisikoprämie muss die **erwartete Fremdkapitalrendite** zur Erfüllung der Laufzeitäquivalenz periodenindividuell bestimmt werden. Eine solche Forward Rate lässt sich anhand von Formel 4-15 aus Spot Rates ableiten. Hierfür müssen Spot Rates für sämtliche Perioden der Detailplanungsphase bestimmt werden. Diese lassen sich unmittelbar anhand der Rendite bis zur Endfälligkeit einer Nullkuponanleihe bestimmen.[891] Da Unternehmen nur selten Nullkuponanleihen emittieren, ist der vorstehende Idealfall jedoch regelmäßig nicht gegeben. Liegen keine Nullkuponanleihen für die entsprechende Laufzeit vor, können indes anhand des sog. Bootstrapping-Verfahrens theoretische Spot Rates für unterschiedliche Laufzeiten auch aus Kuponanleihen ermittelt werden.[892] Somit muss mindestens eine Kuponanleihe oder eine Nullkuponanleihe für jede Periode der Detailplanungsphase vorliegen. Um Verzerrungen zu reduzieren, bietet es sich jedoch an, die Spot Rates als Durchschnittswert mehrerer Anleihen zu bestimmen.

Neben der Laufzeitäquivalenz ist auch die Risikoäquivalenz zu beachten. Die Spot Rates müssen risikoäquivalent zu den Zahlungen des Fremdkapitals der entsprechenden Periode sein. Die Anleihen, aus denen die Spot Rates abgeleitet werden, sollten daher ein zu den Zahlungen des Fremdkapitals der entsprechenden Periode äquivalentes Ausfallrisiko aufweisen. Eine Äquivalenz hinsichtlich des Ausfallrisikos lässt sich, wie im Rahmen des Unleverns dargestellt, z. B. anhand des Ratings bzw. CDS-Spreads überprüfen.[893] Vereinfachend kann hierbei ausschließlich auf das Emittenten-Rating[894] und somit das gesamte Fremdkapital abgestellt werden. Eine höhere Äquivalenz lässt sich erreichen, wenn für die periodischen Zahlungen der Fremdkapitaltitel mit einem abweichenden Rating bzw. CDS-Spread ein individueller Betafaktor bestimmt wird. Unabhängig davon, ob die einzelnen Fremdkapitaltitel betrachtet werden oder das gesamte Fremdkapital betrachtet

890 Vgl. Abschnitt 422.31.

891 Vgl. PERRIDON, L./STEINER, M./RATHGEBER, A. W., Finanzwirtschaft der Unternehmung, S. 180.

892 Vgl. zu dem Bootstrapping-Verfahren FABOZZI, F. J./MANN, S. V., The Handbook of Fixed Income Securities, S. 142-145; PAPE, U./SCHLECKER, M., Berechnung des Credit Spreads, S. 661 f.

893 Vgl. zur Ableitung der vergleichbaren Anleihe anhand eines Ratings bzw. CDS-Spreads Abschnitt 421.232.112.

894 Vgl. zur Ermittlung BAETGE, J./VON KEITZ, I./WÜNSCHE, B., Bilanzbonitäts-Rating von Unternehmen, S. 488-493; KOCAGIL, A. E./GLORMANN, F./ESCOTT, P., RiskCalc™ For Private Companies, S. 1-26; ALTMAN, E. I., Financial Ratios, S. 589-609.

wird, ist zu beachten, dass zum Stichtag eine Unsicherheit hinsichtlich der Änderung des Ausfallrisikos besteht. Da dies grundsätzlich jedoch sowohl das Bewertungsobjekt als auch die börsennotierten Anleihen betrifft, kann vereinfachend angenommen werden, dass die Anleihen einem vergleichbaren Änderungsrisiko unterliegen. Wird indes erwartet, dass sich das Rating aufgrund von konzeptionellen Änderungen bei dem Bewertungsobjekt ändert, sind diese individuellen Erwartungen zu den Ratingänderungen zu berücksichtigen. Im Gegensatz zum Unlevern kann aufgrund der periodenindividuellen Betrachtung der Zahlungen des Fremdkapitals nicht ausschließlich die erwartete Rendite eines börsennotierten Fremdkapitaltitels des Bewertungsobjektes verwandt werden, da sich hieraus nicht die Forward Rates der einzelnen Perioden ableiten lassen. So werden zur Ableitung der Forward Rates die erwarteten Renditen für die unterschiedlichen Restlaufzeiten benötigt.

Wenngleich die Anleihen ein identisches Ausfallrisiko aufweisen, ist die Sachgerechtigkeit hinsichtlich der Risikoäquivalenz eingeschränkt. So wurde im Rahmen des Unleverns dargestellt, dass die Rendite bis zur Endfälligkeit Aufschläge enthalten kann, die nicht auf systematische Risiken zurückzuführen sind.[895] Zwar können die erwarteten Zahlungen des Fremdkapitals ebenfalls unsystematische Risiken aufweisen, allerdings ist aufgrund der Annahme eines diversifizierten Investors lediglich die systematische Unsicherheit relevant.[896] Des Weiteren gibt die Rendite bis zur Endfälligkeit die Rendite unter der Annahme an, dass keine Zahlungen ausfallen.[897] Da es zur sachgerechten Ableitung der finanziellen Überschüsse grundsätzlich erforderlich ist, die periodische Ausfallwahrscheinlichkeit zu bestimmen,[898] kann beim Relevern die Rendite bis zur Endfälligkeit einer vergleichbaren Anleihe indes mit angemessenem Aufwand hinsichtlich der Möglichkeit eines Ausfalls korrigiert werden. Im Hinblick auf die geforderte Risikoäquivalenz muss die Ausfallwahrscheinlichkeit bei der erwarteten Rendite der vergleichbaren Anleihe und den finanziellen Überschüssen des Bewertungsobjektes identisch berücksichtigt werden.[899] Für eine Nullkuponanleihe kann die erwartete Rendite unter Berücksichtigung der Ausfallwahrscheinlichkeit mit Formel 4-19 bestimmt werden. Hierbei gibt AW_t die erwartete Ausfallwahrscheinlichkeit[900] und CF_t die Cashflows der Anleihe der Periode t an.[901]

Formel 4-19	$r_{FK_{0,t}} = \sqrt[t]{\frac{CF_t \cdot (1 - AW_t)}{FK_0}} - 1$

895 Vgl. HULL, J., Optionen, Futures und andere Derivate, S. 619 f.; KNOLL, L./VORNDRAN, P./ZIMMERMANN, S., Risikoprämien bei Eigen- und Fremdkapital, S. 380-384; AMATO, J. D./REMOLONA, E. M., Credit Spread, S. 51-63 oder Abschnitt 421.232.111.

896 Vgl. BAETGE, J./KRAUSE, C., Die Berücksichtigung des Risikos, S. 438.

897 Vgl. COOPER, I. A./DAVYDENKO, S. A., Estimating the Cost of Risky Debt, S. 90; KAPLAN, S. N./STEIN, J. C., Debt, S. 221.

898 Vgl. zum Erfordernis der Berücksichtigung des Ausfalls und zum Vorgehen KNABE, M., Insolvenzrisiken in der Unternehmensbewertung, S. 83-110.

899 Vgl. GLEIßNER, W., Insolvenzwahrscheinlichkeit, S. 249.

900 Diese Ausfallwahrscheinlichkeit ist kumuliert zu bestimmen und muss somit die Ausfallwahrscheinlichkeiten der Vorperioden berücksichtigen.

901 Vgl. zur grundsätzlichen Berechnung der Nullkuponrendite PERRIDON, L./STEINER, M./RATHGEBER, A. W., Finanzwirtschaft der Unternehmung, S. 180.

Durch die vorstehende Anpassung der Rendite bis zur Endfälligkeit um die Ausfallwahrscheinlichkeit wird zwar ein wesentlicher Kritikpunkt der Methode beseitigt, jedoch bleibt die Sachgerechtigkeit hinsichtlich der Aufschläge aufgrund von unsystematischen Risiken eingeschränkt.

Besitzt das Unternehmen Fremdkapitaltitel, die auf Fremdwährungen lauten, sind auch die Währungsrisiken zu berücksichtigen.[902] Hierfür sollten die Zahlungen dieser Fremdkapitaltitel separat betrachtet werden. Die vergleichbaren Anleihen müssen hierbei zusätzlich zu den vorstehenden Kriterien noch die identische Währung aufweisen.

Bisher wurde ausschließlich die Detailplanungsphase betrachtet. In der Phase der **ewigen Rente** muss der Betafaktor des Fremdkapitals die Unsicherheit der mit dem Fremdkapital verbundenen Zahlungen in einem periodeneinheitlichen Parameter widerspiegeln. Dies entspricht grundsätzlich den Anforderungen beim Unlevern, allerdings wird dort die Unsicherheit zu einem Zeitraum in der Vergangenheit betrachtet und nicht die zum Stichtag erwartete Unsicherheit für eine Phase, die nach der Detailplanungsphase und somit in der Zukunft beginnt. Wie auch beim Unlevern kann indes für den Marktwert des Fremdkapitals zu Beginn der Phase vereinfachend angenommen werden, dass der Marktwert des Fremdkapitals, das nach dem Beginn der Phase der ewigen Rente aufgenommen wird, null beträgt. Somit muss lediglich die Unsicherheit des Fremdkapitals betrachtet werden, welches zu Beginn der Phase der ewigen Rente besteht.[903] Die Fremdkapitaltitel können hierbei, wie auch in der Detailplanungsphase und beim Unlevern, gemeinsam oder individuell betrachtet werden. Unabhängig hiervon besteht aufgrund der ausschließlichen Betrachtung der bestehenden Fremdkapitaltitel die Möglichkeit, die Zahlungen für jede Periode individuell und somit wie in der Detailplanungsphase zu betrachten. Wenngleich dies hinsichtlich der Sachgerechtigkeit zu empfehlen ist, führt dies je nach Restlaufzeit der bestehenden Fremdkapitaltitel zu einem unangemessenen Aufwand. Um den Stichtags- und Zukunftsbezug zu erfüllen, kann alternativ vereinfachend eine Forward Rate bestimmt werden, die die zum Stichtag erwartete Rendite ausgehend vom Beginn der Phase der ewigen Rente für die Länge der Duration bzw. vereinfachend bis zum Ende der Laufzeit der betrachteten Fremdkapitaltitel angibt. Werden mehrere Fremdkapitaltitel gemeinsam betrachtet, ist die durchschnittliche Duration bzw. Restlaufzeit zu verwenden. Die erwartete Rendite kann anhand der bekannten Formel 4-15 als Forward Rate bestimmt werden. Hierbei stellt K den Beginn der ewigen Rente und L das Ende der Laufzeit der betrachteten Fremdkapitaltitel dar. Um die hierfür erforderlichen Renditen abzuleiten, werden mindestens zwei Anleihen benötigt.

Formel 4-15	$r_{K,L} = \sqrt[L-K]{\frac{\left(1 + r_{0,L}\right)^L}{\left(1 + r_{0,K}\right)^K}} - 1$

[902] Vgl. SPREMANN, K./GANTENBEIN, P., Zinsen, Anleihen, Kredite, S. 221 f.; SCHIFFEL, S., Implizite Ausfallwahrscheinlichkeiten von Unternehmensanleihen, S. 28; WOLKE, T., Risikomanagement, S. 133.

[903] Vgl. BAETGE, J./NIEMEYER, K./KÜMMEL, J./SCHULZ, R., Bewertungsverfahren, S. 359.

Neben der erwarteten Fremdkapitalrendite müssen auch für die Phase der ewigen Rente der risikolose Zinssatz und die Marktrisikoprämie bestimmt werden. Hierbei ist zu beachten, dass die Parameter ebenfalls als Forward Rate für den identischen Zeitraum wie die erwartete Fremdkapitalrendite zu bestimmen sind. Da die Marktrisikoprämie regelmäßig laufzeitunabhängig angenommen wird, würden sich Spot und Forward Rates entsprechen.[904]

Im Rahmen des Unleverns wurde neben der Rendite bis zur Endfälligkeit mit der **Durchschnittszinsmethode** eine weitere Möglichkeit betrachtet, die erwartete Rendite zu bestimmen. Beim Relevern kann der Durchschnittszins implizit aus dem Bewertungsmodell abgeleitet werden, indem die erwarteten Zinszahlungen einer Periode durch den durchschnittlichen, erwarteten Fremdkapitalbestand der Periode dividiert werden. Hierbei ist es jedoch erforderlich, dass der erwartete Fremdkapitalbestand explizit geplant wird. Ein solches Vorgehen bildet indes die erwartete Rendite lediglich dann korrekt ab, wenn der durchschnittlich erwartete Fremdkapitalbestand den erwarteten Marktwert des Fremdkapitals widerspiegelt. In Abschnitt 422.33 wurde indes gezeigt, dass der Betafaktor des Fremdkapitals und somit die Zielgröße zur Ermittlung des Marktwertes des Fremdkapitals benötigt wird. Gegen eine Anwendung der Durchschnittszinsmethode spricht zudem, dass die erwarten Zinszahlungen auch die unsystematische Unsicherheit, die aufgrund der Annahme eines diversifizierten Investors irrelevant ist, berücksichtigen.[905]

422.343. Direkte Ermittlung des Betafaktors

Neben der indirekten Methode lässt sich der Betafaktor des Fremdkapitals auch anhand der **direkten Methode** bestimmen. Hierbei wird der Betafaktor durch eine **lineare Regression** der historisch erzielten Renditen eines Fremdkapitaltitels und des Marktes ermittelt. Ein so ermittelter Betafaktor spiegelt die systematische Unsicherheit der künftigen Zahlungen des Fremdkapitaltitels in einem Beobachtungszeitraum in der Vergangenheit wider. Da im Rahmen des Unleverns eine Äquivalenz zu den Erwartungen der Marktteilnehmer in der Vergangenheit gefordert wird, ist dort eine hohe Sachgerechtigkeit der Methode festzustellen. Beim Relevern müssen indes die Äquivalenzkriterien beachtet werden. Hinsichtlich der Laufzeitäquivalenz muss der Betafaktor sowohl einen Zukunftsals auch einen Stichtagsbezug aufweisen. Wenngleich die Betafaktoren anhand von Vergangenheitsdaten abgeleitet werden, spiegeln die den Betafaktoren zugrunde liegenden Kurse die Unsicherheit der künftigen Renditen wider, sodass ein gewisser Zukunftsbezug vorhanden ist.[906] Allerdings bilden die anhand der direkten Methode bestimmten Betafaktoren die Erwartungen in dem Beobachtungszeitraum ab und nicht diejenigen zum Stichtag. Je kürzer der Beobachtungszeitraum ist, desto stichtagsnäher kann der Betafaktor angesehen werden. Allerdings erhöht ein längerer Beobachtungszeitraum die Verlässlichkeit der Schätzung des Betafaktors.[907] Unabhängig von der konkreten Länge des Beobachtungszeitraumes ist der Stichtagsbezug bei Anwendung der direkten Me-

---

904 Vgl. Abschnitt 422.31.
905 Vgl. BAETGE, J./KRAUSE, C., Die Berücksichtigung des Risikos, S. 438.
906 Vgl. KOELEN, P., Bewertungskalküle in der IFRS-Rechnungslegung, S. 149.
907 Vgl. ZIMMERMANN, P., Schätzung und Prognose von Betawerten, S. 98.

thode zumindest eingeschränkt. Positiv hinsichtlich der Risikoäquivalenz ist festzustellen, dass der anhand einer linearen Regression abgeleitete Betafaktor im Gegensatz zu der indirekten Methode lediglich das systematische Risiko widerspiegelt.

Im Rahmen der **Detailplanungsphase** ist jedoch zu beachten, dass die periodenindividuelle systematische Unsicherheit abgeleitet werden soll. Der anhand der linearen Regression abgeleitete Betafaktor bezieht sich jedoch auf die gesamte Restlaufzeit des betrachteten Fremdkapitaltitels, sodass die Äquivalenz nicht gegeben wäre. Allerdings kann vergleichbar zu dem Vorgehen bei Renditen ein periodenindividueller Betafaktor auch aus dem Betafaktor von zwei Anleihen abgeleitet werden. So kann aus dem Betafaktor einer Nullkuponanleihe mit einer Laufzeit von zwei Jahren und dem einer Nullkuponanleihe mit einer Laufzeit von drei Jahren der Betafaktor für die dritte Periode abgeleitet werden. Dies ist möglich, indem aus den Betafaktoren für die unterschiedlichen Laufzeiten zuerst die erwarteten Fremdkapitalrenditen ermittelt werden. Hierfür kann auf das CAPM zurückgegriffen werden:

Formel 4-20	$\overline{r}_{FK_{0,t}} = r_{f_{0,t}} + ß_{FK_{0,t}} \cdot \overline{MRP}_{0,t}$

Ausgehend von den erwarteten Fremdkapitalrenditen für die unterschiedlichen Laufzeiten können entsprechend dem Vorgehen bei der indirekten Methode Forward Rates bestimmt werden. Anschließend kann hieraus anhand der Formel 4-10 der Betafaktor des Fremdkapitals für die entsprechende Periode ermittelt werden. Wenngleich der Betafaktor hierbei ursprünglich direkt bestimmt wird, müssen zur Ableitung der Forward Rates die Marktrisikoprämie und der risikolose Zinssatz verwandt werden. Hinsichtlich der hierdurch entstehenden Schwierigkeiten wird grundsätzlich auf die Ausführungen in Abschnitt 422.31 verwiesen. Im Gegensatz zu dem Vorgehen bei der indirekten Methode würde hier jedoch eine fehlerhafte Marktrisikoprämie sowohl verwandt, um die erwartete Fremdkapitalrendite zu bestimmen, als auch, um anschließend aus den Forward Rates den periodenindividuellen Betafaktor abzuleiten. Durch den gegenläufigen Effekt kann sich der Fehler abschwächen.

Sind keine geeigneten Nullkuponanleihen börsennotiert, kann auf Kuponanleihen mit einer entsprechenden Duration zurückgegriffen werden. Hinsichtlich der Auswahl der börsennotierten Anleihen wird ansonsten auf den vorstehenden Abschnitt verwiesen.

In der Phase der **ewigen Rente** ist im Gegensatz zur Detailplanungsphase ein periodeneinheitlicher Betafaktor des Fremdkapitals zu bestimmen. Wird vereinfachend ausschließlich das zum Beginn der Phase der ewigen Rente bestehende Fremdkapital betrachtet, darf sich auch der Betafaktor lediglich auf dieses beziehen. Um den im Beobachtungszeitraum erwarteten Betafaktor für die Phase abzuleiten, muss einerseits der Betafaktor vergleichbarer Fremdkapitaltitel[908], die eine Duration entsprechend der Länge des Detailplanungszeitraumes aufweisen, und andererseits der Betafaktor von vergleichbaren Fremdkapitaltiteln, die eine Duration entsprechend der Länge des Detailplanungszeitraumes zuzüglich der Duration der betrachteten Fremdkapitaltitel aufweisen, bestimmt werden. Werden mehrere Fremdkapitaltitel gemeinsam betrachtet, ist die durchschnittliche Duration zu verwenden. Ausgehend von den beiden Betafaktoren kann, wie vorstehend beschrieben, die Forward Rate und daraus der Betafaktor für die Phase der ewigen Rente abgeleitet werden.

422.344. Zwischenfazit

Die vorstehende Analyse zur Ermittlung des Betafaktors des Fremdkapitals anhand der direkten und indirekten Methode hat gezeigt, dass die unterschiedlichen Anforderungen an das Un- und Relevern auch eine unterschiedliche Würdigung erfordern. Zwar konnte hinsichtlich der Verwendung der Rendite bis zur Endfälligkeit bei der **indirekten Methode** festgestellt werden, dass, wie auch beim Unlevern, Aufschläge aufgrund von unsystematischen Risiken und der Möglichkeit des Ausfalls die **Sachgerechtigkeit** einschränken.[909] Beim Relevern erscheint es jedoch möglich, die anhand der Rendite bis zur Endfälligkeit abgeleitete erwartete Rendite um die Ausfallwahrscheinlichkeit zu korrigieren. Neben der Risikoäquivalenz sind auch die Laufzeitäquivalenz und somit der Stichtagsbezug zu beachten. Der risikolose Zinssatz und die erwartete Rendite des Fremdkapitals lassen sich zum Stichtag bestimmen, sodass mit Ausnahme der Marktrisikoprämie das Stichtagsprinzip als erfüllt angesehen werden kann. Allerdings wurde in Abschnitt 244.1 erläutert, dass hinsichtlich des risikolosen Zinssatzes allgemein eine Ermittlung über einen Dreimonatszeitraum unter anderem zur Glättung kurzfristiger Marktschwankungen empfohlen wird.[910] Werden der risikolose Zinssatz und die Fremdkapitalrendite im Rahmen der indirekten Methode ebenfalls über einen Dreimonatszeitraum bestimmt, kann der Betafaktor lediglich als stichtagsnah angesehen werden. Soweit möglich, sollten die Parameter, die in die Formel der indirekten Methode einfließen, über den identischen Zeitraum bzw. zum identischen Zeitpunkt bestimmt werden. Somit ist die Sachgerechtigkeit in der Detailplanungsphase, jedoch ebenfalls in der ewigen Rente durch die Verwendung der langfristigen, historischen Marktrisikoprämie eingeschränkt. Es kann zwar als konsistent angesehen werden, dass die Marktrisikoprämie ebenfalls zur Bestimmung der Eigenkapitalkosten verwandt wird, jedoch wird hierdurch der Effekt einer falsch eingeschätzten Marktrisikoprämie verstärkt. So führt eine überschätzte (unterschätzte) Marktrisikoprämie c. p. zu einem niedrigeren (höheren) Betafaktor des Fremdkapitals und der wiederum zu einem höheren (niedrigeren) Betafaktor des Eigenkapitals. Da der Betafaktor des Eigenkapitals und die Marktrisikoprämie multipliziert werden, verstärkt sich somit die Fehleinschätzung.

908 Hinsichtlich der Auswahl der börsennotierten Anleihen wird erneut auf den vorstehenden Abschnitt verwiesen. Die Vergleichbarkeit betrifft das Ausfallrisiko und die Währung.

909 Die Verwendung der Durchschnittszinsmethode wird separat betrachtet.

910 Vgl. IDW (Hrsg.), Bestimmung des Basiszinssatzes, S. 490 f.

Die indirekte Methode lässt sich grundsätzlich unter Rückgriff auf Renditen bis zur Endfälligkeit anwenden, wenn für die jeweiligen Laufzeiten hinsichtlich der Unsicherheit zum Fremdkapital des Bewertungsobjektes vergleichbare börsennotierte Anleihen vorliegen. Aufgrund der Vielzahl an Anleihen kann hiervon indes regelmäßig ausgegangen werden. Die Verlässlichkeit und somit auch die **Anwendbarkeit** des Vorgehens sind jedoch durch Ermessensspielräume hinsichtlich der Marktrisikoprämie und der Wahl der vergleichbaren Anleihen eingeschränkt. Aufgrund des Stichtagsprinzips ist der Zeitpunkt der Ermittlung grundsätzlich nicht ermessensbehaftet. Ermessensspielraum entsteht jedoch, wenn, wie vorstehend dargestellt, die Parameter über einen Zeitraum bestimmt werden. Der zeitliche Aufwand und auch die Ermessensspielräume sind davon abhängig, ob Fremdkapitaltitel individuell berücksichtigt werden. Dies erscheint lediglich bei wesentlichen unterschiedlichen Fremdkapitaltiteln angemessen. Besteht hinsichtlich der Unsicherheit der Fremdkapitaltitel kein wesentlicher Unterschied, kann das gesamte Fremdkapital gemeinsam betrachtet werden, sodass nur jeweils ein Betafaktor für die einzelnen Perioden bzw. für die Phase der ewigen Rente bestimmt werden muss. Hierdurch entsteht lediglich ein geringer Aufwand. Neben den Renditen, die sich anhand von Kapitalmarktdaten bestimmen lassen, müssen das Emittenten-Rating und die Restlaufzeit der Fremdkapitaltitel zu Beginn der Phase der ewigen Rente ermittelt sowie Anleihen mit der entsprechenden Ausstattung ausgewählt werden.

Im Rahmen der indirekten Methode wurde ferner ebenfalls kurz die **Durchschnittszinsmethode** betrachtet. Die **Sachgerechtigkeit** ist hierbei eingeschränkt, da einerseits ebenfalls auf die Marktrisikoprämie zurückgegriffen wird und andererseits unsystematische Risiken berücksichtigt werden. Dadurch, dass keine Marktwerte betrachtet werden, ist darüber hinaus der Stichtagsbezug nicht gegeben. Die **Anwendbarkeit** ist lediglich durch den Rückgriff auf die Nominalwerte gegeben. In dem Fall erfordert die Methode eine Planung des nominalen Fremdkapitalbestands. Die Methode sollte lediglich angewandt werden, soweit die Anwendung der anderen Methoden nicht möglich ist.

Bei der **direkten Methode** werden beim Relevern, anders als beim Unlevern, ebenfalls die Marktrisikoprämie und der risikolose Zinssatz benötigt, sodass die **Sachgerechtigkeit** auch hier aufgrund der Marktrisikoprämie eingeschränkt ist. Allerdings wurde dargestellt, dass eine falsch eingeschätzte Marktrisikoprämie geringere Auswirkungen auf den Betafaktor hat als bei Anwendung der indirekten Methode. Neben diesem Aspekt ist die Sachgerechtigkeit jedoch vor allem aufgrund der vergangenheitsorientierten Ermittlung eingeschränkt, da das Stichtagsprinzip hierdurch nicht erfüllt ist. Positiv hinsichtlich der Sachgerechtigkeit ist indes, dass der anhand der direkten Methode bestimmte Betafaktor lediglich die gesuchten systematischen Risiken widerspiegelt.

Im Hinblick auf die **Anwendbarkeit** kann grundsätzlich einerseits auf die vorstehenden Ausführungen zur indirekten Methode und andererseits auf die Beurteilung der Anwendbarkeit der direkten Methode im Rahmen des Unleverns verwiesen werden.[911] Es ist jedoch anzumerken, dass die Ermessensspielräume der Marktrisikoprämie ebenfalls einen geringen Einfluss haben, da sich der hie-

[911] Vgl. Abschnitt 421.23.

raus entstehende Fehler zumindest teilweise aufhebt. Im Gegensatz zum Unlevern stellen beim Relevern die Wahl des Renditeintervalls und des Beobachtungszeitraumes bei der linearen Regression weitere Ermessensspielräume dar. So muss sich, anders als beim Unlevern, der Betafaktor nicht an dem Vorgehen bei der Bestimmung des Betafaktors des Eigenkapitals orientieren. Um die Ermessensspielräume einzuschränken, bietet es sich dennoch an, den Beobachtungszeitraum und das Renditeintervall identisch zu wählen. Indes ist aus Sicht des Stichtagsprinzips ein möglichst kurzer Beobachtungszeitraum zu präferieren. Der Vergleichsindex sollte der Marktindex sein, der auch der Marktrisikoprämie zugrunde liegt, sodass hier kein weiterer Ermessensspielraum entsteht. Der zeitliche Aufwand kann als vergleichbar zur indirekten Methode angesehen werden.

Im Rahmen des Unleverns wurde für die Bestimmung des Betafaktors des Fremdkapitals die direkte Methode als überlegene Methode eingestuft. Diese Überlegenheit der direkten Methode ist beim Relevern aufgrund von Einschränkungen hinsichtlich der Sachgerechtigkeit geringer. Dennoch wird auch im Rahmen des Releverns die Anwendung der direkten Methode empfohlen, da weiterhin mehr Argumente für die Anwendung dieser Methode sprechen. So erscheinen die Schwächen hinsichtlich der **Sachgerechtigkeit** bei der direkten Methode aufgrund der Ergebnisse der Untersuchung in Abschnitt 421.234. zum Betafaktor des Fremdkapitals weniger bedeutsam. Zwar wurde dargestellt, dass die Möglichkeit besteht, den bei Anwendung der indirekten Methode entstehenden Fehler durch die fehlende Berücksichtigung der Ausfallwahrscheinlichkeit in der Rendite bis zur Endfälligkeit zu korrigieren, indes verbleiben Aufschläge aufgrund von unsystematischen Risiken. Im Rahmen der Untersuchung wurden diese zwar nicht quantifiziert, jedoch ist auch bei Anleihen mit einem AA-/AA-Rating und somit einer geringen Ausfallwahrscheinlichkeit ein wesentlicher Unterschied zwischen der indirekten und direkten Methode festzustellen. Ferner zeigt die Untersuchung, dass ein großer Teil der Unsicherheit einer Anleihe unsystematisch ist. Um den fehlenden Stichtagsbezug der direkten Methode zu beurteilen, bietet es sich an, den Betafaktor im Zeitablauf zu betrachten. Abbildung 4-6 der Untersuchung zeigt den anhand der direkten Methode bestimmten Betafaktor im Zeitablauf. Trotz der Finanzmarktkrise und der daraus resultierenden Volatilität ist die Differenz zwischen dem maximalen und dem minimalen Wert wesentlich geringer als der zuvor betrachtete Unterschied der bei Anleihen mit einem AA-/AA-Rating aus der Anwendung der direkten bzw. der indirekten Methode resultiert. Des Weiteren ist aufgrund der historischen Marktrisikoprämie der Stichtagsbezug bei der indirekten Methode ebenfalls eingeschränkt. Hinsichtlich der **Anwendbarkeit** können die beiden Methoden als vergleichbar angesehen werden. Bei der indirekten Methode hat die ermessensbehaftete Marktrisikoprämie einen deutlich größeren Einfluss auf die Höhe des Betafaktors, während bei der direkten Methode die Verlässlichkeit ansonsten stärker eingeschränkt ist.

Zwar sollte bereits aufgrund der vorstehenden Argumente die direkte Methode auch beim Relevern angewandt werden, jedoch ergibt sich ein weiterer positiver Nebeneffekt, da sich etwaige methodische Fehler durch die Anwendung der gleichen Methode beim Un- und Relevern zumindest teilweise ausgleichen würden.

422.35 Wert und Betafaktor des Steuervorteils

422.351. Vorbemerkungen

Der Wert des Steuervorteils wird mit Ausnahme des APV-Verfahrens, bei dem indes der verschuldete Betafaktor nicht einfließt und somit das Relevern nicht erforderlich ist, bei den dargestellten Bewertungsverfahren nicht explizit bestimmt.[912] Somit ist der Wert für das Relevern zusätzlich zu bestimmen. Allgemein ergibt sich der Wert des Steuervorteils durch die Diskontierung der erwarteten Steuerersparnis mit einem risikoadjustierten Diskontierungszinssatz.[913] Für die Phase der ewigen Rente kann die bekannte Formel 4-11 verwandt werden:

Formel 4-11	$TS_T = \frac{SV_{T+1}}{r_{TS} - w} = \frac{SV_T \cdot (1 + w)}{r_{TS} - w}$

Wie auch bei der Ermittlung der Marktwerte des Eigen- und Fremdkapitals kann in der Detailplanungsphase das Roll-Back-Verfahren[914] angewandt werden, um den Wert des Steuervorteils periodenindividuell zu bestimmen. Der Zinssatz ist hierbei auf die periodische Diskontierung abzustimmen. Sowohl in der Detailplanungsphase als auch in der ewigen Rente kann der risikoadjustierte Diskontierungszinssatz mittels des CAPM-Verfahrens bestimmt werden. Hinsichtlich der Marktrisikoprämie und des risikolosen Zinssatzes kann grundsätzlich auf die Parameter zurückgegriffen werden, die in die risikoadjustierten Eigenkapitalkosten einfließen. Hierbei ist jedoch, wie auch hinsichtlich des Marktwertes des Fremdkapitals, zu beachten, dass der für die Phase der ewigen Rente zu bestimmende einheitliche Basiszinssatz auf die zu diskontierende Größe abzustimmen ist.[915] Die in den Abschnitten 244 und 422.31 hinsichtlich der beiden Parameter identifizierten Kritikpunkte gelten hier ebenfalls. Da der Betafaktor des Steuervorteils auch Bestandteil der Anpassungsformel ist, entsteht durch die Bestimmung des Diskontierungszinssatzes kein unangemessener zusätzlicher Aufwand.

Bei der Ermittlung des Wertes des Steuervorteils ist zu beachten, ob sämtliche Steuervorteile beim Unlevern berücksichtigt wurden. Wie bereits beim Fremdkapital dargestellt, beeinflusst die Unsicherheit der nicht berücksichtigten Steuervorteile den als unverschuldet angenommenen Betafaktor. Wird beim Unlevern, wie empfohlen, typisierend eine Unsicherheit der Steuervorteile in Höhe des unverschuldeten Betafaktors unterstellt, werden sämtliche Steuervorteile berücksichtigt.

Neben dem Diskontierungszinssatz sind die erwarteten Steuervorteile relevant für den Wert des Steuervorteils. Im Folgenden werden diese näher betrachtet.

912 Vgl. SCHWETZLER, B./DARIJTSCHUK, N., Unternehmensbewertung mit Hilfe der DCF-Methode, S. 300.

913 Vgl. BAETGE, J./NIEMEYER, K./KÜMMEL, J./SCHULZ, R., Bewertungsverfahren, S. 407 f.; EHRHARDT, M. C./DAVES, P. R., Corporate Valuation, S. 33; HACHMEISTER, D., Discounted Cash Flow, S. 98.

914 Vgl. Abschnitt 422.31.

915 Vgl. Abschnitt 244.1.

422.352. Erwartete Steuervorteile

Vereinfachend lässt sich der erwartete Steuervorteil durch den erwarteten Steuersatz und die erwarteten abzugsfähigen Fremdkapitalkosten bestimmen.[916] Die **abzugsfähigen Fremdkapitalkosten** werden hierbei durch den erwarteten Fremdkapitalbestand, den erwarteten Fremdkapitalkostensatz und die Abzugsfähigkeit determiniert.[917] Die Abzugsfähigkeit kann allgemein eingeschränkt sein, wie z. B. in Deutschland durch die Zinsschranke, oder bei speziellen Kapitalkosten nicht gegeben sein, wie z. B. bei den Zahlungen an die Minderheiten.[918] Die abzugsfähigen Fremdkapitalkosten sind jedoch im Allgemeinen auch bei der Ableitung der finanziellen Überschüsse zu berücksichtigen, sodass auf die hierbei getätigten Annahmen abgestellt werden sollte.[919] Hierdurch ist die Äquivalenz zu den Annahmen in den finanziellen Überschüssen sichergestellt. In der Detailplanungsphase können somit die in den finanziellen Überschüssen berücksichtigten periodenindividuellen, abzugsfähigen Fremdkapitalkosten angesetzt werden. In der ewigen Rente ergeben sich die abzugsfähigen Fremdkapitalkosten ausgehend von der ersten Periode der ewigen Rente durch das nachhaltige Wachstum.

Der **erwartete Unternehmenssteuersatz** sollte ebenfalls äquivalent zu den Annahmen im Bewertungsmodell in der Anpassungsformel berücksichtigt werden. Neben den Unternehmenssteuern kann aus Sicht der Eigenkapitalgeber auch die **persönliche Besteuerung** den Steuervorteil beeinflussen. Dies resultiert daraus, dass die Steuervorteile aufgrund der Unternehmenssteuern zu einer höheren Bemessungsgrundlage für den Eigenkapitalgeber führen und somit durch die persönliche Steuer ein negativer Steuervorteil entsteht.[920] Auch hier sind gemäß dem Steueräquivalenzprinzip die persönlichen Steuern im Diskontierungszinssatz und bei der Ableitung der finanziellen Überschüsse äquivalent zu berücksichtigen. Wenn die Eigenkapitalkosten nach persönlichen Steuern ermittelt werden sollen, muss der Wert des Steuervorteils nach persönlichen Steuern und Unternehmenssteuern in die Anpassungsformel einfließen. Nach dem IDW S 1 ist zwar grundsätzlich ein Unternehmenswert nach persönlichen Steuern zu bestimmen,[921] jedoch müssen hierfür nicht zwingend die persönlichen Steuern in den Eigenkapitalkosten berücksichtigt werden. So wurde dargestellt, dass bei einer objektivierten Unternehmensbewertung nach IDW S 1 auch eine mittelbare Typisierung der persönlichen Besteuerung möglich ist, bei der angenommen wird, dass die finanziellen Überschüsse des Bewertungsobjektes und der Alternativanlage beim Anteilseigner der gleichen persönlichen Besteuerung unterliegen, und somit die Eigenkapitalkosten nicht nach persönlichen Steuern zu bestimmen sind.[922] Wird bei einer objektivierten Unternehmensbewertung nach

[916] Vgl. hier und im Folgenden KRUSCHWITZ, LUTZ/LÖFFLER, ANDREAS/ESSLER, WOLFGANG, Unternehmensbewertung für die Praxis, S. 46.

[917] Werden, wie in Fn. 881 ausgeführt, hybride Finanzierungsformen separat berücksichtigt, müssen die abzugsfähigen Kosten dieses Kapitals ebenfalls berücksichtigt werden.

[918] Vgl. DINSTUHL, V., Konzernbezogene Unternehmensbewertung, S. 212.

[919] Vgl. allgemein zu der direkten und indirekten Ermittlung des Cashflows BAETGE, J./NIEMEYER, K./KÜMMEL, J./SCHULZ, R., Bewertungsverfahren, S. 366-368.

[920] Vgl. WATRIN, C./STÖVER, R., Einfluss des Tax Shields, S. 61.

[921] Vgl. IDW S 1 (2008), Tz. 28.

[922] Vgl. Abschnitt 212. und IDW (Hrsg.), IDW S 1 (2008), Tz. 30 und 45; IDW (Hrsg.), WP Handbuch, Abschnitt A, Rn. 106.

IDW S 1 hingegen eine unmittelbare Typisierung angenommen, sind die Eigenkapitalkosten nach persönlichen Steuern zu ermitteln.[923] Hierbei wird der persönliche Ertragssteuersatz einer inländisch unbeschränkt steuerpflichtigen natürlichen Person angenommen. Bei einer subjektivierten Unternehmensbewertung ist der individuell erwartete Steuersatz des Bewertungssubjektes zu verwenden. Im Gegensatz zur deutschen Bewertungspraxis werden im internationalen Kontext selten Eigenkapitalkosten nach persönlichen Steuern bestimmt.[924]

Hinsichtlich der persönlichen Besteuerung ist zu beachten, dass bei einer unterschiedlichen Besteuerung von Ausschüttungen und Thesaurierungen auch die erwartete Ausschüttungsquote relevant ist.[925] Die Ausschüttungsquote ist unabhängig hiervon zu bestimmen, um die finanziellen Überschüsse der Eigenkapitalgeber abzuleiten. Im Rahmen des Releverns sollte die Ausschüttungsquote äquivalent hierzu angenommen werden. Werden die Ausschüttungen mit s_t^{PA} und die Thesaurierungen mit s_t^{PT} beim Eigenkapitalgeber versteuert, ergibt sich bei einer Ausschüttungsquote q_t in Periode t folgender persönlicher Steuersatz (s_t^P):

Formel 4-21	$s_t^P = q_t \cdot s_t^{PA} + (1 - q_t) \cdot s_t^{PT}$

Der periodische Steuervorteil nach persönlichen Steuern und Unternehmenssteuern (SV_t^{nSt}) lässt sich in einem solchen einfachen Steuersystem ausgehend vom Steuervorteil aus den Unternehmenssteuern (SV_t^{UnSt}) anhand der folgenden Formel bestimmen:

Formel 4-22	$SV_t^{nSt} = SV_t^{UnSt} \cdot (1 - s_t^P)$

Ausgehend von erwarteten Steuervorteilen wird im folgenden Abschnitt betrachtet, wie sich das nachhaltige Wachstum der Steuervorteile in der Phase der ewigen Rente bestimmen lässt.

422.353. Wachstum des Steuervorteils

In einem Zwei-Phasenmodell wird für die Phase der ewigen Rente regelmäßig angenommen, dass sich das Unternehmen in einem Gleichgewichts- oder Beharrungszustand befindet. Ein solcher Gleichgewichts- oder Beharrungszustand impliziert hingegen kein Nullwachstum bestimmter Größen, sondern, dass sich die Größen in einem eingeschwungenen Zustand und somit in einem kon-

923 Vgl. hier und im Folgenden Abschnitt 212.
924 Vgl. IDW (Hrsg.), WP Handbuch, Abschnitt A, Rn. 350.
925 Vgl. WIESE, J., Die Modigliani/Miller-Theoreme und Ausschüttungspolitik, S. 11.

stanten Verhältnis zueinander befinden.[926] Somit kann für die Phase der ewigen Rente davon ausgegangen werden, dass die Steuervorteile entsprechend der finanziellen Überschüsse des Unternehmens wachsen, da nur so ein konstantes Verhältnis sichergestellt ist.

Hinsichtlich des Wachstums der finanziellen Überschüsse können verschiedene Wachstumskomponenten bzw. -quellen identifiziert werden. Üblicherweise resultiert das Wachstum aus realen und nominalen Änderungen der finanziellen Überschüsse, die zusammen auch als herkömmliches Wachstum bezeichnet werden.[927] Hierbei ist das nominale Wachstum auf Änderungen der Preissteigerungsrate zurückzuführen und das reale Wachstum ergibt sich im Wesentlichen aus Mengen- und Strukturveränderungen des Unternehmens.[928] Zusätzlich zu dem herkömmlichen Wachstum kann aus der Einbehaltung und Wiederanlage der finanziellen Überschüsse ein sog. thesaurierungsbedingtes Wachstum entstehen.[929]

Die Relevanz der unterschiedlichen Wachstumskomponenten für das Wachstum der erwarteten Steuervorteile ergibt sich aus dem üblichen Vorgehen, die Wachstumskomponenten im Bewertungsmodell zu berücksichtigten. So wird das herkömmliche Wachstum im Gegensatz zu dem thesaurierungsbedingten Wachstum regelmäßig als Abschlag vom Kapitalisierungszinssatz berücksichtigt.[930] Das thesaurierungsbedingte Wachstum hingegen wird in der Bewertungspraxis vereinfacht berücksichtigt, indem den Eigenkapitalgebern der Wertbeitrag aus der Thesaurierung in der Periode der Entstehung fiktiv zugerechnet wird.[931] Hierdurch kann der Eindruck entstehen, dass die finanziellen Überschüsse und somit die erwarteten Fremdkapitalkosten lediglich um das herkömmliche Wachstum steigen. Hierbei ist jedoch zu beachten, dass es sich bei der fiktiven Zurechnung lediglich um ein vereinfachtes Vorgehen handelt und die thesaurierten Mittel tatsächlich zu wachsenden finanziellen Überschüssen führen. Der Barwert der zusätzlichen finanziellen Überschüsse entspricht dem Wertbeitrag aus der Thesaurierung, sodass das vereinfachte Vorgehen zu dem gleichen Wert führt, wie die Berücksichtigung des thesaurierungsbedingten Wachstums als Abschlag vom Kapitalisierungszinssatz.[932] Aufgrund der Forderung nach einem eingeschwungenen Zustand in der Phase der ewigen Rente muss das thesaurierungsbedingte Wachstum der finanziellen Überschüsse ebenfalls zu einem Anstieg der erwarteten Zinszahlungen und somit auch der Steuervorteile führen, um ein konstantes Verhältnis beizubehalten.

---

926 Vgl. TINZ, O., Abbildung von Wachstum, S. 32.

927 Vgl. IDW (Hrsg.), WP Handbuch, Abschnitt A, Rn. 207; TINZ, O., Abbildung von Wachstum, S. 8.

928 Soweit die Preisänderungen nicht auf einer Änderung des gesamtwirtschaftlichen Preisniveaus beruhen, ist dieses ebenfalls dem realen Wachstum zuzuordnen. Vgl. hierzu TINZ, O., Abbildung von Wachstum, S. 8.

929 Vgl. TINZ, O., Abbildung von Wachstum, S. 129. Wird eine Wiederanlage der thesaurierten Mittel zur Eigenkapitalrendite vor Steuern, wie unter bestimmten Bedingungen im IDW S 1, unterstellt, entsteht eine Wertauswirkung lediglich durch den sog. Steuerstundungseffekt. Indes entsteht unabhängig von der Wertauswirkung ein Wachstum der finanziellen Überschüsse.

930 Vgl. hierzu IDW (Hrsg.), WP Handbuch, Abschnitt A, Rn. 325 und grundsätzlich zur Berücksichtigung eines Wachstumsabschlages Abschnitt 222.

931 Vgl. TINZ, O., Abbildung von Wachstum, S. 142-146.

932 Vgl. TINZ, O., Abbildung von Wachstum, S. 144.

Im Hinblick auf die **Sachgerechtigkeit** wurde gefordert, dass in der Anpassungsformel alle Einflussfaktoren der Finanzierung berücksichtigt werden und dass bei der Ableitung der Einflussfaktoren die Äquivalenzkriterien zu beachten sind. Damit die Sachgerechtigkeit gegeben ist, müssen somit alle Wachstumskomponenten berücksichtigt werden. Um eine Äquivalenz hinsichtlich der Annahmen im Bewertungsmodell herzustellen, muss demnach eine Wachstumsrate bestimmt werden, die das gesamte im Bewertungsmodell berücksichtigte Wachstum abbildet und somit auch das thesaurierungsbedingte Wachstum enthält. Das gesamte Wachstum wird durch den Wachstumsabschlag angegeben, der bei Verzicht auf das vorstehend beschriebene vereinfachte Vorgehen, das thesaurierungsbedingte Wachstum zu berücksichtigen, zum gleichen Marktwert des Eigenkapitals führt wie das vereinfachte Vorgehen. Hierbei liegt jedoch ein Zirkularitätsproblem vor, da die Eigenkapitalkosten bekannt sein müssen, um den Marktwert des Eigenkapitals zu bestimmen. TSCHÖPEL/WIESE/WILLERSHAUSEN leiten eine analytische **Gesamtwachstumsrate** her, die sowohl das preis- als auch das thesaurierungsbedingte Wachstum enthält.[933] Das mengenbedingte Wachstum berücksichtigen sie nicht, da sie lediglich die Phase der ewigen Rente betrachten und von einem eingeschwungenen Zustand ausgehen. Hier soll ebenfalls lediglich das Wachstum in der ewigen Rente ermittelt werden, sodass die Annahme durchaus sachgerecht erscheint. Die analytische Gesamtwachstumsrate bezieht sich auf die im IDW S 1 getätigten Annahmen zur Wiederanlage der thesaurierten Mittel. Die Anwendbarkeit des Vorgehens für den hier betrachteten Zweck ist jedoch ebenfalls eingeschränkt, da die Eigenkapitalkosten in die Ermittlung der Gesamtwachstumsrate einfließen und somit ebenfalls ein Zirkularitätsproblem besteht. Wenn wie beim Unlevern angenommen wird, dass der Betafaktor des Steuervorteils dem unverschuldeten Betafaktor entspricht, hat der Wert des Steuervorteils keinen Einfluss auf das Verhältnis zwischen dem verschuldeten und dem unverschuldeten Betafaktor, sodass das Zirkularitätsproblem nicht weiter besteht. Im Folgenden wird der Betafaktor des Steuervorteils betrachtet.

422.354. Betafaktor des Steuervorteils

Der Betafaktor des Steuervorteils hängt von der Unsicherheit der einzelnen Determinanten sowie der Korrelation der Faktoren ab. Im Rahmen des Unleverns musste festgestellt werden, dass eine sachgerechte und verlässliche Ermittlung nicht möglich ist, sodass aufgrund der Analyse der einzelnen Determinanten empfohlen wurde, typisierend den unverschuldeten Betafaktor zu verwenden. Dies bedeutet jedoch nicht automatisch, dass diese Unsicherheit auch im Rahmen des Releverns angenommen werden sollte. So liegt beim Relevern eine andere Situation vor. Einerseits können interne Daten verwandt werden und andererseits ist keine Äquivalenz zu den Erwartungen der Marktteilnehmer, sondern eine Äquivalenz zu den Annahmen im Bewertungsmodell gefordert. Einen weiteren Unterschied stellt die im Rahmen des Releverns bestehende Möglichkeit, ein Mehr-Phasenmodell zu verwenden, dar.

[933] Vgl. hier und im Folgenden TSCHÖPEL, A./WIESE, J./WILLERSHAUSEN, T., Unternehmensbewertung und Wachstum Teil 1, S. 349-357 und TSCHÖPEL, A./WIESE, J./WILLERSHAUSEN, T., Unternehmensbewertung und Wachstum Teil 2, S. 405-412.

Im Folgenden wird aufgrund der größeren Nähe zum Unlevern zuerst die **Phase der ewigen Rente** betrachtet. Wenngleich sich die künftigen Steuervorteile durch die internen Daten gegebenenfalls besser schätzen lassen, ist es weiterhin nicht möglich, die Unsicherheit des Steuervorteils sachgerecht sowie verlässlich zu bestimmen. Somit erscheint es auch für die Phase der ewigen Rente erforderlich, die Unsicherheit des Steuervorteils typisiert anzunehmen. Wenngleich ein grundlegender Unterschied gegenüber dem Unlevern besteht, da hier die zum Stichtag bestehende Unsicherheit des Steuervorteils für die Perioden nach der Detailplanungsphase relevant ist, kann im Wesentlichen auf die Ausführungen in Abschnitt 421.242. verwiesen werden. Im Rahmen des Unleverns wurde dargestellt, dass durch die Typisierung der Unsicherheit des Steuervorteils und der hierdurch bedingten Unabhängigkeit der Anpassung vom Wert des Steuervorteils der Einfluss der **persönlichen Steuern** ebenfalls aus dem verschuldeten Betafaktor bereinigt wird. Im Rahmen des Releverns ist der Einfluss der persönlichen Besteuerung differenzierter zu betrachten. Wie zuvor erläutert, sind beim Relevern die persönlichen Steuern lediglich zu berücksichtigen, wenn Eigenkapitalkosten nach persönlichen Steuern bestimmt werden sollen.[934] Durch die Berücksichtigung der persönlichen Besteuerung entsteht eine Unsicherheit sowohl hinsichtlich des Steuersatzes als auch der Ausschüttungsquote. Die Unsicherheit hinsichtlich der Ausschüttungsquote ist hierbei umso höher, je unterschiedlicher die Ausschüttungen und Thesaurierungen besteuert werden. Die Steuersätze können einerseits aufgrund von möglichen Änderungen des Steuersystems und andererseits aufgrund dessen Gestaltung unsicher sein. Wenngleich die persönliche Besteuerung einen weiteren Unsicherheitsfaktor darstellt, bedeutet dies nicht zwangsläufig eine größere Unsicherheit des Steuervorteils. So ist vor allem auch zu beachten, dass die persönliche Besteuerung im Gegensatz zu den Unternehmenssteuern zu einem negativen Steuervorteil führt. Der konkrete Effekt auf die Unsicherheit lässt sich jedoch, wie auch bei den anderen Parametern, nicht exakt quantifizieren.

Einen weiteren Unterschied gegenüber dem Unlevern stellt die **Finanzierungspolitik** dar, von der die Unsicherheit der Höhe des nominalen Fremdkapitalbestands wesentlich beeinflusst wird. Im Rahmen des Unleverns sind die Erwartungen der Marktteilnehmer relevant, woraus abgeleitet werden kann, dass eine realitätsnahe Finanzierungspolitik angenommen werden sollte. Beim Relevern ist hingegen bei einer objektivierten Unternehmensbewertung die im Unternehmenskonzept und bei einer subjektivierten Unternehmensbewertung nach IDW S 1 die vom Bewertungssubjekt vorgesehene Finanzierungspolitik relevant.[935] Somit ist es z. B. möglich, dass die zuvor als realitätsfern angesehene autonome Finanzierungspolitik oder die atmende Finanzierungspolitik zu Marktwerten angenommen wird. Hierbei ist jedoch zu beachten, dass sich die Unsicherheit anhand der Abweichung der tatsächlichen Werte von den Erwartungswerten ergibt. Da bei beiden Finanzierungsannahmen gezeigt werden konnte, dass die Möglichkeit der konkreten Umsetzung nicht gegeben ist, erscheint weiterhin die Annahme sachgerecht, dass die künftig umgesetzte Finanzierungspolitik von den Idealfällen abweicht.

[934] Vgl. hierzu Abschnitt 346. und 422.352.

[935] Vgl. Abschnitt 212. und 213.

Ein wesentlicher Unterschied gegenüber der Unsicherheit beim Unlevern ist nicht zu erkennen, sodass auch hier empfohlen wird, anzunehmen, **dass der unverschuldete Betafaktor die Unsicherheit sachgerecht widerspiegelt**.

In der **Detailplanungsphase** eines Zwei-Phasenmodells muss sich die Unsicherheit auf die einzelnen Perioden beziehen. Da die Detailplanungsphase regelmäßig lediglich eine Länge von drei bis fünf Jahren aufweist,[936] erscheint es fraglich, die nachhaltige Unsicherheit der ewigen Rente anzunehmen. So kann allgemein unterstellt werden, dass sich die Unsicherheit der Prognose mit zunehmendem Abstand vom Stichtag erhöht und somit kann dies ebenfalls für die Determinanten des Steuervorteils angenommen werden.[937] Konkret bedeutet dies, dass sich die Steuervorteile der Detailplanungsphase verlässlicher schätzen lassen als die Steuervorteile der Phase der ewigen Rente. So stellen auch KRUSCHWITZ/LÖFFLER fest, dass detaillierte Pläne zur Finanzierung für die nahe Zukunft nicht unrealistisch erscheinen.[938] Vor allem ist anzumerken, dass der Steuervorteil in der Detailplanungsphase regelmäßig aus dem bestehenden Fremdkapital resultiert, zu dem Verträge bestehen. Aufgrund der Ergebnisse der Untersuchung in Abschnitt 421.234. kann ferner für festverzinsliche Fremdkapitaltitel angenommen werden, dass der Betafaktor lediglich geringfügig von null verschieden ist. Es kann somit festgestellt werden, dass es inkonsistent erscheint, für die Phase der ewigen Rente und der Detailplanungsphase die gleiche Unsicherheit anzunehmen. Dennoch lässt sich trotz der detaillierteren, internen Daten kein sachgerechter und verlässlicher Betafaktor des Steuervorteils bestimmen, sodass auch hier eine Typisierung erforderlich ist. Im Schrifttum wird teilweise die Annahme sicherer Steuervorteile für die Detailplanungsphase befürwortet.[939] Diesem Vorschlag kann jedoch nicht gefolgt werden, da alle untersuchten Determinanten, wenn auch abgeschwächt, in der Detailplanungsphase ebenfalls unsicher sind. Hier wird aufgrund der abgeschwächten Unsicherheit vorgeschlagen, den **halben unverschuldeten Betafaktor** und somit den Mittelwert zwischen null (sicher) und dem unverschuldeten Betafaktor für jede Periode der Detailplanungsphase zu verwenden. Anzumerken ist, dass andere Möglichkeiten ebenfalls denkbar sind. So könnte aufgrund der vorstehenden Argumentation auch die Auffassung vertreten werden, dass die erste Periode der Detailplanungsphase eine geringere Unsicherheit aufweist als die letzte Periode der Phase. Denkbar wäre daher z. B. ein ausgehend von null bis zum Ende der Detailplanungsphase auf den unverschuldeten Betafaktor linear steigender Betafaktor des Steuervorteils. Ein solcher periodenindividueller Betafaktor erzeugt jedoch eine Scheingenauigkeit, die wie vorstehend dargestellt nicht gegeben ist. So würde durch das lineare Vorgehen bspw. angenommen, dass die Unsicherheit des Steuervorteils in der ersten Periode der Phase der ewigen Rente dem unverschuldeten Betafaktor entspricht. Der unverschuldete Betafaktor soll jedoch die Unsicherheit der gesamten Phase in Form eines einheitlichen Betafaktors widerspiegeln. Die Annahme des halben unver-

---

936 Vgl. KRUSCHWITZ, L./LÖFFLER, A., Sichere und unsichere Steuervorteile, S. 6; RICHTER, F./DRUKARCZYK, J., Wachstum, Kapitalkosten und Finanzierungseffekte, S. 636.

937 Vgl. TINZ, O., Abbildung von Wachstum, S. 26 f.; KRUSCHWITZ, L./LÖFFLER, A., Sichere und unsichere Steuervorteile, S. 6. Die abnehmende Prognosegenauigkeit stellt einen zentralen Grund für die Anwendung eines Mehr-Phasenmodells dar.

938 Vgl. KRUSCHWITZ, L./LÖFFLER, A., Steuervorteile, S. 88.

939 Vgl. DINSTUHL, V., Konzernbezogene Unternehmensbewertung, S. 127 f.

schuldeten Betafaktors stellt eine Typisierung dar, die individuelle Aspekte berücksichtigt, jedoch nicht eine Genauigkeit suggeriert, die nicht gegeben ist.

Wenngleich bei einem Betafaktor des Steuervorteils in Höhe des unverschuldeten Betafaktors der Wert des Steuervorteils grundsätzlich nicht relevant ist, so gilt dies nicht für den Wert des Steuervorteils der ewigen Rente, wenn in der Detailplanungsphase eine abweichende Unsicherheit angenommen wird. So wurde in Abschnitt 344. gezeigt, dass der Wert des Steuervorteils der ewigen Rente einen Einfluss auf die periodenindividuellen Werte der Detailplanungsphase hat. Konkret ergibt sich bei Anwendung des Roll-Back-Verfahrens der Wert des Steuervorteils zu Beginn der letzten Periode der Detailplanungsphase, indem der Wert der ewigen Rente und der Steuervorteil der Periode um eine Periode diskontiert werden.

422.4 Abschließende Würdigung der allgemeinen Anpassungsformel im Rahmen des Releverns

Wie auch beim Unlevern hängt die Würdigung der allgemeinen Anpassungsformel im Rahmen des Releverns von den Möglichkeiten ab, die Parameter sachgerecht sowie verlässlich und mit einem angemessenen Aufwand zu bestimmen. Der Würdigung liegt daher die Konkretisierung der Einflussparameter in einem Zwei-Phasenmodell zugrunde. Die wesentlichen Ergebnisse der Konkretisierung werden daher zuvor zusammengefasst.

In die Anpassungsformel fließt mit dem Marktwert des Eigenkapitals die Zielgröße der Unternehmensbewertung ein, sodass ein Zirkularitätsproblem entsteht. Es wurde dargestellt, dass sich dieses analytisch lösen lässt, wenn in der Detailplanungsphase das **Roll-Back-Verfahren** angewandt wird. Durch die periodische Diskontierung in dem Roll-Back-Verfahren muss sich der Diskontierungszinssatz in der Detailplanungsphase aufgrund der Äquivalenzkriterien auf die entsprechende Periode beziehen. In der Phase der ewigen Rente muss hingegen ein einheitlicher Diskontierungszinssatz für die gesamte Phase angewandt werden. Die zum Stichtag erwartete Rendite einer künftigen Periode wird anhand von **Forward Rates** bestimmt. In der Bewertungspraxis wird dies regelmäßig missachtet, da z. B. die Eigenkapitalkosten anhand eines einheitlichen Basiszinssatzes bestimmt werden. Grundsätzlich müssen sich auch die Marktrisikoprämie und der Betafaktor auf die entsprechende Periode beziehen. Die **Marktrisikoprämie** wird jedoch regelmäßig laufzeitunabhängig angenommen, sodass sich die Spot und Forward Rates nicht unterscheiden. Die im Allgemeinen verwandte laufzeitunabhängige, historische Marktrisikoprämie, die üblicherweise anhand langfristiger Vergangenheitsdaten ermittelt wird, ist vor allem hinsichtlich der Detailplanungsphase kritisch zu sehen. Da der **verschuldete Betafaktor** und somit die Zielgröße beim Relevern in die Eigenkapitalkosten und somit in die Berechnung des Marktwertes des Eigenkapitals einfließt, müssen sich nicht nur die Diskontierungszinssätze auf die entsprechenden Perioden beziehen, sondern auch die Betafaktoren, die in die Anpassungsformel einfließen. Sowohl der Marktwert des Eigen- und Fremdkapitals als auch der des Steuervorteils ist jeweils zu Periodenbeginn zu bestimmen. Die Marktwerte des Fremdkapitals und des Steuervorteils zu Periodenbeginn lassen sich ebenfalls anhand des Roll-Back-Verfahrens ermitteln.

Hinsichtlich der Sachgerechtigkeit im Rahmen des Releverns wird einerseits gefordert, dass alle Einflussfaktoren berücksichtigt werden und andererseits, dass die Annahmen äquivalent zu denen im Bewertungsmodell sind. Durch die geforderte Äquivalenz zu den Annahmen im Bewertungsmodell lassen sich die zu diskontierenden Größen sowohl beim **Marktwert des Eigen- und Fremdkapitals als auch beim Wert des Steuervorteils** im Wesentlichen aus den Annahmen des Bewertungsmodells ableiten. Dies ist sowohl hinsichtlich der Sachgerechtigkeit als auch im Hinblick auf die Anwendbarkeit positiv zu beurteilen. Zu beachten ist hierbei jedoch, dass der Wachstumsabschlag teilweise nicht das gesamte im Modell berücksichtigte Wachstum widerspiegelt, sodass eine Gesamtwachstumsrate zu bestimmen ist. So führen die thesaurierten Mittel zu Wachstum, das regelmäßig nicht im Wachstumsabschlag abgebildet wird.

Der **unverschuldete Betafaktor** des Eigenkapitals müsste theoretisch ebenfalls periodenindividuell abgeleitet werden. Allerdings wird durch die in Abschnitt 421. beschriebene Ermittlungsmethode ein konstanter unverschuldeter Betafaktor bestimmt. Ist die Annahme einer konstanten Höhe der operativen Risiken nicht sachgerecht, wird die Eignung der Anpassungsformel hierdurch eingeschränkt. Es besteht jedoch keine sachgerechte Alternative, die es ermöglicht, den unverschuldeten Betafaktor periodenindividuell zu bestimmen.

Der **Betafaktor des Fremdkapitals** muss sich in der Detailplanungsphase ebenfalls auf die jeweiligen Perioden bzw. in der ewigen Rente in Form eines einheitlichen Betafaktors auf die gesamte Phase beziehen. Sowohl für die indirekte als auch für die direkte Methode konnte gezeigt werden, wie sich der Betafaktor periodenindividuell ableiten lässt. Wenngleich bei beiden Methoden sowohl die Sachgerechtigkeit als auch die Anwendbarkeit eingeschränkt ist, wird auch beim Relevern empfohlen die direkte Methode anzuwenden, da die Einschränkungen weniger bedeutsam erscheinen.

Der **Betafaktor des Steuervorteils** lässt sich, wie auch beim Unlevern, lediglich typisiert bestimmen. Allerdings wird empfohlen, dass aufgrund einer höheren Prognosegenauigkeit in der Detailplanungsphase lediglich der halbe unverschuldete Betafaktor angesetzt wird. In der Phase der ewigen Rente wird empfohlen, den unverschuldeten Betafaktor anzusetzen. Wenngleich eine Typisierung hinsichtlich der Sachgerechtigkeit grundsätzlich negativ zu beurteilen ist, kann eine solche hinsichtlich der Anwendbarkeit positiv beurteil werden.

Unabhängig von der Möglichkeit die Parameter der allgemeinen Anpassungsformel zu bestimmen, ist die Eignung der Anpassungsformel dadurch eingeschränkt, dass sich der verschuldete Betafaktor auf das gesamte Eigenkapital bezieht. Dies gilt jedoch ebenfalls für die in Kapitel 3 dargestellten Formeln. Aus dem verschuldeten Betafaktor lässt sich die Unsicherheit von Eigenkapitalarten lediglich herausrechnen, wenn der individuelle Betafaktor und der Marktwert bekannt sind. Die **Sachgerechtigkeit** der allgemeinen Anpassungsformel ist neben dieser generellen Einschränkung im Wesentlichen durch drei Faktoren eingeschränkt. Hierbei ist einerseits die Marktrisikoprämie zu nennen, die in sämtliche Diskontierungszinssätze und zusätzlich noch in die Ermittlung des Betafaktors des Fremdkapitals einfließt. Eine fehlerhafte Marktrisikoprämie führt somit dazu, dass sowohl der Marktwert des Eigen- und Fremdkapitals als auch der des Steuervorteils fehlerhaft berechnet wird.

Wenngleich dies grundsätzlich negativ zu beurteilen ist, gleichen sich die Fehler im Rahmen der Bestimmung des verschuldeten Betafaktors teilweise aus, da die Werte ins Verhältnis gesetzt werden. Die Sachgerechtigkeit ist andererseits eingeschränkt, da die Möglichkeit, die Unsicherheit des Steuervorteils zu bestimmen, grundsätzlich nicht gegeben ist und sich der unverschuldete Betafaktor nicht periodenindividuell bestimmen lässt. Positiv kann im Hinblick auf die Beurteilung der Anpassungsformel festgestellt werden, dass die Formel es ermöglicht, unterschiedliche Unsicherheiten in den Phasen und zwischen den Phasen sachgerecht abzubilden. Dies resultiert aus der expliziten Berücksichtigung des Betafaktors und des Wertes des Steuervorteils.

Die grundsätzliche Möglichkeit, die allgemeine Anpassungsformel im Rahmen des Releverns anzuwenden, ist lediglich durch die Typisierung der Unsicherheit des Steuervorteils möglich. Im Hinblick auf eine verlässliche Bestimmung und einen angemessenen Aufwand kann die **Anwendbarkeit** weitgehend positiv beurteilt werden. So sind die Ermessensspielräume und der zeitliche Aufwand durch die geforderte Äquivalenz zu den Annahmen im Bewertungsmodell gering. Dies bedeutet indes keine uneingeschränkte Verlässlichkeit. So können die Annahmen des Modells einerseits nicht verlässlich sein und andererseits fließen mit dem Betafaktor des Fremdkapitals und der Marktrisikoprämie zwei Parameter ein, deren Verlässlichkeit eingeschränkt ist. Der gesamte zeitliche Aufwand kann unter Beachtung der Bedeutung des verschuldeten Betafaktors als angemessen angesehen werden. Lediglich bei der Bestimmung des Betafaktors des Fremdkapitals kann ein größerer zeitlicher Aufwand entstehen. Dies hängt im Wesentlichen davon ab, ob für einzelne Fremdkapitaltitel ein individueller Betafaktor des Fremdkapitals bestimmt wird oder die mit dem Fremdkapital verbundenen Zahlungen einer Periode gemeinsam betrachtet werden. Es besteht somit ein Spannungsfeld zwischen dem Detaillierungsgrad und somit der Sachgerechtigkeit sowie dem zeitlichen Aufwand. Dies ermöglicht, den zeitlichen Aufwand an den aufgrund des Bewertungsanlasses geforderten Detaillierungsgrad anzupassen.

Im Vergleich zu den in Kapitel 3 dargestellten, konkret für eine Finanzierungspolitik abgeleiteten Anpassungsformeln, entsteht durch das hier beschriebene Vorgehen aufgrund der Typisierung kein wesentlicher zusätzlicher zeitlicher Aufwand. Allerdings weist die allgemeine Anpassungsformel im Rahmen des Releverns gegenüber den übrigen dargestellten Anpassungsformeln Vorteile hinsichtlich der Berücksichtigung des Steuervorteils auf. So lässt sich eine in der Detailplanungsphase von der Phase der ewigen Rente abweichende Unsicherheit sachgerecht berücksichtigen. Daher ist im Rahmen des Releverns die Anwendung dieser Formel zu empfehlen.

43 Zusammenfassender Überblick zu den Konkretisierungen beim Un- und Relevern

In den vorherigen Abschnitten wurden getrennt nach Un- und Relevern Möglichkeiten betrachtet, die Parameter der allgemeinen Anpassungsformel zu bestimmen sowie für jeden Parameter ein konkretes Vorgehen empfohlen. Aufgrund der unterschiedlichen Anforderungen an die beiden Schritte unterscheidet sich die Konkretisierung für die Parameter beim Un- und Relevern. Einen wesentlichen Unterschied hinsichtlich der Anforderung stellt der Aspekt dar, dass beim Unlevern eine Äquivalenz zu den Erwartungen der Marktteilnehmer in dem verschuldeten Betafaktor erforderlich ist und beim Relevern eine Äquivalenz zu den Annahmen in den finanziellen Überschüssen des Bewertungsobjektes.

	Unlevern	**Relevern**	
		Detailplanungsphase	**Ewige Rente**
	$ß^u_{Ek} = \frac{ß^v_{Ek} \cdot EK + ß_{FK} \cdot FK - ß_{TS} \cdot TS}{EK + FK - TS}$	$ß^v_{EK} = ß^u_{EK} + (ß^u_{EK} - ß_{FK}) \cdot \frac{FK}{EK} - (ß^u_{EK} - ß_{TS}) \cdot \frac{TS}{EK}$	
Allgemein	- Äquivalenz zu den Erwartungen der Marktteilnehmer im Beobachtungszeitraum des $ß^v_{EK}$ - Durchschnittswerte bei Zeitpunktgrößen	- Äquivalenz zu den Annahmen im Bewertungsmodell - Wertkomponenten zu Beginn der Periode - Bezug zur jeweiligen Periode bei Betafaktoren und den Diskontierungszinssätzen (MRP und r_f)	- Wertkomponenten zu Beginn der Phase - Bezug zur gesamten Phase bei den Betafaktoren und den Diskontierungszinssätzen (MRP und r_f)
EK	- Sämtliche Eigenkapitalarten (z. B. Stamm- und Vorzugsaktien) sind zu berücksichtigen. - Wertbestimmung über den Marktkurs	- Regelmäßig Zielgröße im Rahmen der Unternehmensbewertung, sodass eine Zirkularität besteht - Zirkularitätsproblem lässt sich durch die Verwendung des Roll-Back-Verfahrens lösen.	- Zirkularitätsproblem lässt sich analytisch lösen.
$ß^u_{EK}$		- Entsprechend des beim Unlevern bestimmten $ß^u_{EK}$, soweit keine Korrekturen aufgrund veränderter operativer Risiken erforderlich sind	
$ß^v_{EK}$	- Ausgangsgröße - Unsicherheit sämtlicher Eigenkapitalarten		
FK	- Sämtliches zum Betrachungszeitpunkt bestehendes FK - Approximation der Marktwerte durch Buchwerte	- Roll-Back-Verfahren - Erwartete Fremdkapitalkosten äquivalent zu den Annahmen in den FÜ	- Lediglich das zum Beginn der Phase bestehende FK relevant - Erwartete Fremdkapitalkosten äquivalent zu den Annahmen in den FÜ
$ß_{FK}$	- Direkte Methode (lineare Regression) - Rückgriff auf vergleichbares FK bei nicht börsennotiertem FK	- Direkte Methode - Aus den Betafaktoren werden zuerst Renditen abgeleitet, dann Forward Rates und anschließend erneut Betafaktoren, die sich auf die jeweilige Periode/Phase beziehen. - Rückgriff auf vergleichbares FK generell für jede Periode erforderlich	- Teilweise Rückgriff auf vergleichbares FK erforderlich - Lediglich Unsicherheit des zu Beginn der Phase bestehenden FK
TS	- Aufgrund der nachstehenden Typisierung kein Einfluss auf die Anpassung	- Roll-Back-Verfahren - Erwartete Steuervorteile äquivalent zu den Annahmen in den FÜ	- Erwartete Steuervorteile äquivalent zu den Annahmen in den FÜ - Gesamtwachstumsrate ist zu berücksichtigen
$ß_{TS}$	- Typisierung: $ß_{TS} = ß^u_{EK}$	- Typisierung: $ß_{TS} = 0{,}5 \cdot ß^u_{EK}$	- Typisierung: $ß_{TS} = ß^u_{EK}$

Abbildung 4-8: Überblick der Konkretisierungen beim Un- und Relevern

Im Gegensatz zum Relevern ist beim Unlevern das betrachtete Unternehmen nicht zwangsläufig das Bewertungsobjekt, sondern kann auch ein Vergleichsunternehmen sein. Unabhängig davon, ob interne Daten vorliegen, sollten aufgrund der geforderten Äquivalenz zu den Markterwartungen beim Unlevern lediglich externe Daten verwandt werden. Die Parameter im Rahmen des Releverns wurden beispielhaft für ein Zwei-Phasenmodell konkretisiert. Abbildung 4-8 gibt einen kurzen Überblick über die Konkretisierung der Parameter beim Un- und Relevern.

Der Überblick macht deutlich, dass beim Un- und Relevern zwar teilweise ein ähnliches Vorgehen zur Ermittlung der Parameter vorgeschlagen wird, jedoch überwiegend Unterschiede bestehen. Die Unterschiede resultieren wie einleitend dargestellt aus der unterschiedlichen Anforderung an die Äquivalenz. So müssen **beim Unlevern** die Parameter die **durchschnittlichen Erwartungen** der Marktteilnehmer im Beobachtungszeitraum abbilden und sind somit **vergangenheitsorientiert** zu ermitteln. Hingegen müssen die Parameter beim Relevern die **Erwartungen zum Stichtag** widerspiegeln. Hierdurch wird die Sachgerechtigkeit einer Methode, die vergangenheitsorientierte Daten verwendet, im Rahmen des Unleverns anders beurteilt als beim Relevern. Daher ist z. B. die Sachgerechtigkeit der Verwendung der direkten Methode zur Ermittlung des Betafaktors des Fremdkapitals beim Relevern eingeschränkt.

Im Hinblick auf die Anwendbarkeit ist allgemein festzustellen, dass sowohl beim Un- als auch beim Relevern die Äquivalenzforderung wenig **Ermessensspielräume** zu lässt, was im Hinblick auf die Verlässlichkeit eines Parameters positiv ist. So sind beim Unlevern hierdurch z. B. der Zeitraum und das Intervall bei der Bestimmung des Durchschnittswertes festgelegt. Beim Relevern müssen die Annahmen, wie z. B. zur Ausschüttungsquote, den erwarteten Steuervorteilen oder den erwarteten Fremdkapitalkosten, denjenigen bei der Ableitung der finanziellen Überschüsse entsprechen. Da die Annahmen bereits bei der Ableitung der finanziellen Überschüsse festzulegen sind, bedingt die Ermittlung der Parameter beim Relevern weitgehend nur einen **geringen Aufwand**. Beim Unlevern hingegen kann es erforderlich sein mehrere Vergleichsunternehmen zu betrachten, für die die Parameter individuell zu bestimmen sind, sodass im Rahmen des Unleverns der Aufwand regelmäßig deutlich höher ist.

Ein weiterer Aspekt, bei dem sich die Gegebenheiten beim Un- und Relevern unterscheiden, sind die **verfügbaren Daten**. So können im Gegensatz zum Unlevern beim Relevern auch interne Daten verwandt werden. Beim Unlevern wird es aufgrund der ausschließlichen Verwendung externer Daten z. B. regelmäßig erforderlich sein, die Marktwerte des Fremdkapitals durch Buchwerte zu approximieren. Unter Rückgriff auf interne Daten lässt sich beim Relevern der Marktwert des Fremdkapitals hingegen sachgerecht anhand eines Zukunftserfolgsverfahrens bestimmen. Trotz der unterschiedlichen Datengrundlagen wurde sowohl beim Un- als auch Relevern festgestellt, dass sich die Unsicherheit des Steuervorteils nicht sachgerecht bestimmen lässt und daher eine Typisierung erforderlich ist.

Bei der Beurteilung von Methoden zur Ermittlung von Parametern für das Un- und Relevern, die im Rahmen dieser Arbeit nicht betrachtet wurden, sind die dargestellten Unterschiede hinsichtlich der Datengrundlage und der Anforderung zu beachten.

5 Zusammenfassung und Ausblick

Der Unternehmenswert wird regelmäßig anhand von Zukunftserfolgsverfahren bestimmt, bei denen die künftigen finanziellen Überschüsse mit einem Zinssatz diskontiert werden, der verdichtet als Rendite die finanziellen Überschüsse einer vergleichbaren Alternativanlage widerspiegelt. Für die künftigen finanziellen Überschüsse der Eigenkapitalgeber wird der Zinssatz als Eigenkapitalkosten bezeichnet. Damit die Eigenkapitalkosten eine vergleichbare Alternativanlage widerspiegeln, muss eine **Äquivalenz hinsichtlich der Unsicherheit, der zeitlichen Struktur und der Breite** zu den finanziellen Überschüssen der Eigenkapitalgeber gegeben sein. Somit muss auch eine Äquivalenz zu den Finanzierungsrisiken bestehen. Im Rahmen dieser Arbeit wurde mit dem CAPM ausschließlich das in der Bewertungspraxis dominierende Verfahren zur Bestimmung der Eigenkapitalkosten betrachtet. In dem Modell ist der Betafaktor des Eigenkapitals der einzige unternehmensindividuelle Parameter, der somit die Äquivalenz zu den finanziellen Überschüssen der Eigenkapitalgeber sicherstellen soll. Es wurde gezeigt, dass der Betafaktor üblicherweise aus **historischen Aktienkursen** des Bewertungsobjektes oder von Vergleichsunternehmen abgeleitet wird und daher zur Erfüllung der Risikoäquivalenz und Laufzeitäquivalenz in einem zweistufigen Verfahren an die **künftigen Finanzierungsrisiken des Bewertungsobjektes anzupassen** ist. Im ersten Schritt werden die operativen Risiken aus dem Betafaktor isoliert, indem der verschuldete Betafaktor um die enthaltenen Finanzierungsrisiken bereinigt wird. Nach dem sog. Unlevern werden in einem zweiten Schritt, dem sog. Relevern, die operativen Risiken um den Einfluss der künftigen Finanzierung des Bewertungsobjektes angepasst. Für das Un- und Relevern wurden im dritten Kapitel spezielle Anforderungen abgeleitet:

- Damit sich die operativen Risiken anhand des **Unleverns sachgerecht** isolieren lassen, müssen die Anpassungsformeln alle Einflussfaktoren berücksichtigen, die sich aufgrund der Finanzierung des Unternehmens auf den Betafaktor ergeben. Des Weiteren müssen die Einflussparameter die Erwartungen der Marktteilnehmer im Beobachtungszeitraum des historischen Betafaktors widerspiegeln.

- Beim **Relevern** müssen zur Erfüllung der **Sachgerechtigkeit** ebenfalls alle Einflussparameter in der Anpassungsformel berücksichtigt werden, jedoch müssen die Parameter äquivalent zu den Annahmen in den künftigen finanziellen Überschüssen des Bewertungsobjektes sein.

- Neben der Sachgerechtigkeit ist sowohl beim Un- als auch beim Relevern die **Anwendbarkeit** zu beachten. Im Hinblick auf die Beurteilung der Anwendbarkeit sind zwei Stufen zu unterscheiden. Zum einen ist dies die Überprüfung der grundsätzlichen Anwendbarkeit, die gegeben ist, wenn sich die Parameter ermitteln bzw. schätzen lassen. Zum anderen ist die Güte der Anwendbarkeit zu beurteilen, die davon abhängt, ob die Parameter auch verlässlich und mit einem angemessenen Aufwand bestimmt bzw. geschätzt werden können.

Die im Schrifttum im Wesentlichen diskutierten Anpassungsformeln wurden im dritten Kapitel kritisch hinsichtlich einer vollständigen Berücksichtigung der Einflussfaktoren analysiert:

- Die Anpassungsformeln unterscheiden sich aufgrund von **Annahmen zu wesentlichen Einflussparametern**, wie dem Betafaktor des Fremdkapitals, dem Betafaktor des Steuervorteils und dem Wert des Steuervorteils. Im Schrifttum werden die Anpassungsformeln regelmäßig konkret für eine Finanzierungspolitik hergeleitet. Hierbei werden aus der Finanzierungspolitik vor allem Annahmen zur Unsicherheit des Steuervorteils abgeleitet. Es wurde jedoch gezeigt, dass dies nicht zu empfehlen ist, da der Parameter nicht ausschließlich durch die Finanzierungspolitik determiniert wird.

- Da weder der **Wert noch der Betafaktor des Steuervorteils** explizit in die betrachteten Anpassungsformeln einfließen, sind sie lediglich in Ausnahmefällen sachgerecht. Hinsichtlich des Betafaktors ist die Anpassungsformel für eine autonome Finanzierungspolitik von EHRHARDT/DAVES eine Ausnahme, da dort der Betafaktor des Steuervorteils explizit einfließt und sich die Unsicherheit somit individuell berücksichtigen lässt. In den übrigen, im dritten Kapitel dargestellten Anpassungsformeln werden nicht alle Determinanten der Unsicherheit des Steuervorteils berücksichtigt. Hinsichtlich des Steuervorteils wird in allen Anpassungsformeln eine vollständige steuerliche Abzugsfähigkeit der Fremdkapitalkosten unterstellt. Aufgrund der vereinfachten Berücksichtigung des Wertes des Steuervorteils ist ferner die Sachgerechtigkeit bei den für die autonome Finanzierungspolitik und die atmende Finanzierungspolitik zu Buchwerten hergeleiteten Anpassungsformeln in einem üblicherweise in der Bewertungspraxis angewandten Mehr-Phasenmodell nicht gegeben. Lediglich die Anpassungsformel bei einer atmenden Finanzierungspolitik zu Marktwerten lässt sich sachgerecht in einem Mehr-Phasenmodell anwenden, soweit der unverschuldete Betafaktor und der Betafaktor des Steuervorteils in allen Perioden identisch sind.

- Die tatsächliche Umsetzung der Finanzierungspolitik ist eine weitere Voraussetzung für die Anwendung der Formeln. Allerdings ist sowohl die Annahme einer autonomen Finanzierungspolitik als auch die einer atmenden Finanzierungspolitik eher realitätsfern. Die klassischen Anpassungsformeln für eine autonome Finanzierungpolitik von HAMADA und CONINE nehmen gar den Extremfall eines konstanten Fremdkapitalbestands an.

- Es wurden für alle Finanzierungsannahmen Anpassungsformeln dargestellt, in denen der Marktwert des Eigen- und Fremdkapitals und der Betafaktor des Fremdkapitals als weitere wesentliche Einflussfaktoren explizit einfließen. Hierdurch ist theoretisch eine sachgerechte Berücksichtigung der Parameter möglich.

Aufgrund dieser Ergebnisse wurde im vierten Kapitel zunächst eine allgemeine Anpassungsformel, in die sämtliche wesentliche Einflussfaktoren **explizit** einfließen, hergeleitet. Um die Anwendbarkeit und die Sachgerechtigkeit dieser Formel zu beurteilen, wurde getrennt für das Un- und Relevern das Vorgehen konkretisiert, die Parameter der allgemeinen Anpassungsformel zu bestimmen, und hinsichtlich der Anforderungen kritisch analysiert. Für das **Unlevern** wurden folgende wesentliche Ergebnisse ermittelt:

- Um eine Äquivalenz zu den Markterwartungen im Beobachtungszeitraum des verschuldeten Betafaktors herzustellen, müssen sich die Parameter auf den gesamten Zeitraum beziehen. Daher sollten Zeitpunktgrößen im Gegensatz zum regelmäßigen Vorgehen in der Bewertungspraxis als **Durchschnittswerte des Beobachtungszeitraumes** bestimmt werden.
- Die verschuldeten Betafaktoren einzelner Eigenkapitalarten, wie Stamm- und Vorzugsaktien, lassen sich nicht einzeln entschulden, sodass der gesamte **Marktwert des Eigenkapitals** zu berücksichtigen ist. Aufgrund der geforderten Äquivalenz zu den Erwartungen der Marktteilnehmer kann die Ableitung des Marktwertes anhand des Aktienkurses als sachgerecht angesehen werden. Der **Betafaktor des Eigenkapitals** stellt grundsätzlich die Ausgangsgröße dar, jedoch muss sich dieser auf das gesamte Eigenkapital beziehen. Die Anwendbarkeit ist sowohl hinsichtlich des Marktwertes des Eigenkapitals als auch des Betafaktors des Eigenkapitals eingeschränkt, wenn Anteile existieren, die nicht börsennotiert sind. Vereinfachend kann eine Vergleichbarkeit zu börsennotierten Anteilen angenommen werden. Dies kann auch erforderlich sein, wenn die Kurse durch Spekulationen verzerrt sind. Durch die Annahme kann die Sachgerechtigkeit eingeschränkt sein.
- Unternehmen sind regelmäßig durch **verschiedene Fremdkapitalarten** finanziert. Insbesondere kann nicht davon ausgegangen werden, dass ein Unternehmen nur börsennotierte Fremdkapitaltitel besitzt. Es wurde gezeigt, dass es unter restriktiven Bedingungen sachgerecht ist, nicht sämtliche Fremdkapitaltitel beim Unlevern zu berücksichtigen. Kapitalpositionen brauchen immer dann nicht berücksichtigt werden, wenn sich der Einfluss des Kapitals künftig voraussichtlich nicht verändern wird. Der Einfluss wird durch das Verhältnis des entsprechenden Kapitals zum angenommenen Marktwert des Eigenkapitals eines fiktiv unverschuldeten Unternehmens und dem Betafaktor des entsprechenden Kapitals determiniert. Wenngleich es unter den restriktiven Bedingungen nicht erforderlich ist, wird empfohlen, das gesamte Fremdkapital zu berücksichtigen. Das regelmäßige Vorgehen in der Bewertungspraxis, lediglich das verzinsliche Fremdkapital zu berücksichtigen, ist kritisch zu sehen, da nicht sichergestellt wird, dass die Bedingungen erfüllt sind.
- Der **Marktwert des Fremdkapitals** wird in der Bewertungspraxis regelmäßig durch Buchwerte approximiert. Im Schrifttum wird die Verwendung von Buchwerten vor allem in Zeiten sich verändernder Bedingungen kritisch gesehen. Es konnte jedoch deutlich gemacht werden, dass hierbei eine differenzierte Beurteilung erforderlich ist. So werden im Rahmen der IFRS veränderte Bedingungen teilweise im Buchwert des Fremdkapitals abgebildet. Allerdings sollte beim Rückgriff auf Jahresabschlussdaten nicht nur auf die Bilanzwerte abgestellt werden, sondern auch auf die Anhangangaben. So sind z. B. nach IFRS 7.25 für die unterschiedlichen Klassen von Verbindlichkeiten grundsätzlich die beizulegenden Zeitwerte im Anhang anzugeben. Wenn auf dieser Basis der durchschnittliche Buchwert im Beobachtungszeitraum bestimmt werden soll, wurde empfohlen, auf die jeweils bisher veröffentlichten Bilanzdaten bis zum Veröffentlichungszeitpunkt neuerer Informationen zurückzugreifen.
- Mit der direkten und der indirekten Methode wurden zwei Möglichkeiten betrachtet, den **Betafaktor des Fremdkapitals** zu bestimmen. Im Rahmen der direkten Methode wird der Be-

tafaktor unmittelbar anhand der linearen Regression der Fremdkapitalrendite mit der Rendite des Marktes bestimmt. Bei der indirekten Methode wird der Betafaktor ausgehend von der Fremdkapitalrendite implizit aus dem CAPM abgeleitet, sodass die Marktrisikoprämie und der risikolose Zinssatz als weitere Parameter in die Ermittlung einfließen.

- Aufgrund der theoretischen Analyse und der Ergebnisse eigener Untersuchungen zu den Ermittlungsmethoden des Betafaktors des Fremdkapitals wird im Rahmen des Unleverns **empfohlen, soweit möglich, die direkte Methode anzuwenden**. So ist die direkte Methode hinsichtlich der **Sachgerechtigkeit** der von der Bewertungspraxis üblicherweise angewandten indirekten Methode überlegen. Dies resultiert einerseits daraus, dass sich aus der Rendite bis zur Endfälligkeit und auch anhand der Durchschnittszinsmethode nicht die Rendite ableiten lässt, die von den Marktteilnehmern aufgrund der systematischen Risiken des Fremdkapitals erwartet wird. Daher spiegelt der hieraus abgeleitete Betafaktor ebenfalls nicht nur die systematische Unsicherheit, die im Rahmen der Anwendung des CAPM relevant ist, wider. Andererseits muss bei der direkten Methode nicht auf die erwartete Marktrisikoprämie zurückgegriffen werden, deren verlässliche und sachgerechte Ermittlung eingeschränkt ist. Wenngleich die direkte Methode hinsichtlich der **Anwendbarkeit** ebenfalls eingeschränkt ist, können die Einschränkungen vor allem auch im Vergleich zu den Schwächen im Hinblick auf die Sachgerechtigkeit und die Anwendbarkeit der Alternativen als akzeptabel angesehen werden. Die grundsätzliche Möglichkeit die direkte Methode anzuwenden ist nicht gegeben, wenn keine vergleichbaren Fremdkapitaltitel börsennotiert sind. Dieses dürfte indes aufgrund der Vielzahl an Anleihen eher der Ausnahmefall sein.

- Einer der wesentlichen Gründe für die Anwendung der allgemeinen Anpassungsformel stellt die Möglichkeit dar, den **Wert des Steuervorteils und dessen Unsicherheit** explizit zu berücksichtigen. Die Möglichkeiten zur Bestimmung sowohl des Wertes als auch der Unsicherheit des Steuervorteils sind indes eingeschränkt. Hinsichtlich der Unsicherheit des Steuervorteils wurde sogar festgestellt, dass sich dieser nicht sachgerecht und verlässlich bestimmen lässt. Unter Beachtung der Determinanten der Unsicherheit des Steuervorteils wird daher im Rahmen des Unleverns empfohlen, typisierend eine Unsicherheit in Höhe des unverschuldeten Betafaktors anzunehmen.

Ausgehend von dem im Rahmen des Unleverns bestimmten unverschuldeten Betafaktor wird durch das **Relevern** der verschuldete Betafaktor des Bewertungsobjektes bestimmt. Beim Relevern ergeben sich unter Beachtung der Anforderungskriterien folgende wesentliche Ergebnisse für ein Zwei-Phasenmodell:

- Der Marktwert des Eigenkapitals als Parameter der Anpassungsformel stellt regelmäßig die Zielgröße einer Unternehmensbewertung dar, sodass ein Zirkularitätsproblem entsteht. Dieses lässt sich in der Phase der ewigen Rente analytisch lösen. Ausgehend von dem zirkularitätsfreien Wert der ewigen Rente lässt sich auch in der Detailplanungsphase ein zirkularitätsfreier Wert durch Anwendung des **Roll-Back-Verfahrens** bestimmen.

- Durch die periodische Diskontierung im Roll-Back-Verfahren muss sich in der Detailplanungsphase zur Erfüllung der Äquivalenzkriterien der Diskontierungszinssatz auf die entsprechenden Perioden beziehen. In der Phase der ewigen Rente kann hingegen lediglich ein einheitlicher Diskontierungszinssatz für die gesamte Phase verwandt werden. Die zum Stichtag erwartete Rendite einer künftigen Periode bzw. Phase lässt sich anhand von **Forward Rates** bestimmen.
- Hinsichtlich der Eigenkapitalkosten müssen sich hierfür sowohl der risikolose Zinssatz und die Marktrisikoprämie als auch der verschuldete Betafaktor auf die entsprechenden Perioden beziehen. Der in der Bewertungspraxis regelmäßig angewandte einheitliche Basiszinssatz erfüllt diese Anforderung nicht. Soweit die Marktrisikoprämie, wie in der Bewertungspraxis üblich, laufzeitunabhängig angenommen wird, unterscheiden sich die Spot und Forward Rates nicht. Damit sich der **verschuldete Betafaktor** und somit die Zielgröße beim Relevern auf die entsprechenden Perioden bezieht, sind sowohl die Marktwerte des Eigen- und Fremdkapitals als auch der Wert des Steuervorteils jeweils zu Periodenbeginn zu bestimmen. Die in die Anpassungsformel einfließenden Betafaktoren sind für die entsprechenden Perioden zu ermitteln.
- Unabhängig von der Möglichkeit, die Parameter der allgemeinen Anpassungsformel zu bestimmen, ist die **Eignung der Formel** dadurch **eingeschränkt**, dass sich der verschuldete Betafaktor auf das gesamte Eigenkapital bezieht. Aus dem verschuldeten Betafaktor lässt sich die Unsicherheit von Eigenkapitalarten lediglich herausrechnen, wenn der individuelle Betafaktor und der Marktwert bekannt sind. Dies gilt jedoch ebenfalls für die im dritten Kapitel dargestellten Formeln.
- Der **Betafaktor des Fremdkapitals** lässt sich sowohl anhand der indirekten als auch der direkten Methode periodenindividuell ableiten. Wenngleich der anhand der direkten Methode bestimmte Betafaktor das Stichtagsprinzip nur eingeschränkt erfüllt, können die Schwächen der indirekten Methode hinsichtlich der Sachgerechtigkeit unter Beachtung der empirischen Untersuchung zum Betafaktor des Fremdkapitals als bedeutender angesehen werden. Auf der Grundlage der kritischen Analyse der beiden Methoden hinsichtlich der Sachgerechtigkeit und Anwendbarkeit wird beim Relevern ebenfalls die Anwendung der direkten Methode empfohlen.
- Der **Betafaktor des Steuervorteils** lässt sich, wie auch beim Unlevern, lediglich typisiert bestimmen. Allerdings wird empfohlen, dass aufgrund einer höheren Prognosegenauigkeit in der Detailplanungsphase lediglich der halbe unverschuldete Betafaktor angesetzt wird. In der Phase der ewigen Rente sollte, wie auch beim Unlevern, der unverschuldete Betafaktor angesetzt werden.

Die **Marktwerte des Fremdkapitals** und **der Wert des Steuervorteils** lassen sich wie auch der Marktwert des Eigenkapitals periodenindividuell anhand des Roll-Back-Verfahrens bestimmen. Da jeweils der Betafaktor als individueller Parameter des CAPM ein eigenständiger Parameter der Anpassungsformel ist, lässt sich der Diskontierungszinssatz ohne wesentlichen zusätzlichen Aufwand bestimmen. Die zu diskontierende Größe muss entsprechend der Annahmen in den finanziellen Überschüssen des Bewertungsobjektes bestimmt werden. Hinsichtlich des Steuervorteils muss hierbei beachtet werden, dass auch das thesaurierungsbedingte Wachstum die Steuervorteile beeinflusst und daher eine Gesamtwachstumsrate zu bestimmen ist. Da hinsichtlich des Fremdkapitals empfohlen wird, vereinfachend lediglich den Marktwert und den Betafaktor des bestehenden Fremdkapitals zu bestimmen, ist die Höhe des Wachstums hierbei nicht zu beachten.

Aufgrund der theoretischen Schwächen der im Schrifttum im Wesentlichen diskutierten Anpassungsformeln wurde hinsichtlich der Sachgerechtigkeit empfohlen, eine allgemeine Anpassungsformel zu verwenden, in der alle wesentlichen Einflussfaktoren explizit berücksichtigt werden. Im Gegensatz zu den in Kapitel 3 diskutierten Formeln werden somit der Wert des Steuervorteils und die Unsicherheit des Steuervorteils explizit berücksichtigt. Indes wurde festgestellt, dass sich die Unsicherheit des Steuervorteils bei Unlevern nicht verlässlich und sachgerecht bestimmen lässt. Aufgrund der Annahme einer typisierten Unsicherheit des Steuervorteils in Höhe des unverschuldeten Betafaktors ist keine Vorteilhaftigkeit der allgemeinen Anpassungsformel beim Unlevern gegenüber der Anpassungsformel von HARRIS/PRINGLE bei risikobehaftetem Fremdkapital festzustellen. Beim Relevern ist die Situation jedoch anders. So ist keine der in Kapitel 3 untersuchten Anpassungsformeln für die Anwendung in einem Mehr-Phasenmodell bei der abweichenden Unsicherheit zwischen den Phasen ohne restriktive Bedingungen geeignet. Im Rahmen der Konkretisierung wurde jedoch dargestellt, dass die Annahme einer identischen Unsicherheit des Steuervorteils in der Detailplanungsphase und der Phase der ewigen Rente unrealistisch ist. Daher wird für das Relevern die Anwendung der allgemeinen Anpassungsformel empfohlen.

Im Rahmen der Arbeit wurde gezeigt, dass das übliche Vorgehen der Bewertungspraxis, Finanzierungsrisiken bei der Eigenkapitalkostenermittlung zu berücksichtigen, theoretische Schwächen aufweist. Dies gilt sowohl für die Operationalisierung der Einflussfaktoren als auch im Hinblick auf die Anwendung von Anpassungsformeln in Situationen, für die die Formeln nicht hergeleitet wurden. Wenngleich für viele wesentliche Einflussfaktoren dargestellt wurde, wie sich diese sachgerecht unter Beachtung der Anwendbarkeit bestimmen lassen, war dies für den Betafaktor des Steuervorteils nicht möglich. Des Weiteren wurde im Rahmen der Arbeit deutlich, dass einerseits die Anpassung der Finanzierungsrisiken und anderseits allgemein die Ermittlung der Eigenkapitalkosten durch die üblicherweise verwandte historische Marktrisikoprämie sowohl in Bezug auf die Sachgerechtigkeit als auch die Anwendbarkeit eingeschränkt sind. Die Analyse von Möglichkeiten, die beiden Parameter verlässlich und mit angemessenem Aufwand sachgerecht zu bestimmen, sollte daher ein Schwerpunkt der künftigen Forschung darstellen.

Anhang

Anhang 1: Allgemeine Anpassungsformel zum Relevern

Durch Gleichsetzen von Formel 3-3 und Formel 3-4 lässt sich folgender Zusammenhang ableiten:

$$ß_{EK}^{v} \cdot \frac{EK}{EK + FK} + ß_{FK} \cdot \frac{FK}{EK + FK} = ß_{EK}^{u} \cdot \frac{EK^{u}}{EK^{u} + TS} + ß_{TS} \cdot \frac{TS}{EK^{u} + TS}$$

Da $GK = EK + FK = EK^{u} + TS$ gilt, kann durch Einsetzen von GK Formel 3-5 abgeleitet werden:

$$ß_{EK}^{v} \cdot \frac{EK}{GK} + ß_{FK} \cdot \frac{FK}{GK} = ß_{EK}^{u} \cdot \frac{EK^{u}}{GK} + ß_{TS} \cdot \frac{TS}{GK}$$

Wird EK^{u} durch $EK + FK - TS$ ersetzt, ergibt sich folgende Gleichung:

$$ß_{EK}^{v} \cdot \frac{EK}{GK} + ß_{FK} \cdot \frac{FK}{GK} = ß_{EK}^{u} \cdot \frac{EK + FK - TS}{GK} + ß_{TS} \cdot \frac{TS}{GK}$$

$$\Leftrightarrow ß_{EK}^{v} \cdot EK + ß_{FK} \cdot FK = ß_{EK}^{u} \cdot (EK + FK - TS) + ß_{TS} \cdot TS$$

$$\Leftrightarrow ß_{EK}^{v} \cdot \frac{EK}{EK} + ß_{FK} \cdot \frac{FK}{EK} = ß_{EK}^{u} \cdot \left(\frac{EK}{EK} + \frac{FK}{EK} - \frac{TS}{EK}\right) + ß_{TS} \cdot \frac{TS}{EK}$$

$$\Leftrightarrow ß_{EK}^{v} + ß_{FK} \cdot \frac{FK}{EK} = ß_{EK}^{u} \cdot \left(1 + \frac{FK}{EK} - \frac{TS}{EK}\right) + ß_{TS} \cdot \frac{TS}{EK}$$

$$\Leftrightarrow ß_{EK}^{v} = ß_{EK}^{u} \cdot \left(1 + \frac{FK}{EK} - \frac{TS}{EK}\right) - ß_{FK} \cdot \frac{FK}{EK} + ß_{TS} \cdot \frac{TS}{EK}$$

Weitere Umformungen führen zu Formel 4-1:

$$ß_{EK}^{v} = ß_{EK}^{u} + (ß_{EK}^{u} - ß_{FK}) \cdot \frac{FK}{EK} - (ß_{EK}^{u} - ß_{TS}) \cdot \frac{TS}{EK}$$

Anhang 2: Allgemeine Anpassungsformel zum Unlevern

Ausgehend von Formel 3-5 lässt durch Einsetzen von $EK + FK - TS$ für EK^u folgende Gleichung ableiten:

$$ß_{EK}^v \cdot \frac{EK}{GK} + ß_{FK} \cdot \frac{FK}{GK} = ß_{EK}^u \cdot \frac{EK + FK - TS}{GK} + ß_{TS} \cdot \frac{TS}{GK}$$

$$\Leftrightarrow ß_{EK}^v \cdot EK + ß_{FK} \cdot FK = ß_{EK}^u \cdot (EK + FK - TS) + ß_{TS} \cdot TS$$

$$\Leftrightarrow ß_{EK}^v \cdot EK + ß_{FK} \cdot FK - ß_{TS} \cdot TS = ß_{EK}^u \cdot (EK + FK - TS)$$

Weitere Umformungen führen zu Formel 4-2:

$$ß_{EK}^u = \frac{ß_{EK}^v \cdot EK + ß_{FK} \cdot FK - ß_{TS} \cdot TS}{EK + FK - TS}$$

Anhang 3: Auswirkung von in der Anpassungsformel nicht berücksichtigtem Kapital

Der Betafaktor eines Portfolios ergibt sich aus den mit dem Anteil gewichteten Betafaktoren der einzelnen Portfoliobestandteile.[940] Wird das Gesamtkapital fiktiv in die Positionen „nicht berücksichtigtes Kapital" und „in der Anpassungsformel als Eigen- und Fremdkapital berücksichtigtes Kapital" eingeteilt, kann der Betafaktor des Gesamtkapitals somit wie folgt bestimmt werden:

$$ß_{GK} = ß_{EK}^{v} \cdot \frac{EK}{GK} + ß_{FK} \cdot \frac{FK}{GK} + ß_{NBK} \cdot \frac{NBK}{GK}$$

Wird die vorstehende Gleichung mit Formel 3-3 gleichgesetzt, ergibt sich folgender Zusammenhang.

$$ß_{GK} = ß_{EK}^{v} \cdot \frac{EK}{GK} + ß_{FK} \cdot \frac{FK}{GK} + ß_{NBK} \cdot \frac{NBK}{GK} = ß_{EK}^{u} \cdot \frac{EK^{u}}{GK} + ß_{TS} \cdot \frac{TS}{GK}$$

EK^u kann durch $EK + FK + NBK - TS$ ersetzt werden, sodass sich folgende Gleichung ergibt:

$$ß_{EK}^{v} \cdot \frac{EK}{GK} + ß_{FK} \cdot \frac{FK}{GK} + ß_{NBK} \cdot \frac{NBK}{GK} = ß_{EK}^{u} \cdot \frac{EK + FK + NBK - TS}{GK} + ß_{TS} \cdot \frac{TS}{GK}$$

$$\Leftrightarrow ß_{EK}^{v} \cdot EK + ß_{FK} \cdot FK + ß_{NBK} \cdot NBK = ß_{EK}^{u} \cdot (EK + FK + NBK - TS) + ß_{TS} \cdot TS$$

$$\Leftrightarrow ß_{EK}^{v} \cdot EK + ß_{FK} \cdot FK + ß_{NBK} \cdot NBK = ß_{EK}^{u} \cdot (EK + FK - TS) + ß_{EK}^{u} \cdot NBK + ß_{TS} \cdot TS$$

$$\Leftrightarrow \frac{ß_{EK}^{v} \cdot EK + ß_{FK} \cdot FK - ß_{TS} \cdot TS}{EK + FK - TS} = ß_{EK}^{u} + (ß_{EK}^{u} - ß_{NBK}) \cdot \frac{NBK}{EK + FK - TS}$$

Der linke Teil der Gleichung entspricht nach Formel 4-2 dem unverschuldeten Betafaktor, der sich ergibt, wenn NBK in der Anpassungsformel nicht berücksichtigt wird. Demnach gibt $(ß_{EK}^{u} - ß_{NBK}) \cdot \frac{NBK}{EK+FK-TS}$ die in dem „unverschuldeten" Betafaktor verbleibenden Finanzierungsrisiken an, wenn Kapital teilweise beim Unlevern nicht berücksichtigt wird. Hierbei gibt $EK + FK - TS$ den Wert an, der für das Eigenkapital eines fiktiv unverschuldeten Unternehmens in der Anpassungsformel angenommen wird, wenn NBK nicht berücksichtigt wird.

[940] Vgl. SHARPE, W. F./COOPER, G. M., Risk-Return, S. 49.

Anhang 4: Robuster Standardfehler und das daraus abgeleitete Konfidenzintervall getrennt nach den Rating Kategorien

	Robuster Standardfehler des Betafaktors	Robustes Konfidenzintervall (α=0,05)
Rating	**Arith. Mittelwert**	**Arith. Mittelwert**
AA-/AA	0,0171	[-0,117; -0,049]
A	0,0160	[-0,092; -0,029]
BBB+	0,0225	[-0,109; -0,020]
BBB	0,0232	[-0,046; 0,046]
BBB-	0,0283	[-0,062; 0,051]
BB	0,0345	[-0,024; 0,113]

Quellenverzeichnis

Literaturverzeichnis

ADAM, DIETRICH, Investitionsrechnung bei Unsicherheit, in: Handwörterbuch des Bank- und Finanzwesens, hrsg. v. Gerke, Wolfgang/Steiner, Manfred, 3. Aufl., Stuttgart 2001, S. 1142-1158 (Investitionsrechnung bei Unsicherheit).

ADERS, CHRISTIAN, Unternehmensbewertung bei Preisinstabilität und Inflation, Frankfurt a. M. 1998 (Unternehmensbewertung bei Preisinstabilität und Inflation).

ADERS, CHRISTIAN/WAGNER, MARC, Kapitalkosten in der Bewertungspraxis: Zu hoch für die „New Economy" und zu niedrig für die „Old Economy" – Eine kritische Analyse impliziter Annahmen zu Debt Beta, Wachstum und der Sicherheit von Tax Shields, in: FB 2004, S. 30-42 (Kapitalkosten in der Bewertungspraxis).

ALTMAN, EDWARD I., Financial Ratios, Discriminant Analysis and the Prediction of Corporate Bankruptcy, in: JoF 1968, S. 589-609 (Financial Ratios).

AMATO, JEFFREY D./REMOLONA, ELI M., The Credit Spread Puzzle, in: BIS Quarterly Review December 2003, hrsg. v. Bank of International Settlements, S. 51-63 (Credit Spread).

ARBEITSKREIS „FINANZIERUNG" DER SCHMALENBACH-GESELLSCHAFT DEUTSCHE GESELLSCHAFT FÜR BETRIEBSWIRTSCHAFT E. V., Wertorientierte Unternehmenssteuerung mit differenzierten Kapitalkosten, in: zfbf 1996, S. 543-578 (Wertorientierte Unternehmenssteuerung).

ARBEITSKREIS BEWERTUNG NICHT BÖRSENNOTIERTER UNTERNEHMEN DES IACVA E. V., Bewertung nicht börsennotierter Unternehmen – Die Berücksichtigung von Insolvenzwahrscheinlichkeiten, in: BP 2011, Nr. 1, S. 12-22 (Bewertung nicht börsennotierter Unternehmen).

ARZAC, ENRIQUE/GLOSTEN, LAWRENCE R., A Reconsideration of Tax Shield Valuation, in: European Financial Management 2005, S. 453-461 (Tax Shield Valuation).

BACHMANN, ULF, Die Komponenten des Kreditspreads – Zinsstrukturunterschiede zwischen ausfallbehafteten und risikolosen Anleihen, Wiesbaden 2004 (Die Komponenten des Kreditspreads).

BAETGE, JÖRG, Möglichkeiten der Objektivierung des Jahreserfolges, Düsseldorf 1970 (Objektivierung).

BAETGE, JÖRG/KIRSCH, HANS-JÜRGEN/THIELE, STEFAN, Bilanzanalyse, 2. Aufl., Düsseldorf 2004 (Bilanzanalyse).

BAETGE, JÖRG/KIRSCH, HANS-JÜRGEN/THIELE, STEFAN, Bilanzen, 11. Aufl., Düsseldorf 2011 (Bilanzen).

BAETGE, JÖRG/KIRSCH, HANS-JÜRGEN/THIELE, STEFAN, Konzernbilanzen, 9. Aufl., Düsseldorf 2011 (Konzernbilanzen).

BAETGE, JÖRG/KRAUSE, CLEMENS, Die Berücksichtigung des Risikos bei der Unternehmensbewertung – Eine empirisch gestützte Betrachtung des Kalkulationszinses, in: BFuP 1994, S. 433-456 (Die Berücksichtigung des Risikos).

BAETGE, JÖRG/KRUSE, ARIANE, Objektivität der Urteilsbildung, in: Lexikon der Internen Revision, hrsg. v. Lück, Wolfgang, München u. a. 2001, S. 204 (Objektivität der Urteilsbildung).

BAETGE, JÖRG/NIEMEYER, KAI/KÜMMEL, JENS/SCHULZ, ROLAND, Bewertungsverfahren – Teil B: Darstellung der Discounted Cashflow-Verfahren (DCF-Verfahren) mit Beispiel, in: Praxishandbuch der Unternehmensbewertung, hrsg. v. Peemöller, Volker H., 5. Aufl., Herne 2012, S. 349-498 (Bewertungsverfahren).

BAETGE, JÖRG/ROLVERING, ANDREA/HAENELT, TIMO/GRAUPE, FABIAN, IAS 34 – Zwischenberichterstattung (Interim Financial Reporting), in: Rechnungslegung nach IFRS – Kommentar auf der Grundlage des deutschen Bilanzrechts, Bd. 2, hrsg. v. Baetge, Jörg/Wollmert, Peter/Kirsch, Hans-Jürgen/Oser, Peter/Bischof, Stefan, 2. Aufl., Stuttgart 2003, 12. Ergänzungslieferung 2010 (IAS 34).

BAETGE, JÖRG/VON KEITZ, ISABEL/WÜNSCHE, BENEDIKT, Bilanzbonitäts-Rating von Unternehmen, in: Handbuch Rating, hrsg. v. Büschgen, Hans E./Everling, Oliver, 2. Aufl., Wiesbaden 2007, S. 475-496 (Bilanzbonitäts-Rating von Unternehmen).

BALLWIESER, WOLFGANG, Unternehmensbewertung und Komplexitätsreduktion, 3. Aufl., Wiesbaden 1990 (Unternehmensbewertung und Komplexitätsreduktion).

BALLWIESER, WOLFGANG, Der Kalkulationszinsfuß in der Unternehmensbewertung: Komponenten und Ermittlungsprobleme, in: WPg 2002, S. 736-743 (Der Kalkulationszinsfuß in der Unternehmensbewertung).

BALLWIESER, WOLFGANG, Unternehmensbewertung – Prozeß, Methoden und Probleme, 2. Aufl., Stuttgart 2007 (Unternehmensbewertung).

BALLWIESER, WOLFGANG, Unternehmensbewertung – Prozeß, Methoden und Probleme, 3. Aufl., Stuttgart 2011 (Unternehmensbewertung).

BARCKOW, ANDREAS, IAS 39 – Finanzinstrumente: Ansatz und Bewertung (Financial Instruments: Recognition and Measurement), in: Rechnungslegung nach IFRS – Kommentar auf der Grundlage des deutschen Bilanzrechts, Bd. 3, hrsg. v. Baetge, Jörg/Wollmert, Peter/Kirsch, Hans-Jürgen/Oser, Peter/Bischof, Stefan, 2. Aufl., Stuttgart 2003, 14. Ergänzungslieferung 2011 (IAS 39).

BEIKER, HARTMUT, Überrenditen und Risiken kleiner Aktiengesellschaften – Eine theoretische und empirische Analyse des deutschen Kapitalmarktes von 1966 bis 1989, Köln 1993 (Überrenditen und Risiken kleiner Aktiengesellschaften).

BERENTZEN, CHRISTOPH, Die Bilanzierung von finanziellen Vermögenswerten im IFRS-Abschluss nach IAS 39 und nach IFRS 9 – Eine vergleichende Untersuchung der Entscheidungsnützlichkeit unter besonderer Berücksichtigung des Komplexitätsgrads, Lohmar-Köln 2010 (Die Bilanzierung von finanziellen Vermögenswerten).

BERK, JONATHAN B./DEMARZO, PETER M., Corporate Finance, 2. Aufl., Boston u. a. 2011 (Corporate Finance).

BIERMAN, HAROLD/OLDFIELD, GEORGE S., Corporate Debt and Corporate Taxes, in: JoF 1979, S. 951-956 (Corporate Debt and Corporate Taxes).

BLUME, MARSHALL E., On the Assessment of Risk, in: JoF 1971, S. 1-10 (On the Assessment of Risk).

BLUME, MARSHALL E., Betas and Their Regression Tendinces, in: JoF 1975, S. 785-795 (Betas and Their Regression Tendinces).

BÖCKING, HANS-JOACHIM/NOWAK, KARSTEN, Der Beitrag der Discounted Cash Flow-Verfahren zur Lösung der Typisierungsproblematik bei Unternehmensbewertungen – Eine Warnung vor einer „naiven" Übertragung modelltheoretischer Erkenntnisse auf die Bewertungspraxis, in: DB 1998, S. 685-690 (Discounted Cash Flow-Verfahren).

BODIE, ZVI/KANE, ALEX/MARCUS, ALAN J., Investments, 8. Aufl., Boston u. a. 2009 (Investments).

DE BODT, ERIC/LEVASSEUR, MICHEL, A Short Note on the Hamada Formula, Working Paper 2007, abrufbar unter: http://ssrn.com/abstract=976347, Stand: 12.3.2012 (A Short Note on the Hamada Formula).

BORN, KARL, Unternehmensanalyse und Unternehmensbewertung, 2. Aufl., Stuttgart 2003 (Unternehmensanalyse und Unternehmensbewertung).

BOWMAN, ROBERT G., The Importance of a Market-Value Measurement of Debt in Assessing Leverage, in: Journal of Accounting Research 1980, S. 242-253 (Market-Value Measurement of Debt).

BREALEY, RICHARD A./MYERS, STEWART C./ALLAN, FRANKLIN, Corporate Finance, 8. Aufl., Boston u. a. 2006 (Corporate Finance).

BREID, VOLKER, Erfolgspotentialrechnung – Konzeption im System einer finanzierungstheoretisch fundierten, strategischen Erfolgsrechnung, Stuttgart 1994 (Erfolgspotentialrechnung).

BRENNAN, M. J., Taxes, Market Valuation and Corporate Financial Policy, in: National Tax Journal 1970, S. 417-427 (Taxes, Market Valuation and Corporate Financial Policy).

BREUSCH, TREVOR S./PAGAN, ADRIAN R., A Simple Test for Heteroscedasticity and Random Coefficient Variation, in: Econometrica 1979, S. 1287-1294 (Heteroscedasticity).

BRÖSEL, GERRIT, Eine Systematisierung der Nebenfunktionen der funktionalen Unternehmensbewertung, in: BFuP 2006, S. 128-143 (Nebenfunktionen).

BUBERL, THOMAS, Kreditrisikobezogene Determinanten von Bond Spreads – Eine empirische Untersuchung am US Bondmarkt, Bamberg 2002 (Kreditrisikobezogene Determinanten von Bond Spreads).

BUSCH, KAI, Unternehmensbewertung von kleinen und mittleren Unternehmen (KMU) – Theorie und Praxis, Göttingen 2008 (Unternehmensbewertung von kleinen und mittleren Unternehmen).

BUSSE VON COLBE, WALTHER, Der Zukunftserfolg – Die Ermittlung des künftigen Unternehmenserfolges und seine Bedeutung für die Bewertung von Industrieunternehmen, Wiesbaden 1957 (Zukunftserfolg).

CASTEDELLO, MARC/DAVIDSON, RON/SCHLUMBERGER, ERIK, Unternehmensbewertung bei Halbeinkünfteverfahren und unsicheren Steuervorteilen – Ein praktikabler Ansatz, in: FB 2004, S. 369-376 (Unsichere Steuervorteile).

CLAUS, JAMES/THOMAS, JACOB, Equity Premia as Low as Three Percent? – Evidence from Analysts' Earnings Forecasts for Domestic and International Stock Markets, in: JoF 2001, S. 1629-1666 (Equity Premia).

CLUBB, COLIN D. B./DORAN, PAUL, Capital Budgeting, Debt Management and the APV Criterion, in: Journal of Business Finance & Accounting 1995, S. 681-694 (Capital Budgeting, Debt Management and the APV Criterion).

CONINE, THOMAS E., Corporate Debt and Corporate Taxes: An Extension, in: JoF 1980, S. 1033-1037 (Corporate Debt and Corporate Taxes).

COOPER, IAN A./DAVYDENKO, SERGEI A., Estimating the Cost of Risky Debt, in: Journal of Applied Corporate Finance 2007, S. 90-95 (Estimating the Cost of Risky Debt).

COOPER, IAN A./NYBORG, KJELL G., The Value of Tax Shields is Equal to the Present Value of Tax Shields, in: Journal of Financial Economics 2006, S. 215-225 (Value of Tax Shields).

COPELAND, THOMAS E./KOLLER, TIM/MURRIN, JACK, Unternehmenswert – Methoden und Strategien für eine wertorientierte Unternehmensführung, 3. Aufl., Frankfurt a. M. 2002 (Unternehmenswert).

CORREIA, CARLOS/FLYNN, DAVID/ULIANA, ENRICO/WORMALD, MICHAEL, Financial Management, 7. Aufl., Cape Town 2011 (Financial Management).

DAMODARAN, ASWATH, Damodaran on Valuation – Security Analysis for Investment and Corporate Finance, 2. Aufl., New Jersey 2006 (Damodaran on Valuation).

DAMODARAN, ASWATH, The Dark Side of Valuation – Valuing Young, Distressed, and Complex Businesses, 2. Aufl., New Jersey 2010 (The Dark Side of Valuation).

DASKE, HOLGER/GEBHARDT, GÜNTHER, Zukunftsorientierte Bestimmung von Risikoprämien und Eigenkapitalkosten für die Unternehmensbewertung, in: zfbf 2006, S. 530-551 (Risikoprämien und Eigenkapitalkosten).

DEUTSCHE BÖRSE AG, Leitfaden zu den Volatilitätsindizes der Deutschen Börse, 2007, abrufbar unter: http://www.boerse-frankfurt.de/DE/MediaLibrary/Document/Wissen/vdax_guide.pdf, Stand: 12.3.2012 (Leitfaden zu den Volatilitätsindizes der Deutschen Börse).

DEUTSCHE BÖRSE AG, REX und REXP – Indikatoren für deutsche Staatsanleihen, 2010, abrufbar unter: http://www.dax-indices.com/DE/MediaLibrary/Document/1_1%20FS%20REX%20und%20REXP_d.pdf, Stand: 12.3.2012 (REX und REXP).

DEUTSCHE BUNDESBANK (Hrsg.), Parameter (Monats- und Tageswerte), abrufbar unter: http://www.bundesbank.de/statistik/statistik_zeitreihen.php?lang=de&open=zinsen&func=list&tr=www_s140_it03c, Stand: 12.3.2012 (Parameter).

DEUTSCHE BUNDESBANK (Hrsg.), Zeitreihe ST0343, abrufbar unter: http://www.bundesbank.de/statistik/statistik_zeitreihen_download.php?func=directcsv&from=&until=&filename=bbk_ST0343&csvformat=de&euro=mixed&tr=ST0343, Stand: 12.3.2012 (EURIBOR).

DEUTSCHE BUNDESBANK (Hrsg.), Monatsbericht Dezember 2004 – Credit Default Swaps – Funktionen, Bedeutung und Informationsgehalt, 2004, abrufbar unter: http://www.bundesbank.de/download/volkswirtschaft/monatsberichte/2004/200412mb_bbk.pdf, Stand: 12.3.2012 (Credit Default Swaps).

DIERKES, STEFAN/GRÖGER, HANS-CHRISTIAN, Hybride Finanzierungspolitiken in der Unternehmensbewertung, in: CFB 2010, S. 59-64 (Hybride Finanzierungspolitiken).

DIMSON, ELROY/MARSH, PAUL R., The Stability of UK Risk Measures and the Problem of Thin Trading, in: JoF 1983, S. 753-783 (Thin Trading).

DINSTUHL, VOLKMAR, Konzernbezogene Unternehmensbewertung – DCF-orientierte Konzern- und Segmentbewertung unter Berücksichtigung der Besteuerung, Wiesbaden 2003 (Konzernbezogene Unternehmensbewertung).

DÖRSCHELL, ANDREAS/FRANKEN, LARS/SCHULTE, JÖRN, Praktische Probleme bei der Ermittlung der Kapitalkosten bei Unternehmensbewertungen, in: BP 2006, Nr. 3, S. 2-7 (Ermittlung der Kapitalkosten).

DÖRSCHELL, ANDREAS/FRANKEN, LARS/SCHULTE, JÖRN/BRÜTTING, CHRISTIAN, Ableitung CAPM-basierter Risikozuschläge bei der Unternehmensbewertung – eine kritische Analyse ausgewählter Problemkreise im Rahmen von IDW S 1 i. d. F. 2008, in WPg 2008, S. 1152-1162 (Risikozuschläge).

DÖRSCHELL, ANDREAS/FRANKEN, LARS/SCHULTE, JÖRN, Der Kapitalisier-ungszinssatz in der Unternehmensbewertung – Praxisgerechte Ableitung unter Verwendung von Kapitalmarktdaten, Düsseldorf 2009 (Kapitalisierungszinssatz).

DÖRSCHELL, ANDREAS/FRANKEN, LARS/SCHULTE, JÖRN, Kapitalkosten 2010 für die Unternehmensbewertung – Branchenanalysen für Betafaktoren, Fremdkapitalkosten und Verschuldungsgrade, Düsseldorf 2010 (Kapitalkosten 2010 für die Unternehmensbewertung).

DRUKARCZYK, JOCHEN, Unternehmensbewertung, 4. Aufl., München 2003 (Unternehmensbewertung).

DRUKARCZYK, JOCHEN/HONOLD, DIRK, Unternehmensbewertung, DCF-Methoden und der Wert steuerlicher Finanzierungsvorteile – Zur Leistungsfähigkeit von APV-, WACC- und Equity-Ansatz, in: ZBB 1999, S. 333-349 (Unternehmensbewertung).

DRUKARCZYK, JOCHEN/SCHÜLER, ANDREAS, Unternehmensbewertung, 6. Aufl., München 2009 (Unternehmensbewertung).

DURBIN, JAMES/WATSON, GEOFFREY STUART, Testing for Serial Correlation in Least Squares Regression, in: Biometrika Trust 1950, S. 409-428 (Serial Correlation).

EBERHARTINGER, EVA, Besteuerung und steuerliche Gestaltung hybrider Finanzierungsinstrumente, in: Hybride Finanzierungsinstrumente – Alternativen zur traditionellen Kreditfinanzierung, hrsg. v. Bischof, Matthias/Eberhartinger, Eva, Wien 2005, S. 119-140 (Hybride Finanzierungsinstrumente).

EHRHARDT, MICHAEL C./DAVES, PHILIPP R., Corporate Valuation: The Combined Impact of Growth and Tax Shield of Debt on the Cost of Capital and Systematik Risk, in: The Journal of Applied Finance 2002, S. 31-38 (Corporate Valuation).

EHRHARDT, MICHAEL C./SHRIEVES, RONALD E., The Impact of Warrants and Convertible Securities on the Systematic Risk of Common Equity, in: The Financial Review 1995, S. 843-856 (Systematic Risk of Common Equity).

ELTON, EDWIN J./GRUBER, MARTIN J./AGRAWAL, DEEPAK/MANN, CHRISTOPHER, Explaining the Rate Spread on Corporate Bonds, in: JoF 2001, S. 247-277 (Explaining the Rate Spread on Corporate Bonds).

ENZINGER, ALEXANDER/KOFLER, PETER, DCF-Verfahren: Anpassung der Beta-Faktoren zur Erzielung konsistenter Bewertungsergebnisse, in: RWZ 2011, Nr. 2, S. 52-57 (Anpassung der Betafaktoren).

ENZINGER, ALEXANDER/KOFLER, PETER, Das Adjusted-Present-Value-Verfahren in der Praxis – Zugleich ein Beitrag über Debt Beta und sichere bzw. unsichere Tax Shields, in: Unternehmensbewertung: Theoretische Grundlagen – Praktische Anwendung – Festschrift für Gerwald Mandl zum 70. Geburtstag, hrsg. v. Königsmaier, Heinz/Rabel, Klaus, Wien 2010, S. 185-215 (APV-Verfahren).

EVERLING, OLIVER, Credit Rating durch internationale Agenturen – Eine Untersuchung zu den Komponenten und instrumentalen Funktionen des Rating, Wiesbaden 1991 (Credit Rating).

EXANE DERIVATIVES (Hrsg.), ECI-Euro, abrufbar unter: http://www.topeci25.com/servlet/IndicesServlet?cde=2&cfin=50100, Stand: 12.3.2012 (ECI-Euro).

EXANE DERIVATIVES (Hrsg.), ECI-Europe, abrufbar unter: http://www.topeci25.com/servlet/IndicesServlet?cde=2&cfin=50200, Stand: 12.3.2012 (ECI-Europe).

FABOZZI, FRANK J., Fixed Income Mathematics – Analytical and Statistical Techniques, 4. Aufl., New York u. a. 2008 (Fixed Income Mathematics).

FABOZZI, FRANK J./MANN, STEVEN V., The Handbook of Fixed Income Securities, 7. Aufl., New York 2005 (The Handbook of Fixed Income Securities).

FAMA, EUGENE F., Risk-Adjusted Discount Rates and Capital Budgeting under Uncertainty, in: Journal of Financial Economics 1977, S. 3-24 (Risk-Adjusted Discount Rates).

FAMA, EUGENE F., Discounting under Uncertainty, in: The Journal of Business 1996, S. 415-428 (Discounting under Uncertainty).

FAMA, EUGENE F./FRENCH, KENNETH R., The CAPM is Wanted, Dead or Alive, in: The Journal of Business 1996, S. 1947-1958 (CAPM).

FAUßHAUER, JAN/BÖCKERN, HANNE, IAS 19R (rev. 2011) Employee Benefits – Konzeptioneller Befreiungsschlag und neue Herausforderungen, in: WPg 2011, S. 1003-1012 (IAS 19).

FELTEN, JEAN-BAPTISTE, Wert und Bewertung ganzer Unternehmungen unter besonderer Berücksichtigung der Energiewirtschaft, Köln 1958 (Wert und Bewertung ganzer Unternehmungen).

FERNÁNDEZ, PABLO, The Value of Tax Shields is Not Equal to the Present Value of Tax Shields, in: Journal of Financial Economics 2004, S. 145-165 (Value of Tax Shields).

FERNÁNDEZ, PABLO, The Value of Tax Shields Depends only on the Net Increases of Debt, Working Paper 2005, abrufbar unter: http://papers.ssrn.com/sol3/papers.cfm?abstract_id=827351, Stand: 12.3.2012 (Value of Tax Shields).

FERNÁNDEZ, PABLO, A More Realisitic Valuation: Adjusted Present Value and WACC with Constant Book Leverage Ratio, in: The Journal of Applied Finance 2007, S. 13-20 (A More Realisitic Valuation).

FERNÁNDEZ, PABLO, Levered and Unlevered Beta, Working Paper 2008, abrufbar unter: http://ssrn.com/abstract=303170, Stand: 12.3.2012 (Levered and Unlevered Beta).

FRANKE, GÜNTER, Kapitalmarkt und Separation, in: ZfB 1983, S. 239-260 (Kapitalmarkt und Separation).

FRANKE, GÜNTER/HAX, HERBERT, Finanzwirtschaft des Unternehmens und Kapitalmarkt, 6. Aufl., Berlin u. a. 2009 (Finanzwirtschaft des Unternehmens und Kapitalmarkt).

FRANKEN, LARS/SCHULTE, JÖRN, Beurteilung der Eignung von Betafaktoren mittels R^2 und t-Test: Ein Irrweg? – auch eine Replik zu Knoll, WPg 2010, S. 1106-1109, in: WPg 2010, S. 1110-1116 (Eignung von Betafaktoren).

FULLER, RUSSELL J./KERR, HALBERT S., Estimating the Divisional Cost of Capital – An Analysis of the Pure-Play Technique, in: JoF 1981, S. 997-1009 (Estimating the Divisional Cost of Capital).

GAHLON, JAMES M./GENTRY, JAMES A., On the Relationship between Systematic Risk and the Degrees of Operating and Financial Leverage, in: Financial Management 1982, S. 15-23 (Financial Leverage).

GLEIßNER, WERNER, Der Einfluss der Insolvenzwahrscheinlichkeit (Rating) auf den Unternehmenswert und die Eigenkapitalkosten – Zugleich Stellungnahme zum Fachtext Lobe, CORPORATE FINANCE biz 3/2010 S. 179 (182), in: CFB 2011, S. 243-251 (Insolvenzwahrscheinlichkeit).

GNAD, KARLHEINZ, Die Duration im Zinsrisikomanagement – Finanzinnovationen und bonitätsrisikobehaftete Fremdkapitaltitel, Wiesbaden 1996 (Die Duration im Zinsrisikomanagement).

GORDON, MYRON J./SHAPIRO, ELI, Capital Equipment Analysis: The Required Rate of Profit, in: Management Science 1956, S. 102-110 (Capital Equipment Analysis).

GRABOWSKI, ROGER J., Cost of Capital Estimation in the Current Distressed Enviroment, in: JA-RAF 2009, S. 31-40 (Cost of Capital Estimation).

GREGORY, JON, Counterparty Credit Risk – The New Challenge for Global Financial Markets, Chichester 2010 (Counterparty Credit Risk).

GROSSMAN, ROBERT J./HANSEN, MARTIN, CDS Spreads and Default Risk – Interpreting the Signals, in: Fitch Ratings – Special Report October 2010, S. 1-11 (CDS Spreads and Default Risk).

HACHMEISTER, DIRK, Die Abbildung der Finanzierung im Rahmen verschiedener Discounted Cash Flow-Verfahren, in: zfbf 1996, S. 251-277 (Abbildung der Finanzierung).

HACHMEISTER, DIRK, Diskontierung bei Unsicherheit, in: Ergebnisse des Berliner Workshops "Unternehmensbewertung" vom 7. Februar 1998, hrsg. v. Kruschwitz, Lutz/Löffler, Andreas, Berlin 1998, S. 25-33 (Diskontierung bei Unsicherheit).

HACHMEISTER, DIRK, Der Discounted Cash Flow als Maß der Unternehmenswertsteigerung, 3. Aufl., Frankfurt a. M. 1999 (Discounted Cash Flow).

HACKL, PETER, Einführung in die Ökonometrie, München 2005 (Ökonometrie).

HAMADA, ROBERT S., Portfolio Analysis, Market Equilibrium and Corporation Finance, in: JoF 1969, S. 13-31 (Portfolio Analysis, Market Equilibrium and Corporation Finance).

HAMADA, ROBERT S., The Effect of the Firm's Capital Structure on the Systematic Risk of Common Stocks, in: JoF 1972, S. 435-452 (Capital Structure).

HARRIS, ROBERT S./PRINGLE, JOHN J., Risk-Adjusted Discount Rates – Extensions from the Average-Risk Case, in: The Journal of Financial Research 1985, S. 237-244 (Risk-Adjusted Discount Rates).

HAYN, MARC, Unternehmensbewertung: Die funktionalen Wertkonzeptionen – Gemeinsamkeiten, Unterschiede und Konsequenzen für die Überarbeitung des Entwurfs der HFA-Stellungnahme 2/1983, in: DB 2000, S. 1346-1353 (Die funktionalen Wertkonzeptionen).

HEBESTREIT, CLAUDIA E./SCHRIMPF-DÖRGES, GERNOT, § 13. Rückstellungen, in: Beck'sches IFRS-Handbuch – Kommentierung der IFRS/IAS, hrsg. v. Bohl, Werner/Riese, Joachim/Schlüter, Jörg, 3. Aufl., München 2009, S. 477-542 (§ 13. Rückstellungen).

HEIDORN, WERNER, Fixkostenleverage und Risiko der Unternehmung, Göttingen 1985 (Fixkostenleverage und Risiko der Unternehmung).

HEINKE, VOLKER G., Informationswert von Credit Ratings, in: Kapitalmarktrating – Perspektiven für die Unternehmensfinanzierung, hrsg. v. Everling, Oliver/Schmidt-Bürgel, Jens, Wiesbaden 2005, S. 161-186 (Informationswert von Credit Ratings).

HERING, THOMAS, Investitionstheorie, 3. Aufl., München 2008 (Investitionstheorie).

HOFFMANN, WOLF-DIETER, § 21. Rückstellungen, Verbindlichkeiten, in: Haufe IFRS-Kommentar, hrsg. v. Lüdenbach, Norbert/Hoffmann, Wolf-Dieter, 9. Aufl., Freiburg 2011, S. 969-1064 (§ 21. Rückstellungen, Verbindlichkeiten).

HOWER, SASCHA, Steuerliche Vorteile der Fremdfinanzierung in der Unternehmensbewertung: Tax Shield des Fremdkapitals in Deutschland und den USA, Aachen 2006 (Steuerliche Vorteile der Fremdfinanzierung).

HULL, JOHN, Optionen, Futures und andere Derivate, 7. Aufl., München 2009 (Optionen, Futures und andere Derivate).

HULL, JOHN/PREDESCU, MIRELA/WHITE, ALAN, The Relationship between Credit Default Swap Spreads, Bond Yields, and Credit Rating Announcements, in: Journal of Banking & Finance 2004, S. 2789-2811 (Credit Default Swap Spreads).

IASB (Hrsg.), IAS 19 Employee Benefits, London 2004 (IAS 19 (2004)).

IASB (Hrsg.), IAS 34 Interim Financial Reporting, London 2010 (IAS 34).

IASB (Hrsg.), IAS 37 Provisions, Contingent Liabilities and Contingent Assets, London 2010 (IAS 37).

IASB (Hrsg.), IAS 39 Financial Instruments: Recognition and Measurement, London 2010 (IAS 39).

IASB (Hrsg.), IFRS 7 Financial Instruments: Disclosures, London 2010 (IFRS 7).

IASB (Hrsg.), IFRS 9 Financial Instruments, London 2010 (IFRS 9).

IASB (Hrsg.), Exposure Draft – Mandatory Effective Date of IFRS 9, London 2011 (ED – Mandatory Effective Date of IFRS 9).

IASB (Hrsg.), IAS 19 Employee Benefits, London 2011 (IAS 19 (2011)).

IASB (Hrsg.), IFRS 13 Fair Value Measurement, London 2011 (IFRS 13).

IDW (Hrsg.), Ergänzende Hinweise des FAUB zur Bestimmung des Basiszinssatzes im Rahmen objektivierter Unternehmensbewertungen, in: IDW FN 2008, S. 490-491 (Bestimmung des Basiszinssatzes).

IDW (Hrsg.), IDW-Standard: Grundsätze zur Durchführung von Unternehmensbewertungen (IDW S 1 i. d. F. 2008), in: WPg Supplement 2008, S. 68-89 (IDW S 1 (2008)).

IDW (Hrsg.), WP Handbuch 2008: Wirtschaftsprüfung, Rechnungslegung, Beratung, Bd. II, 13. Aufl., Düsseldorf 2008 (WP Handbuch).

IDW (Hrsg.), Unternehmensbewertung – Auswirkungen der Finanzmarkt- und Konjunkturkrise auf Unternehmensbewertungen, in: IDW FN 2009, S. 696-698 (Unternehmensbewertung).

IJIRI, YUJI/JAEDICKE, ROBERT K., Reliability and Objectivity of Accounting Measurements, in: The Accounting Review 1966, S. 474-483 (Reliability and Objectivity).

INSELBAG, ISIK/KAUFOLD, HOWARD, Two DCF Approaches for Valuing Companies under Alternative Financing Strategies – (And how to choose between them), in: Journal of Applied Corporate Finance 2004, S. 114-122 (Alternative Financing Strategies).

JACOBS, OTTO H., Internationale Unternehmensbesteuerung – Deutsche Investitionen im Ausland; Ausländische Investitionen im Inland, 7. Aufl., München 2011 (Internationale Unternehmensbesteuerung).

JÄHNCHEN, SVEN, Kapitalkosten von Versicherungsunternehmen – Fundamentale Betafaktoren als Erklärungsbeitrag zur Erfassung der Renditeforderungen der Eigenkapitalgeber, Wiesbaden 2009 (Kapitalkosten von Versicherungsunternehmen).

JONAS, MARTIN, Unternehmensbewertung in der Krise, in: FB 2009, S. 541-546 (Unternehmensbewertung in der Krise).

JONAS, MARTIN/LÖFFLER, ANDREAS/WIESE, JÖRG, Das CAPM mit deutscher Einkommensteuer, in: WPg 2004, S. 898-906 (Das CAPM mit deutscher Einkommensteuer).

JONAS, MARTIN/WIELAND-BLÖSE, HEIKE/SCHIFFARTH, STEFANIE, Basiszinssatz in der Unternehmensbewertung, in: FB 2005, S. 647-653 (Basiszinssatz in der Unternehmensbewertung).

KAPLAN, STEVEN N./STEIN, JEREMY C., How Risky is the Debt in Highly Leveraged Transactions?, in: Journal of Financial Economics 1990, S. 215-245 (Debt).

KEPPLER, MICHAEL, Risiko ist nicht gleich Volatilität, in: Die Bank 1990, S. 610-614 (Risiko).

KERN, CHRISTIAN/MÖLLS, SASCHA H., Ableitung CAPM-basierter Betafaktoren aus einer Peergroup-Analyse – Eine kritische Betrachtung alternativer Verfahrensweisen, in: CFB 2010, S. 440-448 (Ableitung CAPM-basierter Betafaktoren).

KING, TAO-HSIEN DOLLY/KHANG, KENNETH, On the Importance of Systematic Risk Factors in Explaining the Cross-Section of Corporate Bond Yield Spreads, in: Journal of Banking & Finance 2005, S. 3141-3158 (Corporate Bond Yield Spreads).

KIRSCH, HANS-JÜRGEN, Die Objektivierung künftiger Zahlungsströme bei einer Bewertung nach IFRS, in: Rechnungslegung und Wirtschaftsprüfung – Festschrift zum 70. Geburtstag von Professor Dr. Dr. h. c. Jörg Baetge, hrsg. v. Kirsch, Hans-Jürgen/Thiele, Stefan, Düsseldorf 2007, S. 359-380 (Objektivierung künftiger Zahlungsströme).

KIRSCH, HANS-JÜRGEN/KOELEN, PETER, IFRS-Rechnungslegung und Unternehmensbewertung – Möglichkeiten und Grenzen für Ersteller und Analysten, in: IFRS-Management: Interessenschutz auf dem Prüfstand – Treffsichere Unternehmensbeurteilung – Konsequenz Unternehmensbeurteilung, hrsg. v. Heyd, Reinhard/von Keitz, Isabel, München 2007, S. 279-301 (IFRS-Rechnungslegung und Unternehmensbewertung).

KIRSCH, HANS-JÜRGEN/KÖHLING, KATHRIN/DETTENRIEDER, DOMINIK, IFRS 13 – Bewertung zum beizulegenden Zeitwert (Fair Value Measurement), in: Rechnungslegung nach IFRS – Kommentar auf der Grundlage des deutschen Bilanzrechts, Bd. 1, hrsg. v. Baetge, Jörg/Wollmert, Peter/Kirsch, Hans-Jürgen/Oser, Peter/Bischof, Stefan, 2. Aufl., Stuttgart 2003, 16. Ergänzungslieferung 2011 (IFRS 13).

KLEEBERG, JOCHEN M., Die Eignung von Marktindizes für empirische Aktienmarktuntersuchungen, Wiesbaden 1991 (Marktindizes).

KNABE, MATTHIAS, Die Berücksichtigung von Insolvenzrisiken in der Unternehmensbewertung, Lohmar-Köln 2012 (Insolvenzrisiken in der Unternehmensbewertung).

KNOLL, LEONHARD, Äquivalenz zwischen signifikanten Werten des Beta-Faktors und des Bestimmtheitsmaßes – Anmerkungen zu Dörschell/Schulte/Brütting, WPg 2008, S. 1152-1162, in: WPg 2008, S. 1106-1109 (Bestimmtheitsmaß).

KNOLL, LEONHARD/VORNDRAN, PHILIPP/ZIMMERMANN, STEFAN, Risikoprämien bei Eigen- und Fremdkapital – vergleichbare Größen?, in: FB 2006, S. 380-384 (Risikoprämien bei Eigen- und Fremdkapital).

KOCAGIL, AHMET E./GLORMANN, FRANK/ESCOTT, PHIL, RiskCalc™ For Private Companies: The German Model – Modelingmethodology, 2001 (RiskCalc™ For Private Companies).

KOELEN, PETER, Investitionstheoretische Bewertungskalküle in der IFRS-Rechnungslegung – Möglichkeiten und Grenzen einer unternehmenswertorientierten Berichterstattung, Lohmar-Köln 2009 (Bewertungskalküle in der IFRS-Rechnungslegung).

KÖHLING, KATHRIN, Barwertorientierte Fair Value-Ermittlung für Renditeimmobilien in der IFRS-Rechnungslegung – Empfehlung zur Konkretisierung eines Bewertungskalküls, Lohmar-Köln 2011 (Barwertorientierte Fair Value-Ermittlung).

KOLLER, TIM/GOEDHART, MARC H./WESSELS, DAVID/COPELAND, THOMAS E., Valuation – Measuring and Managing the Value of Companies, 5. Aufl., New Jersey 2010 (Valuation).

KRUSCHWITZ, LUTZ/HUSMANN, SVEN, Finanzierung und Investition, 6. Aufl., München 2010 (Finanzierung und Investition).

KRUSCHWITZ, LUTZ/LÖFFLER, ANDREAS, Sichere und unsichere Steuervorteile bei der Unternehmensbewertung I – Kritische Anmerkungen (nicht nur) zum WP-Handbuch 1998, Working Paper 1999, abrufbar unter: http://www.econbiz.de/archiv/b/fub/bank/steuervorteile.pdf, Stand: 12.3.2012 (Sichere und unsichere Steuervorteile).

KRUSCHWITZ, LUTZ/LÖFFLER, ANDREAS, Mehr Fragen als Antworten im Zusammenhang mit Steuervorteilen bei der Unternehmensbewertung, in: Steuern, Rechnungslegung und Kapitalmarkt – Festschrift für Franz W. Wagner zum 60. Geburtstag, hrsg. v. Dirrigl, Hans/Wellisch, Dietmar/Wenger, Ekkehard, Wiesbaden 2004, S. 85-100 (Steuervorteile).

KRUSCHWITZ, LUTZ/LÖFFLER, ANDREAS, Kapitalkosten aus theoretischer und praktischer Perspektive, in: WPg 2008, S. 803-810 (Kapitalkosten aus theoretischer und praktischer Perspektive).

KRUSCHWITZ, LUTZ/LÖFFLER, ANDREAS/CANEFIELD, DOMINICA, Hybride Finanzierungspolitik und Unternehmensbewertung, in: FB 2007, S. 427-431 (Hybride Finanzierungspolitik und Unternehmensbewertung).

KRUSCHWITZ, LUTZ/LÖFFLER, ANDREAS/ESSLER, WOLFGANG, Unternehmensbewertung für die Praxis – Fragen und Antworten, Stuttgart 2009 (Unternehmensbewertung für die Praxis).

KRUSCHWITZ, LUTZ/LÖFFLER, ANDREAS/LORENZ, DANIELA, Unlevering und Relevering – Modigliani/Miller versus Miles/Ezzell, in: WPg 2011, S. 672-678 (Unlevering und Relevering).

KRUSCHWITZ, LUTZ/MILDE, HELLMUTH, Geschäftsrisiko, Finanzierungsrisiko und Kapitalkosten, in: zfbf 1996, S. 1115-1133 (Geschäftsrisiko, Finanzierungsrisiko und Kapitalkosten).

KUHNER, CHRISTOPH/MALTRY, HELMUT, Unternehmensbewertung, Berlin/Heidelberg 2006 (Unternehmensbewertung).

KÜMMEL, JENS, Grundsätze für die Fair Value-Ermittlung mit Barwertkalkülen – Eine Untersuchung auf der Grundlage des Statement of Financial Accounting Concepts No. 7, Düsseldorf 2002 (Grundsätze für die Fair Value-Ermittlung mit Barwertkalkülen).

LAITENBERGER, JÖRG/LODOWICKS, ARND, Das Modigliani-Miller-Theorem mit ausfallgefährdetem Fremdkapital, in: WiSt 2005, S. 145-149 (Das Modigliani-Miller-Theorem mit ausfallgefährdetem Fremdkapital).

LANGENKÄMPER, CHRISTOF, Unternehmensbewertung – DCF-Methoden und simulativer VOFI-Ansatz, Wiesbaden 2000 (Unternehmensbewertung).

LEITNER, FRIEDRICH, Wirtschaftslehre der Unternehmung, 5. Aufl., Berlin/Leipzig 1926 (Wirtschaftslehre der Unternehmung).

LINTNER, JOHN, The Valuation of Risk Assets and the Selection of Risky Investments in Stock Portfolios and Capital Budgets, in: The Review of Economics and Statistics 1965, S. 13-37 (The Valuation of Risk Assets).

LÖFFLER, ANDREAS, Zwei Anmerkungen zu WACC, in: ZfB 2004, S. 933-942 (Zwei Anmerkungen zu WACC).

LONGSTAFF, FRANCIS A./MITHAL, SANJAY/NEIS, ERIC, Corporate Yield Spreads: Default Risk or Liquidity? New Evidence from the Credit Default Swap Market, in: JoF 2005, S. 2213-2253 (Yield Spreads).

MANDL, GERWALD/RABEL, KLAUS, Unternehmensbewertung – Eine praxisorientierte Einführung, Wien 1997 (Unternehmensbewertung).

MANDL, GERWALD/RABEL, KLAUS, 1. Kapitel: Grundlagen der Unternehmensbewertung – Teil D: Methoden der Unternehmensbewertung (Überblick), in: Praxishandbuch der Unternehmensbewertung, hrsg. v. Peemöller, Volker H., 5. Aufl., Herne 2012, S. 49-91 (Methoden der Unternehmensbewertung).

MARKOWITZ, HARRY, Portfolio Selection, in: JoF 1952, S. 77-91 (Portfolio Selection).

MARSH, PAUL, Equity Rights Issues and the Efficiency of the UK Stock Market, in: JoF 1979, S. 839-862 (Equity Rights Issues).

MARTELLINI, LIONEL/PRIAULET, PHILIPPE/PRIAULET, STÉPHANE, Fixed-Income Securities – Valuation, Risk Management and Portfolio Strategies, Chichester 2003 (Fixed-Income Securities).

MATSCHKE, MANFRED JÜRGEN/BRÖSEL, GERRIT, Unternehmensbewertung: Funktionen – Methoden – Grundsätze, 3. Aufl., Wiesbaden 2007 (Unternehmensbewertung).

MEITNER, MATTHIAS/STREITFERDT, FELIX, Unternehmensbewertung unter Berücksichtigung der Zinsschranke, in: CFB 2011, S. 258-269 (Zinsschranke).

MEITNER, MATTHIAS/STREITFERDT, FELIX, Über das Unlevern und Relevern von Betafaktoren, Working Paper 2011, abrufbar unter: http://www.ohm-hochschule.de/fileadmin/Fachbereiche/bw/dozenten/streitferdt/Meitner.Streitferdt_Unlevern_und_Releverrn_01.pdf, Stand: 12.3.2012 (Unlevern und Relevern von Betafaktoren).

MELLEROWICZ, KONRAD, Der Wert der Unternehmung als Ganzes, Essen 1952 (Der Wert der Unternehmung als Ganzes).

MERTON, ROBERT C., On the Pricing of Corporate Debt: The Risk Structure of Interest Rates, in: JoF 1974, S. 449-470 (On the Pricing of Corporate Debt).

METZ, VOLKER, Der Kapitalisierungszinssatz bei der Unternehmensbewertung – Basiszinssatz und Risikozuschlag aus betriebswirtschaftlicher Sicht und aus Sicht der Rechtsprechung, Wiesbaden 2007 (Kapitalisierungszinssatz).

MICHELS, JOACHIM, Alternativen zum CAPM – Modelle zur Unternehmensbewertung, Saarbrücken 2008 (Alternativen zum CAPM).

MILES, JAMES A./EZZELL, JOHN R., The Weighted Average Cost of Capital, Perfect Capital Markets, and Project Life – A Clarification, in: Journal of Financial and Quantitative Analysis 1980, S. 719-730 (Weighted Average Cost of Capital).

MILES, JAMES A./EZZELL, JOHN R., Reformulating Tax Shield Valuation: A Note, in: JoF 1985, S. 1485-1492 (Reformulating Tax Shield Valuation).

MILLER, MERTON H., Debt and Taxes, in: JoF 1977, S. 261-275 (Debt and Taxes).

MODIGLIANI, FRANCO, Debt, Dividend Policy, Taxes, Inflation and Market Valuation, in: JoF 1982, S. 255-273 (Debt, Dividend Policy, Taxes, Inflation and Market Valuation).

MODIGLIANI, FRANCO/MILLER, MERTON H., The Cost of Capital, Corporation Finance and the Theory of Investment, in: The American Economic Review 1958, S. 261-297 (The Cost of Capital, Corporation Finance and the Theory of Investment).

MODIGLIANI, FRANCO/MILLER, MERTON H., Corporate Income Taxes and the Cost of Capital – A Correction, in: The American Economic Review 1963, S. 433-443 (Corporate Income Taxes and the Cost of Capital).

MOODY'S INVESTORS SERVICE (Hrsg.), Corporate Default and Recovery Rates, 1920-2010, 2011, abrufbar unter: http://www.naic.org/documents/committees_e_capad_vos_c1_factor_review_sg_related_docs_moodys_corporate_default.pdf, Stand: 12.3.2012 (Corporate Default and Recovery Rates).

MOSSIN, JAN, Equilibrium in a Capital Asset Market, in: Econometrica 1966, S. 768-783 (Equilibrium in a Capital Asset Market).

MOXTER, ADOLF, Grundsätze ordnungsmäßiger Unternehmensbewertung, 2. Aufl., Wiesbaden 1983 (Grundsätze ordnungsmäßiger Unternehmensbewertung).

MSCI (Hrsg.), MSCI Index Calculation Methodology – Index Calculation Methodology for the MSCI Equity Indices, 2012, abrufbar unter: http://www.msci.com/eqb/methodology/meth_docs/MSCI_Jan12_IndexCalcMethodology.pdf (Index Methodology).

MUNKERT, MICHAEL J., Der Kapitalisierungszinssatz in der Unternehmensbewertung – Theorie, Gutachtenpraxis und Rechtsprechung in Spruchverfahren, Wiesbaden 2005 (Kapitalisierungszinssatz).

MÜNSTERMANN, HANS, Wert und Bewertung der Unternehmung, Wiesbaden 1966 (Wert und Bewertung der Unternehmung).

MYERS, STEWART C., Interactions of Corporate Financing and Investment Decisions – Implications for Capital Budgeting, in: JoF 1974, S. 1-25 (Corporate Financing and Investment Decisions).

NELSON, CHARLES R./SIEGEL, ANDREW F., Parsimonious Modeling of Yield Curves, in: The Journal of Business 1987, S. 473-489 (Yield Curves).

NIPPEL, PETER, Zirkularitätsprobleme in der Unternehmensbewertung, in: BFuP 1999, S. 333-347 (Zirkularitätsprobleme in der Unternehmensbewertung).

NISSIM, DORON/PENMAN, STEPHAN H., Ratio Analysis and Equity Valuation: From Research to Practice, in: Review of Accounting Studies 2001, S. 109-154 (Ratio Analysis and Equity Valuation).

NOWAK, KARSTEN, Marktorientierte Unternehmensbewertung – Discounted Cash Flow, Realoption, Economic Value Added und der Direct Comparison Approach, 2. Aufl., Wiesbaden 2003 (Marktorientierte Unternehmensbewertung).

OBERMAIER, ROBERT, Bewertung, Zins und Risiko – Anmerkungen zu Grundproblemen der entscheidungsorientierten Unternehmensbewertung und der wertorientierten Unternehmensführung, Frankfurt a. M. u. a. 2004 (Bewertung, Zins und Risiko).

OBERMAIER, ROBERT, Die kapitalmarktorientierte Bestimmung des Basiszinssatzes für die Unternehmensbewertung – The Good, the Bad and the Ugly, in: FB 2008, S. 493-507 (Bestimmung des Basiszinssatzes).

VON OERTZEN, ELEONORE, § 3. Finanzinstrumente, in: Beck'sches IFRS-Handbuch – Kommentierung der IFRS/IAS, hrsg. v. Bohl, Werner/Riese, Joachim/Schlüter, Jörg, 3. Aufl., München 2009, S. 93-179 (§ 3. Finanzinstrumente).

OLBRICH, ALEXANDER, Wertminderung von finanziellen Vermögenswerten der Kategorie „Fortgeführte Anschaffungskosten“ nach IFRS 9, Lohmar-Köln 2012 (Wertminderung von finanziellen Vermögenswerten).

OLDEWURTEL, CHRISTOPH/KÜMPEL, KATHARINA/WOLZ, MATTHIAS, Die aktuellen Änderungen der Abbildung von Pensionsverpflichtungen nach IAS 19, in: KoR 2011, S. 449-457 (Pensionsverpflichtungen nach IAS 19).

PAPE, ULRICH/SCHLECKER, MATTHIAS, Berechnung des Credit Spreads, in: FB 2008, S. 658-665 (Berechnung des Credit Spreads).

PEASNELL, K., The Capital Asset Pricing Model, in: Issues in Finance, hrsg. v. Firth, Michael/Keane Simon M., Oxford 1986, S. 28-43 (The Capital Asset Pricing Model).

PEEMÖLLER, VOLKER H., 1. Kapitel: Grundlagen der Unternehmenssbewertung – Teil A: Wert und Werttheorien, in: Praxishandbuch der Unternehmensbewertung, hrsg. v. Peemöller, Volker H., 5. Aufl., Herne 2012, S. 1-15 (Werttheorien).

PEEMÖLLER, VOLKER H./KUNOWSKI, STEFAN, 3. Kapitel: Bewertungsverfahren – Teil A: Ertragswertverfahren nach IDW, in: Praxishandbuch der Unternehmensbewertung, hrsg. v. Peemöller, Volker H., 5. Aufl., Herne 2012, S. 265-338 (Ertragswertverfahren).

PERRIDON, LOUIS/STEINER, MANFRED/RATHGEBER, ANDREAS W., Finanzwirtschaft der Unternehmung, 15. Aufl., München 2009 (Finanzwirtschaft der Unternehmung).

PODDIG, THORSTEN, Standpunkte zum CAPM: Grenzen der CAPM-basierten Bewertung, in: BP 2008, Nr. 2, S. 15-17 (Standpunkte zum CAPM).

PODDIG, THORSTEN/DICHTL, HUBERT/PETERSMEIER, KERSTIN, Statistik, Ökonometrie, Optimierung – Methoden und ihre praktischen Anwendungen in Finanzanalyse und Portfoliomanagement, 4. Aufl., Bad Soden, Ts. 2008 (Statistik, Ökonometrie, Optimierung).

POOTEN, HOLGER, Grundsätze ordnungsmäßiger Unternehmensbewertung – Ermittlung und Inhalt aus Käufersicht, Büren 1999 (Grundsätze ordnungsmäßiger Unternehmensbewertung).

POPPER, KARL R./KEUTH, HERBERT, Logik der Forschung, 11. Aufl., Tübingen 2005 (Logik der Forschung).

PORSCHE AUTOMOBIL HOLDING SE, Geschäftsbericht 2007/2008, (Porsche GB 2007/2008).

PORSCHE AUTOMOBIL HOLDING SE, Geschäftsbericht 2008/2009, (Porsche GB 2008/2009).

PORSCHE AUTOMOBIL HOLDING SE, Geschäftsbericht 2009/2010, (Porsche GB 2009/2010).

PORSCHE AUTOMOBIL HOLDING SE, Geschäftsbericht Rumpfgeschäftsjahr 2010, (Porsche GB Rumpfgeschäftsjahr 2010).

PRATT, SHANNON P./GRABOWSKI, ROGER J., Cost of Capital – Application and Examples, 4. Aufl., New Jersey 2010 (Cost of Capital).

REBIEN, AXEL, Kapitalkosten in der Unternehmensbewertung – Auswahl und Einsatz von Ermittlungsmethoden zur sachgerechten Ableitung von Risikokosten unter Berücksichtigung fundamentaler Faktoren, Aachen 2007 (Kapitalkosten in der Unternehmensbewertung).

REESE, RAIMO, Schätzung von Eigenkapitalkosten für die Unternehmensbewertung, Frankfurt a. M. u. a. 2007 (Schätzung von Eigenkapitalkosten).

RHIEL, RAIMUND, § 22. Leistungen an Arbeitnehmer, Altersversorgung, in: Haufe IFRS-Kommentar, hrsg. v. Lüdenbach, Norbert/Hoffmann, Wolf-Dieter, 9. Aufl., Freiburg 2011, S. 1005-1055 (§ 22. Leistungen an Arbeitnehmer, Altersversorgung).

RICHTER, FRANK, Unternehmensbewertung bei variablem Verschuldungsgrad, in: ZBB 1998, S. 379-389 (Unternehmensbewertung bei variablem Verschuldungsgrad).

RICHTER, FRANK/DRUKARCZYK, JOCHEN, Wachstum, Kapitalkosten und Finanzierungseffekte, in: DBW 2001, S. 627-639 (Wachstum, Kapitalkosten und Finanzierungseffekte).

ROLL, RICHARD, A Critique of the Asset Pricing Theory's Tests, in: Journal of Financial Economics 1977, S. 129-176 (A Critique of the Asset Pricing Theory's Tests).

ROSS, STEPHEN A., The Arbitrage Theory of Capital Asset Pricing, in: Journal of Financial Economics 1976, S. 341-360 (Arbitrage Theory).

ROSS, STEPHEN A./WESTERFIELD, RANDOLPH W./JAFFE, JEFFREY F., Corporate Finance, 7. Aufl., Boston u. a. 2005 (Corporate Finance).

RUBACK, RICHARD S., Capital Cash Flows: A Simple Approach to Valuing Risky Cash Flows, in: Financial Management 2002, S. 85-103 (Capital Cash Flows).

SACHS, LOTHAR/HEDDERICH, JÜRGEN, Angewandte Statistik – Methodensammlung mit R, 13. Aufl., Berlin u. a. 2009 (Angewandte Statistik).

SCHACHT, ULRICH/FACKLER, MATTHIAS, Discounted-Cash-flow-Verfahren – Eine Einführung, in: Praxishandbuch Unternehmensbewertung – Grundlagen, Methoden, Fallbeispiele, hrsg. v. Schacht, Ulrich/Fackler, Matthias, 2. Aufl., Wiesbaden 2009, S. 205-232 (Discounted-Cash-flow-Verfahren).

SCHÄFER, HENRY, Unternehmensinvestitionen – Grundzüge in Theorie und Management, 2. Aufl. Heidelberg 2005 (Unternehmensinvestitionen).

SCHIFFEL, SIMON, Implizite Ausfallwahrscheinlichkeiten von Unternehmensanleihen – Eine empirische Analyse in unterschiedlichen Währungen auf Basis von Zinsstrukturkurven, Wiesbaden 2009 (Implizite Ausfallwahrscheinlichkeiten von Unternehmensanleihen).

SCHLECKER, MATTHIAS, Credit Spreads – Einflussfaktoren, Berechnung und langfristige Gleichgewichtsmodellierung, Lohmar-Köln 2009 (Credit Spreads).

SCHMID, FRIEDRICH/TREDE, MARK, Finanzmarktstatistik, Berlin/Heidelberg 2006 (Finanzmarktstatistik).

SCHMIDT, REINHARD H./TERBERGER, EVA, Grundzüge der Investitions- und Finanzierungstheorie, 4. Aufl., Wiesbaden 2006 (Grundzüge der Investitions- und Finanzierungstheorie).

SCHÖNE, ANDRÉ, Zum Informationsgehalt der Volatilitätsindizes VDAX und VDAX-New der Deutsche Börse AG, in: zfbf 2010, S. 625-661 (Zum Informationsgehalt der Volatilitätsindizes).

SCHULTE, JÖRN/FRANKEN, LARS/KOELEN, PETER/LEHMANN, DOMINIK, Konsequenzen einer (Nicht-)Berücksichtigung von Debt Beta in der Bewertungspraxis, in: BP 2010, Nr. 4, S. 13-21 (Debt Beta in der Bewertungspraxis).

SCHULTZE, WOLFGANG, Methoden der Unternehmensbewertung – Gemeinsamkeiten, Unterschiede, Perspektiven, 2. Aufl., Düsseldorf 2003 (Methoden der Unternehmensbewertung).

SCHULZ, ROLAND, Größenabhängige Risikoanpassungen in der Unternehmensbewertung, Düsseldorf 2009 (Größenabhängige Risikoanpassungen).

SCHWETZLER, BERNHARD/DARIJTSCHUK, NIKLAS, Unternehmensbewertung mit Hilfe der DCF-Methode – Eine Anmerkung zum „Zirkularitätsproblem", in: ZfB 1999, S. 295-318 (Unternehmensbewertung mit Hilfe der DCF-Methode).

SCHWETZLER, BERNHARD/DARIJTSCHUK, NIKLAS, Unternehmensbewertung, Finanzierungspolitik und optimale Kapitalstruktur, HHL - Arbeistpapier Nr. 31, 1999 (Unternehmensbewertung, Finanzierungspolitik und optimale Kapitalstruktur).

SEEMANN, TORSTEN, § 26. Altersversorgungspläne/Leistungen an Arbeitnehmer, in: Beck'sches IFRS-Handbuch – Kommentierung der IFRS/IAS, hrsg. v. Bohl, Werner/Riese, Joachim/Schlüter, Jörg, 3. Aufl., München 2009, S. 947-991 (§ 26. Altersversorgungspläne/Leistungen an Arbeitnehmer).

SHARPE, WILLIAM F., A Simplified Model for Portfolio Analysis, in: Journal of Financial Economics 1963, S. 277-293 (Portfolio Analysis).

SHARPE, WILLIAM F./COOPER, GUY M., Risk-Return Classes of New York Stock Exchange Common Stocks, 1931-1967, in: Financial Analysts Journal 1972, S. 46-54 und 81 (Risk-Return).

SHIN, YOON S./MOORE, WILLIAM THEODORE, Explaining Credit Rating Differences between Japanese and U. S. Agencies, in: Review of Financial Economics 2003, S. 327-344 (Explaining Credit Rating Differences).

SIEGEL, DANIEL, Die Bilanzierung latenter Steuern im handelsrechtlichen Jahresabschluss nach § 274 HGB, Lohmar-Köln 2011 (Die Bilanzierung latenter Steuern).

SPREMANN, KLAUS, Portfoliomanagement, 4. Aufl., München 2007 (Portfoliomanagement).

SPREMANN, KLAUS/GANTENBEIN, PASCAL, Zinsen, Anleihen, Kredite, 4. Aufl., München 2009 (Zinsen, Anleihen, Kredite).

STACHOWIAK, HERBERT, Allgemeine Modelltheorie, Wien 1973 (Allgemeine Modelltheorie).

STANDARD & POOR'S (Hrsg.), 2010 Annual Global Corporate Default Study and Rating Transitions 2011, abrufbar unter: http://www.standardandpoors.com/ratings/articles/en/us/?assetID=1245302234237, Stand: 12.3.2012 (2010 Annual Global Corporate Default Study).

STEHLE, RICHARD, Die Festlegung der Risikoprämie von Aktien im Rahmen der Schätzung des Wertes von börsennotierten Kapitalgesellschaften, in: WPg 2004, S. 906-927 (Risikoprämie von Aktien).

STEINER, MANFRED/BAUER, CHRISTOPH, Die fundamentale Analyse und Prognose des Marktrisikos deutscher Aktien, in: zfbf 1992, S. 347-368 (Marktrisiko deutscher Aktien).

STEINER, MANFRED/KLEEBERG, JOCHEN, Zum Problem der Indexauswahl im Rahmen der wissenschaftlich-empirischen Anwendung des Capital Asset Pricing Model, in: DBW 1991, S. 171-182 (Indexauswahl).

STELLBRINK, JÖRN/BRÜCKNER, CARSTEN, Beta-Schätzung: Schätzzeitraum und Renditeintervall unter statistischen Gesichtspunkten, in: BP 2011, Nr. 3, S. 2-9 (Beta-Schätzung).

STELLBRINK, JÖRN, Der Restwert in der Unternehmensbewertung, Düsseldorf 2005 (Restwert).

STEPHAN, JÖRG, Finanzielle Kennzahlen für Industrie- und Handelsunternehmen – Eine wert- und risikoorientierte Perspektive, Wiesbaden 2006 (Finanzielle Kennzahlen).

STIGLITZ, JOSEPH E., A Re-Examination of the Modigliani Miller Theorem, in: The American Economic Review 1969, S. 784-793 (Modigliani Miller Theorem).

STREITFERDT, FELIX, Die Risikoanpassung in den WACC, in: WiSt 2009, S. 294-300 (WACC).

SVENSSON, LARS E. O., Estimating and Interpreting Forward Interest Rates: Sweden 1992-1994, Stockholm 1994 (Estimating and Interpreting Forward Interest Rates).

TAGGART, ROBERT A., Consistent Valuation and Cost of Capital Expressions With Corporate and Personal Taxes, in: Financial Management 1991, S. 8-20 (Consistent Valuation).

TIMMRECK, CHRISTIAN, ß-Faktoren: Anwendungsprobleme und Lösungsansätze, in: FB 2002, S. 300-307 (Betafaktoren).

TINZ, OLIVER, Die Abbildung von Wachstum in der Unternehmensbewertung – Eine theoretische und empirische Analyse der Möglichkeiten und Grenzen einer objektivierten und transparenten Abbildung von Wachstum nach IDW S 1, Lohmar-Köln 2010 (Abbildung von Wachstum).

TOBIN, JAMES, Liquidity Preference as Behavior Towards Risk, in: The Review of Economic Studies 1958, S. 65-86 (Liquidity Preference as Behavior Towards Risk).

TSCHÖPEL, ANDREAS, Risikoberücksichtigung bei Grenzpreisbestimmungen im Rahmen der Unternehmensbewertung, Lohmar-Köln 2004 (Risikoberücksichtigung bei Grenzpreisbestimmungen).

TSCHÖPEL, ANDREAS/WIESE, JÖRG/WILLERSHAUSEN, TIMO, Unternehmensbewertung und Wachstum bei Inflation, persönlicher Besteuerung und Verschuldung, Teil 1, in: WPg 2010, S. 349-357 (Unternehmensbewertung und Wachstum Teil 1).

TSCHÖPEL, ANDREAS/WIESE, JÖRG/WILLERSHAUSEN, TIMO, Unternehmensbewertung und Wachstum bei Inflation, persönlicher Besteuerung und Verschuldung, Teil 2, in: WPg 2010, S. 405-412 (Unternehmensbewertung und Wachstum Teil 2).

VOLKART, RUDOLF, Kapitalkosten und Risiko – Cost of Capital als zentrales Element der betrieblichen Finanzpolitik, Zürich 2001 (Kapitalkosten und Risiko).

VOLKART, RUDOLF, Corporate Finance – Grundlagen von Finanzierung und Investition, 5. Aufl., Zürich 2011 (Corporate Finance).

WAGNER, EVA, Credit Default Swaps und Informationsgehalt, Wiesbaden 2009 (Credit Default Swaps und Informationsgehalt).

WAGNER, WOLFGANG/SAUR, GERHARD/WILLERSHAUSEN, TIMO, Zur Anwendung der Neuerungen der Unternehmensbewertungsgrundsätze des IDW S 1 i. d. F. 2008 in der Praxis, in: WPg 2008, S. 731-747 (Neuerungen der Unternehmensbewertungsgrundsätze).

WALLMEIER, MARTIN, Kapitalkosten und Finanzierungsprämissen, in: ZfB 1999, S. 1473-1490 (Kapitalkosten und Finanzierungsprämissen).

WATRIN, CHRISTOPH/STAHLBERG, GERNOT/KAPPENBERG, CHRISTOPH, Der Einfluss des Wochentags auf den Betafaktor – eine empirische Analyse anhand ausgewählter Kapitalmärkte, in: CFB 2011, S. 176-194 (Einfluss des Wochentags).

WATRIN, CHRISTOPH/STÖVER, RÜDIGER, Einfluss des Tax Shields auf die Renditeforderung der Eigenkapitalgeber und die Gearing Formel, in: StuW 2011, S. 60-74 (Einfluss des Tax Shields).

WATRIN, CHRISTOPH/WITTKOWSKI, ANSAS/STROHM, CHRISTIANE, Auswirkungen der Unternehmensteuerreform 2008 auf die Besteuerung von Kapitalgesellschaften, in: GmbHR 2007, S. 785-793 (Unternehmensteuerreform 2008).

WEINSTEIN, MARK, The Systematic Risk of Corporate Bonds, in: Journal of Financial and Quantitative Analysis 1981, S. 257-278.

WEISTROFFER, CHRISTIAN, Credit Default Swaps – Auf dem Weg zu einem robusteren System 2010, abrufbar unter: http://www.dbresearch.de/servlet/reweb2.ReWEB?Function=showAnalystDocs(Weistroffer+Christian;Christian+Weistroffer+-+Ver%C3%B6ffentlichungen+bei+Deutsche+Bank+Research;DE)&rwnode=DBR_INTERNET_DE-PROD$BANKENTEAM&rwobj=ReFIND.ReFindSearch.class&rwsite=DBR_INTERNET_DE-PROD&type=callFunction, Stand: 12.3.2012 (Credit Default Swaps).

WIDMANN, BERND/SCHIESZL, SVEN/JEROMIN, AXEL, Der Kapitalisierungszinssatz in der praktischen Unternehmensbewertung, in: FB 2003, S. 800-810 (Kapitalisierungszinssatz).

WIECHENS, GERO/KROPP, MATTHIAS, Bilanzierung finanzieller Verbindlichkeiten nach IFRS 9 (2010) – Zugleich ein Update zum Beitrag aus KoR 2010 S. 540 ff, in: KoR 2010, S. 225-229 (Bilanzierung finanzieller Verbindlichkeiten nach IFRS 9).

WIELAND-BLÖSE, HEIKE, Die Bewertung von Beteiligungen im Überschuldungsstatus, in: WPg 2009, S. 1184-1192 (Die Bewertung von Beteiligungen im Überschuldungsstatus).

WIESE, JÖRG, Komponenten des Zinsfußes in Unternehmensbewertungskalkülen – Theoretische Grundlagen und Konsistenz, Frankfurt a. M. 2006 (Komponenten des Zinsfußes).

WIESE, JÖRG, Das Nachsteuer-CAPM im Mehrperiodenkontext – Replik zu der Stellungnahme von Rapp/Schwetzler auf den Beitrag aus FB 2006 S. 242 ff., in: FB 2007, S. 116-120 (Das Nachsteuer-CAPM im Mehrperiodenkontext).

WIESE, JÖRG, Die Modigliani/Miller-Theoreme und Ausschüttungspolitik, Working Paper 2007, abrufbar unter: http://epub.ub.uni-muenchen.de/1888/1/MM_-_personal_Taxes_070507.pdf, Stand: 12.3.2012 (Die Modigliani/Miller-Theoreme und Ausschüttungspolitik).

WIESE, JÖRG/GAMPENRIEDER, PETER, Marktorientierte Ableitung des Basiszinses mit Bundesbank- und EZB-Daten, in: BB 2008, S. 1722-1726 (Marktorientierte Ableitung des Basiszinses).

WINGENROTH, THORSTEN, Risikomanagement für Corporate Bonds – Modellierung von Spreadrisiken im Investment-Grade-Bereich, Bad Soden, Ts. 2004 (Risikomanagement für Corporate Bonds).

WOLKE, THOMAS, Risikomanagement, 2. Aufl., München 2008 (Risikomanagement).

WOLLNY, CHRISTOPH, Der objektivierte Unternehmenswert – Unternehmensbewertung bei gesetzlichen und vertraglichen Bewertungsanlässen, 2. Aufl., Herne 2010 (Der objektivierte Unternehmenswert).

ZEIDLER, G. W./SCHÖNIGER, S./TSCHÖPEL A., Auswirkungen der Unternehmenssteuerreform 2008 auf Unternehmensbewertungskalküle, in FB 2008, S. 276-288 (Auswirkungen der Unternehmenssteuerreform 2008).

ZIMMERMANN, PETER, Schätzung und Prognose von Betawerten – Eine Untersuchung am deutschen Aktienmarkt, Bad Soden, Ts. 1997 (Schätzung und Prognose von Betawerten).

Verzeichnis der Rechtsquellen

Verordnung (EG) Nr. 1606/2002 des Europäischen Parlaments und des Rates vom 19. Juli 2002, in: Amtsblatt der EG Nr. L 243 vom 11.09.2002, S. 1-4.

BGH Urteil vom 17.1.1973 – IV ZR 142/70, in: DB 1973, S. 563-565.

Rechnungslegung und Wirtschaftsprüfung

Herausgegeben von Prof. (em.) Dr. Dr. h. c. Jörg Baetge, Münster, Prof. Dr. Hans-Jürgen Kirsch, Münster, und Prof. Dr. Stefan Thiele, Wuppertal

Band 34
Jana Hecker
Kapitalausweis nach IFRS unter besonderer Berücksichtigung von Residualkapitalderivaten
Lohmar – Köln 2011 • 240 S. • € 56,- (D) • ISBN 978-3-8441-0115-7

Band 35
Andreas Fischer
Entwicklung eines länderübergreifenden Bilanzratingmodells
– Eine empirische Untersuchung anhand deutscher und italienischer Jahresabschlüsse
Lohmar – Köln 2012 • 312 S. • € 62,- (D) • ISBN 978-3-8441-0119-5

Band 36
Alexander Olbrich
Wertminderung von finanziellen Vermögenswerten der Kategorie „Fortgeführte Anschaffungskosten" nach IFRS 9
Lohmar – Köln 2012 • 272 S. • € 58,- (D) • ISBN 978-3-8441-0125-6

Band 37
Matthias Knabe
Die Berücksichtigung von Insolvenzrisiken in der Unternehmensbewertung
Lohmar – Köln 2012 • 292 S. • € 59,- (D) • ISBN 978-3-8441-0126-3

Band 38
Alexander Budzinski
Der Börsenkurs im Squeeze Out-Verfahren
Lohmar – Köln 2012 • 272 S. • € 58,- (D) • ISBN 978-3-8441-0155-3

Band 39
Gerrit Lütkeschümer
Die Berücksichtigung von Finanzierungsrisiken bei der Ermittlung von Eigenkapitalkosten in der Unternehmensbewertung
Lohmar – Köln 2012 • 280 S. • € 58,- (D) • ISBN 978-3-8441-0156-0

JOSEF EUL VERLAG